生成式AI应用开发

基于OpenAI API实现

陈祯民 编著

清华大学出版社
北京

内容简介

这是一本面向 AI 开发人员以及对生成式人工智能技术感兴趣的读者的专业图书。本书深入探讨生成式 AI 技术的原理与实现，以及如何利用 OpenAI API 进行高效开发。本书内容包括 ChatGPT 的原理解析、OpenAI API 请求库的使用、飞书 AI 机器人的构建、AI 编程辅助插件的开发、Hugging Face 模型的私有化部署与微调，以及检索增强技术 RAG 和 Prompt Engineering 的优化策略。

书中不仅系统地梳理了生成式 AI 应用开发的关键知识点，还通过丰富的实际代码案例指导读者在不同垂直领域实现 AI 应用的开发。此外，本书还扩展介绍了 AI 应用的社区生态，帮助读者将理论知识应用到实践中，培养独立开发和优化生成式 AI 应用的能力。

本书适合希望深入了解并实践生成式 AI 技术的人员，无论是初学者还是有经验的开发者，都能从中获得宝贵的知识和启发。通过阅读本书，读者将能够掌握从理论到实践的全方位知识，为未来的 AI 应用开发打下坚实的基础。

本书封面贴有清华大学出版社防伪标签，无标签者不得销售。
版权所有，侵权必究。举报：010-62782989，beiqinquan@tup.tsinghua.edu.cn。

图书在版编目（CIP）数据

生成式 AI 应用开发：基于 OpenAI API 实现 / 陈祯民编著.
北京 ：清华大学出版社，2025. 1. -- ISBN 978-7-302-67935-6

Ⅰ. TP18
中国国家版本馆 CIP 数据核字第 20254PV696 号

责任编辑：赵　军
封面设计：王　翔
责任校对：闫秀华
责任印制：曹婉颖

出版发行：清华大学出版社
网　　址：https://www.tup.com.cn，https://www.wqxuetang.com
地　　址：北京清华大学学研大厦 A 座　　　邮　编：100084
社 总 机：010-83470000　　　　　　　　　邮　购：010-62786544
投稿与读者服务：010-62776969，c-service@tup.tsinghua.edu.cn
质 量 反 馈：010-62772015，zhiliang@tup.tsinghua.edu.cn

印 装 者：三河市科茂嘉荣印务有限公司
经　　销：全国新华书店
开　　本：190mm×260mm　　　印　张：28.25　　　字　数：761 千字
版　　次：2025 年 3 月第 1 版　　　　　　　　　印　次：2025 年 3 月第 1 次印刷
定　　价：118.00 元

产品编号：107114-01

推 荐 序

因果之链中的每一环,皆是历史的延续。2010 年,一群自然语言处理的探索者揭示了一条道路:原来,文本的海洋深处蕴藏着比那些自上而下的语法规则更为深刻的模型秘密。2014 年,他们再次将词汇置于上下文的灯光下,让机器学会解析语言的深层含义。

时间推移,2017—2022 年间,探索者们不满于初步的成功,开发出了可根据需求定制的基础模型。尽管这些模型的开发成本高昂,但一旦成型,它们便能灵活应对新挑战,大幅降低投入。2022 年,ChatGPT 横空出世,如平地惊雷,其卓越不仅体现在核心的先进模型上,还在于它通过自然语言对话让人们轻松访问这些强大的功能。

一系列技术突破赋予了自然语言处理前所未有的意义,而这些,正是生成式 AI 的基础。

一条横向时间轴:

生成式 AI 从现有数据中学习,能够大规模生成逼真的新内容。它生成的内容具备训练数据的特征,而不是简单地重复原数据。如今,生成式 AI 已能生成图像、视频、音乐、语音、文本、代码以及产品设计等多种形式,不论是在科学发现、技术商业化方面,还是在创意内容、内容改进、合成数据、生成工程与设计领域,均展现出广泛的应用前景。

我相信,生成式 AI 将成为一种与蒸汽机、电力和互联网具有类似影响的通用技术。到 2026 年,生成式设计 AI 将自动化 60% 的新网站和移动应用设计工作。祯民的这本书恰逢其时,在这一波大潮来临前,梳理了他独到的见解,帮助我们在新变革到来之时做好准备。

至于我为何如此押宝生成式 AI,其一是在筛选通过各种渠道获取的信息后做出的判断;其二是在工作之余,自己也进行了多次尝试;其三是我确实看到了一位 Swift 零基础的网友,通过生成式 AI 在短时间内上架了一款"美化自拍照肌肉"的 iOS 应用。据他所说,99% 的代码由 AI 生成,至于他使用的是什么工具,我便不得而知了。

本书中也介绍了检索增强生成(RAG)技术如何通过文本向量化和向量数据库来增强模型的生成能力,这为解决某些特定场景下模型内建知识不足的问题提供了有效的方案。此外,本书还深入探讨了提示词工程,这是一种优化与 AI 模型交互的技术手段,使得模型的响应更加精确和有效。

我自己写过书,也翻译过书,深知沉淀一本书的不易。这是作者倾尽心力、引经据典、刨根问底,最终呈现给读者的结晶。本书的独特之处在于,它不仅介绍了如何使用生成式 AI,还深入分享了生成式 AI 应用开发的全过程，从 GPT 的发展历程到 OpenAI API 的实际应用，再到生成式应用的开发实例，内容充实而富有实践意义。这本书必将为读者提供重要的帮助，使更多想要涉足 AI 领域的人少走弯路。

祯民在前言中提到，"与其称 AI 为一个行业风口，笔者倒更想大胆地判断为第五次工业革命。"这一观点切中要害，我也是如此认为的。AI 作为社会发展的重要动力，其影响力已逐渐超越传统行业的边界，成为未来不可或缺的基础设施。无论是对于互联网行业的从业者，还是对于那些怀抱创业梦想的个人，掌握生成式 AI 应用开发的能力，必将在未来的竞争中占据一席之地。

——死月，《软件开发珠玑》译者、字节跳动技术专家、Node.js Collaborator

2024 年 10 月于金塘

前　　言

自2023年年初ChatGPT问世以来，以生成式模型为代表的人工智能（AI）行业受到了极大关注。截至2024年年底，AI行业发展迅猛，日新月异。全球针对AI行业的投资也远超其他行业，可以说AI技术是近几年人类社会最为关注的领域。与其他行业的变革不同，AI的发展并不局限于本行业，而是逐渐渗透到全球各个行业，慢慢成为国力竞争的重要因素。如此规模，与其称AI为一个行业风口，笔者更想大胆判断为五次工业革命。

生成式AI应用从广义上来说包括三个方向：使用AI应用、基底模型训练以及生成式AI应用开发。其中，基底模型训练储备了生成式AI应用底层使用的模型，例如ChatGPT底层的GPT系列模型；而生成式AI应用开发则是使用基底模型，通过一定的开发手段和机制将模型能力融合到应用中，并最大可能地发挥基底模型的能力。

目前市面上与AI相关的图书大部分介绍的是使用AI应用，例如怎么使用ChatGPT写文章，如何组织Prompt等，少部分图书则涉及基底模型训练。前者内容较为浅显，容易被替代且不具备时效性，而后者有较高的门槛，更适合专业算法从业人员阅读。对于承上启下，既兼容前两者的内容，又详细介绍各式生成式AI应用开发的图书，市面上仍然比较欠缺。本书希望可以补全这部分资料的不足，帮助更多想从事AI行业的人入门。

这里简单介绍一下本书的写作背景。笔者算是国内最早一批尝试生成式AI应用开发并落地取得成果的编程人员，目前在字节跳动的抖音业务线任职前端工程师。那么，笔者是如何接触到生成式AI应用的呢？

在2022年11月，出于个人兴趣以及对代码质量的追求，笔者在网站上撰写了一本关于单元测试的电子书《前端单元测试精讲》，之后开始尝试为团队落地单元测试。落地过程中遇到了不少瓶颈，主要在于程序员编写代码测试的时间成本较高，在排期紧张且频繁迭代的情况下落地困难。

随后，笔者开始尝试使用一些自动化手段来生成单元测试，比如代码静态分析、注入监听插槽等方法，以减轻程序员手动编写单元测试的负担，但效果一直不尽如人意。因为单元测试代码虽然有规律可循，但面对的场景众多，复杂度较高。

这个问题困扰了笔者很久，直到2023年3月，ChatGPT的横空出世让笔者产生了新的灵感。经过尝试后发现，虽然ChatGPT生成的内容尚有瑕疵且不够稳定，但作为单元测试生成的初稿效果非常好，几乎达到开箱即用的程度。

2023年4月，笔者基于GPT模型实现了自动化生成单元测试的插件，并在公司内落地。这个插件服务了抖音安全、春节服务、TikTok等不同业务线的几十个团队，生成了10多万单元测试代码，使研发效率提升了近60%。在这次成功案例后，笔者还开发了AI CR、AI代码防劣化等提效插件，在部门内都取得了不错的反响。

在这个过程中，笔者总结了不少一线的生成式AI应用开发经验，并在社区发表了相关文章。在2023年年初，分享生成式AI应用开发经验的文章还非常少，因此一经发表便连续几周排在热榜上，并获取了10多万的阅读量。

这时，清华大学出版社的编辑找到了笔者，希望笔者将这些经验编写成书。笔者本人喜欢分享技术，也希望能够将近两年的生成式 AI 应用开发经验系统地沉淀下来，帮助更多的人，加上之前有写作电子书的经验，于是答应了下来。从 2023 年 11 月份至今，笔者利用每个周末和碎片化的时间，将与生成式 AI 应用相关的知识都写了下来。这便是本书的创作背景，编写本书对笔者而言也是一段独特且充满挑战的经历。

坦诚地说，社区里除了对 AI 应用的肯定外，也有不少对 AI 发展的质疑声，认为生成式 AI 应用可能只是昙花一现。毕竟，尽管现在模型的能力令人吃惊，但并不能完全代替人类。笔者个人判断，从长远来看，尽管 AI 模型自身目前还无法完全替代人类，但 AI 无疑将成为未来发展趋势的重要方向。这一点从行业内的变化和全球投资趋势中均可得到印证。生成式 AI 应用的基建需要长时间的建设和投入，对于个人和团队而言都是不错的机会。就像蒸汽时代、电气时代和信息时代初期一样，当时也存在很多质疑声，认为它们可能是昙花一现。我们仍需给 AI 时代的到来更多的时间，也给未来多一点信心。

当然，个人判断并不仅是口头说说，笔者也将于 2024 年 9 月从抖音业务线主动转岗到字节跳动 AI IDE 架构业务线，以身入局。正如上面所说，给 AI 时代的到来更多的时间，也给未来和自己多一点信心。本书不仅是读者进入 AI 应用领域的起点和入局令牌，对于笔者而言也是新的开始和挑战，很荣幸能与各位读者一同前行，做一些有挑战的事情。

本书提供了全部源代码，读者可扫描下方二维码下载。

如果下载有问题，请用电子邮件联系 booksaga@126.com，邮件主题为"生成式 AI 应用开发：基于 OpenAI API 实现"。

本书的顺利编写完成，离不开笔者的妻子春燕的支持。在笔者迷茫和疲惫的时候，她总能耐心倾听并给予安慰。今年，她还生下了一个可爱的男孩，但由于笔者工作繁忙，即使在业余时间也需赶稿，因此她几乎承担了家中所有的家务和照顾孩子的重任，付出良多。笔者深感幸运，能有这样一位温和、宽容的伴侣。

同时，感谢清华大学出版社的编辑，让笔者有机会将这几年的沉淀和所学系统地分享给读者。在写稿过程中，编辑提出了大量专业建议，让本书能够以更好的一面呈现出来。

最后，还要感谢为本书撰写序言的死月、张添富、章小川、陈阳、魏富强和夏柏阳老师们，感谢他们能在繁忙的工作之余抽出宝贵时间读完笔者的拙作，撰写专业、中肯的点评。

尽管本书融入了笔者的所有努力，但由于水平有限，难免有疏漏之处，欢迎读者批评指正。

总有人间一两风，填我十万八千梦。

陈祯民

2024 年 12 月于深圳

目 录

第1章 绪论 1
1.1 AGI 的新时代已经到来 1
1.2 ChatGPT 全景介绍：历史、原理与 API 2
1.2.1 GPT 模型的基本概念和发展历程 2
1.2.2 GPT 为什么能做到跨领域与人交互 3
1.2.3 OpenAI API 简介 7
1.3 生成式 AI 应用的市场前景 10
1.4 本书的内容安排 11

第2章 OpenAI API 请求库 14
2.1 OpenAI API 14
2.1.1 OpenAI API 提供的模型类别 14
2.1.2 在浏览器端实现文本转音频 16
2.1.3 在 Node.js 运行时实现文本转音频 18
2.1.4 音频转文本的实现 21
2.2 Chat 系列 OpenAI API 端点 23
2.2.1 Chat 系列 API 端点参数及使用 23
2.2.2 Chat API 的流响应 26
2.3 API 请求库 31
2.3.1 使用 OpenAI 请求库 31
2.3.2 实战：封装并发布一个大语言模型 API 的请求库 33
2.3.3 ChatGPT 国内可用免费 API 转发开源仓库：GPT-API-free 71
2.4 本章小结 72

第3章 基础应用：ChatGPT 的实现 74
3.1 项目初始化和产品功能拆解 74
3.1.1 项目初始化 74
3.1.2 产品功能拆解 77
3.2 ChatGPT 静态交互的实现 78
3.2.1 右侧 ChatGPT 对话区域 78
3.2.2 左侧边栏区域（Chat 信息和 API_KEY 填写）.......... 81
3.3 ChatGPT 可交互功能的补充 90
3.3.1 使用 llm-request 接入 OpenAI API 91
3.3.2 New Chat 事件的绑定 96
3.3.3 聊天记录的缓存 97
3.3.4 响应内容的富文本处理（换行、代码高亮、代码复制）...... 101
3.3.5 思考题：如何避免在请求中暴露 API_KEY 112
3.4 创建不同角色类别的聊天 114
3.4.1 什么是 System Prompt 114
3.4.2 为 ChatGPT 项目放开 System Prompt 的填写 115
3.4.3 示例：创建布布熊的虚拟女友——二熊 118
3.5 社区功能：跨平台 ChatGPT 应用——ChatGPT Next Web 119
3.5.1 初识 ChatGPT Next Web ... 119
3.5.2 使用 Vercel 把 ChatGPT Next Web 部署到公网 121
3.6 本章小结 121

第4章 交互应用：集成 AI 模型功能到飞书机器人 123
4.1 创建飞书机器人 123
4.1.1 飞书开放平台 123
4.1.2 创建一个飞书机器人——二熊 124
4.2 飞书机器人的 API 服务 125

4.2.1 飞书机器人 API 服务的事件订阅 125
4.2.2 开发阶段：使用反向代理工具 Ngrok 对本地服务进行内网穿透 127
4.2.3 订阅 message 接收事件并响应 130
4.2.4 部署上线：使用 Vercel Serverless Functions 轻服务部署 132
4.3 支持一二熊的消息回复 137
4.3.1 支持一二熊的单聊回复消息 137
4.3.2 支持一二熊在群聊中回复消息 144
4.3.3 使用自定义消息卡片配置帮助文档 148
4.4 结合 AI 实现一二熊的办公辅助功能 150
4.4.1 支持对飞书文档内容进行总结 151
4.4.2 支持向指定人员发送消息通知 156
4.4.3 支持向指定群发送消息通知 159
4.4.4 支持自动拉群并说明拉群用意 169
4.4.5 支持创建任务并自动生成任务摘要 174
4.5 本章小结 180

第 5 章 VSCode 自定义插件 181

5.1 AI 在代码辅助领域的实施 181
5.1.1 ChatGPT 出色的代码辅助功能 181
5.1.2 OpenAI API 与 IDE 插件的结合 183
5.2 初识 VSCode 插件开发 185
5.2.1 VSCode 插件初始化 185
5.2.2 VSCode 插件的目录结构及文件剖析 186
5.2.3 VSCode 插件的启动与本地调试 188
5.2.4 VSCode 插件中单元测试的环境 API mock 190
5.3 VSCode 插件开发常用扩展功能 191
5.3.1 插件命令 191
5.3.2 菜单项 196
5.3.3 插件配置项 198
5.3.4 按键绑定 203
5.3.5 消息通知 203
5.3.6 收集用户输入 203
5.3.7 文件选择器 205
5.3.8 创建进度条 208
5.3.9 诊断和快速修复 210
5.4 特殊判断值 when 子句 213
5.4.1 when 子句运算符 214
5.4.2 when 子句内置环境变量 214
5.4.3 自定义 when 子句环境变量 215
5.5 VSCode 插件支持的工作台空间 216
5.5.1 活动栏区域：视图容器 217
5.5.2 侧边栏区域：树视图 219
5.5.3 状态栏区域：状态栏项目 221
5.5.4 编辑器组区域：网页视图 224
5.6 使用 React 开发 Webview 226
5.6.1 Webview 的 React 开发配置 226
5.6.2 Webview 和 Extension 的相互通信 231
5.6.3 Webview 的开发者调试 236
5.7 VSCode 插件的联动与发布 236
5.7.1 扩展依赖插件 237
5.7.2 VSCode 插件的发布 237
5.8 本章小结 238

第 6 章 编程应用：AI 编码辅助插件 239

6.1 在 VSCode 插件中实现 ChatGPT 239
6.1.1 项目初始化 239
6.1.2 插件功能剖析 240
6.1.3 插件功能配置项注册 240
6.1.4 任务栏注册 241
6.1.5 缓存首页的实现 246

	6.1.6 聊天页面的实现 253	**第 8 章 检索增强生成技术：向量化与**
6.2	代码语言转换工具 263	**大模型的结合** 329
	6.2.1 插件功能剖析 263	8.1 检索增强生成技术介绍 329
	6.2.2 插件功能配置项注册 263	8.1.1 训练模型是一个高成本的
	6.2.3 支持全文件语言转换 264	过程 329
	6.2.4 支持对全文件语言转换结果的	8.1.2 检索增强生成技术：低成本信息
	追问 268	穿透的实现 330
	6.2.5 支持局部代码语言转换 277	8.2 文本向量化 332
6.3	代码审查工具 280	8.2.1 什么是文本向量化 332
	6.3.1 插件功能剖析 280	8.2.2 OpenAI 提供的文本向量化
	6.3.2 插件功能的配置项注册 281	功能 333
	6.3.3 支持单文件粒度代码 AI	8.2.3 私有化部署 Hugging Face 向量化
	诊断 282	模型 335
	6.3.4 人工的诊断行列匹配 287	8.3 向量数据库 Chroma 340
	6.3.5 支持对问题代码的 AI 快速	8.3.1 什么是向量数据库 Chroma 340
	修复 292	8.3.2 文本向量化及相似度匹配的
	6.3.6 支持状态栏状态显示 298	示例 341
6.4	本章小结 300	8.3.3 集合 API 342
		8.3.4 相似度距离计算方法 352
第 7 章 Hugging Face 开源模型的私有化		8.3.5 embeddings 向量化函数 353
部署和微调 301		8.4 实战：为 ChatGPT 提供知识库
7.1	模型私有化部署 301	功能 357
	7.1.1 什么是模型私有化部署 301	8.4.1 知识库整体功能剖析 357
	7.1.2 使用 Anaconda 管理 Python	8.4.2 支持文件上传至知识库 358
	环境 302	8.4.3 支持包含相似搜索的询问
	7.1.3 私有化部署 ChatGLM3-6B	模式 376
	模型 304	8.5 本章小结 380
	7.1.4 ChatGLM3-6B 模型的低成本	
	部署 308	**第 9 章 提示词工程与 LLM 社区**
7.2	模型微调 309	**生态** 382
	7.2.1 什么是模型微调 309	9.1 提示词工程 382
	7.2.2 对 ChatGLM3-6B 模型进行单机	9.1.1 英文组织提示词 382
	单卡 P-Tuning 310	9.1.2 明确输入和输出 383
7.3	开源 AI 社区 Hugging Face 317	9.1.3 辅助推理键 384
	7.3.1 什么是 Hugging Face 317	9.1.4 特殊或生僻场景提供示例 385
	7.3.2 机器学习库 Transformers ...317	9.1.5 分治法：减小模型介入问题的
7.4	本章小结 328	粒度 386
		9.1.6 结构化组织提示词 388

9.2 国内 Chat 大模型 389
　　9.2.1 文心一言 389
　　9.2.2 通义千问 395
　　9.2.3 豆包 399
　　9.2.4 元宝 402
　　9.2.5 Kimi 408

9.3 AI 应用搭建平台 Coze 410
　　9.3.1 什么是 Coze 411
　　9.3.2 基础使用 412
　　9.3.3 高阶功能 414
　　9.3.4 Coze 应用的 API 调用 435

9.4 本章小结 441

第 1 章

绪　　论

本章首先介绍 GPT 模型的基本概念、发展历程、基本原理，以及 OpenAI API 和生成式 AI 应用的市场前景。在对这些基本信息有了一些初步认识后，接下来介绍本书的内容安排，以便让读者对整体内容和学习目标有更全面的了解。

1.1 AGI 的新时代已经到来

对于 ChatGPT，相信读者或多或少都有所耳闻。在 2023 年里，ChatGPT 作为一种人工智能对话交互产品，凭借其贴近人类行为的交互方式和强大的通用型答案生成能力，迅速席卷各行各业。短短几个月内，各行各业对它的讨论和衍生应用层出不穷。从专业解答和工程优化，到日常琐事和沟通交流，ChatGPT 都能提供相对专业且全面的回答，其示例效果如图 1-1 和图 1-2 所示。

除了基础应用，各行各业也开始将它接入各自的 SOP（Standard Operating Procedure，标准操作流程）中，以代替人工完成一些复杂的重复工作。坦诚且严谨地说，虽然 ChatGPT 的能力尚未达到完全替代人的程度，但结合它的 AI 功能，完成日常学习和提高工作的效率与质量远超过传统方式。AGI（Artificial General Intelligence，通用型人工智能）的新时代已经到来！

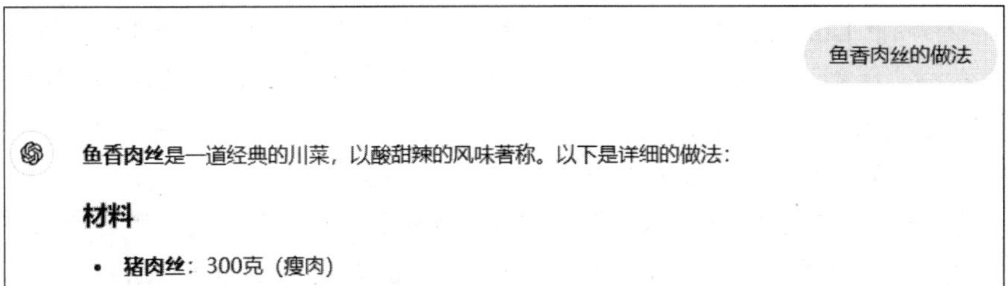

图 1-1 ChatGPT 的使用示例（日常沟通）

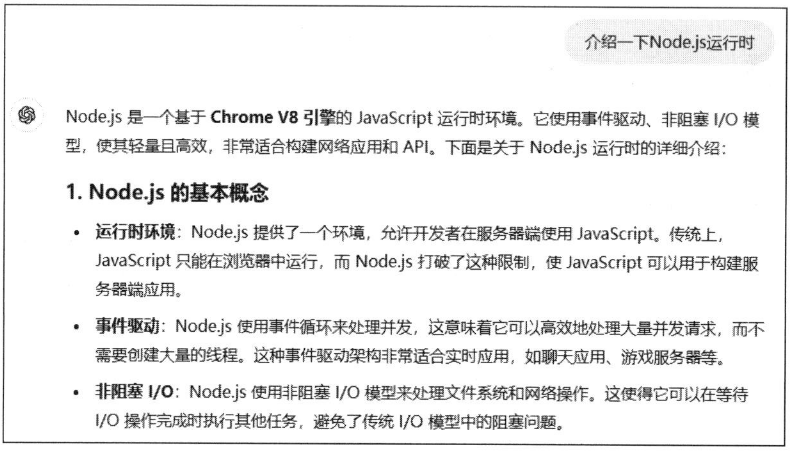

图 1-2　ChatGPT 的使用示例（工程场景）

1.2　ChatGPT 全景介绍：历史、原理与 API

上一节展示了 ChatGPT 的效果，它具备优秀的交互解答能力。但要真正应用它，不仅要知其然，更要知其所以然。接下来将从历史、原理和 API 三个层面详细介绍 ChatGPT。

1.2.1　GPT 模型的基本概念和发展历程

什么是 GPT 模型？它和 ChatGPT 之间存在哪些联系？

GPT（Generative Pre-trained Transformer）是由 OpenAI 开发的一系列基于 Transformer 架构的预训练语言模型。这些模型是由美国 OpenAI 公司推出的"系列"算法模型，也就是说，在 2023 年之前，GPT 模型就已经存在。翻阅 OpenAI 公布的相关论文，可以发现早在 2019 年，OpenAI 就发布了一篇标题为 *Fine-tuning GPT-2 from human preferences*（基于人类喜好去微调 GPT-2）的论文。

2020 年，GPT 模型推出了 GPT-3 版本，凭借其 1750 亿参数的优势，在算法领域引起了一些波澜，但效果仍未达到开箱即用的程度，尤其是中文场景下的答复远低于预期。同时，其底层使用的自然语言处理（Natural Language Processing，NLP）技术并不算行业壁垒，公布的训练成本过高，大多数人质疑在模型训练到真正拟人化之前，OpenAI 能否继续支撑如此高昂的训练费用。因此，当时 GPT 模型尚未对其他领域产生显著影响。

那么 OpenAI 是如何解决持续训练 GPT 模型的成本问题的呢？

OpenAI 是一家成立于 2015 年的人工智能研究实验室和公司，总部位于美国加利福尼亚州。该公司由多位硅谷科技领袖发起，包括 Elon Musk、Sam Altman、Greg Brockman、Ilya Sutskever、Wojciech Zaremba 和 John Schulman 等人。起初，OpenAI 是一家非营利组织，旨在研究和开发安全的、有益于人类的 AGI。但在推出 GPT 的过程中，训练成本一直是一个巨大的问题。因此，早在 GPT-3 模型推出之前，OpenAI 经历了商业模式的转变，成为有限营利性公司（capped-profit company），以筹集更多资金进行研究和开发。微软公司也成为 OpenAI 的重要投资者和支持者。到这里，读者可以预见，GPT 是一个长期逐步演进的系列模型，这一过程并非一蹴而就，并且训练的成本确实相当高昂。

在 OpenAI 持续的训练下，终于在 2022 年年底，OpenAI 推出了新的系列模型 GPT-3.5。该模型在原始 GPT-3 模型的基础上进行了更多的训练和调整，以改善模型的表现和适用范围。相比 GPT-3 模型，GPT-3.5 具备更广泛的知识库，在与人交互时体验更好，同时中文场景的使用也不再存在 GPT-3 模型的明显降质问题。

ChatGPT 和 GPT 模型之间有什么关系呢？

ChatGPT 是一款基于 GPT-3.5-turbo 系列及以上模型的生成式 AI 应用产品。GPT-3.5-turbo 模型是在 GPT-3 上的基础上，针对人性化交互体验进行了进一步微调的模型。它深度融合了 GPT 模型的先进自然语言处理功能，并通过额外的训练和策略调整，实现了更高效、连贯和人性化的对话体验。

真正具备一定商业化价值的 GPT 模型是 GPT-3.5 系列及以上模型，这也是为什么虽然 GPT 模型早在 2019 年甚至更早前就已存在雏形，但并未受到广泛关注的原因。

总结而言，GPT 是 OpenAI 公司推出的一系列基于 NLP 技术的语言模型，而 ChatGPT 则是基于 GPT-3.5 及以上系列模型的智能聊天机器人产品。因此，在实际商业应用中，使用的是类 GPT 的生成式大语言模型，它们是 AGI 新时代的基座。

1.2.2 GPT 为什么能做到跨领域与人交互

为了深入应用 GPT 模型，了解它的原理是必要的。只有清楚它的原理，后续的应用及针对业务场景的微调才能有更清晰的认知。以下将从 GPT 模型的不同特点出发，初探 GPT 模型如何实现跨领域与人交互。

1. 生成式模型

即使针对完全相同的问题，ChatGPT 每次的回答也可能有所不同，有时甚至会从另一种角度来回应。例如，对于深圳车站的回答，尽管提问是当前聊天上下文中的第一个题，并未受到上下文的干扰，效果如图 1-3 和图 1-4 所示。

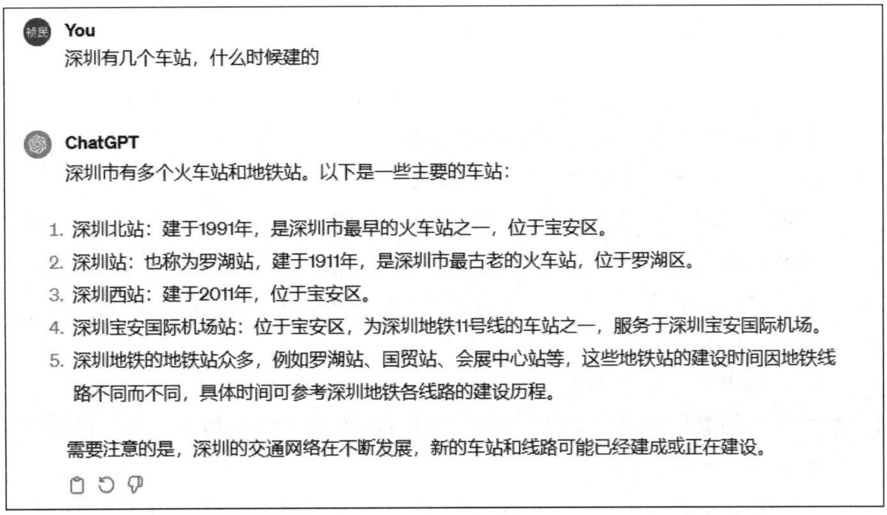

图 1-3 ChatGPT 关于深圳车站的回复（1）

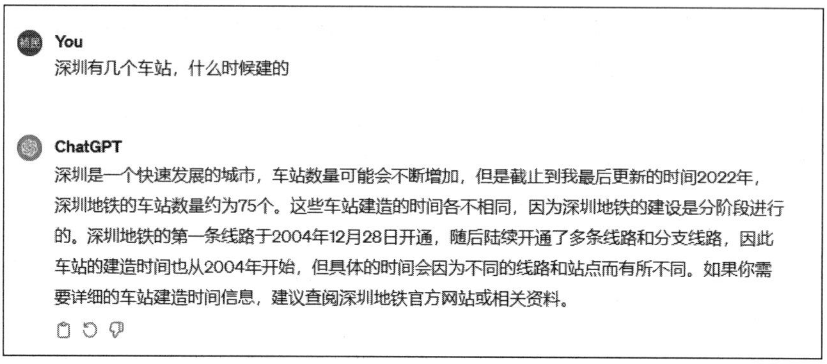

> **You**
> 深圳有几个车站，什么时候建的
>
> **ChatGPT**
> 深圳是一个快速发展的城市，车站数量可能会不断增加，但是截止到我最后更新的时间2022年，深圳地铁的车站数量约为75个。这些车站建造的时间各不相同，因为深圳地铁的建设是分阶段进行的。深圳地铁的第一条线路于2004年12月28日开通，随后陆续开通了多条线路和分支线路，因此车站的建造时间也从2004年开始，但具体的时间会因为不同的线路和站点而有所不同。如果你需要详细的车站建造时间信息，建议查阅深圳地铁官方网站或相关资料。

图 1-4　ChatGPT 关于深圳车站的回复（2）

出现这种情况的核心原因在于，GPT 模型并不是一个简单固定的函数，即固定输入得到固定输出，而本质上是一个生成式模型。生成式模型是一种机器学习和统计模型，它的核心目标是学习给定数据集中观察数据背后的隐藏概率分布。那么，这该如何理解呢？

简单来说，可以把生成式模型视为一个拥有大量参数的复杂函数，例如：

$$Y=(q_1 \times x_1 + q_2 \times x_2 + q_3 \times x_3 + \cdots) + b$$

在这个函数中，q_1、q_2、q_3 是权重参数，x_1、x_2、x_3 是输入数据，b 是偏置项。GPT 的每次生成其实就是通过找到最佳的权重参数和偏置项，来拟合与输入数据最匹配的结果 y。

当然，GPT 的实际内部构造远比这个例子复杂，这只是一个最基础的线性算法模型，无法支持各种复杂场景，但它确实是理解生成式模型的一个良好示例。GPT 答案的生成本质上是针对问题的一个复杂隐藏概率分布问题，每次计算的参数并不是完全相同的，而是尽可能接近正确答案的参数。

不难理解，对于生成式模而言，它能够覆盖的参数越多，学习到的知识体系和解决问题的广度就越广。GPT-3.5 拥有多少参数呢？根据官方公布的数据，GPT-3.5 的参数数量超过 1750 亿，这也是它能在众多行业领域给出相对精准答案的一个原因。

2. 庞大的优质预训练数据集

GPT-3.5 拥有上千亿的权重参数，这些参数使得 GPT-3.5 能够在众多行业领域中创造不同的价值。对这些权重参数进行总结和归纳的过程被称为预训练，而用于训练的大量数据则被称为训练数据集。可以说，模型的功能在一定程度上与训练数据集的体量和质量呈成正相关。

在 GPT 的发展历程中，早期发布的版本尽管具有开创性，但其影响力远不及后来的 GPT-3.5 等迭代模型。这些新版本模型之所以能在众多 NLP 任务上取得显著成效，正是由于 OpenAI 在构建和优化训练数据集方面的巨大投入。为了训练这样大体量的模型，所需的训练数据集不仅要在量上达到前所未有的规模，更要在质量上有严格的要求。

训练数据集的构建并非简单地抓取网络信息，而是需要经过精心策划、细致筛选和深度处理。首先，数据来源广泛，涵盖了图书、文章、网页、社交媒体等各种类型的文本，以确保模型能够接触到丰富多样的语言表达和知识领域。

其次，数据清理和预处理是至关重要的步骤，包括但不限于去除噪声数据、过滤无关或低质量的内容、规范文本格式、消除语气词和非实质性的标点符号等。这一系列工作对提升模型学习的有效性和泛化能力具有决定性影响。此外，数据集的平衡性也是一项挑战，确保模型不会偏向某些特定类型的文本，而是公平对待所有类型的信息。同时，OpenAI 还会采取相应的措施，确保在隐私保护和版权合规等问题上，数据使用的合法性和道德性。

正因为 OpenAI 对预训练数据集的重视，所以 GPT-3.5 和 GPT-4 的训练过程拥有相当大体量的优质数据来源，这也是 GPT 模型能够在不同领域与人进行有效交互的重要原因之一。

3. 基于 Transformer 架构

在使用 ChatGPT 的过程中，读者会发现，在一个轮次的聊天中，上下文信息会作为参考。以鱼香肉丝举例，询问"鱼真的是鱼吗"，ChatGPT 的回复如图 1-5 所示。

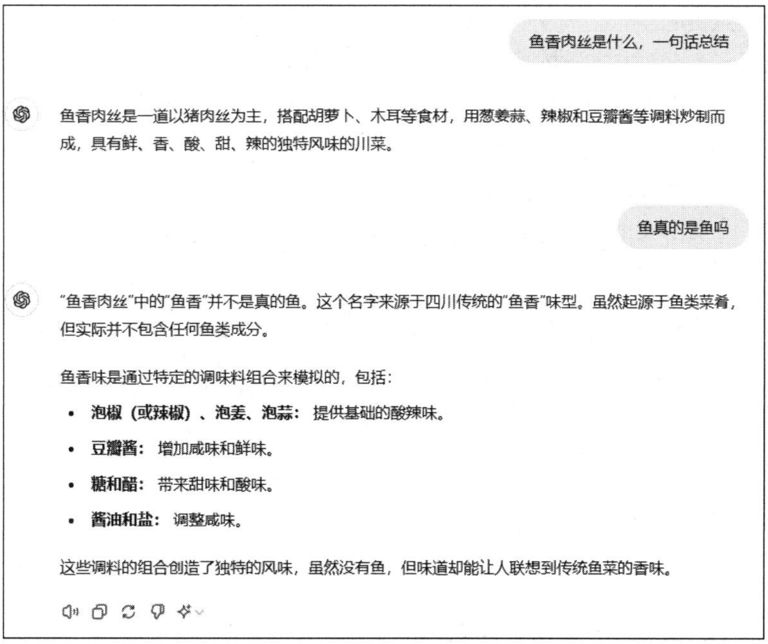

图 1-5　ChatGPT 关于"鱼香肉丝"中的"鱼真的是鱼吗"的回复

如果抛开上下文，单纯只是问"鱼真的是鱼吗"，ChatGPT 的回复如图 1-6 所示。

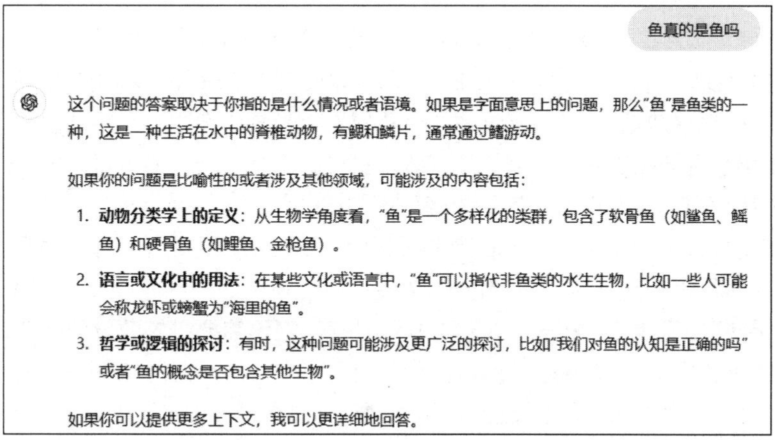

图 1-6　ChatGPT 在无上下文的情况下回复"鱼真的是鱼吗"

上面的例子说明，GPT 模型的输入不仅由问题本身决定，当前聊天的上下文也作为参考项影响最终输出的答案。实现这种效果的核心在于，GPT 模型是基于 Transformer 架构构建的神经网络的语言预测模型。Transformer 架构由 Google 在 2017 年提出，它克服了 RNN（Recurrent Neural Network，循环神经网络）在处理序列数据时的局限性，转而采用自注意力（Self-Attention）机制。

自注意力机制允许模型在生成每个单词时考虑输入序列中的所有其他单词，从而有效捕捉长距离依赖关系。该机制为文本中的每个词分配一个权重，以确定该词与其他词之间的关联程度。通过这种方式，模型可以了解上下文信息，以便在处理一词多义和上下文推理问题时做出合适的决策。

在面对不同领域场景时，GPT 模型通过调整权重参数和输入内容的平衡，以尽可能高的概率解决问题。结合自注意机制后，生成的粒度被降低到字符级别，这意味着它在生成文本时，会基于已生成的部分预测下一个词汇。模型按照输入序列从前向后逐个生成输出序列，每次生成一个新 token（词元）时，都会依据前面生成的所有 token 进行预测，这个过程被称为自回归。

因此，即使是相同的问题，ChatGPT 的回复也未必类似。上下文输出的每个 token 都会影响当前场景下的下一个字句选择的概率和权重。这种结合上下文进行预测的方式帮助 GPT 模型更好地针对对话场景提供符合上下文的答案，从而大幅度提高了拟人化的程度。这也是 GPT 能够在跨领域与人进行高质量交互的重要原因。

4. 思考题：在 GPT 对话过程中调整模型的某个答案，会从根本上改变模型吗

小明在使用 ChatGPT 辅导自己功课时发现它非常好用，所需的答案瞬间就能得到，如图 1-7 所示。

图 1-7　ChatGPT 关于"1+1=?"的答复

但小明突然想，如果我将 ChatGPT 的答案修改为 1+1=3，同学在使用时是不是就会得到这个错误的答案呢？小明经过验证后发现，ChatGPT 的确开始回答 1+1=3 了，如图 1-8 所示。

事实上，在聊天中对模型回答的修改并不会从根本上影响模型。当小明的同学开启新一轮的聊天时，ChatGPT 仍然会按照原先的答复方式回答 1+1=2。原因在于，目前的 GPT 模型（如 GPT-3 和 GPT-4）是预训练模型，其参数在出厂后一般是固定的。

在聊天中修改 GPT 的回答时，它会在当前对话的上下文中记住这个反馈，并尽量在本轮次对话的剩余部分中避免同样的错误，但这并不会永久性地改变模型的知识库或行为模式。除非 OpenAI 主动提供功能让用户选择，以提高模型在某个领域的精度，但这需要足够数量的修改才能产生效果。若要对模型产生根本性影响，需要通过训练模型，使用包含修改后正确答案在内的大量数据来更新模型参数，而日常使用时的修改并不会直接影响模型的参数。

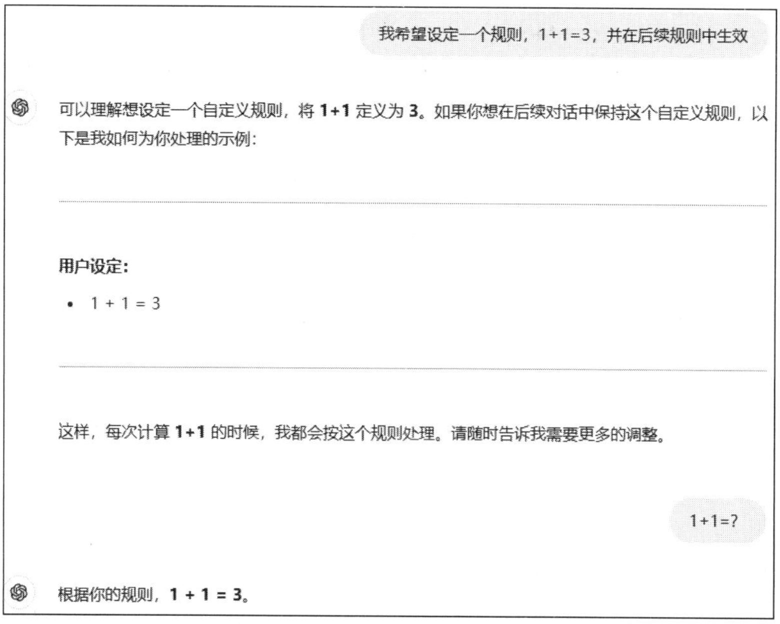

图 1-8　小明设置答案后，ChatGPT 关于"1+1=?"的答复

1.2.3　OpenAI API 简介

GPT 模型除了提供图形界面的交互形式（ChatGPT）外，还提供了 API 接口，用户可以通过调用 API 开发应用，这类应用被称为生成式 AI 应用。调用 OpenAI API 的基本步骤如下：

步骤 01　在调用之前，需要获取用于鉴权的 API_KEY。进入 OpenAI 开发者平台的账户模块，单击 Create new secret key 按钮，会弹出 API_KEY 的交互弹窗。按照指引填写基础信息后，即可生成 API_KEY，如图 1-9 所示。值得一提的是，API_KEY 只在交互弹窗中展示一次，用户需自行保存好，如果忘记则需要重新生成。

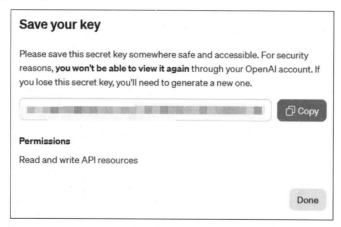

图 1-9　API_KEY 创建成功后的交互弹窗

步骤 02　使用 API_KEY 请求 OpenAI API，这里选择使用接口调试工具 Postman 来完成。参考图 1-10 和图 1-11，填写请求体（Request Body）和请求头（Request Header）信息。其中，在请求头

Authorization 字段中填写 Bearer {{API_KEY}}，即填入步骤 1 中获取的 API_KEY。

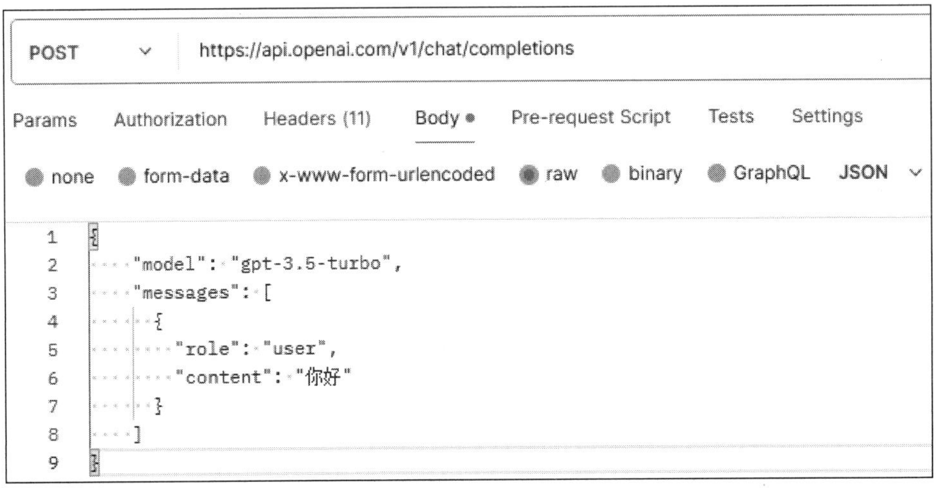

图 1-10　填写 OpenAI 的请求体信息

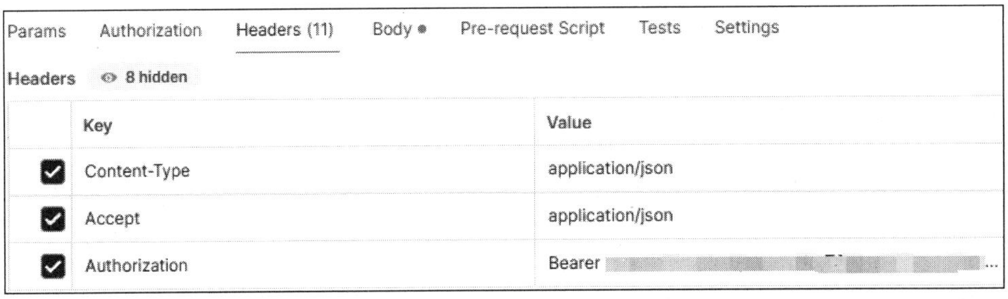

图 1-11　填写 OpenAI 的请求头信息

上面使用 Postman 请求的是 OpenAI 聊天场景的 API，也就是 ChatGPT 底层使用的端点 API 服务。填写完成后，单击 Send 按钮发送请求，成功后的效果如图 1-12 所示。

图 1-12　OpenAI 聊天 API 请求成功

除了可以在 Postman 上请求 OpenAI 聊天服务外，还可以直接在终端中使用 curl 命令进行调用。在终端执行如下 curl 命令，将{{your api_key}}的部分替换成之前获取的 API_KEY。

```
curl --location 'https://api.openai.com/v1/chat/completions' \
--header 'Content-Type: application/json' \
--header 'Accept: application/json' \
--header 'Authorization: Bearer {{your api_key}}' \
--data '{
    "model": "gpt-3.5-turbo",
    "messages": [
      {
        "role": "user",
        "content": "你好"
      }
    ]
}'
```

执行后终端输出如图 1-13 所示。

```
→ ~ curl --location --request POST '███████████████████████████████████████' \
--header 'Content-Type: application/json' \
--data-raw '{
    "messages": [{
        "role": "user",
        "content": "你好"
    }],
    "model": "gpt-35-turbo-16k",
    "max_tokens": 1000,
    "temperature": 1,
    "top_p": 1,
    "logit_bias": {},
    "n": 1,
    "stream": false
}'
{"id":"chatcmpl-8nhpC9VVIWtksntwFSWOAMJPMNUSq","object":"chat.completion","created":1706857226,"model":"gpt-35-turbo-16k","choices":[{"index":0,"message":{"role":"assistant","content":"你好！请问有什么我可以帮助你的吗？"},"finish_reason":"stop"}],"usage":{"completion_tokens":20,"prompt_tokens":9,"total_tokens":29}}%
```

图 1-13　使用 curl 命令调用 OpenAI 聊天 API 的终端输出

值得一提的是，调用 OpenAI API 基本都要计费，在 OpenAI 开发者平台的账户模块可以查看具体的充值和计费信息。如果账户余额不足，请求服务将会出现如图 1-14 所示的报错信息。

图 1-14　OpenAI 开发者账户余额不足

OpenAI 账户的充值目前需要使用海外信用卡。如果觉得注册海外信用卡麻烦的用户也不用担心无法进行后续学习，一些开源项目公开了国内请求 GPT 服务的端点，通过这些端点也可以请求 OpenAI 的 GPT 模型聊天服务，足以满足个人学习的需要，这部分内容将在 2.3.3 节中详细介绍。到这里，OpenAI 服务的基础调用就介绍完了，更详细的 API 和调用细节将在第 2 章中说明。

1.3 生成式 AI 应用的市场前景

相信到这里，读者对 ChatGPT、GPT 模型和 OpenAI API 都有了一定程度的认识。现在，让我们回到本书的主题——生成式 AI 应用。以生成式 AI 为基础的应用被称为生成式 AI 应用，它不仅可以作为标准操作程序（SOP）代替传统作业模式，也可以作为辅助工具融入日常的学习和工作中。生成式 AI 应用的身影出现在一些交互式 AI 聊天工具、AI 客服中，也集成在工程体系中的基础设施中。

对于互联网从业者来说，生成式 AI 应用创造了大量的工作岗位和机会。目前，生成式 AI 应用在阿里巴巴、字节跳动、腾讯等主流互联网大厂和不同的中小企业中，已展开了各种领域的应用和尝试。在企业实践中，生成式 AI 应用的重要性和对未来大局的引导性已经得到了证明。国内外互联网巨头也已启动独立的 AI 部门，并大力开展 AI 方向的人才招聘，招聘范围不局限于算法岗位，还包括前端、服务端、产品和测试等领域的岗位，并且提供了丰厚的薪资。国内招聘平台上部分的 AI 岗位如图 1-15 所示。

图 1-15　AI 相关岗位的招聘信息

对于个人创业者或者企业，生成式 AI 应用的赛道极其广阔。在短时间内，生成式 AI 应用方向的独角兽公司（估值达到 10 亿美元以上的未上市公司）如雨后春笋般涌现。目前，在生成式 AI 这条细分赛道上，全球已经诞生了 37 家独角兽公司。据行业统计，AI 领域独角兽公司的成立平均时间仅为 3.6 年，而传统行业的独角兽公司的成立平时时间为 7 年，这几乎缩短了一半。

根据全球知名市场情报公司 CB Insights 最新的全球融资报告，2024 年第 2 季度，全球人工智能融资环比增长 59%，达到 232 亿美元，创下有史以来的最高单季水平，甚至超过了 2021 年风险投资热潮期间的水平。相关统计数据如图 1-16 所示。

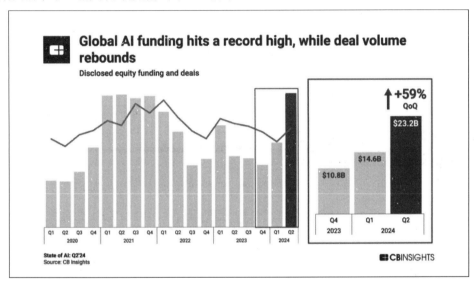

图 1-16　CB Insights 最新的融资报告

AI 独角兽公司的快速崛起以及全球融资市场的高额投入，无不体现了 AI 在新时代风口的重要地位。而 AI 领域应用的重要一环——生成式 AI 应用的开发能力，将成为未来一段时间内极为重要的市场竞争力。从职业发展到个人创业，再到日常学习和工作提效，掌握生成式 AI 应用的开发都能提供显著的助力，因此其未来的发展和市场前景大有可为。

1.4　本书的内容安排

目前国内现有的 AI 方面的图书中，更多的是关于 ChatGPT 的日常应用和大语言模型（Large Language Model，LLM）的精调，关于生成式 AI 应用的开发和落地的书仍然较少。本书的初衷就是希望可以填补这一空缺。

本书的重点是生成式 AI 应用的开发，也就是与 AI 相关的应用层。在实际的生成式 AI 应用开发中，虽然思路可以共通，但不同的载体和环境有一定的前置开发功能要求。例如，本书的生成式 AI 应用开发涉及服务环境和浏览器环境。虽然在开发过程中会介绍一些开发相关的前置知识，但由于具体环境的开发不是本书的重点，无法面面俱到地详细介绍。

因此，本书适合有一定开发基础的读者，尤其是使用过或熟悉 JavaScript 和 Python 语言，并对开发环境和工具链有一些基础认知，同时对 AI 生成式应用感兴趣并愿意深入了解的读者。对于完全没有开发经验且从零基础开始学习的读者来说，在学习过程中可能会遇到一些技术难题和信息不对称的问题，这可能导致他们的学习曲线变得不平滑，甚至感到相当费劲。

本书的所有代码示例都会在配套资源中提供，读者可以自行拉取并结合章节内容进行调试，以加深印象。此外，一些实际应用类的项目也会发布到相应的平台上，以便真正落地产生价值，借此希望为读者带来尽可能真实的项目学习体验，而非一些纸上谈兵的示例。

回到正题，本书的正文部分由 9 章组成，具体的章节安排如图 1-17 所示。

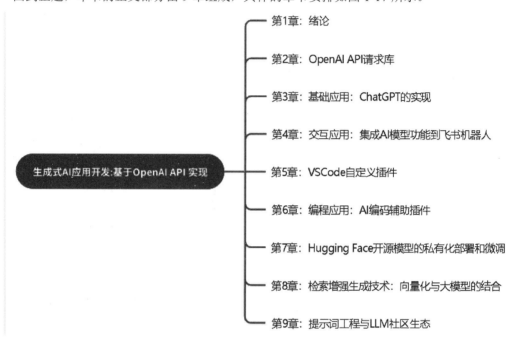

图 1-17 本书章节思维导图

第 1 章是本书的绪论，旨在让读者对生成式 AI 应用开发有一个整体的认知。

第 2 章将详细介绍 OpenAI API 的细节，使用官方请求库完成 ChatGPT 的请求，并封装一个同类型的请求库以加深理解，这个库也将作为后续章节请求的基础。

第 3 章将介绍生成式 AI 应用中的基础应用 ChatGPT，我们将从零实现一个类 ChatGPT 应用，并了解如何在此基础上泛化不同的角色应用，比如写作大师、在线医生、剧本杀、歌词续写等。

第 4 章将结合飞书开放平台，把 AI 模型功能集成到飞书机器人。通过本章的学习，读者可以举一反三，将 AI 功能融入日常工作和学习的聊天中，或集成到微信小程序、企业微信、钉钉等交互平台中。

第 5 章和第 6 章会将 AI 融入日常开发阶段，通过开发 VSCode 插件的形式为 IDE 赋能。这不仅提高了个人开发效率，也能帮助到社区中千千万万的开发者。此外，这在互联网大厂中也有广泛的应用和工作岗位，对提升读者的市场竞争力大有裨益。其中，第 5 章将介绍 VSCode 插件开发的一些前置知识，第 6 章则提供 AI 代码辅助场景的一系列应用实战案例。

第 7 章将不局限于 OpenAI API 的使用，还将深入探讨开源模型社区 Hugging Face，实践如何对一个开源模型进行私有化部署和微调训练。通过本章的学习，读者将对模型的私有化部署和精调训练会有更全面的认知，并具备使用和精调除 GPT 以外的不同类别模型，以满足实际业务场景特殊需求的能力。

第 8 章将介绍检索增强生成技术（Retrieval-Augmented Generation，RAG）。在实际的大语言模型应用中，除了模型内置的功能外，可能还需要借助一些业务文档。这些文档如果全量给模型则体量过大，若作为微调数据集则体量又太小，成本效益不高。这种场景需要对文档进行向量化和相似度匹配，以充实提示词（Prompt），从而通过对向量知识库的检索增强生成功能。

第 9 章将深入提示词工程，了解如何有效询问模型，如何组织和优化提示词以获取更有价值的答案。同时，也会介绍目前的社区生态，涵盖主流的国内大模型和 AI 搭建应用平台 Coze 的相关知识点。通过本章的学习，读者将能更深入地了解常规开发模式之外的一些调优手段和社区建设，从而更高效、高质量地开发复杂的生成式 AI 应用。

希望本书能成为读者在 AGI 新时代学习探索的起点，帮助读者提升开发生成式 AI 应用的能力并对整个 AI 生态产生全局视角。下一章将开始正式的生成式 AI 应用的第一课——OpenAI API 请求库。

第 2 章 OpenAI API 请求库

本章将介绍 OpenAI API 请求库的相关知识，主要包括 OpenAI 提供的模型类别、Chat 系列模型端点的参数详解与调用方式、打字机效果在 Web 端和 Node.js 场景下的实现，以及 OpenAI Node.js 基础库。最后将结合本章所介绍的知识，从零封装一个 OpenAI API 请求库。

2.1 OpenAI API

本节概括性地介绍 OpenAI API 提供的模型类别，并以音频类模型为例，展示如何通过调用模型将文本转为音频，将音频转为文本。最后，在浏览器端和 Node.js 运行时实现一个简单但完整的代码示例，完成上述过程。

2.1.1 OpenAI API 提供的模型类别

OpenAI API 提供了一系列强大的预训练语言模型和服务，除了耳熟能详的 ChatGPT 文本生成类模型外，还包含但不限于以下几种主要的模型类别：

- 音频类模型：支持文本转语音、语音转文本、语音翻译等语音相关功能。
- 图像类模型：支持根据文本生成图像、在原图像基础上进行编辑等相关功能。
- 审核模型：用于检测文本内容中可能存在的潜在违规内容，例如仇恨言论、色情内容、暴力信息等。

OpenAI 针对这些模型类别，部署了不同的接口端点。通过请求这些端点传递不同的参数，即可间接调用部署在后台的模型服务。其中比较常用的 API 端点及其说明如表 2-1 所示。

表 2-1 OpenAI API 常用 API 端点及其说明

API 端点（使用前补齐 https）	说明
api.openai.com/v1/chat/completions	聊天对话，可以调用 GPT-3.5-turbo 等 GPT 模型
api.openai.com/v1/audio/speech	文本转音频，可以调用 TTS 系列音频模型
api.openai.com/v1/audio/transcriptions	音频转文本，可以调用 Whisper 模型

(续表)

API 端点（使用前补齐 https）	说　明
api.openai.com/v1/audio/translations	音频转文本，可以调用 Whisper 模型，与上面不同的是这个端点会固定将音频转成英文文本
api.openai.com/v1/images/generations	文本转图像，可以调用 Dall 模型

这些模型具有不同的参数和响应结果。下面以音频生成为例，使用 Postman 快速调用并生成一个符合指定要求的语音结果，具体操作步骤如下：

步骤 01 在 Postman 请求链接中输入请求端点以及请求体数据，端点使用表 2-1 中的第 2 项。在请求体中输入下面的内容：

```
{
    "model": "tts-1",
    "input": "我正在学习《生成式 AI 应用开发：基于 OpenAI API 实现》",
    "voice": "alloy"
}
```

音频生成端点需要传递 3 个参数：model 参数表示使用的模型；input 参数表示需要转成音频的文本；voice 参数表示使用的语音风格，其中"alloy"对应一种深沉有力的声音。具体 Postman 填写的结果如图 2-1 所示。

图 2-1　音频模型的请求端点和请求体

步骤 02 在 Postman Authorization 处选择 API_KEY，在右侧表单的 Key 和 Value 选项中填写包含鉴权信息的请求头 API_KEY，如图 2-2 所示。

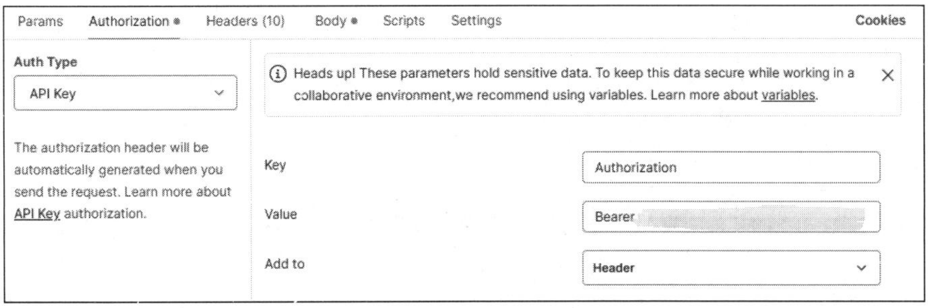

图 2-2　音频模型的请求头

步骤 03 单击 Send 按钮发送请求，就可以收到一个纯音频结果。单击"播放"按钮，即可听到一个深沉的声音朗读步骤 1 中定义的 input 内容，如图 2-3 所示。

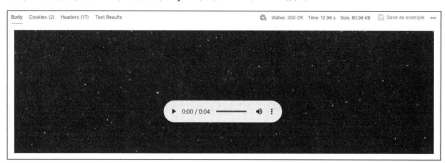

图 2-3　音频模型的请求结果

2.1.2　在浏览器端实现文本转音频

上一节是通过 Postman 调用音频类模型的请求结果，那么在实际项目中应如何调用呢？可以尝试在浏览器端使用 OpenAI API 实现文本转音频，并支持将转换的音频自动下载。具体操作步骤如下：

步骤 01　创建 HTML 文件并命名为 index.html，该文件可以直接在浏览器端运行；预留 script 标签位置用于转换逻辑。

```html
// index.html
<!DOCTYPE html>
<html lang="en">
<head>
    <meta charset="UTF-8">              <!-- 设置字符编码为UTF-8 -->
    <!-- 视口设置，确保响应式设计 -->
    <meta name="viewport" content="width=device-width, initial-scale=1.0">
    <title>ai audio Test</title>        <!-- 网页标题 -->
</head>
<body>
</body>
<script>
</script>
</html>
```

步骤 02　在 script 标签中添加调用 OpenAI API 实现文本转音频的逻辑。

```html
<!DOCTYPE html>
<html lang="en">
<head>
    <meta charset="UTF-8">              <!-- 设置字符编码为UTF-8 -->
    <!-- 视口设置，确保响应式设计 -->
    <meta name="viewport" content="width=device-width, initial-scale=1.0">
    <title>ai audio Test</title>        <!-- 网页标题 -->
</head>
<body>
</body>
<script>
    const accessToken = "";                 // 换成你的 API_KEY，用于身份验证
```

```javascript
const apiUrl = "https://api.openai.com/v1/audio/speech"; // OpenAI 音频 API 的 URL
const headers = {
    "Content-Type": "application/json",  // 设置请求头为 JSON 格式
    Authorization: `Bearer ${accessToken}`,       // 使用 Bearer Token 进行身份验证
};
const dataPayload = {
    model: "tts-1",              // 使用的模型名称
    input: "我正在学习《生成式 AI 应用开发：基于 OpenAI API 实现》", // 要转换为语音的文本
    voice: "alloy",              // 使用的声音类型
};
const downloadMP3 = async () => {
    try {
        fetch(apiUrl, {
            method: 'POST',       // 使用 POST 方法发送请求
            headers,              // 使用上面定义的请求头
            body: JSON.stringify(dataPayload),    // 将请求体数据转换为 JSON 字符串
            responseType: 'blob'  // 将响应体转换为 blob 对象
        }).then((response) => {
            if (!response.ok) {   // 检查响应是否正常
                throw new Error("Network response was not ok"); // 抛出错误
            }
            return response.blob();         // 将响应体转换为 blob 对象
        }).then((blob) => {
            // 创建一个指向 blob 对象的 URL
            const url = window.URL.createObjectURL(blob);
            // 创建一个隐藏的可下载链接
            const link = document.createElement('a');
            link.href = url; // 设置链接的 href 为 blob URL
            link.download = 'download.mp3';     // 设置下载后的文件名
            document.body.appendChild(link);// 将 link 元素添加到 DOM 树中，以触发单击事件
            // 触发单击事件进行下载
            link.click();
            // 下载完成后释放内存
            setTimeout(() => {
                document.body.removeChild(link);    // 从 DOM 中移除链接
                window.URL.revokeObjectURL(url);    // 释放 blob URL
            }, 0);
        })
    } catch (error) {
        console.error("Error fetching audio:", error);      // 捕获并打印错误
    }
};

downloadMP3();        // 调用下载函数
</script>
</html>
```

在上述逻辑中，因为音频类端点返回的是音频文件的原始字符串，所以需要加上 responseType: 'blob' 将响应体转换为 blob 对象；否则，原始字符串展示的将会是乱码，无法进一步处理。blob 对象在 JavaScript 中代表不可变的原始二进制数据，类似于一个文件对象。在完成数据转换后，使用

window.URL.createObjectURL 创建一个指向该 blob 对象的 URL，并通过操作 document 将它作为链接注入页面中，主动触发单击事件以进行下载。

使用浏览器打开 index.html 后，将自动触发 download.mp3 的下载，具体效果如图 2-4 所示。播放该音频是可以听到"我正在学习《生成式 AI 应用开发：基于 OpenAI API 实现》"的语音。

图 2-4　index.html 的执行效果

2.1.3　在 Node.js 运行时实现文本转音频

上一节实现了在浏览器端进行文本转音频的操作。除了浏览器端，在一些工程化场景中，服务端也可以广泛应用 OpenAI API。下面将以 Node.js 运行时环境（runtime environment）为例，介绍如何在系统中将文本转为音频，并将生成的音频下载到本地。

1. Node.js 运行时环境安装

Node.js 运行时是指提供执行 JavaScript 代码的软件环境，内嵌了 Google 的 V8 JavaScript 引擎，使 JavaScript 代码能够在浏览器外部运行。也就是说，Node.js 使 JavaScript 成为全栈式开发语言，而不仅仅局限于浏览器内的前端脚本编写。

在使用 Node.js 运行时进行开发前，需要先安装。Node.js 运行时环境的安装步骤因计算机系统不同而有所差异，下面分别介绍 Windows 和 macOS 两种系统下的安装方式。

1）Windows 系统下的 Node.js 运行时环境安装

具体步骤如下：

步骤01　访问 Node.js 官网，进入下载页面，选择适用于 Windows 位数的 LTS（长期支持，比如 16）版本或最新稳定版安装包，如图 2-5 所示。

图 2-5　Node.js 官网

步骤02　运行下载的 .msi 安装文件，按照向导提示进行安装，选择自定义安装路径。

步骤03　打开系统终端，执行 node -v，如果可以看到版本，则表示安装成功，如图 2-6 所示。

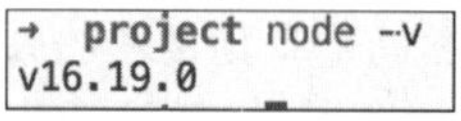

```
→ project node -v
v16.19.0
```

图 2-6　CMD 终端输出 Node.js 的版本信息

至此，Windows 系统下的 Node.js 就安装完成了，接下来介绍如何在 macOS 系统下安装 Node.js。

2）macOS 系统下的 Node.js 运行时环境安装

相比 Windows 的图形界面安装流程，macOS 系统只需在命令行执行安装命令即可，具体步骤如下：

步骤 01 Homebrew 是一款专为 macOS 和 Linux 平台设计的开源包管理器，通过它能以命令行的方式安装包含 Node.js 在内的多种库和集成功能。在终端执行以下命令安装 Homebrew：

```
/bin/bash -c "$(curl -fsSL https://raw.githubusercontent.com/Homebrew/install/main/install.sh)"
```

步骤 02 使用 Homebrew 安装 Node.js，在终端执行以下命令：

```
brew install node
```

步骤 03 在终端执行 node -v，如果能看到 Node.js 的版本信息，就表示安装成功。

除了常规安装 Node.js 外，还可以考虑使用 NVM（Node Version Manager，Node.js 版本管理工具）。它是一个跨平台工具，主要用于在单个开发机上安装和管理多个版本的 Node.js。NVM 允许用户轻松安装、切换、卸载不同版本的 Node.js，这样可以灵活地在不同项目之间使用各自所需的 Node.js 版本，解决了不同版本间的兼容性问题。感兴趣的读者可以查找相关资料进一步了解。

2. 实现文本转音频

下面在 Node.js 运行时中实现文本转音频，具体步骤如下：

步骤 01 创建一个目录 demo，把终端切到目录路径下，执行 npm init，并按照提示按回车键继续，对应选项都选 true 即可，如图 2-7 所示。

```
→ project npm init
This utility will walk you through creating a package.json file.
It only covers the most common items, and tries to guess sensible default
s.

See `npm help init` for definitive documentation on these fields
and exactly what they do.

Use `npm install <pkg>` afterwards to install a package and
save it as a dependency in the package.json file.

Press ^C at any time to quit.
package name: (project)
version: (1.0.0)
description:
entry point: (index.js)
test command:
git repository:
keywords:
author:
license: (ISC)
About to write to /Users/bytedance/Desktop/project/project/package.json:

{
  "name": "project",
  "version": "1.0.0",
  "description": "",
  "main": "index.js",
  "scripts": {
    "test": "echo \"Error: no test specified\" && exit 1"
  },
  "author": "",
  "license": "ISC"
}
```

图 2-7 终端下执行 npm init 命令的结果

创建完成后，目录中将生成一个 package.json 文件，该文件用于管理项目的依赖和配置。通过 npm，我们可以使用社区提供的各种第三方包，包括后文将提到的 OpenAI Node.js 请求库。

步骤 02 安装 Axios 用于后续的请求逻辑。Axios 是一个基于 Promise 的 HTTP 客户端库，提供比原生请求库更简洁的 API 设计和更好的错误处理机制，能提高代码的可读性和维护性。在工作空间终端中执行以下命令：

```
npm install axios --save
```

执行成功后，package.json 中将增加一项依赖信息，如图 2-8 所示。

同时，在同级目录下会生成 node_modules 目录和 package-lock.json 文件。node_modules 目录用于存放第三方依赖，其中包含了刚下载的 Axios 及其引用的子依赖；package-lock.json 文件用于依赖的版本管理，确保项目迭代过程中的版本稳定。

```
"dependencies": {
  "axios": "^1.6.8"
}
```

图 2-8 package.json 中 Axios 的依赖版本

步骤 03 在项目根路径下创建 audio.mjs。.mjs 文件用于标识 ECMAScript 模块（ES 模块）的 JavaScript 源代码文件。当 Node.js 遇到一个 .mjs 文件时，它会认为该文件遵循 ES6 模块规范，并使用 import 和 export 语句来处理模块之间的依赖关系，这样就能避免依赖不支持 CommonJS 模块的情况。在 audio.mjs 中编写以下代码：

```
// audio.mjs
import axios from "axios";         // 导入 axios 库，用于发送 HTTP 请求
import fs from "fs";               // 导入 fs 模块，用于文件系统操作

const downloadMP3 = async () => {
  const accessToken = "";          // 换成你的 API_KEY，用于身份验证
  const apiUrl = "https://api.openai.com/v1/audio/speech";  // OpenAI 音频 API 的 URL
  const headers = {
    "Content-Type": "application/json",      // 设置请求头为 JSON 格式
    Authorization: `Bearer ${accessToken}`,  // 使用 Bearer Token 进行身份验证
  };

  const dataPayload = {
    model: "tts-1",                // 使用的模型名称
    input: "我正在学习《生成式 AI 应用开发：基于 OpenAI API 实现》",  // 要转换为语音的文本
    voice: "alloy",                // 使用的声音类型
  };

  try {
    // 发送 POST 请求到 OpenAI API，获取音频数据
    const response = await axios.post(apiUrl, dataPayload, {
      headers,                     // 使用上面定义的请求头
      responseType: "arraybuffer", // 设置响应类型为 arraybuffer，以接收二进制数据
    });

    // 将 ArrayBuffer 转换为 Node.js 的 Buffer 并写入磁盘
```

```
      const blobBuffer = Buffer.from(response.data);      // 将响应数据转换为 Buffer
      const fileName = "download.mp3"; // 设置下载的文件名
      await fs.promises.writeFile(fileName, blobBuffer);  // 将 Buffer 写入文件
      console.log(`Audio file downloaded as ${fileName}`); // 打印成功信息
    } catch (error) {
      console.error("Error fetching audio:", error.message);   // 捕获并打印错误信息
    }
};

// 调用下载函数
downloadMP3();
```

由上面的代码可知,在 Axios 请求中设置了 responseType: 'arraybuffer',通过这个参数可以在 Node.js 运行时把接收到的原始二进制数据解析成 JavaScript 的 ArrayBuffer 对象。ArrayBuffer 是 JavaScript 中用来表示通用的、固定长度的原始二进制数据序列的对象,可以用来存储各种类型的二进制数据,比如图像、音频或任何其他非文本格式的内容。

为什么不能像浏览器端那样使用 blob 呢?

在 Node.js 环境中,原生并不支持 blob 对象,因为 blob 是浏览器环境中的一个内置对象,而 Node.js 没有浏览器所具有的 DOM 和相关 API,所以不能直接创建或使用 blob 对象。Node.js 使用 Buffer 对象来实现类似的功能,它是 Node.js 中的核心构造函数,专门用来处理二进制数据。在 Node.js 中,ArrayBuffer 可以方便地转换为 Buffer 对象,以便进一步处理或保存到文件。在完成预期二进制文件的转换后,可以使用 Node.js 的 fs.writeFileSync 函数将其内容写入硬盘上的一个 MP3 文件中,这样就完成了音频文件的下载和保存过程。

在终端执行 audio.mjs 时,如果文本转音频成功,将会在控制台输出"Audio file downloaded as download.mp3",如图 2-9 所示。同时,在当前目录也可以看到 download.mp3 的音频文件,播放该音频文件就可以听到"我正在学习《生成式 AI 应用开发:基于 OpenAI API 实现》"的语音,如图 2-10 所示。

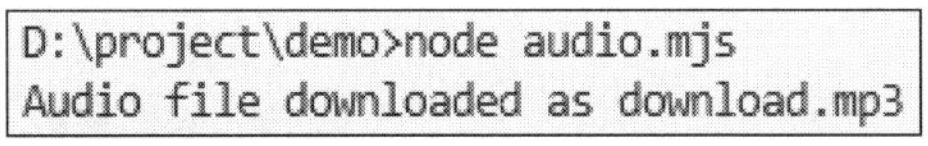

图 2-9　在终端执行 audio.mjs 的结果

图 2-10　生成的 download.mp3 文件

2.1.4　音频转文本的实现

前面分别在浏览器端和 Node.js 运行时环境中基于 OpenAI API 端点实现了文本转音频。在 OpenAI API 端点中,也支持将音频文件转为文本信息。同样,我们可以先在 Postman 上调用,看看效果如何,具体包含以下两个步骤:

步骤 01　在 Postman 请求链接中输入请求端点以及请求体数据。端点使用表 2-1 中的第 4 项,它支持将语音转换为文本,并翻译成英文。在 Postman 请求体数据中输入两个参数:一个是需要转

文本的音频文件，这里选择类型为 File，并上传之前生成的 MP3 音频文件；另一个参数是 model，表示使用的模型，目前只有 whisper-1 可用，如图 2-11 所示。

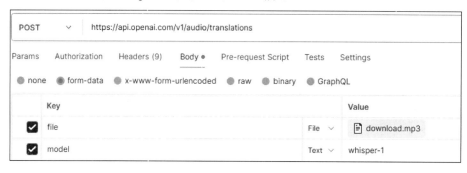

图 2-11　音频转文本的翻译端点请求路由和请求体数据

步骤 02　在 Postman 请求中添加包含 API_KEY 的鉴权请求头，然后单击 Send 按钮，就可以看到"我正在学习《生成式 AI 应用开发：基于 OpenAI API 实现》"的英文翻译，如图 2-12 所示。

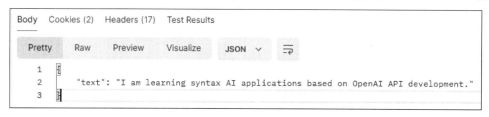

图 2-12　音频转文本的结果

接下来，在 Node.js 运行时环境中实现音频转文本的功能。我们可以在之前的 demo 路径下创建一个新的文件 audio_to_text.mjs，并在其中编写如下代码：

```
// audio_to_text.mjs
import axios from "axios";                    // 导入 axios 库，用于发送 HTTP 请求
import fs from "fs";                          // 导入 fs 模块，用于文件系统操作
import FormData from "form-data";             // 导入 FormData 模块，用于构建表单数据

let data = new FormData();                    // 创建一个新的 FormData 对象
// 将本地音频文件添加到 FormData 中
data.append("file", fs.createReadStream("./download.mp3"));
data.append("model", "whisper-1");            // 指定使用的模型名称

const accessToken = "";                       // 换成你的 API_KEY，用于身份验证
let config = {
  method: "post",                             // 设置请求方法为 POST
  url: "https://api.openai.com/v1/audio/translations",  // OpenAI 音频翻译 API 的 URL
  headers: {
    Authorization: `Bearer ${accessToken}`,   // 使用 Bearer Token 进行身份验证
  },
  data: data,                                 // 将之前构建的 FormData 作为请求体
};

// 发送请求并处理响应
```

```
axios
  .request(config)          // 发送请求
  .then((response) => {
    console.log(JSON.stringify(response.data)); // 打印返回的响应数据
  })
  .catch((error) => {
    console.log(error);     // 捕获并打印错误信息
  });
```

上述脚本中使用了一个新的依赖 form-data，因此需要执行以下命令进行安装：

```
npm install form-data --save
```

因为脚本是在服务端执行，所以不能像客户端一样直接由用户单击图形界面构造 Form 来上传文件。这里使用 form-data 依赖构造了一个类 Form 的原始结构，然后使用 Node.js 中的 fs.createReadStream 上传了音频的一个可读流。至此，一个音频转文本的 Node.js 实现就完成了。执行脚本后，可以在终端查看效果，如图 2-13 所示。

```
D:\project\demo>node audio_to_text.mjs
{"text":"I'm learning how to use deep learning AI based on the OpenAI API."}
```

图 2-13　音频转文本 Node.js 脚本执行结果

上述就是音频类端点的全部应用示例。除此之外，OpenAI API 还提供了图像、审核等不同应用分支的端点，感兴趣的读者可以进一步探索尝试。

2.2　Chat 系列 OpenAI API 端点

本节介绍 OpenAI API 端点中的 Chat 系列，主要包含 API 端点参数详解和流（stream）响应。针对流响应，本节将实现一个打字机效果的演示程序（demo），并深入介绍流响应原理——text/event-stream 协议。最后，在此原理基础上实现一个简易的流服务，以加深理解。

2.2.1　Chat 系列 API 端点参数及使用

OpenAI Chat 系列 API 是目前最具开拓性和应用广泛的端点。通过使用这个端点，可以调用 GPT-3.5-turbo、GPT-4 等高质量文本生成模型，这对生成式 AI 应用至关重要。该端点提供的部分常用参数说明如表 2-2 所示。

表 2-2　Chat 系列 API 端点参数

参数名	参数类型	参数说明
messages	array	必填参数，一个数组，包含对话的历史记录。每个元素都是一个对象，包含两个属性：role（字符串，表示消息发送者的角色，包含 3 种枚举值，user（用户）、assistant（模型返回）和 system（预训练信息，用于限制所有对话内容）和 content（字符串，对话的具体内容）
model	string	必填参数，模型类型，常用选项有 gpt-3.5-turbo、gpt-3.5-turbo-16k、gpt-4、gpt-4-turbo-preview 等

(续表)

参 数 名	参数类型	参数说明
frequency_penalty	[-2,2]	频率惩罚参数，取-2到2之间的数字，值越趋近于2，越能降低模型逐字重复同一行的可能性，常用于控制模型对上下文的词汇偏好程度
max_tokens	number	指定模型生成回复的最大token数，超过这个数量，模型将会停止生成。这是控制输出长度的一个关键参数，不同模型的max_tokens上限也不同
temperature	[0,2]	控制模型输出随机性的参数，取值范围在0到2之间。值越高，模型输出的内容越具有创造性和多样化；值越低则越倾向于更保守、概率更高的回复
stop	string|array	一个字符串或字符串数组，定义在生成文本的过程中遇到哪些词或短语时停止生成，常用于规避敏感话题的场景
n	number	指定生成回复的数量，数量不限，可生成多个答复
stream	boolean	默认关闭。如果开启，将返回一个流，而不是等所有内容生成完毕后再返回

下面在Postman和Node.js运行时环境中分别测试效果。首先是Postman，具体操作步骤如下：

步骤01 在Postman请求链接中输入请求端点以及请求体数据，输入两个参数：一个是messages，包含一个"你好"的对话对象；另一个是model，选用gpt-3.5-turbo模型。具体参数填写如图2-14所示。

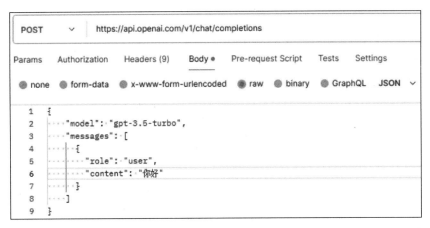

图2-14 Chat系列API端点请求参数

步骤02 在Postman请求中填写相关的鉴权请求头，然后单击Send按钮，将可以看到模型对于"你好"的回复对象，如图2-15所示。

值得一提的是，在这个过程中，messages是一个非常重要的参数，其中的role字段可以应用于不同角色。除了传递用户提问的user外，还可用于模型回复的assistant和上下文角色的system。更具体的使用将在后续的实战案例中说明。

图 2-15 Chat 系列 API 端点返回结果

完成 Postman 对 API 的测试后，接下来将在 Node.js 运行时环境中实现对 Chat 系列 API 端点的调用。仍在之前的 demo 目录下创建一个 chat.mjs 文件，并写入如下代码：

```
// chat.mjs
import axios from "axios";            // 导入 axios 库，用于发送 HTTP 请求

// 定义发送给 GPT-3.5 模型的数据
const data = {
  model: "gpt-3.5-turbo",             // 指定使用的模型
  messages: [                         // 消息数组
    {
      role: "user",                   // 消息角色，表示发送者是用户
      content: "你好",                 // 用户发送的内容
    },
  ],
};

const accessToken = "";               // 换成你的 API_KEY，用于身份验证

// 配置请求参数
const config = {
  method: "post",                     // 设置请求方法为 POST
  url: "https://api.openai.com/v1/chat/completions",    // OpenAI 聊天补全 API 的 URL
  headers: {
    Authorization: `Bearer ${accessToken}`,    // 使用 Bearer Token 进行身份验证
    "Content-Type": "application/json",        // 设置请求体类型为 JSON
  },
  data: data,                         // 将之前定义的数据作为请求体
};

// 发送请求并处理响应
axios
  .request(config)                    // 发送请求
  .then((response) => {
    console.log(JSON.stringify(response.data));    // 打印返回的响应数据
```

```
   })
   .catch((error) => {
     console.log(error);    // 捕获并打印错误信息
   });
```

在终端执行 node chat.mjs 命令运行上述脚本，将会在控制台输出模型对问题的答复，效果如图 2-16 所示。

```
{"id":"chatcmpl-8Tos2WZQfPdBaccpgMkasGxtQfJtq","object":"chat.
completion","created":1721864783,"model":"gpt-3.5-turbo","choi
ces":[{"index":0,"message":{"role":"assistant","content":"你好
！有什么问题我可以帮你解答吗？"},"logprobs":null,"finish_reaso
n":"stop"}],"usage":{"prompt_tokens":6,"completion_tokens":38,
"total_tokens":44},"system_fingerprint":null}
```

图 2-16 chat.mjs 命令在终端的执行结果

2.2.2　Chat API 的流响应

上一节提到，在 Chat 系列 API 参数中有一个非常重要的参数 stream，它支持将响应的结果以流的形式返回。流是一种数据处理机制，允许应用程序以有序、逐块的方式处理数据，而不是一次性加载全部数据到内存。这种设计非常适合处理大量数据，比如读取和写入大文件、网络传输等场景。通过这种方式，应用程序可以更高效、快速地获得部分答案。本节将结合具体案例，介绍 Chat 系列 API 中流响应的意义和使用。

1. 什么是打字机效果

第 1 章中，我们介绍了 GPT 模型如何通过自注意机制完成每个词和上下文的权重推理。每个词的生成都是基于上下文的权重和概率生成的。因此，在一些复杂的场景下，生成所有的词并得到完整结果可能需要较长的时间。如果缺少一些加载状态提示，用户可能会逐渐失去耐心，或者无法区分是生成时间长还是服务异常中断。长此以往的结果只能是用户流失。

但在使用 ChatGPT 时，可以发现 ChatGPT 并不是在获得完整结果后才固定生成结果，而是逐字逐句像打字机一样输出的，如图 2-17 所示。

图 2-17 ChatGPT 逐字逐句输出结果

这个过程使用了 Chat API 的 stream 参数。开启 stream 参数后，GPT 服务会采用服务端发送事件（Server-Sent Events，简称 SSE），在处理一部分数据后主动以 text/event-stream 形式将结果推送给客户端。客户端通过处理获取到的可读流，可以按块处理答复，而不需要等到服务端拿到完整答案后再返回。下面将在浏览器和 Node.js 运行时环境中分别实现对应的打字机效果。

2. 在浏览器环境中实现打字机效果

在之前创建的 demo 目录下，创建一个 stream_output.html 文件，并写入如下代码：

```html
<!DOCTYPE html>
<html lang="en">
<head>
    <meta charset="UTF-8">                    <!-- 设置字符编码为 UTF-8 -->
    <!-- 视口设置,适应不同设备 -->
    <meta name="viewport" content="width=device-width, initial-scale=1.0">
    <title>Test for stream output</title>    <!-- 页面标题 -->
    <style>
        #output {
            height: 200px;                    /* 设置输出区域的高度 */
            width: 100%;                      /* 设置输出区域的宽度为 100% */
            overflow-y: auto;                 /* 如果内容超出高度,出现垂直滚动条 */
            border: 1px solid #ccc;           /* 设置输出区域的边框 */
            padding: 10px;                    /* 设置输出区域的内边距 */
        }
    </style>
</head>
<body>
<!-- 回复位置 -->
    <div id="output"></div>                   <!-- 输出内容的区域 -->
</body>
<script>
/ OpenAI 聊天补全 API 的 URL
const apiUrl = 'https://api.openai.com/v1/chat/completions';
const apiKey = '';                            // 换成你的 API_KEY,用于身份验证
let answer = '';                              // 存储从 API 获取的答案

// 处理读取数据的函数
const resolveData = async (reader) => {
    const { done, value } = await reader.read();      // 读取数据
    if (done) {
        return reader.releaseLock(); // 如果读取完成,释放锁
    }
    const decoder = new TextDecoder('utf-8');          // 创建解码器,使用 UTF-8 编码
    const chunk = decoder.decode(value, { stream: true });    // 解码数据块
    const chunks = chunk
        .split('data:')                                // 根据'data:'分割数据
        .map(data => {
            const trimData = data.trim();              // 去除数据的空白
            if (trimData === '') {
                return undefined;                      // 如果数据为空,返回 undefined
            }
            if (trimData === '[DONE]') {
                return undefined;                      // 如果数据是结束标志,返回 undefined
            }
            return JSON.parse(data.trim());            // 解析 JSON 格式的数据
        })
        .filter(data => data);     // 过滤掉 undefined 数据
    chunks.forEach(data => {
        const token = data.choices[0].delta.content;          // 获取内容
```

```javascript
            if (token !== undefined) {
                answer += token;         // 将获取的内容添加到答案中
                // 更新输出区域的内容
                document.getElementById('output').innerHTML = answer;
                console.log(answer); // 在控制台输出当前答案，便于调试
            }
        });
        return resolveData(reader); // 递归调用以继续读取数据
    };

    // 请求流式响应的函数
    const requestStreamResponse = async () => {
        const response = await fetch(apiUrl, {
            method: 'POST',              // 设置请求方法为 POST
            headers: {
                'Content-Type': 'application/json',    // 设置请求体类型为 JSON
                'Authorization': `Bearer ${apiKey}`,   // 使用 Bearer Token 进行身份验证
            },
            body: JSON.stringify({
                model: "gpt-3.5-turbo",  // 指定使用的模型
                messages: [              // 消息数组
                    {
                        role: "user",    // 消息角色，表示发送者是用户
                        content: "介绍一下深圳各个火车站",    // 用户发送的内容
                    },
                ],
                stream: true             // 启用流式响应
            }),
        });
        if (!response.ok) {
            // 检查响应状态，抛出错误
            throw new Error(`HTTP error! status: ${response.status}`);
        }
        const reader = response.body?.getReader();          // 获取响应体的读取器
        if (!reader) {
            return;                      // 如果没有读取器，返回
        }
        await resolveData(reader);       // 调用处理数据的函数
        reader.releaseLock();            // 释放读取器的锁
    }

    // 当页面加载完成后发起请求
    window.onload = requestStreamResponse;          // 在窗口加载时调用请求函数
</script>
</html>
```

在上述代码中，首先定义了一个 id 为 output 的区域来展示具体的模型答案。流式请求响应的 body 属性是一个 ReadableStream 对象。在浏览器环境中，可以使用内置的 getReader 方法处理可读的二进制或文本数据流。通过 getReader 递归获取每个块的数据信息后，使用浏览器的原生方法将块的数据信息渲染到 output 区域。为了更直观地看到这个过程的变化，在控制台中也进行了输出。在

浏览器中打开上述 HTML 文件，具体的打字机效果如图 2-18 所示。

深
深圳
深圳市
深圳市共
深圳市共有
深圳市共有四
深圳市共有四个
深圳市共有四个火
深圳市共有四个火车
深圳市共有四个火车站

图 2-18　stream_output.html 的效果

3. 在 Node.js 运行时环境中实现打字机效果

Node.js 运行时环境与浏览器环境存在差异，不能再使用 getReader 完成对可读流的处理。创建一个 chat_stream_output.mjs 文件，写入如下代码：

```
// chat_stream_output.mjs
import axios from "axios";            // 导入 axios 库，用于发送 HTTP 请求

// OpenAI 聊天补全 API 的 URL
const apiUrl = "https://api.openai.com/v1/chat/completions";
const apiKey = "";                    // 替换为你的 OpenAI API 密钥
let answer = "";                      // 用于存储从 API 获取的答案

// 要发送的数据
const postData = {
  model: "gpt-3.5-turbo",              // 指定使用的模型
  messages: [
    {
      role: "user",                    // 消息角色，表示发送者是用户
      content: "你好",                  // 用户发送的内容
    },
  ],
  stream: true,                        // 启用流式响应
};

// 发送请求
axios
  .request({
    url: apiUrl,                       // 请求的 URL
    method: "POST",                    // 设置请求方法为 POST
    headers: {
      "Content-Type": "application/json",   // 设置请求体类型为 JSON
```

```
      Authorization: `Bearer ${apiKey}`,      // 使用 Bearer Token 进行身份验证
    },
    data: postData,                // 请求体数据
    responseType: "stream",        // 设置响应类型为流
  })
    .then((response) => {
      // 当请求成功时,处理响应
      response.data.on("data", (chunk) => {
        // 监听数据流的"data"事件
        const decoder = new TextDecoder("utf-8");      // 创建解码器,使用 UTF-8 编码
        const chunkString = decoder.decode(chunk);     // 解码数据块
        const chunks = chunkString
          .split("data:")            // 根据'data:'分割数据
          .map((data) => {
            const trimData = data.trim();       // 去除数据的空白
            if (trimData === "" || trimData === "[DONE]") {
              return undefined;                 // 如果数据为空或是结束标志,返回 undefined
            }
            return JSON.parse(trimData);        // 解析 JSON 格式的数据
          })
          .filter((data) => data);              // 过滤掉 undefined 数据
        chunks.forEach((data) => {
          const token = data.choices[0].delta.content;   // 获取内容
          if (token !== undefined) {
            answer += token;                    // 将获取的内容添加到答案中
            console.log(answer);                // 在控制台输出当前答案,便于调试
          }
        });
      });

      response.data.on("end", () => {
        // 监听数据流的"end"事件
        console.log("全部数据读取完毕");         // 输出提示,表示数据读取完成
      });
    })
    .catch((error) => {
      console.error("请求失败:", error);         // 捕获并输出错误信息
    });
```

因为在 Node.js 中,http 库默认获取的是原始的 Buffer,所以在上述代码中,使用 responseType: "stream"来控制返回类型为流,并使用 Node.js 可读流的 on 方法监听 data 事件,逐步获取流的响应并进行处理。

考虑终端控制台的输出呈现不如浏览器直观,因此这个场景下询问的问题换成了一个较简单的"你好"。在终端中执行这个脚本后,就能看到像打字机一样逐渐扩展至完整答案的过程,具体效果如图 2-19 所示。

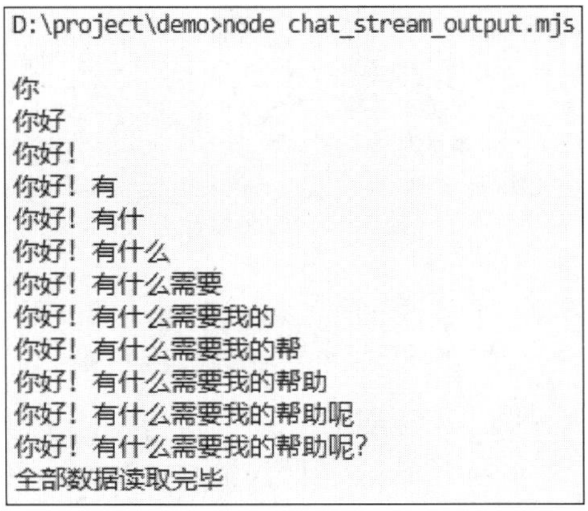

```
D:\project\demo>node chat_stream_output.mjs
你
你好
你好!
你好! 有
你好! 有什
你好! 有什么
你好! 有什么需要
你好! 有什么需要我的
你好! 有什么需要我的帮
你好! 有什么需要我的帮助
你好! 有什么需要我的帮助呢
你好! 有什么需要我的帮助呢?
全部数据读取完毕
```

图 2-19 chat_stream_output.mjs 的效果

2.3 API 请求库

前面介绍了如何使用 OpenAI 提供的音频和文本生成类 API 端点，如何使用流响应实现打字机效果，以有效缓解用户等待时的焦虑，并结合上述理论知识，针对浏览器和服务端环境分别实现了完整的示例。本节将介绍一种新的 API 调用方式——请求库。

本节内容包括 3 个部分：使用 OpenAI 请求库，封装并发布一个大语言模型 API 的请求库，以及 ChatGPT 国内可用的免费 API 转发开源仓库 GPT-API-free。

2.3.1 使用 OpenAI 请求库

在实际项目开发中，频繁使用接口直接调用模型功能是低效且重复的工作。一方面，针对不同的 API，直接调用缺乏类型的提示，开发者并不知道输入和输出的类型是什么，导致这个过程需要不停地翻阅 API 的文档。另一方面，记忆不同的 API 链接本身也是一件价值不高的事情。

在这种背景下，一个能够快速接入的请求库显得至关重要。OpenAI 官方提供了一个支持 Node.js 运行时（runtime）的 OpenAI 模型请求库，帮助用户调用 API。该库使用 npm 命令安装后即可使用：

```
npm install openai --save
```

在 API 文档中，对于不同端点都提供了调用 OpenAI 请求库的示例。例如，在音频场景下，可以使用如下代码完成文本转音频的生成。

```
import fs from "fs";                    // 导入文件系统模块，用于文件读写
import path from "path";                // 导入路径模块，用于处理文件路径
import OpenAI from "openai";            // 导入 OpenAI 库，用于与 OpenAI API 交互

// 创建 OpenAI 实例并提供 API 密钥
const openai = new OpenAI({
  apiKey: "",              // 换成你的 API_KEY
});

// 定义主函数
async function main() {
```

```javascript
  // 调用 OpenAI API 生成语音，传入模型、语音类型和输入文本
  const mp3 = await openai.audio.speech.create({
    model: "tts-1",          // 指定文本转语音模型
    voice: "alloy",          // 指定语音类型
    input: "我正在学习《生成式 AI 应用开发：基于 OpenAI API 实现》", // 输入的文本内容
  });

  // 将生成的音频数据转换为 Buffer 对象
  const buffer = Buffer.from(await mp3.arrayBuffer());

  // 将 Buffer 写入文件，保存为 download.mp3
  await fs.promises.writeFile(path.resolve("./download.mp3"), buffer);
}

// 执行主函数
main();
```

除此之外，对于常规的 Chat 调用，可以通过 OpenAI 请求库更方便地完成，代码如下：

```javascript
import OpenAI from "openai";          // 导入 OpenAI 库，用于与 OpenAI API 交互

// 创建 OpenAI 实例并提供 API 密钥
const openai = new OpenAI({
  apiKey: "", // 换成你的 API_KEY
});

// 定义主函数
async function main() {
  // 调用 OpenAI API 生成聊天回复
  const completion = await openai.chat.completions.create({
    messages: [{ role: "user", content: "你好" }],   // 用户输入的消息
    model: "gpt-3.5-turbo",            // 指定使用的模型
  });

  // 输出 API 返回的第一个回复选项
  console.log(completion.choices[0]);                // 打印聊天回复的内容
}

// 执行主函数
main();
```

可以看到，相比常规的请求方式，请求库的方式更加固定，且减少了不少数据处理的逻辑。对于流式响应的 Chat 调用，我们同样可以通过 OpenAI 请求库快速调用，代码如下：

```javascript
import OpenAI from "openai";          // 导入 OpenAI 库，用于与 OpenAI API 交互

// 创建 OpenAI 实例并提供 API 密钥
const openai = new OpenAI({
  apiKey: "",            // 换成你的 API_KEY
});
```

```
// 定义主函数
async function main() {
  // 调用OpenAI API生成聊天回复,并开启流式输出
  const completion = await openai.chat.completions.create({
    model: "gpt-3.5-turbo",                              // 指定使用的模型
    messages: [{ role: "user", content: "你好" }],        // 用户输入的消息
    stream: true,                                         // 启用流式输出
  });

  // 使用for-await-of循环处理流式响应
  for await (const chunk of completion) {
    // 输出每个响应块的内容
    console.log(chunk.choices[0].delta.content);         // 打印流中获取的内容
  }
}

// 执行主函数
main();
```

执行上述脚本,可以看到逐字逐句输出的效果,如图2-20所示。

图2-20 调用OpenAI请求库进行流输出的效果

除了上述模型外,OpenAI的每个API端点的请求库都提供了相应的示例,以便快速调用。感兴趣的读者可以在官网查阅并进行尝试。

2.3.2 实战:封装并发布一个大语言模型API的请求库

2.3.1节介绍了如何使用OpenAI请求库完成对不同模型的调用,但OpenAI请求库并非完美。在实际项目应用中,除了使用OpenAI Chat系列的API之外,因为效果或者协议政策的影响,常常需要使用一些第三方模型,比如国产的Chat模型或一些开源模型。在模型本身未实现兼容的情况下,无法使用OpenAI请求库完成调用。

对于这种场景,可以封装一个大语言模型API的请求库,通过把所需的大语言模型API集成到里面,以便在后续项目应用中快速复用,从而减少重复逻辑和文档翻阅的时间。

1. 初始化项目

首先完成项目的初始化，整个项目初始化可以分为 3 个步骤：

步骤 01 创建一个文件夹，并命名为 llm-request（large language model request，大语言模型请求库），作为项目的根目录。在 llm-request 目录下执行 npm init，它可以为项目创建一个 package.json 文件。这对于后续开发中的第三方依赖调用和包开发发布都是必要的流程。

初始化后安装两个依赖库：typescript 和 axios。typescript 用于保证项目的类型；axios 作为请求库封装的底层，可以兼容 Web 和 Node.js 环境下的请求处理。执行以下命令进行安装：

```
npm install typescript @types/axios --save-dev
npm install axios --save
```

对于 typescript 的应用，还需要定义一个 tsconfig.json 文件来规范项目开发中关于类型的一些具体要求，具体代码和相关配置项的作用注释如下：

```
{
  "compilerOptions": {
    "target": "esnext",         // 指定输出的 JavaScript 目标版本
    "module": "esnext",         // 指定模块系统，这里选择的是 ES 模块（ESM）
    "declaration": true,        // 启用生成声明文件
    "lib": ["es2021", "dom"],   // 指定要包含的类型声明库
    "outDir": "dist",           // 设置输出目录，编译后的 JavaScript 文件会被放在这个目录下
    "esModuleInterop": true,    // 允许 CommonJS 模块与 ES 模块之间具有更好的互操作性，使 import 语句能更好地配合默认导出
    "sourceMap": true,          // 生成源代码映射文件，方便调试时定位原始 TypeScript 源代码
    "baseUrl": "./src",         // 设置模块解析的基本目录，对路径映射有用
    "strictNullChecks": true,   // 开启 ts 可选链提示
    "moduleResolution": "Node"  // 模块解析策略。"node" 适用于 Node.js 环境，它遵循 Node.js 的模块解析规则
  },
  "include": ["src"],  // 包含哪些文件或目录进行编译，这里是编译 src 目录下的所有 TypeScript 文件
  "exclude": ["node_modules", "**/*.test.ts", "dist"]  // 排除不参与编译的文件或目录，这里是排除 node_modules 目录，以及所有以 .test.ts 结尾的测试文件和 dist 打包文件
}
```

步骤 02 在根目录下创建一个 src 文件夹，用于存放后续的核心源代码，并创建一个 index.ts 文件作为打包的入口文件。作为测试，在 index.ts 文件中编写一个简单的 helloworld 代码，代码如下：

```
function sayHelloWorld(name: string) {
  console.log(`${name}, hello world`);
}

sayHelloWorld("chenzhenmin");
```

由于 TypeScript 文件不能直接用 node.js 执行，因此可以考虑使用 ts-node 来执行，或者使用 tsc（TypeScript Compiler，TypeScript 官方编译器）将其打包成 JS 文件后再执行。考虑到这是初始化阶段，可以先使用后一种方法，后续开发阶段会介绍第一种方式。在 package.json 文件中配置 build 打包命令，完整的 package.json 配置如下：

```json
{
  "name": "llm-request",          // 项目的名称
  "version": "1.0.0",             // 项目的版本号
  "description": "面向大语言模型的 Web 和 Node.js 端请求库",    // 项目的描述
  "main": "dist/index.js",        // 项目的入口文件
  "types": "dist/index.d.ts",     // TypeScript 类型定义文件
  "scripts": {
    "build": "tsc"                // 定义构建命令,使用 TypeScript 编译器进行编译
  },
  "license": "ISC",               // 项目的许可证类型
  "dependencies": {
    "axios": "^1.6.8"             // 项目所依赖的库及其版本
  },
  "devDependencies": {
    "@types/axios": "^0.14.0",    // Axios 的 TypeScript 类型定义
    "typescript": "^5.4.2"        // TypeScript 编译器的版本
  }
}
```

在终端执行 npm run build 命令,这时会使用 tsc 编译配置 tsconfig.json 中 includes 配置项内的所有 ts 文件,生成后的效果如图 2-21 所示。

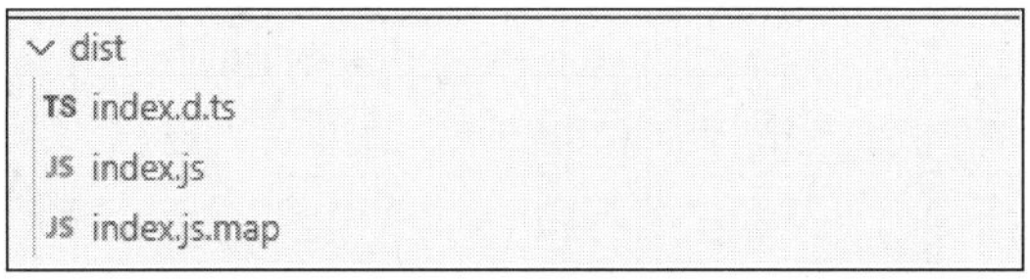

图 2-21 生成的打包文件夹

在生成的文件夹中,index.js 是编译的可执行文件;index.js.map 是对应源代码的 sourcemap,它允许我们在调整阶段直接映射到对应的源代码,而不是编译过的晦涩难懂的可执行 JavaScript;index.d.ts 是生成的对应源代码的类型声明文件。通过将 index.js 和 index.d.ts 分别配置到 package.json 中的 main 和 types 字段,就可以在发布阶段将对应的可执行文件和类型暴露给用户使用。

完成上述步骤后,尝试执行 index.js,在终端中输入 node dist/index.js 命令,就可以看到输出"hello world"的结果,具体效果如图 2-22 所示。

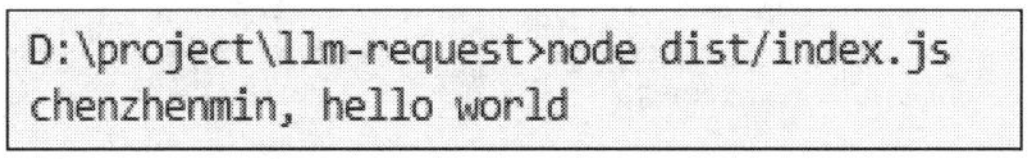

```
D:\project\llm-request>node dist/index.js
chenzhenmin, hello world
```

图 2-22 执行 dist/index.js 的结果

步骤 03 到这里,项目初始化已经基本完成。如果使用 GitHub 管理项目,还需要配置 .gitignore 文件,以决定哪些文件不在提交的范围内,对于这个场景需要忽略依赖和打包文件。在项目根目录创建 .gitignore 文件,写入如下内容:

```
/node_modules
/dist
```

至此,请求库项目的初始化就完成了,接下来开始请求库核心源代码的开发。

2. 封装兼容 Web 和 Node.js 环境的 API

在开始编码前，首先需要梳理清楚整个请求库的架构。整个请求库的功能可以拆分为以下 4 个模块：文本转音频（需区分环境）、音频翻译为英文、Chat 系列的常规请求和流响应的 Chat 系列请求。

对于上述 4 个模块，前两个模块属于音频类（Audio），后两个模块属于聊天类（Chat）。因此，需要封装两个基类分别完成这两项工作，同时需要封装一个入口类（Main），用于导出实际的基类实体功能，并作为请求库的入口文件。通过这种方式，用户就可以通过入口类完成所有操作。

每个模块都需要一个 API_KEY，所以可以定义一个基类（Base，即基础父类），通过继承将 API_KEY 透传至子类。这样，具体的入口或者业务类中就不需要单独定义变量 API_KEY 进行管理，只需在基类中完成统一的 API_KEY 管理即可。

除 API_KEY 外，需要定义一个环境参数 env，用于区分 Web 和 Node.js 环境，因为这两种环境提供的 API 存在一些差异。文本转音频模块和流响应的 Chat 系列请求模块需要根据环境进行不同的处理。因此，通过这个环境参数区分环境后，再编写相关逻辑以兼容 Web 和 Node.js 环境。这样，用户就不需关注环境本身的情况，只需关注自身的业务逻辑，使整个流程尽可能开箱即用。

梳理完整个源代码的逻辑后，可以设计出如图 2-23 所示的架构。

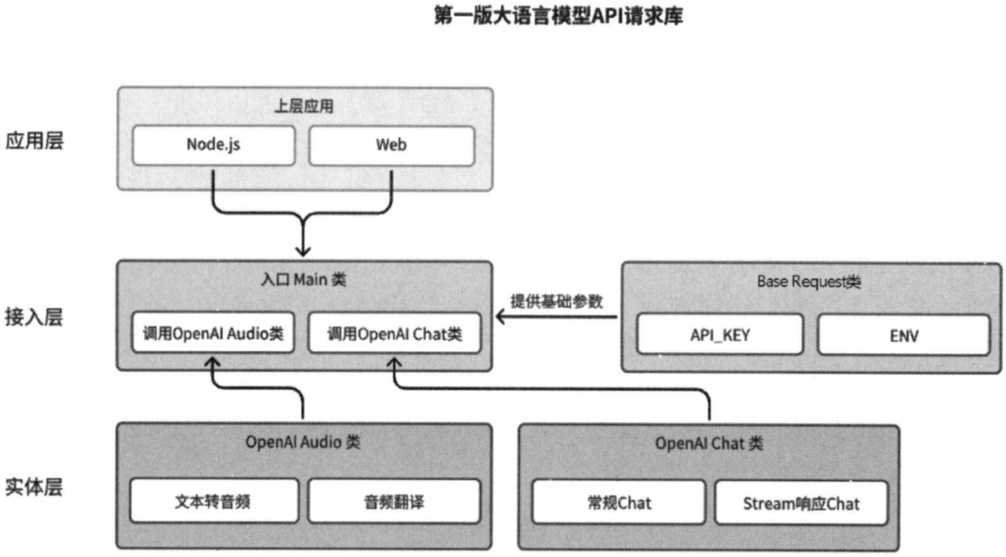

第一版大语言模型API请求库

图 2-23　第一版大语言模型 API 请求库架构图

到这里，架构设计已完成，可以开始正式编码了。首先执行以下命令，完成开发过程中必要的依赖安装：

```
npm install lodash form-data --save
npm install @types/lodash @types/node --save-dev
```

在上述依赖中，lodash 是一个基础函数库，包含了 JavaScript 编码中的一些常用函数，可以极大提高开发的效率；@types/node 是 Node.js 环境下的类型补全，能够提供必要的类型提示；form-data 用于在 Node.js 环境下模拟表单请求。

接下来，从下层的实体层逐步开始实现。

1）实现实体层

步骤01 首先在 src 目录下创建一个名为 core 的目录，用来存放关键的实体逻辑。接着在 core 目录下创建一个名为 OpenAI 的目录，用于存放 OpenAI 模型端点的逻辑函数。后续有其他类别的大语言模型也可以集成到库中。目录创建完成后，在 OpenAI 下创建文件 audio.ts 和 chat.ts，分别用来存放实体类中音频和聊天这两种功能的源代码。完成上述操作后，可以得到如图 2-24 所示的文件层级。

图 2-24 实体层的文件层级

步骤02 下面分别实现 audio.ts 和 chat.ts 的源代码。

首先，对于音频类，根据架构设计实现 Audio 类的类型和伪类，代码如下：（下面代码中的 EnvEnum 是在基类中定义的枚举值，用于区分对应的环境参数。如果 IDE 发出警告，读者可以先忽略，后面会实现。）

```typescript
import axios from "axios";                          // 导入 axios 库用于发送 HTTP 请求
import { EnvEnum } from "../../utils/request";      // 导入环境枚举类型
import { ReadStream } from "fs";                    // 导入文件读取流类型
import FormData from "form-data";                   // 导入 FormData 用于处理表单数据

// 定义语音合成的接口属性
export interface IOpenAISpeechProps {
  model: "tts-1" | "tts-1-hd";  // 选择模型
  input: string;                // 输入文本
  voice: "alloy" | "echo" | "fable" | "onyx" | "nova" | "shimmer";   // 选择声音类型
  response_format?: "mp3" | "opus" | "aac" | "flac" | "wav" | "pcm"; // 可选的响应格式
  speed?: number;               // 可选的语速
}

// 定义语音转文字的属性类型
export type IOpenAITransitionProps =
  | {
      file: ReadStream | File;  // 要转换的音频文件
      model: "whisper-1";       // 使用的模型
      prompt?: string;          // 可选的提示信息
      response_format?: "json" | "text" | "srt" | "verbose_json" | "vtt"; // 可选的响应格式
      temperature?: number;     // 可选的温度参数，影响结果的随机性
    }
  | FormData;                   // 或者使用 FormData 格式

// 定义返回值类型，依据不同环境返回不同类型
```

```typescript
export type IOpenAISpeechResponse<T> = T extends EnvEnum.node
  ? Buffer              // Node 环境下返回 Buffer
  : T extends EnvEnum.web
  ? string              // Web 环境下返回字符串
  : undefined;          // 其他情况返回 undefined

class OpenAIAudio {
  private speechApiUrl = "https://api.openai.com/v1/audio/speech";        // 文本转语音 API 的 URL
  private transitionUrl = "https://api.openai.com/v1/audio/translations"; // 语音转文本 API 的 URL

  constructor() {}     // 构造函数

  /**
   * 文本转语音
   * @param data 语音合成的参数数据
   * @param env 环境参数
   */
  public async speech<T>(
    data: IOpenAISpeechProps,
    api_key: string,   // API 密钥
    env: T             // 环境类型
  ): Promise<IOpenAISpeechResponse<T> | undefined> {
    // 这里实现文本转语音的逻辑
  }

  /**
   * 语音转英文
   * @param data 语音转文本的参数数据
   * @param api_key API 密钥
   */
  public async transition(
    data: IOpenAITransitionProps,
    api_key: string // API 密钥
  ): Promise<string> {
    // 这里实现语音转文本的逻辑
  }
}

export default OpenAIAudio;      // 导出 OpenAIAudio 类
```

其中 IOpenAISpeechProps 和 IOpenAITransitionProps 分别是文本转音频和音频翻译的 API 端点入参类型，这些信息可以在官网 API 文档中获取。在伪类 OpenAIAudio 中，我们为文本转音频和音频翻译两个需求定义了对外暴露的函数 speech 和 transition。其中，speech 的响应内容为二进制信息，在 Node.js 和 Web 环境下的处理存在差异，因此需要传入环境参数 env 进行区分。同时，针对响应的不同，我们定制了类型 IOpenAISpeechResponse<T>。这个类型是 typescript 类型编程的一种特殊写法，能够根据入参泛型的不同推导出新的类型。而 transition 方法返回的是 string 文本，只有输入参数 file 在不同环境中会有所差异，因此可以不传入环境参数进行区分。

在前面已经实现过类似的示例，可以参考补全伪类 OpenAIAudio，补全后的代码如下：

```typescript
import axios from "axios";                    // 导入 axios 库用于发送 HTTP 请求
import { EnvEnum } from "../../utils/request"; // 导入环境枚举类型
import { ReadStream } from "fs";              // 导入文件读取流类型
import FormData from "form-data";             // 导入 FormData 用于处理表单数据

// 定义语音合成的接口属性
export interface IOpenAISpeechProps {
  model: "tts-1" | "tts-1-hd";                // 选择模型
  input: string;                              // 输入文本
  voice: "alloy" | "echo" | "fable" | "onyx" | "nova" | "shimmer";    // 选择声音类型
  response_format?: "mp3" | "opus" | "aac" | "flac" | "wav" | "pcm";// 可选的响应格式
  speed?: number;                             // 可选的语速
}

// 定义语音转文字的属性类型
export type IOpenAITransitionProps =
  | {
      file: ReadStream | File;     // 要转换的音频文件
      model: "whisper-1";          // 使用的模型
      prompt?: string;             // 可选的提示信息
      response_format?: "json" | "text" | "srt" | "verbose_json" | "vtt"; // 可选的响应格式
      temperature?: number;        // 可选的温度参数，影响结果的随机性
    }
  | FormData;            // 或者使用 FormData 格式

// 定义返回值类型，依据不同环境返回不同类型
export type IOpenAISpeechResponse<T> = T extends EnvEnum.node
  ? Buffer              // Node 环境下返回 Buffer
  : T extends EnvEnum.web
  ? string              // Web 环境下返回字符串
  : undefined;          // 其他情况返回 undefined

class OpenAIAudio {
  private speechApiUrl = "https://api.openai.com/v1/audio/speech";         // 文本转语音 API 的 URL
  private transitionUrl = "https://api.openai.com/v1/audio/translations"; // 语音转文本 API 的 URL

  constructor() {}           // 构造函数

  /**
   * 文本转语音
   * @param data 语音合成的参数数据
   * @param env 环境参数
   */
  public async speech<T>(
    data: IOpenAISpeechProps,          // 语音合成的参数
```

```typescript
    api_key: string,                              // API 密钥
    env: T                                        // 环境类型
  ): Promise<IOpenAISpeechResponse<T> | undefined> {
    // 根据环境类型进行处理
    switch (env) {
      case EnvEnum.node:                          // Node 环境处理
        const bufferRes = await axios.request({
          url: this.speechApiUrl,                 // 请求的 URL
          method: "POST",                         // 请求方法
          headers: {
            "Content-Type": "application/json",   // 请求头类型
            Authorization: `Bearer ${api_key}`,   // 添加授权头
          },
          data,                                   // 请求体数据
          responseType: "arraybuffer",            // 响应类型为数组缓冲区
        });
        return Buffer.from(bufferRes.data) as IOpenAISpeechResponse<T>;  // 返回 Buffer 数据
      case EnvEnum.web:                           // Web 环境处理
        const blobRes = await axios.request({
          url: this.speechApiUrl,                 // 请求的 URL
          method: "POST",                         // 请求方法
          headers: {
            "Content-Type": "application/json",   // 请求头类型
            Authorization: `Bearer ${api_key}`,   // 添加授权头
          },
          data,            // 请求体数据
          responseType: "blob",                   // 响应类型为 Blob
        });
        const blob = new Blob([blobRes.data]);    // 创建 Blob 对象
        return window.URL.createObjectURL(blob) as IOpenAISpeechResponse<T>;  // 返回 Blob 的 URL
      default:             // 默认情况
        break;             // 无须处理
    }
  }

  /**
   * 语音转英文
   * @param data 语音转文本的参数数据
   * @param api_key API 密钥
   */
  public async transition(
    data: IOpenAITransitionProps,                 // 语音转换参数
    api_key: string                               // API 密钥
  ): Promise<string> {
    // 发送请求并返回转换后的文本
    return (
      await axios.request({
        url: this.transitionUrl,  // 请求的 URL
```

```
      method: "POST",                              // 请求方法
      headers: {
        "Content-Type": "application/json",        // 请求头类型
        Authorization: `Bearer ${api_key}`,        // 添加授权头
      },
      data,         // 请求体数据
    })
  ).data.text;  // 返回响应中的文本数据
  }
}

export default OpenAIAudio;                        // 导出 OpenAIAudio 类
```

接下来实现另一个实体 Chat。同样，先根据架构设计和 API 端点的类型来实现 Chat 类的类型和伪类，代码如下：

```
import axios from "axios";                         // 导入 axios 库用于发送 HTTP 请求
import { cloneDeep } from "lodash";                // 导入 lodash 库的 cloneDeep 方法，用于深拷贝对象
import { Readable } from "stream";                 // 导入 Readable 流类型
import { EnvEnum } from "../../utils/request";     // 导入环境枚举类型

// 定义聊天接口的属性
export interface IOpenAIChatProps {
  messages: {                                      // 消息数组
    role: "user" | "assistant" | "system";         // 消息角色：用户、助手或系统
    content: string;                               // 消息内容
  }[];
  model: "gpt-3.5-turbo" | "gpt-3.5-turbo-16k" | "gpt-4";   // 选择模型
  frequency_penalty?: [-2, 2];                     // 可选的频率惩罚参数
  max_tokens?: number;                             // 可选的最大令牌数
  temperature?: [0, 2];                            // 可选的温度参数，影响结果的随机性
  stop?: string | string[];                        // 可选的停止标记，可以是字符串或字符串数组
  stream?: true;            // 可选的流标识
}

// 定义聊天响应接口
export interface IOpenAIChatResponse {
  answer: string;                                  // 回复的内容
  finish_reason: string;                           // 结束原因
}

// 定义流响应的返回类型，依据不同环境返回不同类型
export type IOpenAIStreamChatResponse<T> = T extends EnvEnum.node
  ? Readable         // Node 环境下返回 Readable 流
  : T extends EnvEnum.web
  ? ReadableStreamDefaultReader<Uint8Array>        // Web 环境下返回 ReadableStreamDefaultReader
  : undefined;       // 其他情况返回 undefined

class OpenAIChat {
  private chatApiUrl = "https://api.openai.com/v1/chat/completions";// 聊天 API 的 URL
```

```
  constructor() {}                    // 构造函数

  /**
   * 常规返回的 Chat
   * @param data 聊天请求参数
   * @param api_key API 密钥
   * @returns 聊天响应
   */
  public async chat(
    data: IOpenAIChatProps,             // 聊天请求的参数
    api_key: string                     // API 密钥
  ): Promise<IOpenAIChatResponse> {
    // 这里实现聊天请求的逻辑
  }

  /**
   * 流响应返回的 Chat（直接返回流）
   * @param data 聊天请求参数
   * @param api_key API 密钥
   * @param env 环境类型
   */
  public async streamChat<T>(
    data: IOpenAIChatProps,             // 聊天请求的参数
    api_key: string,                    // API 密钥
    env: T                              // 环境类型
  ): Promise<IOpenAIStreamChatResponse<T> | undefined> {
    // 这里实现流聊天请求的逻辑
  }
}

export default OpenAIChat;              // 导出 OpenAIChat 类
```

在伪类 OpenAIChat 中，定义了聊天的请求入参类型 IOpenAIChatProps 和响应的类型 IOpenAIChatResponse。响应的类型中返回了 answer 和 finish_reason 两个关键参数，answer 是响应的结果，而 finish_reason 可以用来区分此次是正常返回，还是因 token 不足而导致的答案截断，这在实际业务应用中起到了重要作用。

OpenAIChat 类中包含 chat 和 streamChat 两个方法：chat 方法返回一个固定的 JSON，不需要针对环境进行区分；而 streamChat 方法返回一个可读流，因为在 Node.js 和 Web 端有不同的处理逻辑，所以需要传递 env 参数进行区分。在之前的示例中，同样实现过这两个方法，可以参考进行补全，补全后的完整 OpenAIChat 类代码如下：

```
import axios from "axios";                          // 导入 axios 库用于发送 HTTP 请求
import { cloneDeep } from "lodash";                 // 导入 lodash 库的 cloneDeep 方法，用于深拷贝对象
import { Readable } from "stream";                  // 导入 Readable 流类型
import { EnvEnum } from "../../utils/request";      // 导入环境枚举类型

// 定义聊天接口的属性
export interface IOpenAIChatProps {
```

```typescript
  messages: {                          // 消息数组
    role: "user" | "assistant" | "system";    // 消息角色：用户、助手或系统
    content: string;                   // 消息内容
  }[];
  model: "gpt-3.5-turbo" | "gpt-3.5-turbo-16k" | "gpt-4";  // 选择模型
  frequency_penalty?: [-2, 2];         // 可选的频率惩罚参数
  max_tokens?: number;                 // 可选的最大令牌数
  temperature?: [0, 2];                // 可选的温度参数，影响结果的随机性
  stop?: string | string[];            // 可选的停止标记，可以是字符串或字符串数组
  stream?: true;                       // 可选的流标识
}

// 定义聊天响应接口
export interface IOpenAIChatResponse {
  answer: string;                      // 回复的内容
  finish_reason: string;               // 结束原因
}

// 定义流响应的返回类型，依据不同环境返回不同类型
export type IOpenAIStreamChatResponse<T> = T extends EnvEnum.node
  ? Readable                           // Node 环境下返回 Readable 流
  : T extends EnvEnum.web
  ? ReadableStreamDefaultReader<Uint8Array>  // Web 环境下返回 ReadableStreamDefaultReader
  : undefined;                         // 其他情况返回 undefined

class OpenAIChat {
  private chatApiUrl = "https://api.openai.com/v1/chat/completions"; // 聊天 API 的 URL

  constructor() {}                     // 构造函数

  /**
   * 常规返回的 Chat
   * @param data 聊天请求参数
   * @param api_key API 密钥
   * @returns 聊天响应
   */
  public async chat(
    data: IOpenAIChatProps,             // 聊天请求的参数
    api_key: string                     // API 密钥
  ): Promise<IOpenAIChatResponse> {
    // 非流响应下的请求不需要额外的逻辑来兼容 Web 和 Node.js
    const chatData = cloneDeep(data);   // 深拷贝聊天数据，避免直接修改原数据
    delete chatData.stream;             // 删除流标识

    const res = await axios.request({   // 发送 POST 请求
      method: "post",
      url: this.chatApiUrl,             // API URL
      headers: {
        Authorization: `Bearer ${api_key}`,  // 设置授权头
```

```typescript
      "Content-Type": "application/json",  // 设置内容类型为 JSON
    },
    data: chatData,                        // 请求数据
  });

  // 返回聊天响应,提取答案和结束原因
  return {
    answer: res.data?.choices?.[0]?.message?.content || "",    // 答案内容
    finish_reason: res.data?.choices?.[0]?.finish_reason,      // 结束原因
  };
}

/**
 * 流响应返回的 Chat (直接返回流)
 * @param data 聊天请求参数
 * @param api_key API 密钥
 * @param env 环境类型
 */
public async streamChat<T>(
  data: IOpenAIChatProps,           // 聊天请求的参数
  api_key: string,                  // API 密钥
  env: T                            // 环境类型
): Promise<IOpenAIStreamChatResponse<T> | undefined> {
  switch (env) {                    // 根据环境类型处理
    case EnvEnum.node:              // Node 环境
      return (
        await axios.request({       // 发送 POST 请求
          url: this.chatApiUrl,     // API URL
          method: "POST",
          headers: {
            "Content-Type": "application/json",   // 设置内容类型为 JSON
            Authorization: `Bearer ${api_key}`,   // 设置授权头
          },
          data,                     // 请求数据
          responseType: "stream",   // 响应类型为流
        })
      ).data;                       // 返回数据
    case EnvEnum.web:               // Web 环境
      const response = await axios.request({   // 发送 POST 请求
        url: this.chatApiUrl,       // API URL
        method: "POST",
        headers: {
          "Content-Type": "application/json",   // 设置内容类型为 JSON
          Authorization: `Bearer ${api_key}`,   // 设置授权头
        },
        data,                       // 请求数据
      });
      return response.data?.getReader();       // 返回流读取器
    default:
      break;                        // 其他情况不处理
```

```
    }
  }
}

export default OpenAIChat;          // 导出 OpenAIChat 类
```

到这里，已经封装完成了基本的聊天类。仔细思考后会发现，在不同环境下，获得可读流后，通常需要针对流进行封装处理，之后才能获取逐块信息段。这部分逻辑是可以复用的，并不需要每次使用时都重新处理流，而是可以将其封装为高级函数。以一个回调函数作为参数从外部传入封装的函数中。回调函数在每次获取流的块信息后被调用，从而满足不同用户场景的流式调用需要。整个过程的流程图如图 2-25 所示。

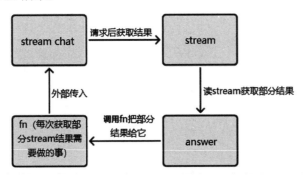

图 2-25 通过高阶函数封装流处理的过程

通过这种方式，用户就可以不再关注流的处理逻辑，只需专注每次获取流的块信息后要执行的回调逻辑。根据上述梳理的逻辑，编写迭代 OpenAIChat 类的代码如下：

```
import axios from "axios";
import { cloneDeep } from "lodash";
import { Readable } from "stream";
import { EnvEnum } from "../../utils/request";

// 之前定义的类型
class OpenAIChat {
  private chatApiUrl = "https://api.openai.com/v1/chat/completions"; // 聊天 API 的 URL
  constructor() {}

 // 其他 chat 方法, 常规 Chat 和直接返回流

  /**
   * 流响应返回的 Chat（不返回流，直接处理）
   * @param data 请求数据
   * @param api_key API 密钥
   * @param env 环境类型
   * @param fn 回调函数，处理返回的内容
   */
  public async streamChatCallback(
    data: IOpenAIChatProps,
    api_key: string,
```

```
    env: EnvEnum,
    fn: (answer: string) => void
  ): Promise<void> {
    switch (env) {
      case EnvEnum.node:                    // 如果环境是 node
        const stream = await this.streamChat<EnvEnum.node>(data, api_key, env);    // 获取流
        stream?.on("data", (chunk: Buffer) => {              // 监听数据事件
          const decoder = new TextDecoder("utf-8");          // 创建文本解码器
          const chunkString = decoder.decode(chunk);         // 解码当前数据块
          const chunks = chunkString
            .split("data:")                    // 按"data:"分割数据
            .map((data) => {
              const trimData = data.trim();             // 去除空白
              if (trimData === "" || trimData === "[DONE]") {
                return undefined;                   // 忽略空数据或结束标记
              }
              return JSON.parse(trimData);            // 解析 JSON 数据
            })
            .filter((data) => data);              // 过滤掉 undefined 的数据

          chunks.forEach((data) => {
            const token = data.choices[0].delta.content;   // 获取内容

            if (token !== undefined) {
              // 通过 fn 向外传递流的处理结果
              fn(token);              // 调用回调函数
            }
          });
        });

        stream?.on("end", () => {
          console.log("全部数据读取完毕");        // 数据读取结束
        });
        break;
      case EnvEnum.web:                    // 如果环境是 web
        const reader = await this.streamChat<EnvEnum.web>(data, api_key, env);    // 获取流读取器
        if (reader) {
          const { done, value } = await reader.read();     // 读取数据

          if (done) {
            return reader.releaseLock();                // 如果已完成，释放锁
          }
          const decoder = new TextDecoder("utf-8");         // 创建文本解码器
          const chunk = decoder.decode(value, { stream: true });   // 解码当前值
          const chunks = chunk
            .split("data:")                     // 按"data:"分割数据
            .map((data) => {
              const trimData = data.trim();              // 去除空白
```

```
          if (trimData === "") {
            return undefined;                  // 忽略空数据
          }
          if (trimData === "[DONE]") {
            return undefined;                  // 忽略结束标记
          }
          return JSON.parse(data.trim());      // 解析 JSON 数据
        })
        .filter((data) => data);               // 过滤掉 undefined 的数据
      chunks.forEach((data) => {
        const token = data.choices?.[0].delta.content;   // 获取内容
        if (token !== undefined) {
          // 通过 fn 向外传递流的处理结果
          fn(token);                // 调用回调函数
        }
      });
    }
    break;
  default:
    break;                          // 默认情况不做处理
  }
}
}

export default OpenAIChat;          // 导出 OpenAIChat 类
```

到此，实体层的类已经实现完成，接下来开始实现接入层。

2）实现接入层

步骤01 首先在 src 目录下创建 utils 目录，用于存放一些通用功能，基类 baseRequest 也存放在这里。接着创建文件 request.ts，用于存放基类的源代码。创建完成后，src 的目录结构如图 2-26 所示。其中，index.ts 是之前初始化过程中的入口文件，后续会进行改造。

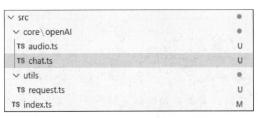

图 2-26 src 的目录结构

步骤02 根据架构设计图的要求，需要为基类定义 API_KEY 和 env 两个参数，并暴露出获取它们的方法，使得子类可以顺利调用。具体代码如下：

```
export enum EnvEnum {
  unknown = 0,     // 未知环境
  node = 1,        // Node.js 环境
  web = 2,         // Web 环境
}
```

```typescript
interface IRequest {
  getApiKey: () => string;                    // 获取 API 密钥的方法
  setApiKey: (api_key: string) => void;       // 设置 API 密钥的方法
  getEnv: () => EnvEnum;                      // 获取当前环境的方法
}

class BaseRequest implements IRequest {
  private api_key: string;                    // 存储 API 密钥
  private env: EnvEnum = EnvEnum.unknown;     // 存储环境类型，默认为未知

  constructor(api_key: string) {
    this.setApiKey(api_key);                  // 调用方法设置 API 密钥
    // 初始化环境参数
    if (typeof window !== "undefined") {      // 检查是否在浏览器环境中
      this.env = EnvEnum.web; // 设置为 Web 环境
    } else if (
      typeof process !== "undefined" &&       // 检查是否在 Node.js 环境中
      typeof process.version === "string"
    ) {
      this.env = EnvEnum.node;                // 设置为 Node.js 环境
    }
  }

  public setApiKey(api_key: string) {
    this.api_key = api_key;                   // 设置 API 密钥
  }

  public getApiKey() {
    return this.api_key;                      // 返回 API 密钥
  }

  public getEnv() {
    return this.env;                          // 返回当前环境类型
  }
}

export default BaseRequest;                   // 导出 BaseRequest 类
```

步骤 03 完成基类的实现后，可以开始实现入口文件。该文件需要继承基类，并将对应的参数透传到实体类，修改 src/index.ts 的代码如下：

```typescript
import OpenAIAudio, {
  IOpenAISpeechProps,                         // 引入语音属性接口
  IOpenAITransitionProps,                     // 引入过渡属性接口
} from "core/openAI/audio";
import OpenAIChat, { IOpenAIChatProps } from "core/openAI/chat";   // 引入聊天模块
                                                                  // 及其属性接口
import BaseRequest from "../../utils/request";    // 引入基础请求类

export enum AudioEnum {
```

```typescript
  Speech = "1",              // 音频类型：语音
  Transition = "2",          // 音频类型：过渡
}

// 根据 AudioEnum 类型推导请求类型
export type IOpenAIAudioReq<T> = T extends AudioEnum.Speech
  ? IOpenAISpeechProps        // 如果类型是 Speech，则为语音属性接口
  : IOpenAITransitionProps;   // 否则为过渡属性接口

class LLMRequest extends BaseRequest {
  constructor(api_key: string) {
    super(api_key);           // 调用父类构造函数，设置 API 密钥
  }

  public setApiKey(api_key: string) {
    super.setApiKey(api_key); // 调用父类的方法设置 API 密钥
  }

/**
 * openAI 语音相关功能，支持文本转语音，语音转英文
 * @param data 请求数据，包含音频相关参数
 * @param audioType 音频类型，指明是文本转语音还是语音转英文
 * @returns 返回处理结果
 */
public async openAIAudio<T>(data: IOpenAIAudioReq<T>, audioType: T) {
  const openAIAudioEntity = new OpenAIAudio();         // 创建 OpenAIAudio 实例
  switch (audioType) {
    case AudioEnum.Speech:                 // 如果音频类型是语音
      return await openAIAudioEntity.speech(
        data as IOpenAISpeechProps,        // 将 data 类型转换为语音属性接口
        super.getApiKey(),                 // 获取 API 密钥
        super.getEnv()                     // 获取当前环境
      );
    case AudioEnum.Transition:             // 如果音频类型是过渡
      return await openAIAudioEntity.transition(
        data as IOpenAITransitionProps,    // 将 data 类型转换为过渡属性接口
        super.getApiKey()                  // 获取 API 密钥
      );
    default:
      return;          // 默认情况下不返回任何内容
  }
}

/**
 * 常规调用 openAI Chat 系列模型获取结果
 * @param data 请求数据，包含聊天相关参数
 * @returns 返回聊天结果
 */
public async openAIChat(data: IOpenAIChatProps) {
```

```js
    const { stream = false } = data;              // 解构获取 stream 参数，默认为 false
    const api_key = super.getApiKey();            // 获取 API 密钥
    const openAIChatEntity = new OpenAIChat();    // 创建 OpenAIChat 实例

    if (stream) {           // 如果需要流式响应
      return await openAIChatEntity.streamChat(data, api_key, super.getEnv());  // 调用流式聊天方法
    } else {                // 否则
      return await openAIChatEntity.chat(data, api_key);     // 调用常规聊天方法
    }
  }

  /**
   * 常规调用 openAI Chat 系列模型获取结果
   * @param data 请求数据，包含聊天相关参数
   * @returns 返回聊天结果
   */
  public async openAIChat(data: IOpenAIChatProps) {
    const { stream = false } = data;              // 解构获取 stream 参数，默认为 false
    const api_key = super.getApiKey();            // 获取 API 密钥
    const openAIChatEntity = new OpenAIChat();    // 创建 OpenAIChat 实例

    if (stream) {           // 如果需要流式响应
      return await openAIChatEntity.streamChat(data, api_key, super.getEnv());  // 调用流式聊天方法并返回结果
    } else {                // 否则
      return await openAIChatEntity.chat(data, api_key);     // 调用常规聊天方法并返回结果
    }
  }

  /**
   * 支持将 openAI Chat 系列模型对流响应的结果直接回调给具体 token 的处理函数
   * @param data
   * @param fn
   */
  public async openAIStreamChatCallback(
    data: IOpenAIChatProps,                       // 请求数据，包含聊天相关参数
    fn: (token: string) => void                   // 回调函数，用于处理流中的每个 token
  ) {
    const { stream = false } = data;  // 解构获取 stream 参数，默认为 false
    if (!stream) {  // 如果不是流式响应
      throw new Error(
        "openAIStreamChatCallback 方法只有在流响应场景下才可以使用"    // 抛出错误，提示该方法仅适用于流响应
      );
    }
    const openAIChatEntity = new OpenAIChat();      // 创建 OpenAIChat 实例
    await openAIChatEntity.streamChatCallback(
      data,                     // 传入请求数据
      super.getApiKey(),        // 获取 API 密钥
```

```
        super.getEnv(),        // 获取当前环境
        fn                     // 传入回调函数
    );
  }
}

export default LLMRequest;    // 导出 LLMRequest 类
```

在上述代码中，实现了 openAIAudio、openAIChat 和 openAIStreamChatCallback 3 个方法，分别用于音频场景、聊天场景以及流回调场景的应用。到此为止，库的核心源代码就完成了，接下来需要改造库的打包方式，为库发布做好准备。

3. 改造打包方式，兼容 CommonJS 和 ES 模块

在初始化过程中，使用 tsc 完成了项目的打包，但这种打包方式只打包了 ESM 模块，因此无法满足 Node.js 环境的使用。在 Node.js 环境中，CommonJS 模块是兼容性更好的模块调用方式，因此需要优化项目的打包方式，以兼容 Node.js 环境的使用。

步骤 01 创建 tsconfig.cjs.json 和 tsconfig.esm.json 文件，这里仍然使用 tsc 来完成打包，但创建两套打包配置，分别用于 CommonJS 和 ES 模块。在 tsconfig.cjs.json 中写入如下配置代码：

```
{
  "compilerOptions": {
    "target": "ES5",                    // 指定输出的 JavaScript 目标版本
    "module": "CommonJS",               // 指定模块系统，这里选择的是 CommonJS
    "declaration": true,                // 启用生成声明文件
    "declarationDir": "./dist/types",   // 类型声明文件的输出目录
    "lib": ["es2021", "dom"],           // 指定要包含的类型声明库
    "outDir": "dist/cjs",               // 设置输出目录，编译后的 JavaScript 文件会被放在这个目录下
    "esModuleInterop": true,            // 允许 CommonJS 模块与 ES 模块之间具有更好的互操作性，使 import
语句能更好地配合默认导出
    "sourceMap": true,                  // 生成源代码映射文件，方便调试时定位原始 TypeScript 源代码
    "baseUrl": "./src",                 // 设置模块解析的基本目录，对路径映射有用
    "strictNullChecks": true,           // 开启 ts 可选链提示
    "moduleResolution": "Node"          // 模块解析策略。"node"适用于 Node.js 环境，它遵循 Node.js 的模
块解析规则
  },
  "include": ["src"],                   // 包含哪些文件或目录进行编译，这里是编译 src 目录下的所有 TypeScript 文件
  "exclude": ["node_modules", "**/*.test.ts", "dist"]  // 排除不参与编译的文件或目录，这里
是排除 node_modules 目录以及所有以 .test.ts 结尾的测试文件和 dist 打包文件
}
```

在 tsconfig.esm.json 中写入另外一套配置代码：

```
{
  "compilerOptions": {
    "target": "ESNext",                 // 指定输出的 JavaScript 目标版本
    "module": "ESNext",                 // 指定模块系统，这里选择的是 ES 模块
    "declaration": true,                // 启用生成声明文件
    "declarationDir": "./dist/types",   // 类型声明文件的输出目录
```

```
        "lib": ["es2021", "dom"],              // 指定要包含的类型声明库
        "outDir": "dist/esm",        // 设置输出目录，编译后的 JavaScript 文件会被放在这个目录下
        "esModuleInterop": true,     // 允许 CommonJS 模块与 ES 模块之间具有更好的互操作性，使 import
语句能更好地配合默认导出
        "sourceMap": true,           // 生成源代码映射文件，方便调试时定位原始 TypeScript 源代码
        "baseUrl": "./src",          // 设置模块解析的基本目录，对路径映射有用
        "strictNullChecks": true,    // 开启 ts 可选链提示
        "moduleResolution": "Node"   // 模块解析策略。"node"适用于 Node.js 环境，它遵循 Node.js 的模
块解析规则
    },
    "include": ["src"],  // 包含哪些文件或目录进行编译，这里是编译 src 目录下的所有 TypeScript 文件
    "exclude": ["node_modules", "**/*.test.ts", "dist"]  // 排除不参与编译的文件或目录，这里
是排除 node_modules 目录以及所有以 .test.ts 结尾的测试文件和 dist 打包文件
}
```

步骤 02 在终端执行以下打包命令，指定配置文件分别完成 CommonJS 和 ES 模块的打包。

```
tsc -p tsconfig.cjs.json && tsc -p tsconfig.esm.json
```

打包完成后，dist 目录结构如图 2-27 所示。

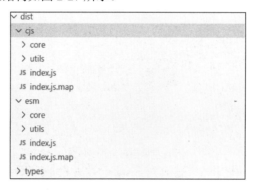

图 2-27 分模块打包的目录结构

步骤 03 修改 package.json 中的入口文件配置，以使包可以在不同环境导入方式下自动选择使用 CommonJS 模块还是 ES 模块。修改后的 package.json 配置如下：

```
{
  // 其他配置
  "main": "dist/cjs/index.js",
  "module": "dist/esm/index.js",
  "types": "dist/types/index.d.ts",
  // 其他配置
}
```

其中，main 配置默认为 CommonJS 导入方式的引用入口，而 module 配置默认为 ES 导入方式的引用入口。至此，打包改造已完成，提交代码后进入测试环节。

4. 编写单元测试

在正式发布请求库之前，需要对库的主要功能进行测试。从研发角度看，除了直接体验的功能

测试，单元测试也是一个非常重要的手段。现在需要为库补全代码层面的单元测试用例代码。

什么是单元测试？简单来说，单元测试是基于组件和代码逻辑层面的自动化测试手段，它写在代码中。它可以确保在每一次迭代中，新的代码至少维持了原有版本的重要功能，从而避免非预期的破坏性修改（breaking change）。虽然单元测试不能替代常规功能测试的作用，但在维持代码质量方面是非常重要的一环。

在 JavaScript 中，通常使用 Jest 进行单元测试，它由 Facebook 开发并维护，适用于 React、Angular、Vue.js 等现代 JavaScript 应用程序。Jest 的特点包括轻量安装、社区生态完备，功能强大、易用且容易上手。Jest 常用关键词如表 2-3 所示。

表 2-3 Jest 单元测试常用关键词

关 键 词	说　　明
describe	用例集，用于对用例分类，表示某个方向的一系列用例
test	用于定义一个测试用例，其中包含 n 个断言，用于验证某个功能是否正确
expect	断言，用于陈述某个功能事实，判断逻辑是否符合预期

下面开始为源代码覆盖单元测试。

步骤 01 在项目中执行以下命令以安装 Jest 测试所需的核心依赖：

```
npm install jest ts-jest @types/jest --save-dev
```

步骤 02 安装完依赖后，在根目录创建一个 jest.config.js 文件，用于保存 Jest 测试的一些配置，比如测试范围、哪些代码不需测试、是否生成测试覆盖率结果等。我们在其中写入如下配置代码：

```
module.exports = {
  preset: "ts-jest",                // 预置类型
  testEnvironment: "node",          // 设置环境
  testMatch: ["**/__tests__/**/*.+(js|ts)", "**/?(*.)+(test).+(js|ts)"], // 测试文件匹配模式
  clearMocks: true,                 // 是否清除每个测试前的 mocks
  resetMocks: false,                // 是否在每次测试前自动重置模拟函数
  coverageDirectory: "coverage",    // 覆盖率报告目录
  transform: {
    // ts 需要额外编译
    "^.+\\.(js|ts)$": "ts-jest",
  },
  // 模块文件的扩展名
  moduleFileExtensions: ["js", "ts"],
};
```

步骤 03 配置完成后，可以在 package.json 的脚本中加入代码，以监听测试和覆盖率（一次性测试脚本），分别对应 test:watch 和 test 命令。package.json 最终配置如下：

```
{
  // 其他配置
  "scripts": {
    "build": "tsc",
```

```
    "test": "jest --coverage",
    "test:watch": "jest --watch"
  },
  // 其他配置
}
```

现在可以开始正式编写单元测试代码了。这次测试的范围主要为 core 文件夹下的 OpenAIAudio 和 OpenAIChat 实体类,以及 BaseRequest 基类。由于入口类的逻辑仅为透传,并没有太多测试的价值,因此不在本次测试范围内。

对于 OpenAIAudio 类,它实现了文本转语音和语音翻译两个方法。文本转语音在 Node.js 和 Web 环境中会有不同的返回类型,而语音翻译虽然返回类型相同(均为字符串),但输入参数在不同环境中是有差异的。因此,这两个 API 都需要针对环境来设计用例,如图 2-28 所示。

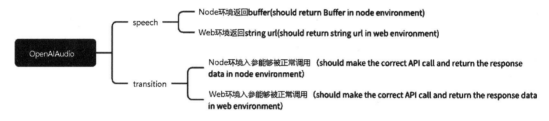

图 2-28 OpenAIAudio 类的测试用例

根据设计的测试用例,编写自动化测试代码。在 openAI 目录下创建 __tests__ 文件夹来存放单元测试;在 __tests__ 文件夹中创建 audio.test.ts 文件作为 OpenAIAudio 类的测试文件,并在 audio.test.ts 中写入如下代码:

```
import axios from "axios";
import FormData from "form-data";
import * as fs from "fs";
import { EnvEnum } from "../../../utils/request";
import OpenAIAudio, {
  IOpenAISpeechProps,
  IOpenAITransitionProps,
} from "../audio";

const MOCK_API_KEY = "mock-api-key";         // 模拟的 API 密钥
const MOCK_SPEECH_DATA: IOpenAISpeechProps = {
  model: "tts-1",              // 模拟的语音合成模型
  input: "Hello World!",       // 输入文本
  voice: "alloy",              // 语音类型
};
jest.mock("axios");             // 模拟 axios 库

describe("OpenAIAudio", () => {
  let openAIAudio: OpenAIAudio;

  beforeEach(() => {
```

```
    openAIAudio = new OpenAIAudio();  // 每个测试前创建一个 OpenAIAudio 实例
    // 模拟 axios.post 请求
    (axios.request as jest.Mock).mockResolvedValue({ data: "mock-data" });

    global.Blob = jest.fn().mockImplementation((parts, options) => {
      return {
        size: 0,                // 模拟 Blob 对象的大小
        type: "",               // 模拟 Blob 对象的类型
      };
    });

    global.File = jest.fn().mockImplementation((name, data) => {
      return {
        name,                   // 文件名称
        lastModified: Date.now(),  // 文件最后修改时间
        size: data.length || 0,    // 文件大小
      };
    });

    // @ts-ignore
    global.window = {};         // 模拟浏览器环境中的 window 对象
    // @ts-ignore
    window.URL = {};
    window.URL.createObjectURL = jest.fn(() => {
      return "";                // 模拟 URL.createObjectURL 方法
    });
  });

  afterEach(() => {
    jest.clearAllMocks();       // 每个测试后清除所有模拟
  });

  describe("speech()", () => {
    it("should return Buffer in node environment", async () => {
      // 模拟 Node.js 环境下的 responseType: 'arraybuffer'
      const mockBufferRes = Buffer.from("mock-buffer");  // 模拟返回的 Buffer
      (axios.request as jest.Mock).mockResolvedValueOnce({
        data: mockBufferRes,    // 模拟返回的响应数据
      });

      const result = await openAIAudio.speech(
        MOCK_SPEECH_DATA,
        MOCK_API_KEY,
        EnvEnum.node
      );

      expect(result).toEqual(mockBufferRes);    // 断言返回结果应与 mockBufferRes 相等
      expect(axios.request).toHaveBeenCalledWith(
```

```javascript
      expect.objectContaining({
        url: "https://api.openai.com/v1/audio/speech",  // API URL
        method: "POST",
        headers: {
          "Content-Type": "application/json",          // 请求头
          Authorization: `Bearer ${MOCK_API_KEY}`,     // 授权信息
        },
        data: MOCK_SPEECH_DATA,                        // 请求数据
        responseType: "arraybuffer",                   // 响应类型
      })
    );
  });

  it("should return string url in web environment", async () => {
    const mockBlob = new Blob(["mock-blob"]);          // 模拟 Blob 对象
    (axios.request as jest.Mock).mockResolvedValueOnce({ data: mockBlob });

    const result = await openAIAudio.speech(
      MOCK_SPEECH_DATA,
      MOCK_API_KEY,
      EnvEnum.web
    );

    expect(window.URL.createObjectURL).toHaveBeenCalledWith(mockBlob);
    expect(typeof result).toBe("string");              // 结果类型应为字符串
  });
});

describe("transition()", () => {
  it("should make the correct API call and return the response data in node environment",
async () => {
    const expectedResult = { text: "mock-transition-result" };
    (axios.request as jest.Mock).mockResolvedValueOnce({
      data: expectedResult,                            // 模拟返回的响应数据
    });

    const MOCK_TRANSITION_DATA = new FormData();       // 创建一个新的 FormData 对象
    MOCK_TRANSITION_DATA.append(
      "file",
      fs.createReadStream("./download.mp3")            // 添加文件数据
    );
    MOCK_TRANSITION_DATA.append("model", "whisper-1"); // 添加模型信息

    const result = await openAIAudio.transition(
      MOCK_TRANSITION_DATA,
      MOCK_API_KEY
    );

    expect(result).toEqual(expectedResult);            // 断言返回结果应与期望相等
```

```
      expect(axios.request).toHaveBeenCalledWith(
        expect.objectContaining({
          url: "https://api.openai.com/v1/audio/translations",
          method: "POST",
          headers: {
            Authorization: `Bearer ${MOCK_API_KEY}`,   // 授权信息
          },
          data: MOCK_TRANSITION_DATA,                   // 请求数据
        })
      );
    });

    it("should make the correct API call and return the response data in web environment", async () => {
      const MOCK_TRANSITION_DATA: IOpenAITransitionProps = {
        // @ts-ignore
        file: new File(["mock-file"], "mock-file.mp3"),      //模拟文件数据
        model: "whisper-1",          // 模拟数据信息
      };
      const expectedResult = { text: "mock-transition-result" }; // 授权期望的返回结果
      (axios.request as jest.Mock).mockResolvedValueOnce({
        data: expectedResult,          // 模拟返回的响应数据
      });

      const result = await openAIAudio.transition(
        MOCK_TRANSITION_DATA,
        MOCK_API_KEY
      );

      expect(result).toEqual(expectedResult);          // 断言返回结果应于期望相等
      expect(axios.request).toHaveBeenCalledWith(
        expect.objectContaining({
          url: "https://api.openai.com/v1/audio/translations",
          method: "POST",                              // 请求方法
          headers: {
            Authorization: `Bearer ${MOCK_API_KEY}`, // 授权信息
          },
          data: MOCK_TRANSITION_DATA,                  // 请求信息
        })
      );
    });
  });
});
```

在上面的用例中，分别实现了对 speech 和 transition 两个 API 在不同环境下的测试。因为用例运行在 Node.js 环境，缺少 Web 环境的 Blob、File 等原生 API，所以在 beforeEach（每个用例执行前的周期）中使用 mock 的方式模拟了这部分 API，以确保测试的顺利运行。除了 mock 外，在测试 speech 方法时，使用了真实的可读流进行模拟。这个场景并不难创建，其中使用的 download.mp3 可以用之前 AI 生成的音频文件替代即可。

对于 OpenAIChat 实体类，封装了 chat、streamChat 和 streamChatCallback 三个方法，其中 chat 方法不涉及环境的变化，而 streamChat 和 streamChatCallback 方法都涉及环境的处理。在实际的测试中，模拟不同环境的 stream 是很困难的，因为 stream 不像常规的构造类，涉及复杂的内部构造，所以对于 chat 实体类的测试，只测试常规 chat 和 stream 响应中的 Node.js 环境，其余测试则通过功能测试完成。具体的 OpenAI Chat 类的测试用例设计如图 2-29 所示。

图 2-29　OpenAI Chat 类的测试用例

下面根据测试用例设计开始实现自动化测试代码。同样在 __tests__ 目录中创建 chat.test.ts 文件，用于存放 chat 实体类的测试代码，并在其中编写如下代码：

```
import axios from "axios";                    // 导入 axios 用于 HTTP 请求
import { Readable } from "stream";            // 导入 Readable 流
import { EnvEnum } from "../../../utils/request";        // 导入环境枚举
import OpenAIChat, { IOpenAIChatProps } from "../chat";// 导入 OpenAIChat 类及其属性接口

jest.mock("axios");                           // 使用 jest.mock 模拟 axios 模块

describe("OpenAIChat", () => {
  let openAIChat: OpenAIChat;                 // 声明 OpenAIChat 实例

  beforeEach(() => {
    openAIChat = new OpenAIChat();            // 每个测试前创建一个 OpenAIChat 实例
  });

  describe("chat", () => {
    test("chat should make a POST request and return an IOpenAIChatResponse", async () => {
      const mockResponse = {
        choices: [
          { message: { content: "mock answer" }, finish_reason: "finished" },   // 模拟响应数据
        ],
      };

      (axios.request as jest.Mock).mockResolvedValueOnce({    // 模拟 axios 请求返回值
        data: mockResponse,       // 设置返回的数据
        status: 200,              // 设置返回的状态码
        headers: { "Content-Type": "application/json" },      // 设置返回的头部信息
      });

      const testData: IOpenAIChatProps = {                    // 测试数据
```

```
      messages: [{ role: "user", content: "Hello" }],    // 用户消息
      model: "gpt-3.5-turbo",                            // 使用的模型
    };
    const apiKey = "test_api_key";                        // 测试 API 密钥

    const result = await openAIChat.chat(testData, apiKey); // 调用 chat 方法并获取结果

    expect(result).toEqual({                              // 断言返回结果
      answer: "mock answer",                              // 期望返回的回答
      finish_reason: "finished",                          // 期望返回的完成原因
    });
  });
});

describe("streamChat", () => {
  test("should make a POST request with responseType stream in node environment", async () => {
    const mockStream = new Readable();                    // 创建可读流的模拟
    (axios.request as jest.Mock).mockResolvedValueOnce({  // 模拟 axios 请求返回值
      data: mockStream,             // 设置返回的数据为可读流
      status: 200,                  // 设置返回的状态码
      headers: { "Content-Type": "application/json" },    // 设置返回的头部信息
    });

    const testData: IOpenAIChatProps = {                  // 测试数据
      messages: [{ role: "user", content: "Hello" }],    // 用户消息
      model: "gpt-3.5-turbo",                            // 使用的模型
      stream: true,                                       // 指定为流式响应
    };
    const apiKey = "test_api_key";                        // 测试 API 密钥

    const result = await openAIChat.streamChat<EnvEnum.node>(  // 调用 streamChat 方法
      testData,
      apiKey,
      EnvEnum.node                                        // 指定环境为 Node.js
    );

    expect(result).toBeInstanceOf(Readable);              // 断言结果为 Readable 实例
  });
});
});
```

相比 Audio 的用例，Chat 的用例要简单得多，因为它避免了一些复杂的场景逻辑，只模拟了一些基本的 API，例如只读流（Readable）。这样一来，Chat 的测试覆盖度可能较低。在后续的功能测试中，需要特别注重这一点，并补充相关的用例，以确保测试的全面性和准确性。

最后测试基类 BaseRequest，在该类中管理了所有子类的鉴权参数 API_KEY 和环境参数 env，是一个比较重要的类。基类 BaseRequest 的测试用例如图 2-30 所示。

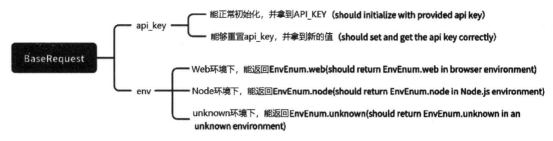

图 2-30 基类 BaseRequest 的测试用例

接下来，根据设计的测试用例实现用例代码。在 request.ts 的同级目录下创建目录 __tests__，在 __tests__ 中创建 request.test.ts 文件，用于存放代码。截至目前的项目目录结构如图 2-31 所示。

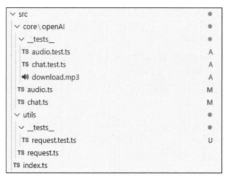

图 2-31 项目目录结构

在 request.test.ts 中写入如下用例代码：

```
import BaseRequest, { EnvEnum } from "../request";  // 导入 BaseRequest 类和环境枚举

describe("BaseRequest", () => {
  let baseRequest: BaseRequest;

  describe("api_key", () => {
    beforeEach(() => {
      baseRequest = new BaseRequest("test_api_key"); // 每个测试前初始化 BaseRequest 实例，传入测试用的 API 密钥
    });

    test("should initialize with provided api key", () => {
      expect(baseRequest.getApiKey()).toBe("test_api_key");  // 断言获取的 API 密钥是否与预期一致
    });

    test("should set and get the api key correctly", () => {
      const newApiKey = "new_test_api_key";      // 定义新的 API 密钥
      baseRequest.setApiKey(newApiKey);           // 设置新的 API 密钥
      expect(baseRequest.getApiKey()).toBe(newApiKey);    // 断言获取的 API 密钥是否为新设置的值
    });
```

```
    });

    describe("getEnv()", () => {
      test("should return EnvEnum.web in browser environment", () => {
        // 在 Jest 测试环境下模拟浏览器环境
        // @ts-ignore
        global.window = {};
        // @ts-ignore
        delete global.window.process;          // 删除 process 属性以模拟浏览器环境
        baseRequest = new BaseRequest("test_api_key");     // 初始化 BaseRequest 实例
        expect(baseRequest.getEnv()).toBe(EnvEnum.web);    // 断言环境返回值应为
EnvEnum.web
      });

      test("should return EnvEnum.node in Node.js environment", () => {
        // @ts-ignore
        global.window = undefined;             // 确保 global.window 为 undefined
        Object.defineProperty(global, "process", {
          value: {
            version: "mock-version-string",    // 模拟 process 对象
          },
        });
        baseRequest = new BaseRequest("test_api_key");     // 初始化 BaseRequest 实例
        expect(baseRequest.getEnv()).toBe(EnvEnum.node);   // 断言环境返回值应为
EnvEnum.node
      });

      test("should return EnvEnum.unknown in an unknown environment", () => {
        // 模拟一个既没有 window 也没有 process 的环境
        // @ts-ignore
        global.window = undefined;             // 确保 global.window 为 undefined
        // @ts-ignore
        delete global.process;                 // 删除 process 属性
        baseRequest = new BaseRequest("test_api_key");     // 初始化 BaseRequest 实例
        expect(baseRequest.getEnv()).toBe(EnvEnum.unknown);   // 断言环境返回值应为
EnvEnum.unknown
      });
    });
  });
```

由于无法直接切换到真实的 window 环境或未知环境下，因此这里仍然使用 mock 的方式来模拟对应场景的环境，以实现相应的测试用例。

到此所有的用例已实现，读者可能发现，用例的测试代码与之前示例的调用非常相似，这正是单元测试的第二个作用——文档用例化。使用者可以通过单元测试了解 API 在实际场景中的调用方式，以及通过断言了解哪些返回或调用对开发者至关重要。一个好的测试用例能够帮助用户深度了解和使用源代码。

现在在终端执行命令 npm run test，查看测试用例的结果，效果如图 2-32 所示。

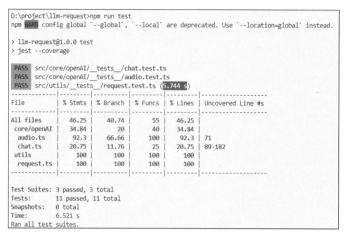

图 2-32　测试用例执行的结果

可以看到，所有用例都通过了测试。表格中的数据展示了测试覆盖率的结果，表示对应的用例代码覆盖了源代码中逻辑的比例。可以发现，audio 和 request 的覆盖率都比较高，而 chat 的覆盖率较低，这是因为 stream 的模拟比较复杂，所以这部分的测试将放到功能测试中完成。

测试完成后，在根目录下会生成一个 coverage 文件，里面存放了本次的测试报告。我们在浏览器中打开 coverage/lcov-report/index.html，查看本次测试中哪些代码片段未被覆盖，效果如图 2-33 所示。值得一提的是，用例覆盖率的 coverage 文件也可以放入 .gitignore 文件以忽略，通常不需要提交到云端仓库。

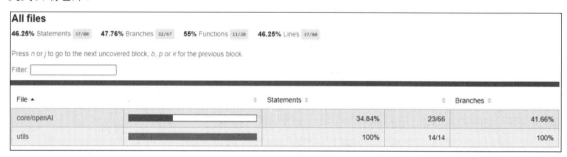

图 2-33　coverage/lcov-report/index.html 的效果

5. 在本地创建库软链进行测试

前面通过单元测试建立了初步的代码逻辑测试，但在实际开发中，单元测试并不能完全替代功能测试。我们还需要从用户的视角出发，调用包以完成相应工作，这样才能最直接地保证包的可用性。

如何测试本地开发的包的可用性呢？直接复制代码或项目进行调用，这样效率较低且不够可靠。npm 支持为本地仓库建立软链，这样在本地就能像调用第三方依赖一样使用本地包。

步骤 01　首先，在终端执行 npm run build 命令，因为 package.json 中配置的入口文件为 dist 打包文件中的内容，所以需要保证 dist 中的内容是最新的。然后，开始配置项目的软链，在项目的根目录打开终端，执行以下命令：

```
npm link
npm link llm-request
```

第一条命令将本地的仓库 llm-request 设置为一个本地软链,这样就能在本地使用 llm-request;第二条命令将 llm-request 配置到当前仓库 llm-request 中。这个过程听起来有点绕,最直接的理解是:现在可以调用自己了。打开 node_modules 仓库,可以看到有一个依赖目录就是 llm-request,如图 2-34 所示。需要注意的是,软链应在安装依赖之前建立,因为每次重新安装依赖时,都会导致软链被重置。软链并不是一个真实的第三方依赖,而是以类似引用地址的方式将本地文件"冒充"为一个依赖引用。

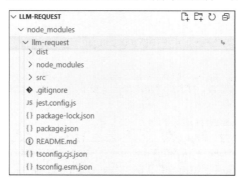

图 2-34 软链成功后的 node_modules 新增了本地的 llm-request

步骤02 在 src 目录下创建一个文件夹 demos,用来存放一些本地调用库的示例。同时,在 jest.config.js 中加入忽略 demos 的配置。因为这个目录并不作为核心源代码,而仅仅是调用 API 的示例,所以不作为覆盖率考虑。调整后的 jest.config.js 内容如下:

```
module.exports = {
  preset: "ts-jest",
  testEnvironment: "node",
  testMatch:["**/__tests__/**/*.+(js|ts)","**/?(*.)+(test).+(js|ts)"],
  clearMocks: true,
  resetMocks: false,
  coverageDirectory: "coverage",
  transform: {
    "^.+\\.(js|ts)$": "ts-jest",
  },
  moduleFileExtensions: ["js", "ts"],
  // 忽略 demos 文件夹
  modulePathIgnorePatterns: ["<rootDir>/src/demos/"],
};
```

步骤03 在 demos 文件夹中测试包在 Node.js 环境下能否正常使用。在 demos 中创建 audio.demo.cjs 文件,并写入如下代码:

```
const path = require("path");
const fs = require("fs");
const FormData = require("form-data");
const LLMRequest = require("llm-request").default;

const audioTest = async () => {
```

```
    const LLMRequestEntity = new LLMRequest(""); // 换成你的 API_KEY
    console.log("开始生成音频");
    const audioBuffer = await LLMRequestEntity.openAIAudio(
      {
        model: "tts-1",
        input: "我正在试用 llm-request 中的 openAIAudio 方法生成音频",
        voice: "alloy",
      },
      "1"
    );

    const audioPath = path.resolve(__dirname, "audio.mp3");
    if (audioBuffer) {
      await fs.promises.writeFile(audioPath, audioBuffer);
      console.log("音频生成完成，开始将音频转英文");

      let data = new FormData();
      data.append("file", fs.createReadStream(audioPath));
      data.append("model", "whisper-1");
      const audioText = await LLMRequestEntity.openAIAudio(data, "2");
      console.log(`音频转英文成功，对应文本结果为：${audioText}`);
    } else {
      console.log("未获取有效音频");
    }
};

audioTest();
```

在这个脚本中，同时测试了音频类的生成和翻译。使用 node 执行该脚本后，发现在当前目录下生成了一个 audio.mp3。播放该音频时发现有语音输出，同时终端也正确显示了文本翻译，终端效果如图 2-35 所示。

```
D:\project\llm-request>node src/demos/audio.demo.cjs
开始生成音频
音频生成完成，开始将音频转英文
音频转英文成功，对应文本结果为: I am using the OpenAI audio method in LM Request to generate audio.
```

图 2-35　audio.demo.cjs 的终端执行结果

步骤 04　测试 Chat 在 Node.js 环境下能否正常被调用。同样在 demos 目录下创建 chat.demo.cjs，写入如下代码：

```
const LLMRequest = require("llm-request").default;

const chatTest = async () => {
  const LLMRequestEntity = new LLMRequest(""); // 换成你的 API_KEY
  console.log("开始测试 openAIChat - 常规");
  const chatRes = await LLMRequestEntity.openAIChat({
    model: "gpt-3.5-turbo",
    messages: [
      {
        role: "user",
```

```
          content: "你好",
        },
      ],
    });
    console.log(`常规 chat 结果为:${JSON.stringify(chatRes)}`);
    // openAIStreamChatCallback 底层调用了 openAIChat 流，直接测试它即可
    console.log("开始测试 openAIChat - 流及 openAIStreamChatCallback");
    await LLMRequestEntity.openAIStreamChatCallback(
      {
        model: "gpt-3.5-turbo",
        messages: [
          {
            role: "user",
            content: "你好",
          },
        ],
        stream: true,
      },
      (answer) => console.log(answer)
    );
};

chatTest();
```

在这个示例中，测试了常规的聊天输出和高阶函数的流调用。这里并没有对 chat 的流输出进行逻辑测试，因为高阶函数的流调用底层逻辑直接调用了流式聊天的方法，所以流式聊天方法的测试可以通过高阶函数的流调用间接完成。在终端执行这个脚本时，可以看到能得到预期的输出，效果如图 2-36 所示。

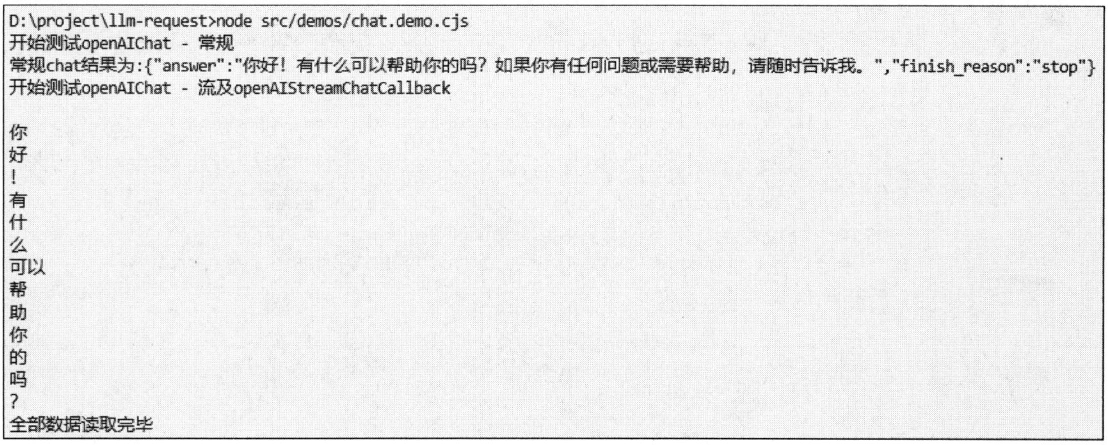

```
D:\project\llm-request>node src/demos/chat.demo.cjs
开始测试 openAIChat - 常规
常规 chat 结果为:{"answer":"你好！有什么可以帮助你的吗？如果你有任何问题或需要帮助，请随时告诉我。","finish_reason":"stop"}
开始测试 openAIChat - 流及 openAIStreamChatCallback
你
好
！
有
什
么
可
以
帮
助
你
的
吗
？
全部数据读取完毕
```

图 2-36　chat.demo.cjs 的终端执行结果

步骤 05　测试包在 Web 环境下能否按预期调用，可以使用 create-react-app 脚手架快速搭建一个 react 项目以完成测试。切换到一个非项目路径，在终端中执行以下命令创建 react 项目：

```
npm install -g create-react-app
npx creact-react-app llm-request-test-app
```

命令执行后，稍等片刻即可在对应目录下看到一个 llm-request-test-app 文件夹。用 VSCode 打开该文件夹，并在终端中执行 npm link llm-request 命令，将请求库软链到依赖中。需要注意的是，创建的 react 项目默认使用 react18，而 react18 在严格模式下默认执行 2 次页面渲染，因此需要去掉严格模式，以避免对后续测试造成影响。打开 src/index.tsx，修改代码如下：

```
import React from "react";
import ReactDOM from "react-dom/client";
import "./index.css";
import App from "./App";
import reportWebVitals from "./reportWebVitals";

const root = ReactDOM.createRoot(document.getElementById("root"));
root.render(<App />);

reportWebVitals();
```

去掉严格模式后，就可以开始测试了。

（1）测试音频模块：

首先，打开 src/App.js 入口文件，修改代码如下：

```
import { useEffect, useState } from "react";      // 导入 React 的 useEffect 和 useState 钩子
import { default as LLMRequest } from "llm-request";     // 导入 llm-request 模块

function App() {
  const [audioUrl, setAudioUrl] = useState("");          // 音频 URL 状态
  const [audioText, setAudioText] = useState("");        // 音频文本状态

  const audioTest = async () => {
    const LLMRequestEntity = new LLMRequest("");         // 创建 LLMRequest 实例，替换为你的 API_KEY
    console.log("开始生成音频");

    const audioUrl = await LLMRequestEntity.openAIAudio(// 调用 openAIAudio 方法生成音频
      {
        model: "tts-1",                    // 使用的模型
        input: "我正在试用 llm-request 中的 openAIAudio 方法生成音频",   // 输入文本
        voice: "alloy",                    // 指定的语音
      },
      "1"                                  // 音频类型标识
    );

    if (audioUrl) {                              // 如果成功获取到音频 URL
      setAudioUrl(audioUrl);                     // 更新音频 URL 状态

      // 音频 URL 转 File 对象
      const response = await fetch(audioUrl);              // 从 URL 获取音频数据
      const audioBlob = await response.blob();             // 将响应转换为 Blob 对象
      const file = new File([audioBlob], "audio.mp3", { type: "audio/mpeg" }); // 创建 File 对象
```

```
      const formData = new FormData();                // 创建表单数据对象
      formData.append("file", file);                  // 将音频文件添加到表单数据
      formData.append("model", "whisper-1");          // 添加模型信息
      setAudioText(await LLMRequestEntity.openAIAudio(formData, "2"));      // 调用
openAIAudio 进行语音转文本并更新状态
    } else {
      console.log("未获取有效音频");                     // 如果未获取有效音频，打印提示
    }
  };

  useEffect(() => {
    audioTest();                                      // 组件挂载后执行音频生成测试
  }, []);

  return (
    <>
      {audioUrl && <audio src={audioUrl} controls></audio>}          // 如果有音频 URL，则
显示音频控件
      {audioText}                                     // 显示音频转文本的结果
    </>
  );
}

export default App;          // 导出 App 组件
```

在上面的代码中，实现了一个音频的简单示例，它会在页面初始化时调用包请求以获取文本转音频的结果，并使用 audio 标签将结果回显到页面；接着，调用包请求将获得的音频翻译成英文，并在页面回显。

然后，在终端执行 npm run start 命令，启动一个本地服务，如图 2-37 所示。

```
Compiled successfully!

You can now view llm-request-test-app in the browser.

  Local:            http://localhost:3000
  On Your Network:  http://192.168.18.243:3000

Note that the development build is not optimized.
To create a production build, use npm run build.

webpack compiled successfully
```

图 2-37　在终端执行 npm run start 命令后的结果

接着，单击终端中的链接跳转到浏览器，将会看到一个播放器和翻译的结果。单击播放器也可以听到输入文案的语音播报，效果如图 2-38 所示。

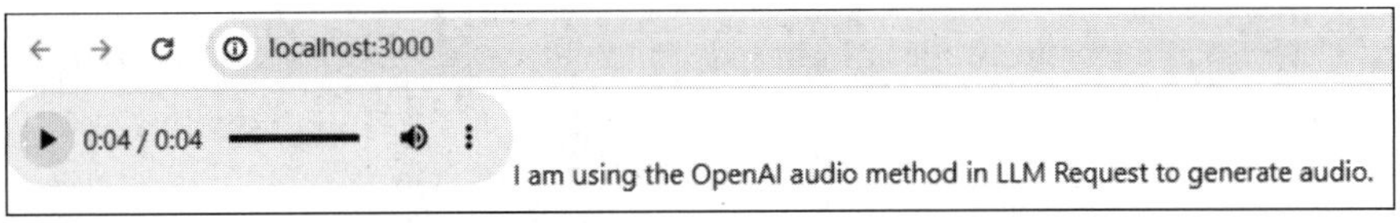

图 2-38　打开本地服务的效果

（2）测试聊天模块：

修改 App.js 代码如下：

```js
import { useEffect, useState } from "react"; // 导入 React 的 useEffect 和 useState 钩子
import { default as LLMRequest } from "llm-request";     // 导入 llm-request 模块

function App() {
  const [text, setText] = useState("");                  // 状态，用于存储普通聊天的返回文本
  const [streamText, setStreamText] = useState("");      // 状态，用于存储流式聊天的返回文本

  const chatTest = async () => {
    let finalAnswer = "";            // 用于累积流式聊天的最终答案
    const LLMRequestEntity = new LLMRequest("");         // 创建 LLMRequest 实例，替换为你的 API_KEY

    // 调用 openAIChat 方法，获取聊天结果并将其转换为字符串
    setText(
      JSON.stringify(
        await LLMRequestEntity.openAIChat({
          model: "gpt-3.5-turbo",          // 使用的模型
          messages: [
            {
              role: "user",                // 消息角色为用户
              content: "你好",             // 用户发送的内容
            },
          ],
        })
      )
    );

    // 调用 openAIStreamChatCallback 进行流式聊天
    await LLMRequestEntity.openAIStreamChatCallback(
      {
        model: "gpt-3.5-turbo",            // 使用的模型
        messages: [
          {
            role: "user",                  // 消息角色为用户
            content: "深圳有哪些火车站",    // 用户发送的内容
          },
        ],
        stream: true,                      // 指定为流式请求
      },
      (answer) => {                        // 回调函数，用于处理每次接收到的答案
        finalAnswer += answer;             // 累积接收到的答案
        setStreamText(finalAnswer);        // 更新流式聊天文本状态
      }
    );
```

```
  };

  useEffect(() => {
    chatTest();              // 组件挂载后执行聊天测试
  }, []);

  return (
    <>
      {text}                 // 显示普通聊天的返回文本
      <br></br>
      {streamText}           // 显示流式聊天的返回文本
    </>
  );
}

export default App;          // 导出 App 组件
```

再次打开浏览器页面，访问本地服务，可以看到一个聊天的答复，以及另一个关于深圳火车站的答复，带有着流响应的打字机输出效果，如图 2-39 所示。

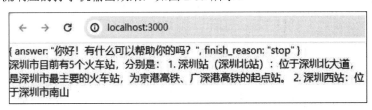

图 2-39　调用 llm-request 在 Web 端以打字机效果输出的示例

至此，请求库的 MVP（Minimum Viable Product，最小可行产品）版本已经开发完毕，接下来把版本发布到 npm。

6. 发布到 npm

在发布之前，先补齐一下 Readme 文档。Readme 是用户了解一个仓库大致功能的最直接方式，通常需要包含仓库的主要功能和 API。打开项目根目录的 README.md 文档，把之前的示例补全到 Readme 中。编写 Readme 注意使用 Markdown 语法。

Readme 编写完成后，就可以准备更新发布的版本号了，也就是 package.json 中的 version 字段。作为 llm-request 的第一版本，使用 v1.0.0 作为版本号。

值得一提的是，npm 包版本号通常遵循 Semantic Versioning（简称 SemVer）规范，以定义软件版本之间的语义关系，帮助用户更好地了解是否存在破坏性修改。SemVer 规范的基本格式是一个三位数的版本号：主版本号.次版本号.修订号，即 X.Y.Z。此外，还包括非正式版标识符——预发布版本标识符和构建元数据，这些版本号和标识符分别代表了软件迭代版本过程中的大致变化，具体含义如表 2-4 所示。

表2-4 SemVerion 规范的版本号和标识符

版本号/标识符	说 明
主版本号（major）	做了不兼容的 API 更改，或对现有功能进行了重大更改，以至于旧版本的应用程序可能无法正常运行时，应当增加主版本号（X）。主版本号的递增意味着存在不向后兼容的变化
次版本号（minor）	添加了新功能但保持与之前主版本号兼容性时，应增加次版本号（Y）。次版本号的增加意味着新增了特性，旧版本的应用程序可以在不做任何更改的情况下继续工作
修订号（patch）	如果只对现有功能的错误进行修正，且没有引入新功能或破坏现有的 API 时，应当增加修订号（Z）。修订号的递增代表向后兼容的 bug 修复
预发布版本（pre-release）	预发布版本通过在"Z"之后加上连字符（-）和一系列字母与数字标识符来表示，例如 1.2.3-alpha.1 或 2.0.0-beta.3。预发布版本通常用于软件仍在开发或测试阶段，尚未成为稳定版本的情况
构建元数据（build metadata）	构建元数据可以通过在版本号后面添加"+"后跟额外的字母数字信息来表示，如 1.0.0+build.1。这并不影响版本排序，主要用于标识同一版本的不同构建

在后续迭代中，版本号的更迭是一件很重要的事情。不规范的版本号更迭可能导致用户对版本功能产生误解，甚至可能引发用户代码中的隐性问题。

在终端切换到根目录后，执行下面的命令即可完成 npm 发布。如果用户没有 npm 账号，需要去 npm 官网注册一个。

```
npm login
npm publish
```

发布完成以后，可以在 npm 中查找到对应的包，如图 2-40 所示。

图 2-40 llm-request 在 npm 中的界面

后续调用请求库以快速实现生成式 AI 应用时，就不再需要使用软链的方式了，可以直接使用

npm install 命令完成对应包的安装。对于非 OpenAI 的端点，其他大语言模型的 API 也可以集成到这个请求库中，从而大幅提高类似应用的开发效率。

2.3.3　ChatGPT 国内可用免费 API 转发开源仓库：GPT-API-free

从 2024 年 6 月起，OpenAI 注册账号不再赠送 5 美元额度，新注册的账号可以直接使用 ChatGPT，但不具备调用 API 的功能。如果需要调用 API，则需要绑定海外信用卡完成充值。整个流程对于新人还是比较麻烦的。为了保证读者顺利完成本书内容的学习，这里推荐一个 ChatGPT 国内可用免费 API 转发开源仓库：GPT-API-free，如图 2-41 所示。通过它将可以在国内 IP 地址下免注册使用 OpenAI API。

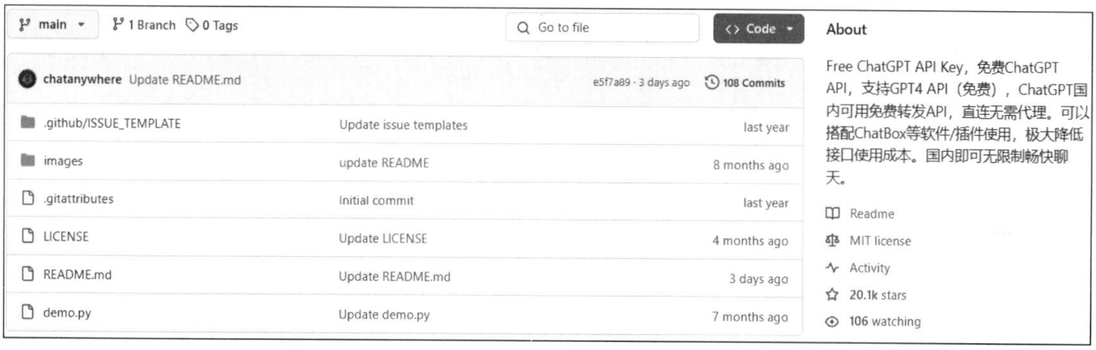

图 2-41　开源仓库 GPT-API-free

简单来说，这个仓库对 GPT-3.5、GPT-4、GPT-4o 等 OpenAI 模型完成了 API 的转发，部署在了国内外域名中，并暴露了 API_KEY 供开发者在学习、调研等非商用场景中使用。当然，对于商用等较大消耗的场景，它们也开放了付费 API_KEY，这里就不再详细介绍，感兴趣的读者可以自行了解。

对于以学习和调研为目的的场景，可以直接使用 GPT-API-free 提供的免费 API_KEY。在 GitHub 仓库的 Readme 中，单击申请内测免费 Key 按钮，会跳转到一个页面，其中包括了本次申请的 API_KEY，如图 2-42 所示。

图 2-42　GPT-API-free 提供的免费 Key 页面

这个 API_KEY 不能直接用于 OpenAI 提供的端点服务，只能用于 GPT-API-free 部署的转发服务请求。目前 GPT-API-free 提供的转发服务域名如表 2-5 所示。

表 2-5　GPT-API-free 提供的转发服务域名

转发服务域名	适用场景
https://api.chatanywhere.tech	国内中转
https://api.chatanywhere.com.cn	国内中转
https://api.chatanywhere.cn	国外使用

下面以 OpenAI 请求库为例，介绍如何使用 GPT-API-free 完成转发服务的请求。OpenAI 请求库提供一个 baseURL 参数来扩展请求的 API，它将保持原有端点名，只替换服务的域名，以兼容社区中开放的类似 API 功能。通过 baseURL 参数将服务转发到 GPT-API-free 提供的服务中，创建任意命名的 JavaScript 脚本并写入如下代码：

```javascript
import OpenAI from "openai";
const openai = new OpenAI({
  apiKey: "",                                    // 换成申请的GPT-API-free
  baseURL: "https://api.chatanywhere.tech",      // 也可以换成提供的其他转发域名服务
});
async function main() {
  const completion = await openai.chat.completions.create({
    model: "gpt-3.5-turbo", // 其他参数与请求常规 OpenAI 服务一致
    messages: [{ role: "user", content: "早上好呀" }],
    stream: true,
  });
  for await (const chunk of completion) {
    console.log(chunk.choices[0].delta.content);
  }
}
main();
```

执行这个脚本后，可以看到 OpenAI 服务的转发请求已成功完成，效果如图 2-43 所示。通过这种方式，不再需要科学上网或者注册海外信用卡等烦琐的流程，使用国内 IP 地址即可调用 OpenAI 服务进行学习和调研。

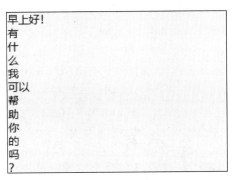

图 2-43　使用 GPT-API-free 在国内 IP 地址下转发调用 OpenAI 服务

2.4　本章小结

本章首先介绍了 OpenAI API 的相关知识，包括 API 的模型类别，以及在 Node.js 环境和 Web 环境下调用 API 实现文本转音频、音频翻译、聊天文本生成、流响应的打字机效果和 OpenAI 请求库。然后，封装并发布了一个兼容 Node.js 环境和 Web 环境的大语言模型 API 请求库，并在请求库编码中运用了前面介绍的不同环境的调用场景逻辑，从而加深读者对本章内容的理解；同时，运用了单元测试和软链功能测试等测试手段，深入实践了一个完整的请求库发布流程。

为保障大多数读者的学习体验，本章最后还介绍了一种可以在国内进行免费 OpenAI 服务转发的开源仓库 GPT-API-free。有了它，就不再需要对 OpenAI 服务进行科学上网或注册海外信用卡的操作，使用国内 IP 地址下即可调用 OpenAI 端点功能进行大语言模型的学习和调研。

通过本章的学习，读者应该能掌握以下 5 种开发技能：

（1）能在 Node.js 环境和 Web 环境下借助 OpenAI API 实现文本和音频的相互转换。

（2）能在 Node.js 环境和 Web 环境下借助 OpenAI API 实现聊天交互和打字机效果。

（3）了解 OpenAI 请求库的实现，能够使用请求库简化请求逻辑。

（4）具备封装高质量大语言模型 API 请求库的功能，能够综合考虑环境的兼容性、把控开发上线流程的功能质量测试，并清楚了解基础库发布的标准流程。

（5）基于 GPT-API-free 和请求库的 baseURL 参数，完成国内 IP 地址下的 OpenAI 服务调用。

第 3 章

基础应用：ChatGPT 的实现

前两章介绍了 ChatGPT 和 OpenAI API 的相关知识，相信读者对 GPT 模型已经有了一个大致的认知。本章将从零实现一个 ChatGPT 的 Web 应用示例项目，帮助读者深入理解 ChatGPT 技术实现的细节。

3.1 项目初始化和产品功能拆解

本节主要完成 ChatGPT 示例项目的初始化，并针对线上 ChatGPT 功能进行初步的拆解，完成产品架构图。

3.1.1 项目初始化

项目的初始化使用 create-react-app 脚手架完成。对于 ChatGPT 示例项目，create-react-app 脚手架生成的项目配置基本可以满足开发需要。在终端中执行以下命令：

```
npx create-react-app chatgpt-demo --template typescript
```

加上 --template typescript 后，将基于 TypeScript 生成项目。具体完备的类型更适合中大型项目的开发。生成后的目录结构如图 3-1 所示。

打开 src/index.tsx（这是 React 的注册文件），在其中删除 React.StrictMode 标签，因为它会使得开发阶段的页面逻辑执行两次（这是 React 18 的新特性），这会比较消耗 API_KEY 的次数，并对流处理产生影响。

ChatGPT 的基础功能使用单页面就足够完成，因此不需要安装路由相关的依赖，后续的功能只需在 App.tsx 入口文件中迭代即可。目前项目中有一些文件是初始化带来的，比如单测的配置、首页交互等，这些本项目暂时不需要使用，可以将它们删除，最终的目录结构如图 3-2 所示。

一些原有文件也需要修改。在 .gitignore 中只保留依赖和打包目录，修改后的代码如下：

```
/node_modules
/build
```

第 3 章 基础应用：ChatGPT 的实现 75

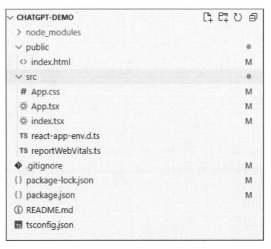

图 3-1　项目初始化后的目录结构　　　　图 3-2　删除不需要的初始化文件后的目录结构

在 package.json 中删除与单元测试相关的依赖和命令，比如 react-testing-library，它是用来测试 UI 交互的单元测试库。这里不是高敏或者基础通用的业务场景，因此只需功能测试即可，不需要用单元测试覆盖。修改后的 package.json 代码如下：

```
{
  "name": "chatgpt-demo",              // 项目的名称
  "version": "0.1.0",                  // 项目的版本号
  "private": true,                     // 设置为私有项目，不允许发布到 npm
  "dependencies": {
    "@types/react": "^18.2.69",        // React 的 TypeScript 类型定义
    "@types/react-dom": "^18.2.22",    // ReactDOM 的 TypeScript 类型定义
    "react": "^18.2.0",                // React 库
    "react-dom": "^18.2.0",            // ReactDOM 库
    "react-scripts": "5.0.1",          // Create React App 的脚本工具
    "typescript": "^4.9.5",            // TypeScript 编译器
    "web-vitals": "^2.1.4"             // Web 性能监测库
  },
  "scripts": {
    "start": "react-scripts start",    // 启动开发服务器的命令
    "build": "react-scripts build",    // 构建生产版本的命令
    "eject": "react-scripts eject"     // 弹出配置以进行自定义
  },
  "eslintConfig": {
    "extends": [
      "react-app",                     // 使用 Create React App 的 ESLint 配置
```

```json
      "react-app/jest"              // 使用 Create React App 的 Jest 测试配置
    ]
  },
  "browserslist": {
    "production": [
      ">0.2%",                      // 支持市场份额超过 0.2%的浏览器
      "not dead",                   // 不支持已停止支持的浏览器
      "not op_mini all"             // 不支持 Opera Mini
    ],
    "development": [
      "last 1 chrome version",      // 支持最新 1 个 Chrome 版本
      "last 1 firefox version",     // 支持最新 1 个 Firefox 版本
      "last 1 safari version"       // 支持最新 1 个 Safari 版本
    ]
  }
}
```

public 文件夹中的 index.html 是项目的模板 HTML，可以在其中配置项目在 Web 端顶部呈现的 icon 等内容，原来配置的是 React 的图标，但现在不需要了，可以先不配置。修改后的 index.html 代码如下：

```html
<!DOCTYPE html>
<html lang="en">               <!-- 指定文档的语言为英语 -->

<head>
  <meta charset="utf-8" />     <!-- 设置字符编码为 UTF-8 -->
  <!-- 使网页在移动设备上响应式显示 -->
  <meta name="viewport" content="width=device-width, initial-scale=1" />
  <meta name="theme-color" content="#000000" /> <!-- 设置浏览器工具栏的主题颜色为黑色 -->
  <title>React App</title>     <!-- 网页的标题 -->
</head>

<body>
  <!-- 如果浏览器禁用了 JavaScript，将显示此消息 -->
  <noscript>You need to enable JavaScript to run this app.</noscript>
  <div id="root"></div> <!-- React 应用将被挂载到这个<div>元素中 -->
</body>

</html>
```

最后修改 App.tsx，这是项目的入口文件，首页渲染的内容由它决定。修改后的代码如下：

```tsx
import "./App.css";                        // 导入 CSS 样式文件

// 定义一个名为 App 的函数组件
function App() {
  return <div>hello chatgpt</div>;         // 渲染一个包含文本的 div 元素
}

// 导出 App 组件，以便在其他地方使用
export default App;
```

至此，初始化就完成了。在终端执行 npm run start 命令，就可以看到调整后的初始化页面，如图 3-3 所示。

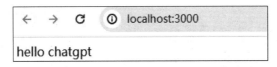

图 3-3　初始化页面的展示

3.1.2　产品功能拆解

下面简单拆解一下 ChatGPT 的交互。ChatGPT 线上整体交互如图 3-4 所示，整体交互由左侧边栏和右侧 ChatGPT 对话区域组成。

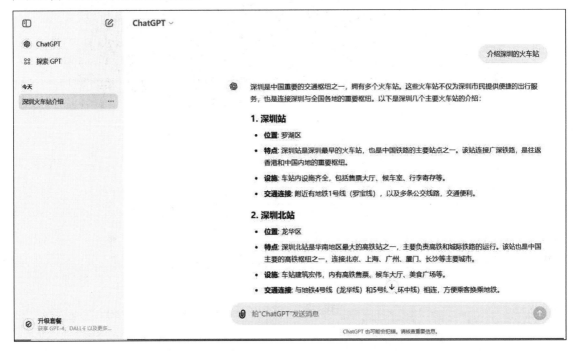

图 3-4　ChatGPT 线上的整体交互

为防止实现时遗漏部分功能，在开发之前，分别拆分两块区域的主要功能。

左侧边栏区域有以下功能：

（1）开辟一个新的 Chat 区域，不受其他 Chat 内容的影响。

（2）支持缓存历史 Chat，除了可以互相跳转查看外，还可以指定一个历史 Chat 继续聊天（本项目实现缓存 5 个历史 Chat）。

（3）登录账户管理，即 API_KEY 的配置。

右侧 ChatGPT 对话区域有以下功能：

（1）模型选择（GPT-3.5 或 GPT-4，这里在实现上固定为 GPT-3.5）。

（2）当前 Chat 聊天记录的显示，并且可以区分用户和 ChatGPT。

（3）聊天输入框，除了支持按键输入聊天外，也可以使用回车键快捷输入。

（4）支持代码场景的解析，并支持对代码进行复制，效果如图 3-5 所示。

```javascript
function fibonacciIterative(n) {
    if (n <= 1) {
        return n;
    }

    let prev = 0, current = 1;
    for (let i = 2; i <= n; i++) {
        let next = prev + current;
        prev = current;
        current = next;
    }
    return current;
}

// 调用函数
console.log(fibonacciIterative(10)); // 输出 55
```

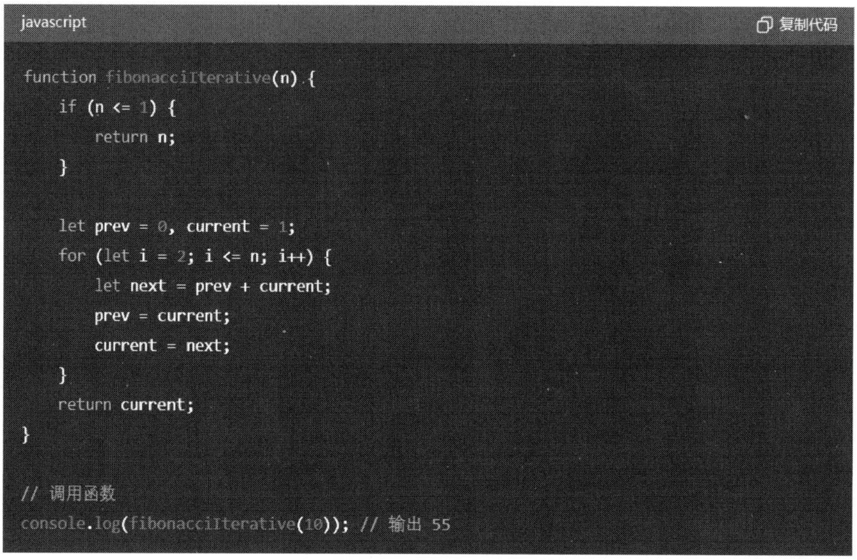

图 3-5　ChatGPT 支持复制代码

根据上述梳理的功能，可以设计出如图 3-6 所示的思维导图。

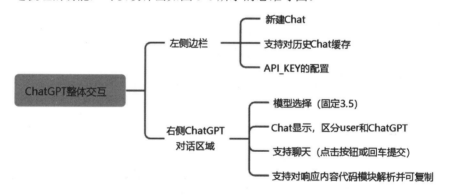

图 3-6　ChatGPT 整体交互的思维导图

下面开始根据 ChatGPT 整体交互逐步完成各项功能。

3.2　ChatGPT 静态交互的实现

本节将实现 ChatGPT 的静态交互，包含 ChatGPT 对话区域和 API_KEY 填写区域的实现。

3.2.1　右侧 ChatGPT 对话区域

页面交互通常采用水平拆分的方式，这样可以灵活设计页面的元素，对于同一个职责的区域也能比较方便地进行组件合并。对于右侧 ChatGPT 对话区域，可以拆分为 3 个水平子区域：顶部模型区域、中间聊天区域和底部输入栏区域。

首先实现区域样式。在 src 目录下创建 components 文件夹，用来存放 ChatGPT 单页面局部区域的一些页面组件；在 components 下创建 ChatGPTBody 文件夹，作为右侧对话区域的组件，并在 ChatGPTBody 下创建 index.tsx 和 index.css，用来存放这个页面的 DOM 和样式。在 index.tsx 中写入如下代码：

```tsx
import { FC, useState } from "react";        // 导入 FC（功能组件）和 useState 钩子
import "./index.css";                         // 导入样式文件

// 定义接口 IChatGPTAnswer，描述聊天记录的格式
export interface IChatGPTAnswer {
  role: "user" | "assistant" | "system";     // 消息角色可以是用户、助手或系统
  content: string;                           // 消息内容
}

// 定义 ChatGPTBody 组件
export const ChatGPTBody = () => {
  // 使用 useState 钩子管理聊天历史记录，初始化为两个对话
  const [historyChat, setHistoryChat] = useState<IChatGPTAnswer[]>([
    {
      role: "user",                          // 用户角色
      content: "你好",                        // 用户消息内容
    },
    {
      role: "assistant",                     // 助手角色
      content: "你好！有什么我可以帮助你的吗？",  // 助手的回复
    },
  ]);

  return (
    <div>
      <h1 className="chatgptBody_h1">ChatGPT 3.5</h1> {/* 显示标题 */}
      <div className="chatgptBody_content">
        {historyChat.map((item) => {         // 遍历聊天历史记录
          return (
            <div className="chagptBody_item" key={item.content}> {/* 为每个聊天项设置唯一的 key */}
              <p className="chatgptBody_user">
                {item.role === "user" ? "You" : "ChatGPT"} {/* 根据角色显示用户或助手 */}
              </p>
              <div>{item.content}</div> {/* 显示消息内容 */}
            </div>
          );
        })}
      </div>
      <div className="chatgptBody_bottom">
        <div className="chatgptBody_bottomArea">
          <textarea
            className="chatgptBody_textarea"          // 设置文本区域的样式
```

```
            placeholder="Message ChatGPT..."        // 提示文本
          ></textarea>
          <div className="chatgptBody_submit">send</div> {/* 发送按钮 */}
        </div>
      </div>
    </div>
  );
};
```

页面元素中保留了主要的操作区域，一些图标和充值操作的元素对主体功能不重要，这里不实现。

下面实现页面的样式，在 index.css 中补充要使用的样式：

```
.chatgptBody_h1 {
  font-size: 20px;          /* 设置主标题的字体大小为 20px */
}

.chagptBody_item {
  margin-bottom: 40px;      /* 设置每个项目的底部外边距为 40px */
}

.chatgptBody_content {
  padding: 30px;            /* 设置内容区域的内边距为 30px */
}

.chatgptBody_user {
  margin: 0;                /* 去掉用户名称的外边距 */
  font-weight: 600;         /* 设置用户名称的字体加粗 */
}

.chatgptBody_bottom {
  position: fixed;          /* 固定底部位置 */
  bottom: 0;                /* 置于页面底部 */
  display: flex;            /* 使用弹性布局 */
  justify-content: center;   /* 子元素水平居中对齐 */
  width: 100%;              /* 宽度占满 100% */
  padding: 20px 40px;       /* 上下内边距为 20px，左右内边距为 40px */
  box-sizing: border-box;   /* 包含内边距和边框在内的总宽度计算 */
}

.chatgptBody_bottomArea {
  position: relative;       /* 相对定位，以便绝对定位的子元素相对于此元素定位 */
  width: 100%;              /* 宽度占满 100% */
}

.chatgptBody_textarea {
  border: 1px solid #ddd;   /* 设置边框为 1px 的浅灰色实线 */
  width: 100%;              /* 宽度占满 100% */
  padding: 20px 20px 0px;   /* 上内边距为 20px，左右内边距为 20px，下内边距为 0px */
  font-size: 16px;          /* 设置字体大小为 16px */
```

```css
    border-radius: 16px;          /* 设置圆角边框半径为16px */
    font-family: auto;            /* 字体系列自动 */
    resize: none;                 /* 禁用调整大小 */
    box-sizing: border-box;       /* 包含内边距和边框在内的总宽度计算 */
}

.chatgptBody_submit {
    position: absolute;           /* 绝对定位 */
    color: rgb(128, 128, 128);    /* 设置字体颜色为灰色 */
    bottom: 27px;                 /* 距离底部27px */
    right: 20px;                  /* 距离右侧20px */
    cursor: pointer;              /* 鼠标悬停时显示手形光标 */
}
```

为了避免因样式重复而造成的类污染，这里采用了相对复杂的下画线命名。在实际的项目开发中，建议结合 CSS Modules 等样式模块方案来避免命名的重复。因为实际页面场景不多，所以先沿用脚手架默认配置的 CSS。

接下来在 App.tsx 中调用上面定义的 ChatGPTBody 组件，调用的具体代码如下：

```tsx
import "./App.css";                      // 导入CSS样式文件
// 从组件目录导入 ChatGPTBody 组件
import { ChatGPTBody } from "./components/ChatGPTBody";

// 定义一个名为 App 的函数组件
function App() {
  return (
    <div>
      <ChatGPTBody /> {/* 渲染 ChatGPTBody 组件 */}
    </div>
  );
}

// 导出 App 组件，以便在其他地方使用
export default App;
```

至此，ChatGPT 对话区域的逻辑就实现了。在终端执行 npm run start 命令，就可以看到对应的页面效果。由于目前还只是一个静态交互，没有接入 API 等逻辑，因此还不能进行聊天交互。

3.2.2 左侧边栏区域（Chat 信息和 API_KEY 填写）

同样按照水平拆分的方式，将左侧边栏区域分解为 3 个模块，分别为创建新的聊天、历史聊天以及鉴权参数 API_KEY 管理。历史聊天区域考虑只缓存 7 天内的聊天内容，而鉴权参数 API_KEY 管理区域则直接提供一个文本框用于填写 API_KEY。

在 components 目录下创建一个名为 LeftSidebar 的组件目录，并在该目录下创建 index.tsx 和 index.css 文件，用于配置页面结构和样式。下面先完成 index.tsx 的部分，代码如下：

```tsx
import { FC, useMemo, useState } from "react";      // 导入必要的 React 组件和钩子
import { IChatGPTAnswer } from "../ChatGPTBody";    // 导入 IChatGPTAnswer 接口
import "./index.css";                                // 导入样式文件
```

```typescript
// 定义左侧边栏组件的属性接口
interface ILeftSidebarProps {
  apiKey: string;                                    // API 密钥
  onAnswerChange: (data: IChatGPTAnswer[]) => void;  // 答案变化的回调函数
  onApiChange: (apiKey: string) => void;             // API 密钥变化的回调函数
}

// 定义聊天记录项的接口
interface IChatList {
  name: string;                    // 聊天记录名称
  chatList: IChatGPTAnswer[];      // 聊天记录列表
  timestamp: number;               // 时间戳
}

// 左侧边栏组件
export const LeftSidebar: FC<ILeftSidebarProps> = ({
  apiKey,
  onAnswerChange,
  onApiChange,
}) => {
  const [currentTimestamp, setCurrentTimestamp] = useState(0);// 当前选中的时间戳状态
  // 历史聊天记录列表
  const historyChatList: IChatList[] = [
    {
      name: "你好",
      chatList: [
        {
          role: "user",
          content: "你好",
        },
        {
          role: "assistant",
          content: "你好！有什么我可以帮助你的吗?",
        },
      ],
      timestamp: 1711765333087,
    },
    {
      name: "深圳有几个火车站",
      chatList: [
        {
          role: "user",
          content: "深圳有几个火车站",
        },
        {
          role: "assistant",
          content:
            "深圳是一个快速发展的城市，车站数量可能会不断增加，但是截止到我最后更新的时间 2022 年，深圳地铁的车站数量约为 75 个。这些车站建造的时间各不相同，因为深圳地铁的建设是分阶段进行的。深圳地铁的第一条
```

线路于 2004 年 12 月 28 日开通，随后陆续开通了多条线路和分支线路，因此车站的建造时间也从 2004 年开始，但具体的时间会因为不同的线路和站点而有所不同。如果你需要详细的车站建造时间信息，建议查阅深圳地铁官方网站或相关资料。",
      },
    ],
    timestamp: 1711592426427,
  },
];

  // 使用 useMemo 计算今天的聊天记录
  const todayList = useMemo(() => {
    return historyChatList.filter(
      (item) => Date.now() - item.timestamp < 24 * 60 * 60 * 1000   // 过滤出最近 24 小时的聊天记录
    );
  }, [historyChatList]);

  // 使用 useMemo 计算过去一周的聊天记录
  const lastWeekList = useMemo(() => {
    return historyChatList.filter(
      (item) =>
        Date.now() - item.timestamp < 24 * 60 * 60 * 1000 * 7 &&   // 过滤出过去 7 天的聊天记录
        Date.now() - item.timestamp > 24 * 60 * 60 * 1000   // 但不包括今天
    );
  }, [historyChatList]);

  return (
    <div className="leftSidebar"> {/* 左侧边栏容器 */}
      <div className="leftSidebar_newChat">New chat</div> {/* 新聊天按钮 */}
      <div className="leftSidebar_history">
        {todayList.length > 0 && (// 如果今天有聊天记录
          <div className="leftSidebar_historyArea">
            <div className="leftSidebar_title">Today</div> {/* 今天的标题 */}
            {todayList.map((item) => {   // 遍历今天的聊天记录
              return (
                <div
                  className={`leftSidebar_historyItem ${
                    item.timestamp === currentTimestamp // 根据当前时间戳高亮选中的聊天记录
                      ? "leftSidebar_activeHistoryItem"
                      : ""
                  }`}
                  onClick={() => {
                    onAnswerChange(item.chatList);   // 调用回调函数传递聊天记录
                    setCurrentTimestamp(item.timestamp);   // 更新当前时间戳
                  }}
                >
                  {item.name} {/* 显示聊天记录名称 */}
                </div>
              );
```
```

```
            })}
          </div>
        )}
        {lastWeekList.length > 0 && (              // 如果过去一周有聊天记录
          <div className="leftSidebar_historyArea">
            <div className="leftSidebar_title">Previous 7 Days</div> {/* 过去 7 天的标题 */}
            {lastWeekList.map((item) => {          // 遍历过去一周的聊天记录
              return (
                <div
                  className={`leftSidebar_historyItem ${
                    item.timestamp === currentTimestamp // 根据当前时间戳高亮选中的聊天记录
                      ? "leftSidebar_activeHistoryItem"
                      : ""
                  }`}
                  onClick={() => {
                    onAnswerChange(item.chatList);           // 调用回调函数传递聊天记录
                    setCurrentTimestamp(item.timestamp);     // 更新当前时间戳
                  }}
                >
                  {item.name} {/* 显示聊天记录名称 */}
                </div>
              );
            })}
          </div>
        )}
      </div>
      <div className="leftSidebar_bottom">
        <div className="leftSidebar_apiKeyTitle">API_KEY</div> {/* API 密钥标题 */}
        <input
          className="leftSidebar_input"
          type="password"                    // 输入框类型为密码
          placeholder="请填写 API_KEY"        // 占位符文本
          value={apiKey}                     // 输入框的值
          onChange={(event) => {
            onApiChange(event.target.value);           // 调用 API 密钥变化的回调函数
            localStorage.setItem("chatgpt_api_key", event.target.value);    // 保存 API
密钥到本地存储
          }}
        ></input>
      </div>
    </div>
  );
};
```

在上述代码中，因为还没有接入 OpenAI API，所以这里暂时用一个 mock 变量 historyChatList 来模拟历史 Chat 的信息，读者可以根据自己当前时间更换时间戳。设计的 IChat 结构体包含了展示名称、聊天信息以及时间戳。时间戳用于筛选用户历史展示区域的时间，并在每次更换缓存时间戳变量后，控制历史 Chat 的样式变量。对于样式的写法，使用的是模板字符串 `${item.timestamp === currentTimestamp ? "leftSidebar_activeHistoryItem" : ""}`，也可以使用开源库 classnames 完成这一步，代码会更加简洁明了。

在 API_KEY 区域创建了一个文本框用于存放鉴权信息，并在鉴权信息改变时触发回调并缓存到浏览器缓存中。缓存到浏览器缓存是为了后续打开能够直接初始化 KEY 的部分，而不再需要用户填写。这个组件暴露了 apiKey、onAnswerChange 以及 onApiChange 三个参数，这些参数会与右侧对话区域的 ChatGPTBody 产生联动，后面会详细介绍。

下面实现 LeftSidebar 组件的样式，在 index.css 中写入如下代码：

```css
.leftSidebar {
  width: 250px;              /* 设置左侧边栏的宽度 */
  height: 100vh;             /* 设置左侧边栏的高度为视口高度 */
  background: rgb(0, 0, 0, 0.03);           /* 设置背景色，带有透明度 */
}

.leftSidebar_newChat {
  padding: 10px;             /* 内边距设置为 10px */
  font-size: 14px;           /* 字体大小设置为 14px */
  font-weight: bold;         /* 字体加粗 */
  cursor: pointer;           /* 鼠标悬停时显示为指针 */
  margin: 10px;              /* 外边距设置为 10px */
}

.leftSidebar_newChat:hover {
  background-color: rgb(0, 0, 0, 0.1);       /* 鼠标悬停时背景色变化 */
  border-radius: 10px;       /* 圆角边框 */
}

.leftSidebar_history {
  height: calc(100vh - 145px);   /* 设置历史记录区域的高度，减去 145px */
  overflow: auto;            /* 内容溢出时显示滚动条 */
}

.leftSidebar_historyArea {
  margin-bottom: 10px;       /* 底部外边距设置为 10px */
}

.leftSidebar_title {
  color: rgb(0, 0, 0, 0.3);  /* 设置标题颜色，带有透明度 */
  font-weight: bold;         /* 字体加粗 */
  font-size: 12px;           /* 字体大小设置为 12px */
  padding: 10px;             /* 内边距设置为 10px */
  margin: 0 10px;            /* 左右外边距设置为 10px */
}

.leftSidebar_historyItem {
  font-size: 14px;           /* 字体大小设置为 14px */
  padding: 10px;             /* 内边距设置为 10px */
  cursor: pointer;           /* 鼠标悬停时显示为指针 */
  margin: 0 10px;            /* 左右外边距设置为 10px */
}
```

```css
.leftSidebar_historyItem:hover {
  background-color: rgb(0, 0, 0, 0.1);     /* 鼠标悬停时背景色变化 */
  border-radius: 10px;          /* 圆角边框 */
}

.leftSidebar_activeHistoryItem {
  background-color: rgb(0, 0, 0, 0.2);       /* 活动历史记录项的背景色 */
  border-radius: 10px;         /* 圆角边框 */
}

.leftSidebar_bottom {
  position: fixed;              /* 固定定位 */
  width: 250px;                 /* 设置底部区域的宽度 */
  display: flex;                /* 使用 flex 布局 */
  flex-direction: column;       /* 垂直排列子元素 */
  align-items: center;          /* 子元素水平居中 */
  bottom: 25px;                 /* 距离底部 25px */
}

.leftSidebar_apiKeyTitle {
  color: rgb(0, 0, 0, 0.3);     /* 设置 API 密钥标题颜色，带有透明度 */
  font-weight: bold;            /* 字体加粗 */
  font-size: 12px;              /* 字体大小设置为 12px */
  padding: 10px;                /* 内边距设置为 10px */
  margin: 0 10px;               /* 左右外边距设置为 10px */
  width: 100%;                  /* 宽度设置为 100% */
  padding-left: 50px;           /* 左侧内边距设置为 50px */
}

.leftSidebar_input {
  border: 1px solid #ddd;       /* 边框设置为 1px 实线，颜色为浅灰色 */
  padding: 10px 20px;           /* 上下内边距为 10px，左右内边距为 20px */
  border-radius: 10px;          /* 圆角边框 */
  font-size: 14px;              /* 字体大小设置为 14px */
}
```

到这里，LeftSidebar 组件的代码就完全实现了。在调用之前，需要改造前面定义的 ChatGPTBody 组件，使得两个组件之间可以产生联动，实现单击历史 Chat 时回显的交互。ChatGPTBody/index.tsx 代码修改如下：

```css
.leftSidebar {
  width: 250px;            /* 左侧边栏的宽度为 250px */
  height: 100vh;           /* 左侧边栏的高度为视口高度 */
  background: rgb(0, 0, 0, 0.03);       /* 设置背景颜色为透明的浅黑色 */
}

.leftSidebar_newChat {
  padding: 10px;           /* 新聊天按钮的内边距为 10px */
  font-size: 14px;         /* 字体大小为 14px */
```

```css
  font-weight: bold;        /* 字体加粗 */
  cursor: pointer;          /* 鼠标悬停时显示手形光标 */
  margin: 10px;             /* 外边距为 10px */
}

.leftSidebar_newChat:hover {
  background-color: rgb(0, 0, 0, 0.1);    /* 鼠标悬停时背景颜色为更深的透明黑色 */
  border-radius: 10px;                    /* 设置圆角边框半径为 10px */
}

.leftSidebar_history {
  height: calc(100vh - 145px);   /* 历史聊天区域的高度为视口高度减去 145px */
  overflow: auto;                /* 内容溢出时显示滚动条 */
}

.leftSidebar_historyArea {
  margin-bottom: 10px;       /* 聊天记录区域底部外边距为 10px */
}

.leftSidebar_title {
  color: rgb(0, 0, 0, 0.3);  /* 标题颜色为透明的浅黑色 */
  font-weight: bold;         /* 字体加粗 */
  font-size: 12px;           /* 字体大小为 12px */
  padding: 10px;             /* 内边距为 10px */
  margin: 0 10px;            /* 左右外边距为 10px，上下外边距为 0px */
}

.leftSidebar_historyItem {
  font-size: 14px;           /* 聊天记录项的字体大小为 14px */
  padding: 10px;             /* 内边距为 10px */
  cursor: pointer;           /* 鼠标悬停时显示手形光标 */
  margin: 0 10px;            /* 左右外边距为 10px，上下外边距为 0px */
}

.leftSidebar_historyItem:hover {
  background-color: rgb(0, 0, 0, 0.1);    /* 鼠标悬停时背景颜色为更深的透明黑色 */
  border-radius: 10px;                    /* 设置圆角边框半径为 10px */
}

.leftSidebar_activeHistoryItem {
  background-color: rgb(0, 0, 0, 0.2);    /* 选中聊天记录项的背景颜色为更深的透明黑色 */
  border-radius: 10px;                    /* 设置圆角边框半径为 10px */
}

.leftSidebar_bottom {
  position: fixed;           /* 固定底部位置 */
  width: 250px;              /* 底部区域宽度为 250px */
  display: flex;             /* 使用弹性布局 */
  flex-direction: column;    /* 纵向排列子元素 */
  align-items: center;       /* 子元素水平居中对齐 */
```

```css
    bottom: 25px;                    /* 距离底部 25px */
}

.leftSidebar_apiKeyTitle {
    color: rgb(0, 0, 0, 0.3);        /* API 密钥标题颜色为透明的浅黑色 */
    font-weight: bold;               /* 字体加粗 */
    font-size: 12px;                 /* 字体大小为 12px */
    padding: 10px;                   /* 内边距为 10px */
    margin: 0 10px;                  /* 左右外边距为 10px，上下外边距为 0px */
    width: 100%;                     /* 宽度占满 100% */
    padding-left: 50px;              /* 左内边距为 50px */
}

.leftSidebar_input {
    border: 1px solid #ddd;          /* 输入框边框为 1px 的浅灰色实线 */
    padding: 10px 20px;              /* 上下内边距为 10px，左右内边距为 20px */
    border-radius: 10px;             /* 设置圆角边框半径为 10px */
    font-size: 14px;                 /* 字体大小为 14px */
}
```

在上述代码中，将原先静态的 mock 数据换成了参数暴露，这样就可以接收来自 LeftSidebar 的历史 Chat；同时，新增了参数 API_KEY，为后面接入 OpenAI API 做准备。此外，还额外为没有历史 Chat 的场景新增了一个兜底交互，避免整体交互全部空白，使得用户的体验感不佳。下面为这次新增的一些补充样式，ChatGPTBody/index.css 代码修改如下：

```css
.chatgptBody {
    width: calc(100vw - 250px);      /* 宽度为视口宽度减去 250px */
    height: calc(100vh - 100px);     /* 高度为视口高度减去 100px */
    box-sizing: border-box;          /* 盒模型计算方式为边框盒模型，包括内边距和边框在内的总宽高 */
}

.chatgptBody_h1 {
    font-size: 20px;                 /* 字体大小为 20px */
    padding: 0 20px;                 /* 上下内边距为 0，左右内边距为 20px */
}

.chatgptBody_default {
    width: 100%;                     /* 宽度占满 100% */
    height: calc(100vh - 155px);     /* 高度为视口高度减去 155px */
    display: flex;                   /* 使用弹性布局 */
    justify-content: center;         /* 主轴方向（水平）居中对齐 */
    align-items: center;             /* 交叉轴方向（垂直）居中对齐 */
    font-size: 22px;                 /* 字体大小为 22px */
    font-weight: bold;               /* 字体加粗 */
}

.chagptBody_item {
    margin-bottom: 40px;             /* 底部外边距为 40px */
}
```

```css
.chatgptBody_content {
  padding: 30px;                    /* 内边距为 30px */
}

.chatgptBody_user {
  margin: 0;                        /* 外边距为 0px */
  font-weight: 600;                 /* 字体加粗（600 为较粗的字重） */
}

.chatgptBody_answer {
  line-height: 28px;                /* 行高为 28px，增加文本行间距 */
}

/* 其他样式 */
```

至此，组件部分就调整完成了，在 App.tsx 中调用即可。App.tsx 代码修改如下：

```tsx
import { useState } from "react";              // 从 React 库中导入 useState 钩子
import "./App.css";                            // 导入样式文件
import { ChatGPTBody, IChatGPTAnswer } from "./components/ChatGPTBody";    // 导入 ChatGPTBody 组件及其类型定义
import { LeftSidebar } from "./components/LeftSidebar";        // 导入 LeftSidebar 组件

function App() {
  // 定义历史聊天记录的状态，初始值为一个空数组
  const [historyChat, setHistoryChat] = useState<IChatGPTAnswer[]>([]);

  // 定义 API_KEY 的状态，初始值为本地存储中的 API_KEY（如果存在），否则为空字符串
  const [apiKey, setApiKey] = useState(
    localStorage.getItem("chatgpt_api_key") || ""
  );

  return (
    <div className="home"> {/* 主容器 */}
      <LeftSidebar
        onAnswerChange={setHistoryChat}      // 设置聊天记录的更新函数
        onApiChange={setApiKey}              // 设置 API_KEY 的更新函数
        apiKey={apiKey}                      // 传递当前的 API_KEY
      />
      <ChatGPTBody historyChat={historyChat} apiKey={apiKey} /> {/* 渲染聊天主体，传递历史聊天记录和 API_KEY */}
    </div>
  );
}

export default App;           // 导出 App 组件
```

在 App.tsx 中调用了之前定义的两个组件，并把它们放置在一个区域中。现在需要补全相应的样式，以使得两个组件可以水平放置。App.css 代码修改如下：

```css
.home {
```

```
    display: flex;
}

body {
  margin: 0;
}
```

至此，左侧边栏区域的交互已实现完成。可以在终端执行 npm run start 命令，打开服务器查看最新效果，如图 3-7 和图 3-8 所示。

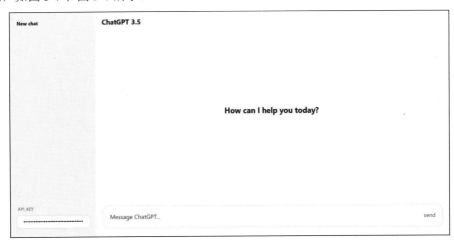

图 3-7　完成左侧边栏区域交互后的静态完整效果

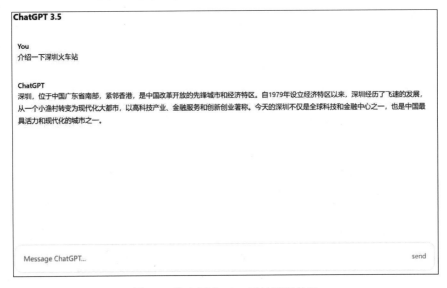

图 3-8　单击历史 Chat 后的页面效果

3.3　ChatGPT 可交互功能的补充

本节将在上一节静态交互的基础上，补充实际的 ChatGPT 可交互功能，包括使用 llm-request

接入 OpenAI API、绑定 New chat 事件、缓存 Chat 记录、处理响应内容的富文本。此外，在完成 ChatGPT 可交互功能的开发后，抛出一个思考题：如何避免在请求中暴露 API_KEY。

3.3.1 使用 llm-request 接入 OpenAI API

在第 2 章中封装了一个 llm-request 请求库，其中封装了 OpenAI 常用的 API。而且之前封装的 openAIStreamChatCallback 可以支持传入回调来快速接入流，示例如下：

```
import { useEffect, useState } from "react";     // 导入 React 的 useEffect 和 useState Hooks
import { default as LLMRequest } from "llm-request";  // 导入 llm-request 库

function App() {
  const [text, setText] = useState("");        // 初始化状态 text，用于存储返回的聊天内容
  const [streamText, setStreamText] = useState("");  // 初始化状态 streamText，用于存储流式返回的聊天内容

  const chatTest = async () => {
    let finalAnswer = "";    // 定义 finalAnswer 用于累积流式返回的答案
    const LLMRequestEntity = new LLMRequest("");   // 创建 LLMRequest 实例，需替换为你的 API_KEY
    // 调用 openAIChat 方法发送聊天请求，并将返回结果转换为字符串设置到 text 状态
    setText(
      JSON.stringify(
        await LLMRequestEntity.openAIChat({
          model: "gpt-3.5-turbo",      // 指定使用的模型
          messages: [
            {
              role: "user",           // 消息角色为用户
              content: "你好",         // 用户发送的消息内容
            },
          ],
        })
      )
    );

    // 调用 openAIStreamChatCallback 方法发送流式聊天请求
    await LLMRequestEntity.openAIStreamChatCallback(
      {
        model: "gpt-3.5-turbo",      // 指定使用的模型
        messages: [
          {
            role: "user",           // 消息角色为用户
            content: "深圳有哪些火车站",  // 用户发送的消息内容
          },
        ],
        stream: true,               // 开启流式返回
      },
      (answer) => {
        finalAnswer += answer;      // 累加流式返回的答案
```

```
        setStreamText(finalAnswer);      // 更新 streamText 状态
      }
    );
  };

  useEffect(() => {
    chatTest();          // 组件挂载后调用 chatTest 函数
  }, []);                // 空数组作为依赖,确保只在组件挂载时调用一次

  return (
    <>
      {text}
      <br></br>
      {streamText}
    </>
  );
}

export default App;   // 导出 App 组件
```

参考示例为 ChatGPTBody 组件接入 OpenAI API,ChatGPTBody/index.tsx 的代码修改如下:

```
import { default as LLMRequest } from "llm-request";   // 导入 llm-request 库
import { FC, useMemo, useRef, useState } from "react";  // 导入 React 相关的 Hooks
import "./index.css";        // 导入样式文件

// 定义接口 IChatGPTAnswer,表示聊天内容的结构
export interface IChatGPTAnswer {
  role: "user" | "assistant" | "system";   // 角色可以是用户、助手或系统
  content: string;        // 消息内容
}

// 定义接口 IChatGPTBodyProps,表示 ChatGPTBody 组件的属性
interface IChatGPTBodyProps {
  historyChat: IChatGPTAnswer[];    // 历史聊天记录
  apiKey: string;                   // API 密钥
}

// 定义 ChatGPTBody 组件
export const ChatGPTBody: FC<IChatGPTBodyProps> = ({ historyChat, apiKey }) => {
  const contentRef = useRef<HTMLDivElement>(null);   // 创建 ref 用于引用聊天内容区域

  const [currentChat, setCurrentChat] = useState<IChatGPTAnswer[]>([]);// 当前聊天记录
  const [question, setQuestion] = useState(""); // 用户输入的问题
  const [answer, setAnswer] = useState("");       // Assistant 的回答

  const submit = async (currentQuestion: string) => {
    const LLMRequestEntity = new LLMRequest(apiKey);// 创建 LLMRequest 实例
    let result = "";            // 用于累积 Assistant 的回答
    setCurrentChat([           // 更新当前聊天记录,添加用户提问
      ...currentChat,
```

```
      {
        role: "user",                    // 用户角色
        content: currentQuestion,        // 用户提问内容
      },
    ]);
    // 调用流式聊天 API
    await LLMRequestEntity.openAIStreamChatCallback(
      {
        model: "gpt-3.5-turbo",          // 使用的模型
        messages: [                       // 聊天消息数组
          ...currentChat,                // 包含当前聊天记录
          {
            role: "user",                // 用户角色
            content: currentQuestion,    // 用户提问内容
          },
        ],
        stream: true,                    // 开启流式返回
      },
      (res) => {                         // 处理流式返回的内容
        result += res;                   // 累加返回的内容
        setAnswer(result);               // 更新回答状态
        // 自动滚动到底部
        if (
          contentRef.current?.scrollTop &&        // 判断当前滚动位置
          contentRef.current?.scrollTop !== contentRef.current.scrollHeight
        ) {
          contentRef.current.scrollTop = contentRef.current.scrollHeight;
        }
      }
    );
    // 更新当前聊天记录，添加 Assistant 的回答
    setCurrentChat([
      ...currentChat,
      {
        role: "user",
        content: currentQuestion,        // 用户提问内容
      },
      {
        role: "assistant",               // Assistant 角色
        content: result,                 // Assistant 的回答
      },
    ]);
    setAnswer("");                       // 清空回答状态
};

// 判断是否有聊天记录
const hasChat = useMemo(() => {
  return currentChat && currentChat.length > 0;    // 如果当前聊天记录不为空，返回 true
}, [currentChat]);

return (
```

```jsx
    <div className="chatgptBody">                    {/* 聊天主体的容器 */}
      <h1 className="chatgptBody_h1">ChatGPT 3.5</h1>    {/* 标题 */}
      {hasChat ? (                // 根据是否有聊天记录渲染不同内容
        <div className="chatgptBody_content" ref={contentRef}>   {/* 聊天内容区域 */}
          {currentChat.map((item) => {    // 遍历当前聊天记录
            return (
              <div className="chagptBody_item">        {/* 每条聊天记录的容器 */}
                <p className="chatgptBody_user">        {/* 显示角色 */}
                  {item.role === "user" ? "You" : "ChatGPT"}  {/* 根据角色显示相应的名称 */}
                </p>
                <div className="chatgptBody_answer">{item.content}</div>  {/* 显示消息内容 */}
              </div>
            );
          })}
          {/* 流过程展示用 */}
          {answer && (            // 如果 answer 不为空,显示流式返回的内容
            <div className="chagptBody_item">
              <p className="chatgptBody_user">ChatGPT</p>
              <div className="chatgptBody_answer">{answer}</div>
            </div>
          )}
        </div>
      ) : (
        <div className="chatgptBody_default">How can I help you today?</div>
      )}
      <div className="chatgptBody_bottom">   {/* 底部输入区域 */}
        <div className="chatgptBody_bottomArea">
          <textarea
            className="chatgptBody_textarea"
            placeholder="Message ChatGPT..."       // 输入框提示信息
            value={question}                       // 当前输入的内容
            onChange={(event) => {                 // 输入内容改变时更新状态
              setQuestion(event.target.value);
            }}
            onKeyDown={(event) => {                // 监听按键事件
              if (event.key === "Enter" && question) {   // 按下回车键且有输入内容
                event.preventDefault();            // 阻止默认行为
                submit(question);                  // 提交问题
                setQuestion("");                   // 清空输入框
              }
            }}
          ></textarea>
          <div
            className={`chatgptBody_submit ${     // 提交按钮
              !question ? "chatgptBody_disabled" : ""  // 根据是否有输入内容决定按钮样式
            }`}
            onClick={() => {                       // 单击提交按钮
              if (question) {                      // 如果有输入内容
```

```
                submit(question);        // 提交问题
                setQuestion("");         // 清空输入框
              }
            }}
          >
            send
          </div>
        </div>
      </div>
    </div>
  );
};          // 导出 ChatGPTBody 组件
```

在 submit 方法中，使用了 openAIStreamChatCallback 方法接入 OpenAI API。同时，为了保证整体对话渲染的流畅性，使用了一个中间 DOM 元素 answer 在 Chat 响应完全结束后，再用对应的 chat 数组进行遍历。另外，在每次输出答案的过程中，始终将滚动置底，让正文区域的滚动随答案输出而不断下滑，从而产生更好的用户体验。

在上面的例子中，补充了提交按钮的禁用和可提交状态，因此还需要对 ChatGPTBody 组件的样式进行修改，调整后的样式代码如下：

```
// 其他样式
.chatgptBody_disabled {
  color: rgb(128, 128, 128);
  cursor: not-allowed;
}
```

至此，OpenAI API 已经接入完成。打开页面试试效果，发现能够根据输入的问题进行打字机式的回复，效果如图 3-9 所示。

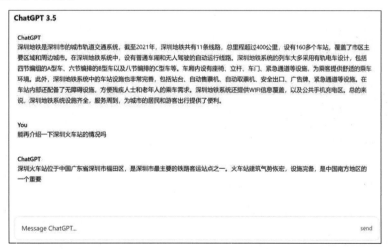

图 3-9　接入 OpenAI API 后的响应具有打字机的效果

值得一提的是，代码逻辑中传递给 API 的聊天记录包括了历史的聊天（Chat）信息。在浏览器 network 面板中，可以看到每次请求的内容，如图 3-10 所示。这也是 ChatGPT 能够在理解上下文的基础上回复问题的关键所在，因为它获取的信息不仅仅是当前的问题。

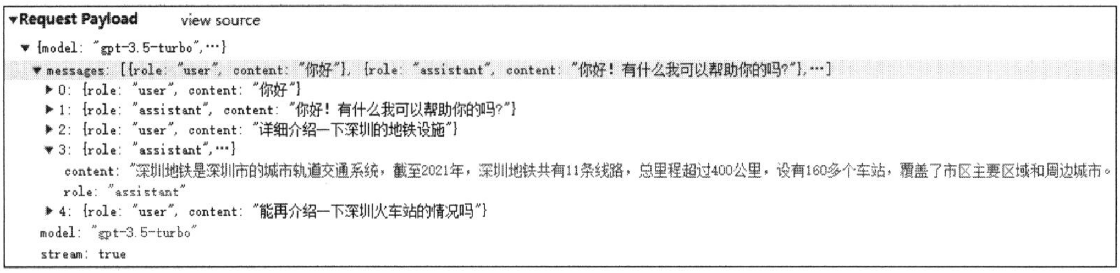

▾Request Payload view source
▾ {model: "gpt-3.5-turbo",…}
▾ messages: [{role: "user", content: "你好"}, {role: "assistant", content: "你好！有什么我可以帮助你的吗?"},…]
▸ 0: {role: "user", content: "你好"}
▸ 1: {role: "assistant", content: "你好！有什么我可以帮助你的吗?"}
▸ 2: {role: "user", content: "详细介绍一下深圳的地铁设施"}
▾ 3: {role: "assistant",…}
content: "深圳地铁是深圳市的城市轨道交通系统，截至2021年，深圳地铁共有11条线路，总里程超过400公里，设有160多个车站，覆盖了市区主要区域和周边城市。
role: "assistant"
▸ 4: {role: "user", content: "能再介绍一下深圳火车站的情况吗"}
model: "gpt-3.5-turbo"
stream: true

图 3-10　Chat 对话下，在浏览器 network 面板中看到的每次请求的内容

3.3.2　New Chat 事件的绑定

之前因为尚未接入 OpenAI API，所以未给 New Chat 元素绑定事件，单击该元素时无效。接下来将实现这一功能。为 LeftSideBar 组件的 New Chat 元素绑定事件，单击该元素后将为 ChatGPTBody 组件透传一个空数组变量 answer，并重置用于定位当前激活的历史聊天的时间戳。LeftSideBar/index.tsx 的代码修改如下：

```
<div
  className="leftSidebar_newChat"
  onClick={() => {
    onAnswerChange([]);
   setCurrentTimestamp(0);
  }}
>
   New chat
 </div>
```

然后在 ChatGPTBody 中绑定一个新的副作用，用来接收这个变化，在 ChatGPTBody/index.tsx 中添加如下代码：

```
useEffect(() => {
    setCurrentChat(historyChat);
}, [historyChat]);
```

至此，New Chat 事件就绑定好了，已经能够新建聊天了，效果如图 3-11 所示。

New Chat
Today
深圳有几个火车站
ChatGPT 3.5
You
你好
ChatGPT
你好，有什么可以帮你的?
API_KEY
Message ChatGPT...
send

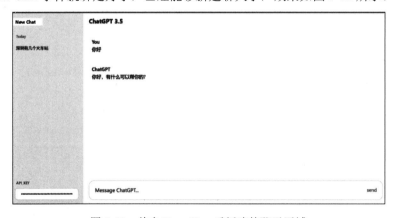

图 3-11　单击 New Chat 后新建的聊天区域

3.3.3 聊天记录的缓存

现在聊天记录（chatlist）还是静态数据，下面来实现聊天记录的缓存。用户数据的存储既可以使用数据库表存储，也可以使用客户端本地缓存 localStorage。在本项目中，因为不需要对用户数据进行存储分析，也不会使用这些数据进行二次加工或处理，加上持久化存储的需求也不强烈，所以选择使用 localStorage 来轻量完成这个步骤。

为了实现聊天记录的缓存，需要对 ChatGPTBody 组件进行迭代，使它在每次对话后可以将对话内容进行缓存。缓存的过程有一定的逻辑，需要区分是历史存量的聊天（Chat）还是本次新增的聊天，同时也需要考虑缓存失效的兜底处理。整个缓存的流程图如图 3-12 所示。

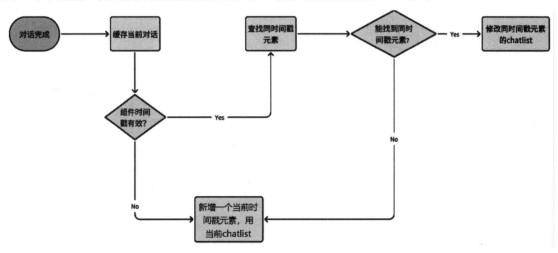

图 3-12 聊天记录的缓存流程图

根据这个流程图完成对 ChatGPTBody 组件的迭代，ChatGPTBody/index.tsx 的代码修改如下：

```
import { default as LLMRequest } from "llm-request";
import { FC, useEffect, useMemo, useRef, useState } from "react";
import { IChatList } from "../LeftSidebar";
import "./index.css";

// 其他的代码
interface IChatGPTBodyProps {
  historyChat: IChatGPTAnswer[];   // 历史聊天记录
  apiKey: string;                  // API 密钥
  timestamp: number;               // 当前聊天的时间戳
  onChange: (list: IChatList[]) => void;   // 处理聊天记录变化的回调函数
}

export const ChatGPTBody: FC<IChatGPTBodyProps> = ({
  historyChat,
  apiKey,
  timestamp,
  onChange,
}) => {
  // 其他的代码
```

```
      const [currentTimestamp, setCurrentTimestamp] = useState(timestamp);

    useEffect(() => {
      setCurrentChat(historyChat);              // 更新当前聊天记录
      setCurrentTimestamp(timestamp);           // 更新当前时间戳
    }, [historyChat, timestamp]);               // 依赖于历史聊天记录和时间戳的变化

    const submit = async (currentQuestion: string) => {
      // 其他的代码
      const newChatList: IChatGPTAnswer[] = [
        ...currentChat,
        {
          role: "user",                 // 用户角色
          content: currentQuestion,     // 用户输入的问题
        },
        {
          role: "assistant",            // 助手角色
          content: result,              // 助手的回答
        },
      ];
      setCurrentChat(newChatList);              // 更新当前聊天记录
      setAnswer("");                            // 清空答案状态
      // 缓存当前记录
      const chatCache: IChatList[] = JSON.parse(
        localStorage.getItem("chatgpt_history_chat") || "[]"    // 从本地存储中获取聊天历史
      );
      if (currentTimestamp) {
        // 历史存量的变更
        const chatIndex = chatCache.findIndex(
          (item) => item.timestamp === currentTimestamp          // 查找当前时间戳对应的聊天记录
索引
        );
        if (chatIndex !== -1) {
          // 历史存量只更新 list
          chatCache.splice(chatIndex, 1, {
            ...chatCache[chatIndex],         // 保留原有信息
            chatList: newChatList,           // 更新聊天记录
          });
        } else {
          // index 不存在，走新增场景
          chatCache.push({
            name: currentQuestion,           // 存储用户提问的内容
            chatList: newChatList,           // 存储更新后的聊天记录
            timestamp: new Date().getTime(), // 新的时间戳
          });
        }
      } else {
        // 无时间戳就新建
        const time = new Date().getTime();        // 获取当前时间戳
        setCurrentTimestamp(time);                // 更新当前时间戳状态
```

```
      chatCache.push({
        name: currentQuestion,      // 存储用户提问的内容
        chatList: newChatList,      // 存储聊天记录
        timestamp: time,            // 存储时间戳
      });
    }
    onChange(chatCache);            // 调用回调函数，更新聊天记录
    localStorage.setItem("chatgpt_history_chat", JSON.stringify(chatCache));   // 将
聊天记录保存到本地存储 };
  };

  const hasChat = useMemo(() => {
    // 存在历史 Chat
    return currentChat && currentChat.length > 0;    // 判断当前聊天记录是否存在
  }, [currentChat]);
  // 其他的代码
};
```

在上述代码中，新增了 timestamp 和 onChange 两个参数，分别用于传送当前对话区域的时间戳和回调以更新缓存聊天记录（chatlist）。在 submit 提交方法中，按照流程图所示，补充了对整个缓存记录的变更。

接下来，我们将迭代 LeftSidebar 组件，移除原有的静态 chatlist，替换为 ChatGPTBody 中暴露的实际参数。LeftSidebar/index.tsx 的代码修改如下：

```
import { FC, useMemo, useState } from "react";
import { IChatGPTAnswer } from "../ChatGPTBody";      // 导入聊天答案接口
import "./index.css";

interface ILeftSidebarProps {
  apiKey: string;
  chatCache: IChatList[];
  onAnswerChange: (data: IChatGPTAnswer[], timestamp: number) => void;
  onApiChange: (apiKey: string) => void;
}

// 其他的代码
export const LeftSidebar: FC<ILeftSidebarProps> = ({
  apiKey,
  chatCache,
  onAnswerChange,
  onApiChange,
}) => {
  const [currentTimestamp, setCurrentTimestamp] = useState(0);   // 当前时间戳的状态,初
始值为 0
  // 用 chatCache 代替原先用于 mock 的 historyChatList
  const todayList = useMemo(() => {
    // 过滤出今天的聊天记录
    return chatCache.filter(
      (item) => Date.now() - item.timestamp < 24 * 60 * 60 * 1000
    );
```

```
    }, [chatCache]);

    const lastWeekList = useMemo(() => {
      return chatCache.filter(
        (item) =>
          Date.now() - item.timestamp < 24 * 60 * 60 * 1000 * 7 &&
          Date.now() - item.timestamp > 24 * 60 * 60 * 1000
          // 判断时间戳是否在过去 7 天内，同时判断是否在过去 24 小时之外
      );
    }, [chatCache]);

    // 保持原先的 DOM 逻辑，只在所有的 onAnswerChange 回调上补充第二个参数时间戳进行传参
};
```

在上面的逻辑中，为 LeftSidebar 组件补充了 chatCache 参数，用于接收外界传入的实际历史聊天记录（chatlist），并且迭代了 onAnswerChange 的回调方法，补充了 timestamp 的入参，以便后续与 ChatGPTBody 进行交互。

到这里，两个核心组件的迭代就完成了。接下来只需修改 App.tsx 入口文件，使得关键参数和回调能够正常初始化和启用即可。值得一提的是，还需要定义一个副作用钩子，用于在页面刚加载时读取 localStorage，以完成聊天记录缓存的初始化。App.tsx 的代码修改如下：

```
import { useEffect, useState } from "react";
import "./App.css";
import { ChatGPTBody, IChatGPTAnswer } from "./components/ChatGPTBody";
import { IChatList, LeftSidebar } from "./components/LeftSidebar";

function App() {
  // 存储历史聊天记录
  const [historyChat, setHistoryChat] = useState<IChatGPTAnswer[]>([]);
  // 存储历史聊天对应的时间戳
  const [timestamp, setTimestamp] = useState(0); // historychat 对应的 timestamp
  // 从 localStorage 获取 API 密钥，若不存在则为空字符串
  const [apiKey, setApiKey] = useState(
    localStorage.getItem("chatgpt_api_key") || ""
  );
  // 存储聊天记录的缓存
  const [chatCache, setChatCache] = useState<IChatList[]>([]);

  useEffect(() => {
    // 页面加载时检查 localStorage 中是否有聊天历史记录
    if (localStorage.getItem("chatgpt_history_chat")) {
      // 如果有，则将其解析为对象并更新 chatCache
      setChatCache(
        JSON.parse(localStorage.getItem("chatgpt_history_chat") || "[]")
      );
    }
  }, []);    // 空依赖数组，确保只在组件挂载时执行一次
```

```
  return (
    <div className="home">
      <LeftSidebar
        chatCache={chatCache}          // 传递聊天记录缓存
        onAnswerChange={(data, time) => {
          setHistoryChat(data);        // 更新历史聊天记录
          setTimestamp(time);          // 更新时间戳
        }}
        onApiChange={setApiKey}        // 更新 API 密钥
        apiKey={apiKey}                // 传递当前 API 密钥
      />
      <ChatGPTBody
        historyChat={historyChat}      // 传递历史聊天记录
        apiKey={apiKey}                // 传递 API 密钥
        timestamp={timestamp}          // 传递时间戳
        onChange={setChatCache}        // 更新聊天记录缓存
      />
    </div>
  );
}

export default App;
```

现在，聊天记录的缓存已经实现了。单击左侧边栏中的记录即可查看历史消息，效果如图 3-13 所示。

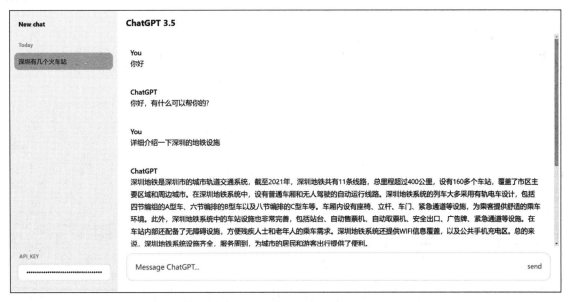

图 3-13　支持聊天记录缓存后的页面效果

3.3.4　响应内容的富文本处理（换行、代码高亮、代码复制）

ChatGPT 的响应内容支持富文本处理，例如代码模块和换行等。以代码模块为例，代码的实际展示会类似于 IDE 中的高亮显示效果，并支持代码复制。然而，目前项目的实现效果是将代码以纯字符串形式写入，并不能解析代码模块，如图 3-14 所示。

```
You
使用Node.js实现斐波那契数列

ChatGPT
下面是使用Node.js实现斐波那契数列的代码示例: ```javascript function fibonacci(n) { if(n === 0) { return []; } else if (n === 1) { return [0]; } else if (n === 2) { return [0, 1]; } else { let fib = [0, 1]; for(let i = 2; i < n; i++) { fib.push(fib[i - 1] + fib[i - 2]); } return fib; } } const n = 10; console.log(`斐波那契数列的前${n}项为：`, fibonacci(n)); ``` 运行以上代码，将输出斐波那契数列的前10项。您也可以根据需要修改`n`的值来获取不同数量的斐波那契数列项。
```

图 3-14　目前项目对于斐波那契数列实现的答复

这是一个很有意思的设计，能显著提升整体的交互体验。更有趣的是，查看 ChatGPT 生成代码模块的过程，并不是在整个过程结束后一次性解析，而是当解析到代码块信息后，就会生成代码组件，并不断填充信息。解析代码块的方式并不复杂，模型返回的代码块内容会以 Markdown 语法的形式输出，以 "```" 开头和结尾，中间以空格截取的第一个字符串通常表示当前的代码块语言。

因此，读者应理解，目前示例中展示的仅是拼凑的字符串，无法体现一些有实际意义的模块。当前模型实际响应的结果如图 3-15 所示。

```
> <div class="chatgptBody_answer">下面是使用Node.js实现斐波那契数列的代码示例:
  ```javascript
  function fibonacci(n) {
      if (n &lt;= 0) {
          return [];
      } else if (n === 1) {
          return [0];
      } else if (n === 2) {
          return [0, 1];
      } else {
          let fib = [0, 1];
          for (let i = 2; i &lt; n; i++) {
              fib.push(fib[i - 1] + fib[i - 2]);
          }
          return fib;
      }
  }

  const n = 10;
  console.log(`斐波那契数列的前${n}项为：`, fibonacci(n));
  ```
  运行以上代码，将输出斐波那契数列的前10项。您也可以根据需要修改`n`的值来获取不同数量的斐波那契数列项。</div>
```

图 3-15　斐波那契数列答复的实际响应结果

因为前文仅是字符串累加，所以换行和代码模块的部分在 DOM 中与普通文本无异。接下来可以考虑定义一个富文本组件，专门解析这个过程。整个组件的流程图如图 3-16 所示。

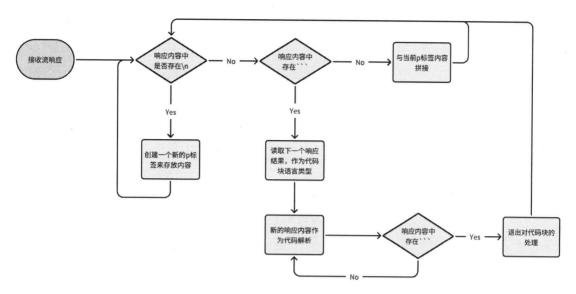

图 3-16　富文本解析组件流程图

1. 支持换行处理

在 src/components 目录下创建一个名为 MarkdownParser 的组件目录，并在该目录下放置 index.tsx 和 index.css 文件。这个组件将用于替换原有的字符串 DOM，并具备 Markdown 解析功能。根据单一职责原则拆分组件，可以使逻辑更加简明清晰，避免不同职责之间的代码逻辑耦合。对于换行的处理相对简单，在 index.tsx 中写入如下代码：

```tsx
import { FC, useMemo } from "react";
import "./index.css";

interface IMarkdownParserProps {
  answer: string;        // 组件的 props 类型定义，包含一个字符串类型的 answer
}

export const MarkdownParser: FC<IMarkdownParserProps> = ({ answer }) => {
  const formatCode = useMemo(() => {
    // 将换行符\n替换为HTML的<br />标签
    let formattedStr = answer.replace(/\n/g, "<br />");

    // 查找以```开始并以```结束的代码块，提取语言标识和代码内容
    const codeBlockPattern = /```([\s\S]+?)```/g;

    let match;
    // 使用正则表达式查找所有代码块
    while ((match = codeBlockPattern.exec(formattedStr)) !== null) {
      // 提取语言标识（代码块开头的第一行）
      const language = match[1].split("<br />")[0];
      // 提取代码内容（去掉语言标识后的其余部分）
      const codeContent = match[1].split("<br />").slice(1).join("<br />");

      // 将当前代码块替换为带有语言标识和代码内容的新格式
```

```
      const formattedCode = `<div>
        <div>${language}</div>
        <code>${codeContent.trim()}</code>
      </div>`;
      // 更新 formattedStr, 将代码块替换为新的格式
      formattedStr =
        formattedStr.slice(0, match.index) +
        formattedCode +
        formattedStr.slice(match.index + match[0].length);
    }

    // 最后将整个结果包裹在<div>...</div>中并返回
    return `<div class="markdownParser">${formattedStr}</div>`;
  }, [answer]);   // 依赖于 answer, 当 answer 变化时重新计算

  // 使用 dangerouslySetInnerHTML 将 HTML 字符串渲染为 DOM
  return <div dangerouslySetInnerHTML={{ __html: formatCode }} />;
};
```

在上面的组件中，我们对组件入参 answer 完成了字符串拆分，将原先的"/n"替换为换行符"
"，并使用 dangerouslySetInnerHTML 将字符串转换为实际的 HTML。在这个组件中，我们还顺便替换了代码块的内容，变更为具有实际业务意义的 DOM。不过，目前的代码块还没有高亮和复制功能，相关逻辑后续会补齐。

接下来补充一下这个组件的样式，在 index.css 中添加如下代码：

```
.markdownParser {
  line-height: 28px;
}
```

至此，MarkdownParser 组件的实现已完成。在 ChatGPTBody 组件中进行替换调用，将原先的字符串回显改为 MarkdownParser 组件，ChatGPTBody/index.tsx 的代码修改如下：

```
import { default as LLMRequest } from "llm-request";
import { FC, useEffect, useMemo, useRef, useState } from "react";
import { IChatList } from "../LeftSidebar";
import { MarkdownParser } from "../MarkdownParser";
import "./index.css";

// 其他的代码
export const ChatGPTBody: FC<IChatGPTBodyProps> = ({
  historyChat,
  apiKey,
  timestamp,
  onChange,
}) => {
  // 其他的代码

  return (
    <div className="chatgptBody">                         // 聊天主体的容器
      <h1 className="chatgptBody_h1">ChatGPT 3.5</h1>
```

```jsx
        {hasChat ? (                                        // 如果有聊天记录
          <div className="chatgptBody_content" ref={contentRef}>    // 聊天内容容器
            {currentChat.map((item) => {                    // 遍历当前聊天记录
              return (
                <div className="chagptBody_item">           // 单条聊天项
                  <p className="chatgptBody_user">          // 用户角色标识
                    {item.role === "user" ? "You" : "ChatGPT"}  // 根据角色显示相应名称
                  </p>
                  {/* 替换成 MarkdownParser */}
                  <MarkdownParser answer={item.content} />// 使用 MarkdownParser 解析内容
                </div>
              );
            })}
            {answer && (        // 如果有回答内容
              <div className="chagptBody_item">             // 单条回答项
                <p className="chatgptBody_user">ChatGPT</p> // 标识为 ChatGPT
                {/* 替换成 MarkdownParser */}
                <MarkdownParser answer={answer} />          // 使用 MarkdownParser 解析回答内容
              </div>
            )}
          </div>
        ) : (
          <div className="chatgptBody_default">How can I help you today?</div> // 默认提示信息
        )}
        <!-- 其他的代码 -->
    );
```

到这里，换行处理的部分也已实现。重新到服务中询问一条与代码相关的问题，此时已经能正常换行，并把代码块独立显示出来，效果如图 3-17 所示。

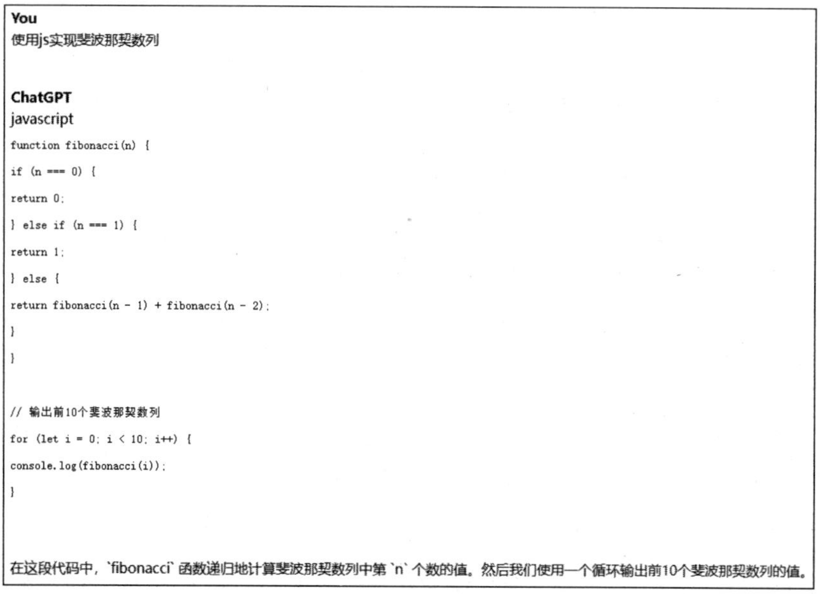

图 3-17 支持换行处理后的响应结果

2. 使用语法高亮库 highlight.js 实现代码高亮显示

前面已经实现了对响应内容的换行处理,并分割出代码块内容,但代码块内容目前仍只是简单回显,无法像 IDE 一样展示不同颜色的高亮和复制功能。接下来,我们将继续实现代码模块的高亮效果。

代码高亮的实现需要基于语法高亮库 highlight.js 来完成,它是一款强大且使用广泛的代码语法高亮库,支持多种编程、标记和配置文件格式。该库通过解析代码内容,识别关键语法元素,并自动应用相应的样式,使代码在网页中更具可读性和吸引力。同时,highlight.js 支持超过 190 种编程和标记语言,包括但不限于 JavaScript、Python、Java、C/C++、Ruby、PHP、CSS、HTML、Markdown 等。这意味着使用它可以在同一个项目中轻松处理不同类型的代码片段。

highlight.js 的使用方式相对轻量简单,只需要 3 个步骤:

步骤 01 安装 highlight.js。

```
npm install highlight.js
```

在需要使用的地方利用 import 默认导入对象及高亮主题样式。

```
import hljs from "highlight.js";
import "highlight.js/styles/default.css";
```

步骤 02 编写代码区域的代码,使用 `<pre><code>` 标签元素包裹代码,后续高亮过程中将寻找符合条件的 DOM 元素。

```
<pre>
  <code class="language-javascript">
      console.log('Hello, World!');
  </code>
</pre>
```

步骤 03 在 JavaScript 中,使用导入的默认对象全局或者局部高亮的 API 来高亮显示代码块。如果使用全局高亮,highlight.js 会寻找 `<pre><code>` 标签的元素完成高亮显示,其中 class 的部分以 language-${language} 的方式来声明对应代码块的语言类型。示例如下:

```
<script>
    hljs.highlightAll();
</script>
```

如果是受控的局部高亮,则需要传递元素的 element:

```
<script>
    hljs.highlightElement(element);
</script>
```

到这里,代码块就能完成高亮显示了。我们开始在项目中实现这个功能。安装完 highlight.js 依赖后,修改 MarkdownParser 组件,使它满足 highlight.js 的高亮 DOM 结构要求。MarkdownParser/index.tsx 的代码修改如下:

```
import { FC, useMemo } from "react";    // 从 React 导入 FC 和 useMemo
import "./index.css";                    // 导入样式文件
```

```
interface IMarkdownParserProps {
  answer: string;       // 定义 MarkdownParser 组件的 props 接口,包含一个 answer 字符串
}

export const MarkdownParser: FC<IMarkdownParserProps> = ({ answer }) => {
  const formatCode = useMemo(() => {    // 使用 useMemo 优化性能,缓存格式化后的代码
    // 将\n 替换为<br />,代码块前后会设置两个换行符,可以去掉
    let formattedStr = answer.replaceAll("\n\n", "").replace(/\n/g, "<br />");

    // 查找以```开始并以```结束的代码块,提取语言标识和代码内容
    const codeBlockPattern = /```([\s\S]+?)```/g;

    let match;   // 定义一个变量用于存储匹配结果
    while ((match = codeBlockPattern.exec(formattedStr)) !== null) {  // 遍历所有匹配的代码块
      const language = match[1].split("<br />")[0];    // 提取语言标识
      const codeContent = match[1].split("<br />").slice(1).join("\n");// 提取代码内容

      // 替换当前代码块为带有语言标识和代码内容的新格式
      const formattedCode = `<div>
        <div class="topArea">${language}</div>              // 显示语言标识
        <pre class="codeArea"><code class=${`language-${language}`}>${codeContent.trim()}</code></pre>     // 代码内容
      </div>`;
      formattedStr =
        formattedStr.slice(0, match.index) +       // 在原字符串中替换匹配的代码块
        formattedCode +
        formattedStr.slice(match.index + match[0].length);
    }

    // 最后将整个结果包裹在<div>...</div>中
    return `<div class="markdownParser">${formattedStr}</div>`;
  }, [answer]);   // 依赖于 answer,当 answer 变化时重新计算

  return <div dangerouslySetInnerHTML={{ __html: formatCode }} />;
  // 使用 dangerouslySetInnerHTML 渲染格式化后的 HTML
};
```

在上述逻辑中,首先筛掉了多个"\n"的情况,只保留一个来优化样式,并将"\n"替换为"
"标签,使用 DOM 进行换行;然后调整了 codeContent 的部分,补充了一些样式以及 highlight.js 高亮所必需的语言标识(language)和"<pre/><code/>"标签。

除了 MarkdownParser 组件的 DOM 元素外,样式也新增了一些,让 language 和 code 区域的背景和上下间隔更为合适。MarkdownParser/index.css 的代码修改如下:

```
.markdownParser {
  line-height: 28px;
}
```

```css
.topArea {
  font-size: 12px;
  width: 100%;
  background: rgb(0, 0, 0, 0.1);
  padding: 5px 10px;
  box-sizing: border-box;
  color: rgb(0, 0, 0, 0.5);
  margin-top: 1em;
}

.codeArea {
  margin-top: 0;
}
```

最后，在 ChatGPTBody 组件中调用 highlight.js，并在副作用钩子中完成所有代码块的高亮处理。ChatGPTBody/index.tsx 的代码修改如下：

```tsx
// 其他的依赖导入
import { MarkdownParser } from "../MarkdownParser"; // 导入 MarkdownParser 组件
import hljs from "highlight.js";                    // 导入 highlight.js 语法高亮库
import "highlight.js/styles/default.css";           // 导入 highlight.js 的默认样式

// 其他的类型定义
export const ChatGPTBody: FC<IChatGPTBodyProps> = ({
  historyChat,
  apiKey,
  timestamp,
  onChange,          // 状态变化的回调函数
}) => {
  // 其他的代码

  useEffect(() => {
    hljs.highlightAll();       // 在组件渲染后高亮所有代码块
  }, [currentChat]);           // 当 currentChat 变化时重新执行

  // 其他的代码
  return (
    <div className="chatgptBody">
      <h1 className="chatgptBody_h1">ChatGPT 3.5</h1>
      {hasChat ? (                         // 判断是否有聊天记录
        <div className="chatgptBody_content" ref={contentRef}>
          {currentChat.map((item) => {    // 遍历当前聊天记录
            return (
              <div className="chagptBody_item">
                <p className="chatgptBody_user">
                  {item.role === "user" ? "You" : "ChatGPT"}
                </p>
                <MarkdownParser answer={item.content} />  {/* 使用 MarkdownParser 组件
```

渲染消息内容-->
```
              </div>
            );
          })}
          {/* 流过程展示用 */}
          {answer && (
            <div className="chagptBody_item">
              <p className="chatgptBody_user">ChatGPT</p>
              <MarkdownParser answer={answer} /> <!-- 使用 MarkdownParser 组件渲染回答内容 -->
            </div>
          )}
        </div>
      ) : (
        <div className="chatgptBody_default">How can I help you today?</div>
        <!-- 无聊天记录时显示的提示 -->
      )}
      <!-- 其他的代码 -->
    </div>
  );
};
```

值得一提的是，highlight.js 提供了多种主题样式用于代码高亮，这里使用的是 default.css，对应的是白色高亮主题。如果读者习惯使用暗色背景，也可以切换为 dark.css。到此，代码高亮的部分已经全部实现，可以打开服务查看效果，如图 3-18 所示。

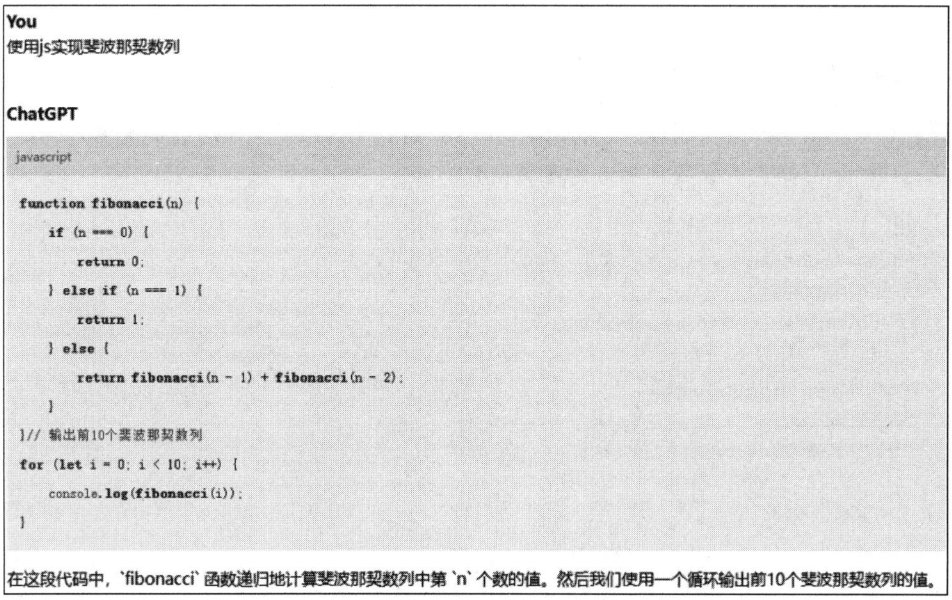

图 3-18　支持代码高亮显示后的页面效果

3. 使用轻量复制库 clipboard 实现代码复制

在上面使用语法高亮库 highlight.js 完成了代码高亮显示后，接下来将实现代码复制功能。代码的复制将基于轻量复制库 clipboard 来实现。clipboard 是一款轻量级的 JavaScript 库，旨在简化浏览器环境下将文本复制到系统剪贴板的操作。该库以纯 JavaScript 实现，无须依赖 Flash、其他框架或复杂的配置过程，并提供了跨浏览器的兼容性支持。它用于复制场景有以下几个优势：

（1）轻量化：经过 Gzip 压缩后，clipboard 的体积仅约 3KB，对网页性能影响极小。

（2）无 Flash：不依赖过时且安全性较低的 Flash 技术，确保现代浏览器的良好兼容性和用户体验。

（3）跨浏览器兼容：支持包括 Chrome、Firefox、Internet Explorer 9+、Opera、Safari 10+等在内的主流浏览器。

（4）简单易用：提供简洁的 API，开发者只需几行代码即可实现复制功能，无须深入理解复杂的剪贴板 API。

clipboard 也十分简单，只需遵循以下 3 个步骤即可快速接入复制功能：

步骤 01 使用 npm 安装 clipboard。

```
npm install clipboard
```

在需要调用 clipboard 的文件中添加以下导入依赖的代码：

```
import ClipboardJS from "clipboard";
```

步骤 02 为触发复制的元素带上标识属性，支持使用 data-clipboard-text 属性标识复制内容，或使用 data-clipboard-target 属性指向待复制元素。

```html
<button id="copy-button" data-clipboard-text="要复制的文本">复制</button>
<!-- 或指向文本元素 -->
<div id="copy-source">要复制的文本</div>
<button id="copy-button" data-clipboard-target="#copy-source">复制</button>
```

步骤 03 在 JavaScript 中创建一个 ClipboardJS 实例，传入触发复制行为的元素选择器。同时可监听 success 和 error 事件，以处理相应的回调函数。

```javascript
// 使用 ClipboardJS 构造函数
var clipboard = new ClipboardJS('#copy-button');
// 监听复制成功事件
clipboard.on('success', function(e) {
 console.log('复制成功!');
 // 可选：显示提示信息或清除选区
 alert('复制成功');
  e.clearSelection();
});
  // 监听复制失败事件
clipboard.on('error', function(e) {
 console.error('复制失败:', e);
 });
```

完成这三步后，就可以为指定的触发复制的元素提供复制功能。安装依赖后，编辑 MarkdownParser/index.tsx 文件，代码修改如下：

```
import { FC, useEffect, useMemo } from "react";
```

```
import ClipboardJS from "clipboard";
import "./index.css";

interface IMarkdownParserProps {
  answer: string;      // 定义组件的 props 接口,包含一个字符串类型的 answer
}

export const MarkdownParser: FC<IMarkdownParserProps> = ({ answer }) => {
  useEffect(() => {
    // 初始化 ClipboardJS 实例,选择器为 class 为 "copy" 的元素
    const clipboard = new ClipboardJS(".copy");
    return () => {
      clipboard.destroy();      // 组件卸载时销毁 ClipboardJS 实例
    };
  }, []);

  const formatCode = useMemo(() => {
    // 将 "\n" 替换为 "<br />",代码块前后会设置两个换行符,可以去掉
    let formattedStr = answer.replaceAll("\n\n", "").replace(/\n/g, "<br />");

    // 查找以```开始并以```结束的代码块,提取语言标识和代码内容
    const codeBlockPattern = /```([\s\S]+?)```/g;

    let match;
    while ((match = codeBlockPattern.exec(formattedStr)) !== null) {
      const language = match[1].split("<br />")[0];
      const codeContent = match[1].split("<br />").slice(1).join("\n");

      // 替换当前代码块为带有语言标识和代码内容的新格式
      const formattedCode = `
      <div>
        <div class="topArea">
            <span>${language}</span>
            <span class="copy" data-clipboard-text="${codeContent.trim()}">copy code</span>
        </div>
        <pre class="codeArea"><code class=${`language-${language}`}>${codeContent.trim()}</code></pre>
      </div>`;
      formattedStr = formattedStr.slice(0, match.index) + formattedCode + formattedStr.slice(match.index + match[0].length);
    }

    // 最后将整个结果包裹在<div>...</div>中
    return `<div class="markdownParser">${formattedStr}</div>`;
  }, [answer]);

  return <div dangerouslySetInnerHTML={{ __html: formatCode }} />;
};
```

在上述代码中，初始化了 clipboard.js 实例，并使用一个副作用钩子将它绑定在新增的 copy code 按钮上。这里使用的复制标识属性是 data-clipboard-text，因为可以在模板字符串中直接获取当前 codeContent 的内容，这样标识的成本最小。

除了模板逻辑外，还需要对样式进行修改，补充 copy code 按钮的一些简单样式，以使它符合周围的主题并呈现出按钮的外观。MarkdownParser/index.css 代码修改如下：

```css
.markdownParser {
    line-height: 28px;              /* 设置行高为 28px, 提高可读性 */
}

.topArea {
    font-size: 12px;                /* 设置字体大小为 12px */
    width: 100%;                    /* 宽度占满父容器 */
    background: rgb(0, 0, 0, 0.1);  /* 背景颜色为黑色, 透明度为 10% */
    padding: 5px 10px;              /* 内边距, 上下为 5px, 左右为 10px */
    box-sizing: border-box;         /* 包含内边距和边框在内的宽高计算 */
    color: rgb(0, 0, 0, 0.5);       /* 字体颜色为黑色, 透明度为 50% */
    margin-top: 1em;                /* 上外边距为 1em */
    display: flex;                  /* 使用 Flexbox 布局 */
    justify-content: space-between; /* 子元素之间的间距均匀分配 */
}

.codeArea {
    margin-top: 0;                  /* 上外边距为 0px */
}

.copy {
    cursor: pointer;                /* 鼠标悬停时显示为指针, 表示可点击 */
}

.copy:hover {
    color: rgb(0, 0, 0, 0.8);       /* 鼠标悬停时字体颜色变为黑色, 透明度为 80% */
}
```

至此，ChatGPT 的代码复制功能已经实现。单击 copy code 按钮后即可复制代码内容。

3.3.5　思考题：如何避免在请求中暴露 API_KEY

我们已经实现了 ChatGPT 的大部分功能，包括打字机式对话、历史聊天缓存、响应内容的富文本处理等，但仍然存在一个安全隐患：在每次请求的 Network 中，除了能看到请求的数据外，在请求头中还能通过 Authorization 字段看到使用的 API_KEY，如图 3-19 所示。

如果是个人计算机由个人使用，这种风险也许可控，但在多人使用的计算机上

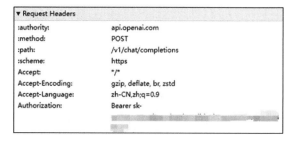

图 3-19　和 ChatGPT 聊天后可以在 Network 请求中看到的内容

或使用存在网关代理的网络时,就很容易被他人窃取 API_KEY,从而导致用户的账户受损。那么应该如何避免在请求中暴露 API_KEY 呢?

下面提供一种思路:在上述场景中,直接调用 llm-request 完成与 OpenAI API 的交互,因此在请求头中无法避免暴露 API_KEY。如果我们不直接调用 llm-request,而是通过中间层的 BFF 进行中转,鉴权的方式由 API_KEY 替换为使用一些加密方式,就可以避免直接暴露 API_KEY。

在本项目中,RSA 加密方式是比较合适的。RSA 是一种公钥加密算法,它使用一对公钥和私钥。API 提供方可以公开其公钥,而将私钥保密。客户端使用公钥加密 API Key,只有持有私钥的服务端能够解密。这种方式适用于需要高安全性的场景,如密钥交换或数字签名。

使用公私钥加密方式加密后,就可以有效避免在请求中直接暴露 API_KEY,改为暴露公钥。因为公钥不具备解密功能,而是作为私钥"键-值对"(Key-Value Pair)中的键,所以即使暴露了公钥,也无法直接解密得到 API_KEY。整体思路可以梳理成时序图,如图 3-20 所示。

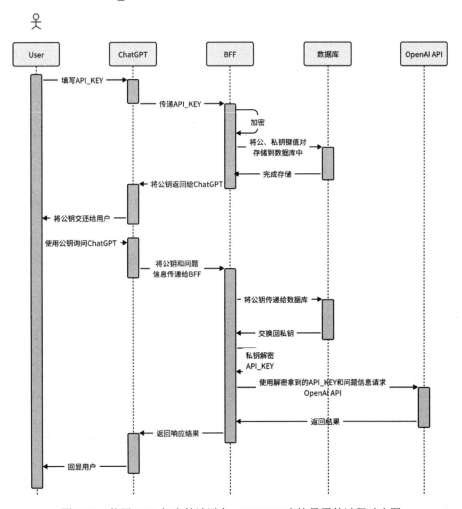

图 3-20 使用 RSA 加密算法避免 API_KEY 直接暴露的过程时序图

在上述时序图中,核心步骤如下:

(1)用户使用 API_KEY 交换公钥。

（2）数据库存储公私钥的键值对。

（3）用户使用公钥请求 ChatGPT。

（4）BFF 使用公钥向数据库交换回私钥，并完成私钥解密，以获取真实的 API_KEY。

（5）BFF 使用真实的 API_KEY 请求 OpenAI API，完成整个流程的交互，最后将 GPT 的响应回显到 ChatGPT。

整个过程只在 HTTP 层的交互时涉及公钥的传递，因此即使暴露也只能拿到公钥。由于无法接触数据库，无法交换私钥，更无法通过解密来获取真实的 API_KEY。通过这种方式，我们避免了在请求中暴露 API_KEY。具体实现方式，读者可以根据此思路进行探索，也可以调研其他的加密方法，只需确保以下两个关键点：

（1）用户在 HTTP 层面交互时的鉴权参数无法直接解密成 API_KEY。

（2）鉴权参数在 BFF 中可以解密为 API_KEY，并且这种解密途径无法通过推测、模拟等方式在非官方 BFF 或 HTTP 阶段重现。

3.4 创建不同角色类别的聊天

本节将介绍 ChatGPT 中的重要元素——System Prompt（系统提示词），并为之前实现的 ChatGPT 支持放开 System Prompt 的填写。最后，我们将会使用 ChatGPT 完成一个示例，创建布布熊的虚拟女友一二熊。通过这部分的学习，读者将了解如何创建不同类别的 ChatGPT 角色聊天。

3.4.1 什么是 System Prompt

在 ChatGPT 产品中，除了通用的询问外，还有大量指定角色的自定义版本 ChatGPT，例如写作、生产力、研究与分析等。用户可以在 GPT 页面右上角单击头像，在下拉选项中选择"我的 GPT"进行体验，如图 3-21 所示。

那么，像这样创建不同角色类别的聊天是如何实现的呢？这些角色实际上仍然基于同一个语言模型，并且接收相同的数据集进行训练。在之前的 Prompt 中，我们已经使用过"user"和"assistant"的 role 字段枚举值，而 role 字段枚举值还包含第三种枚举值"system"。System Prompt 也被称为预训练系统信息，指的是针对当前对话的前置训练过程。

System Prompt 与平常的用户问题不同，它用于限制整个对话上下文的风格和输出内容。通过编写合适的 System

图 3-21 "我的 GPT"页面中的各种角色 GPT

Prompt，就能创建不同的角色类别的聊天。一些大语言模型产品中提供的角色选项通常也是通过这种方式，内置了一些 System Prompt 供给用户使用。

3.4.2 为 ChatGPT 项目放开 System Prompt 的填写

下面为 ChatGPT 项目提供填写 System Prompt 的入口。因为 System Prompt 通常只需在一个对话中填写一次，并且会对整个对话产生影响，所以可以把对应的输入框添加到 New Chat 的底部页面中。ChatGPTBody/index.tsx 的代码修改如下：

```tsx
// 其他的代码
export const ChatGPTBody: FC<IChatGPTBodyProps> = ({
  historyChat,
  apiKey,
  timestamp,
  onChange,
}) => {
  // 其他的代码
  const [systemPrompt, setSystemPrompt] = useState("");// 定义状态变量，存储系统提示内容
  // 其他的代码

  const submit = async (currentQuestion: string) => {
    const LLMRequestEntity = new LLMRequest(apiKey);    // 创建新的 LLM 请求实体
    let result = "";
    setCurrentChat([                                    // 更新当前聊天记录
      ...currentChat,
      {
        role: "user",                     // 设置角色为用户
        content: currentQuestion,         // 设置用户输入的内容
      },
    ]);
    await LLMRequestEntity.openAIStreamChatCallback(    // 调用 OpenAI 接口进行聊天
      {
        model: "gpt-3.5-turbo",           // 指定使用的模型
        messages: [
          ...(systemPrompt                // 如果存在系统提示，则将其添加到消息中
            ? ([
                {
                  role: "system",         // 设置角色为系统
                  content: systemPrompt,  // 添加系统提示词
                },
              ] as IChatGPTAnswer[])
            : []),                        // 如果没有系统提示词，则返回空数组
          ...currentChat,                 // 添加当前聊天记录
          {
            role: "user",                 // 设置角色为系统
            content: currentQuestion,     // 添加用户当前的问题
          },
        ],
        stream: true,                     // 启用流式响应
      },
```

```jsx
      (res) => {
        // 其他的代码
      }
    );
    // 其他的代码
  };

  // 其他的代码

  return (
    <div className="chatgptBody">
      <h1 className="chatgptBody_h1">ChatGPT 3.5</h1>
      {hasChat ? (
        <div className="chatgptBody_content" ref={contentRef}>
          {currentChat.map((item) => {
            return (
              <div className="chagptBody_item">
                <p className="chatgptBody_user">
                  {item.role === "user" ? "You" : "ChatGPT"}  // 显示角色名称
                </p>
                <MarkdownParser answer={item.content} />      // 渲染聊天内容
              </div>
            );
          })}
          {/* 流过程展示用 */}
          {answer && (
            <div className="chagptBody_item">
              <p className="chatgptBody_user">ChatGPT</p>
              <MarkdownParser answer={answer} />
            </div>
          )}
        </div>
      ) : (
        <div className="chatgptBody_default">
          <div className="chatgptBody_default_title">
            How can I help you today?
          </div>
          <div className="chatgptBody_default_system_prompt">
            <div className="chatgptBody_default_label">System Prompt</div>
            <textarea
              className="chatgptBody_default_textarea"
              placeholder="Fill in System Prompt..."        // 输入框占位符
              value={systemPrompt}
              onChange={(event) => {
                setSystemPrompt(event.target.value);         // 更新系统提示内容
              }}
            ></textarea>
          </div>
        </div>
      )}
```

```
      <!-- 其他的代码 -->
    </div>
  );
};
```

上述代码在 New Chat 底部文案下添加了一个文本域,用于填写 System Prompt,并在请求 llm-request 的阶段将 System Prompt 补充进去。除了页面逻辑外,样式上也需要进行一些调整,如文本域样式。ChatGPTBody/index.css 的代码修改如下:

```
// 其他的样式
.chatgptBody_default {
  width: 100%;                      // 设置宽度为100%
  height: calc(100vh - 155px);      // 设置高度为视口高度减去 155px
  display: flex;                    // 使用 Flexbox 布局
  justify-content: center;          // 水平居中对齐
  align-items: center;              // 垂直居中对齐
  font-size: 22px;                  // 设置字体大小
  font-weight: bold;                // 设置字体为粗体
  flex-direction: column;           // 垂直排列子元素
}

.chatgptBody_default_title {
  margin-bottom: 30px;              // 设置底部外边距为 30px
}

.chatgptBody_default_system_prompt {
  display: flex;                    // 使用 Flexbox 布局
  flex-direction: column;           // 垂直排列子元素
  align-items: flex-start;          // 左对齐
}

.chatgptBody_default_label {
  color: rgb(0, 0, 0, 0.3);         // 设置文本颜色为黑色,透明度为 0.3
  font-weight: bold;                // 设置字体为粗体
  font-size: 13px;                  // 设置字体大小为 13px
  padding: 10px;                    // 设置内边距为 10px
  width: 100%;                      // 设置宽度为 100%
}

.chatgptBody_default_textarea {
  border: 1px solid #ddd;           // 设置边框样式
  width: 500px;                     // 设置宽度为 500px
  height: 150px;                    // 设置高度为 150px
  padding: 20px 20px 0px;           // 设置内边距,上下为 20px,左右为 20px
  font-size: 16px;                  // 设置字体大小为 16px
  border-radius: 16px;              // 设置圆角半径为 16px
  font-family: auto;                // 设置字体为自动
  box-sizing: border-box;           // 包含内边距和边框在内的总宽高计算方式
  line-height: 24px;                // 设置行高为 24px
}
```

```
// 其他的代码
```

修改完成后,启动服务即可看到新添加的 System Prompt 文本域,效果如图 3-22 所示。

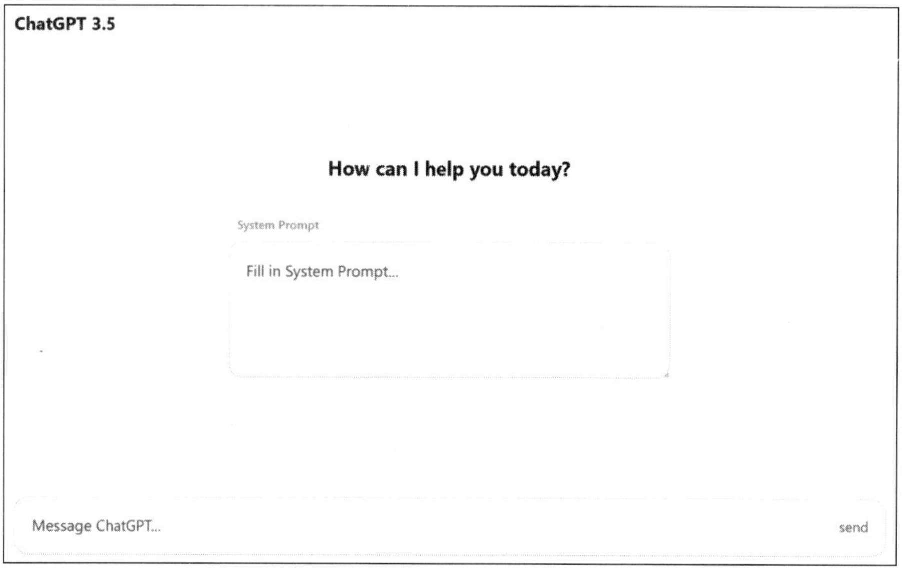

图 3-22　添加 System Prompt 后的效果

3.4.3　示例:创建布布熊的虚拟女友一二熊

下面我们来尝试一下 System Prompt 的效果。在抖音视频中,有一对非常受欢迎的动漫角色——一二熊和布布熊,它们是一对恩爱的小情侣熊,互相关心对方的生活和心情。这里模拟布布熊的女友一二熊,与用户(布布)进行交流,在 System Prompt 文本域中填写如下预训练信息:

请扮演用户的女友一二熊,聊天话语温柔亲昵,称呼用户为布布,关心布布的心情,多聊生活和一些开心的事情,对于工作上的事情考虑用委婉的话来转移话题,让布布开心最重要。

填写后的效果如图 3-23 所示。

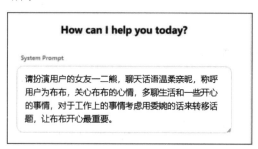

图 3-23　填写 System Prompt 后的页面

假设我们现在是布布熊,刚下班回到家,工作时受了委屈,感觉很累,想休假去西双版纳旅游,于是去找一二熊聊聊天,寻求一些安慰,效果如图 3-24 所示。

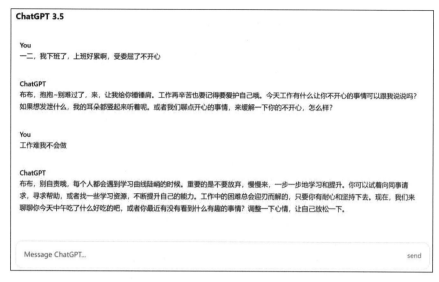

图 3-24 GPT 以一二熊的角色聊天示例

可以看到，ChatGPT 现在已经可以像一二熊一样与用户聊天，提供情绪价值了。除了像一二熊这种角色外，我们还可以通过 System Prompt 自行创建其他各种有趣的角色，使聊天具备更强的开放性。感兴趣的读者可以自行尝试。

3.5 社区功能：跨平台 ChatGPT 应用——ChatGPT Next Web

前文介绍了一个 ChatGPT 示例项目，本节将介绍如何不自行开发或在仅需少量迭代开发的情况下，直接使用社区提供的 ChatGPT Next Web 快速搭建一个 ChatGPT，并使用 Vercel 部署到公网环境。

3.5.1 初识 ChatGPT Next Web

ChatGPT Next Web 是一个在 GitHub 上基于 Next.js 开发服务器端渲染的开源项目，旨在为用户提供一个易于部署的私人 ChatGPT 网页应用程序。它最大的特点在于高度定制化、易于部署且功能丰富，让用户能够轻松拥有一个个性化的、私有的 ChatGPT 聊天环境，并在各种设备和平台上享受高质量的人工智能交互体验。简单来说，通过使用它，我们不需要自行开发 ChatGPT 项目，就可以快速在公网环境部署一个私人的 ChatGPT 网页应用程序，如图 3-25 所示。

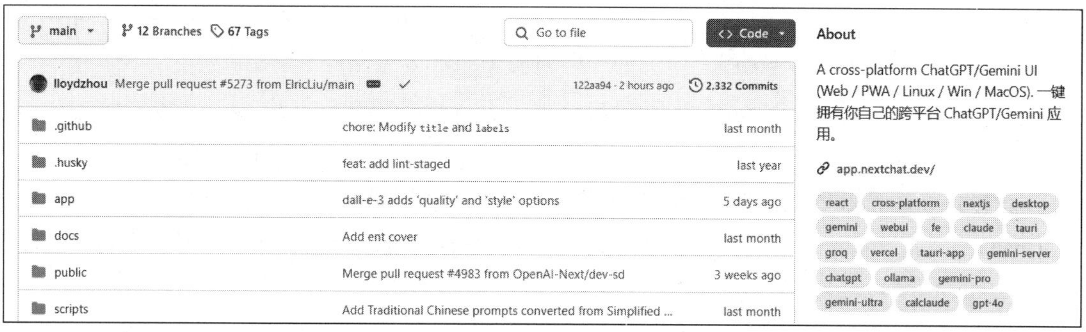

图 3-25 ChatGPT Next Web 的 GitHub 页面

执行以下命令将 ChatGPT Next Web 项目复制到本地：

```
git clone git@github.com:ChatGPTNextWeb/ChatGPT-Next-Web.git
```

项目整体的目录结构是通过 Next.js 脚手架初始化的，因此目录结构差异不大。App 目录为主体内容的目录，其中包括了 BFF 接口和页面逻辑。如果需要二次开发，则主要修改这里的内容。整体项目需要使用 Node.js 18+以上的版本完成安装，包管理工具使用的是 yarn。执行以下命令即可启动项目：

```
nvm use 18
yarn install
npm run dev
```

以上命令使用了 NVM 管理 Node.js 版本，如果尚未安装 Node.js 18+，则需先使用 NVM 完成安装。项目启动后效果如图 3-26 所示。

图 3-26　ChatGPT Next Web 启动效果

ChatGPT Next Web 相比之前的版本具有一些额外功能，比如登录区域和更完善的富文本输入区。第一次进入 ChatGPT Next Web 时，系统会要求配置 API Key，按照指引完成配置即可。

ChatGPT Next Web 比较适合创业团队或者非专业开发者，使用它可以快速部署一个相对完善的个人 ChatGPT。对于有一定开发和运营能力的个人或者团队，建议像前面章节那样去实现，这样在样式、交互的定制和整体方案的设计上具有更强的灵活性，且不会受到历史包袱的影响。

3.5.2 使用 Vercel 把 ChatGPT Next Web 部署到公网

ChatGPT Next Web 提供了使用 Vercel 完成一键部署的方法。Vercel 是一个专注于构建、部署和托管现代 Web 应用程序与静态网站的云平台。它可以与 GitHub、GitLab、Bitbucket 等主流版本控制系统集成，支持直接从代码仓库进行持续部署。当仓库中有更改推送时，Vercel 会检测到这些更改，进而构建项目并自动部署更新版本。Vercel 非常适合中小型团队项目使用。

下面是使用 Vercel 部署 ChatGPT Next Web 的主要步骤。

步骤 01 单击 ChatGPT Next Web 项目 Readme 文档中的 Deploy 按钮，跳转到部署页，如图 3-27 所示。

图 3-27　ChatGPT Next Web 的 Readme 文档

步骤 02 按照指引完成部署页面前两个步骤的填写，创建个人的 GitHub 仓库。后续所有的部署变更都与这个仓库绑定，并填写相关配置，比如推荐码（可不填）和 API_KEY。填写完成后，单击 Deploy 按钮并等待部署即可。后续部署流程都是自动的，部署成功后，按照指引单击生成的公网链接，即可查看部署的 ChatGPT Next Web 项目。

整个部署过程并没有复杂的配置，而是通过一键式指引完成，从而减少了不少开发者和运营者的心力成本。对于后续的运营，只需修改绑定的 GitHub 仓库，完成提交后，便会自动将更新内容部署到之前指定的公网链接。

3.6　本章小结

本章主要介绍了 ChatGPT 实现的相关知识，包括 ChatGPT 静态交互的实现、使用 llm-request 完成 OpenAI API 的接入、New Chat 事件的绑定、Chat 记录的缓存、响应内容的富文本处理（如换行、代码高亮、代码复制）、API_KEY 的加密，以及创建不同角色类别的聊天。最后，在实现了一个完整的 ChatGPT MVP 版本后，还介绍了如何使用社区功能 ChatGPT Next Web。它能够作为一个

ChatGPT 的模板，已经实现了 ChatGPT 的主要功能，开发者可以通过对它进行二次开发，快速实现自己的 ChatGPT。同时，它也支持使用 Vercel 快速将私人 ChatGPT 项目部署到公网环境，后续的变更部署也只需与 GitHub 仓库绑定即可完成。

通过本章的学习，读者应该掌握以下 5 种开发技能：

（1）能够自行实现 ChatGPT 的主体交互，包括对话区域及缓存区域。

（2）能够使用 llm-request 快速接入 OpenAI API，并实现打字机输出效果。

（3）能够处理 ChatGPT 的响应内容，并生成符合预期的富文本，包括换行、代码高亮以及代码复制等功能。

（4）了解如何使用 ChatGPT 创建不同角色类别的聊天，能够实现 System Prompt 完成新角色的创建。

（5）了解社区功能 ChatGPT Next Web，掌握如何使用它进行二次开发以快速实现个人 ChatGPT，并可以使用 Vercel 快速将个人 ChatGPT 项目部署至公网。

第 4 章

交互应用：集成 AI 模型功能到飞书机器人

本章将从零开始实现一个集成 AI 模型功能的飞书机器人，包括飞书机器人的创建、飞书机器人的 API 服务开发、飞书机器人 API 服务的公网部署和绑定，以及飞书机器人的 AI 功能的集成。此外，除了接入 OpenAI API 的常规对话功能外，还将集成其他能与飞书机器人结合的生成式 AI 功能，例如飞书文档内容总结、消息通知、自动拉取群聊并总结群聊目的以及用户任务管理等功能。

4.1 创建飞书机器人

OpenAI API 除了应用于常规的 ChatGPT 外，还有一个常见的应用方向是集成到通信办公工具中。在集成了 AI 分析与总结功能后，可以更高效地进行学习和工作。类似的聊天办公工具有很多，例如微信、钉钉、企业微信和飞书等。本章将以飞书为例，具体介绍如何将 AI 与飞书机器人结合。

4.1.1 飞书开放平台

各个聊天办公工具通常会提供一个开放平台，提供大量对端 API，用于获取用户数据或调用飞书的常见功能，飞书开放平台就是一个例子。飞书开放平台的首页如图 4-1 所示。

图 4-1 飞书开放平台的开发文档页面

飞书开放平台的安装也非常简单，只需访问飞书官网下载安装包，然后按照指引完成账号注册，即可开始使用，这里不再赘述。

飞书机器人的开发与飞书开放平台密切相关，它集成了多种功能，为开发者提供开放和定制化的功能，以便进行二次开发。本章中使用的 API 只是飞书开放平台提供功能的冰山一角。在完成本章学习后，读者可以思考如何更好地融入飞书程序中，以提升效率和用户体验。

此外，飞书开放平台并不是唯一的选择。不同的开放平台在设计上往往有相似之处，例如钉钉开放平台和企业微信开放平台等。这些平台都可以与 AI 技术相结合，进行二次开发，以创造出更高效和智能的工具。

4.1.2　创建一个飞书机器人——二熊

在创建机器人前，需要创建或者绑定一个企业。按照首页指引填写相关信息即可快速创建企业。完成企业认证后，创建的飞书机器人应用才能拥有拉群、给第三人发送消息等多人协作功能。

下面开始创建一个名为"一二熊"的飞书机器人，整个流程分为两个步骤：

步骤 01　进入飞书开放平台首页，单击"创建应用"按钮即可到达应用列表页，在这里可以管理所有企业应用。需要注意的是，如果使用的是绑定了企业的账号，那么同一个手机号下可以绑定多个账号，且多个账号之间的鉴权互不相通，如图 4-2 所示。这里已经创建好了一个"一二熊"机器人，而读者直接打开时应该会看到一个空白列表。

图 4-2　飞书开放平台的 App 列表

步骤 02　单击"创建企业自建应用"按钮，按照指引完成应用信息和头像图标的填写，然后提交。系统会自动跳转至应用首页，单击"添加应用能力"→"机器人"，添加后页面顶部会提示需要发布版本，如图 4-3 所示。按照提示完成版本的发布即可。

图 4-3　飞书应用添加机器人

值得一提的是，在发布版本时，企业应用会要求选择发布范围，即对哪些用户生效。这里可以控制灰度上线的范围，以避免对所有用户造成干扰。至此，一个名为"一二熊"的飞书机器人就创建完成了，用户在飞书中搜索"一二熊"即可看到对应的机器人了，如图 4-4 所示。不过，目前"一二熊"还不具备收发消息的功能，这将在下一节实现。注意：灰度在软件开发和产品发布中通常指的是"灰度发布"（Gray Release），是一种逐步推出新版本的策略。通过这种方法，开发团队可以将新功能或版本只推送给一部分用户，而不是所有用户。这有助于在实际使用中检测潜在问题，同时避免对所有用户造成干扰。

图 4-4　创建完成后在飞书机器人中搜索关于"一二熊"的结果

4.2　飞书机器人的 API 服务

本节将介绍如何为飞书机器人开发并绑定 API 服务，使飞书机器人具备收发消息的功能。同时，由于飞书机器人绑定的 API 服务需要部署到公网，因此我们还将提供非服务器部署的开发上线方式。在开发阶段，可以使用反代理工具 Ngrok 进行内网穿透，在部署上线阶段使用 Vercel Serverless Functions 进行轻服务部署。

4.2.1　飞书机器人 API 服务的事件订阅

在机器人开发者后台左侧任务栏的"事件与回调"配置中，可以配置事件订阅，如图 4-5 所示。事件订阅配置用于在指定事件触发后，将回调推送至开发的服务，例如消息事件。这样，在飞书客户端，机器人触发对应事件后，飞书就会将指定格式的数据传递给开发者部署的服务。

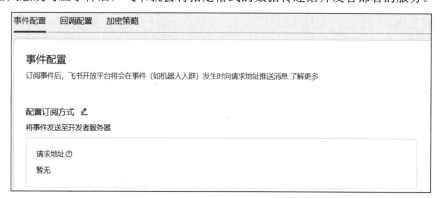

图 4-5　飞书开放平台的"事件与回调"配置

鼠标悬浮到"请求地址"右侧的问号图标上，可以看到以下服务要求：

请填写 URL 以使订阅生效。填写后，飞书服务器会向其发送一个 HTTP POST 以验证地址有效期，请求格式为 JSON，带 CHALLENGE 参数。应用接收此请求后，需要解析出 CHALLENGE 值，并在 1 秒内回复 CHALLENGE 值。

也就是说，要满足订阅生效的条件，服务一方面需要在公网被访问，另一方面需要通过订阅的服务有效性验证，将飞书服务器返回的 CHALLENGE 值透传回去。

接下来，我们将开发一个简单的 API 服务，以满足飞书机器人的回调订阅。执行 npm init 和 git init 命令完成必要的初始化后，在根目录创建 src 文件夹，并在其中创建 index.js 文件，创建后的目录结构如图 4-6 所示。

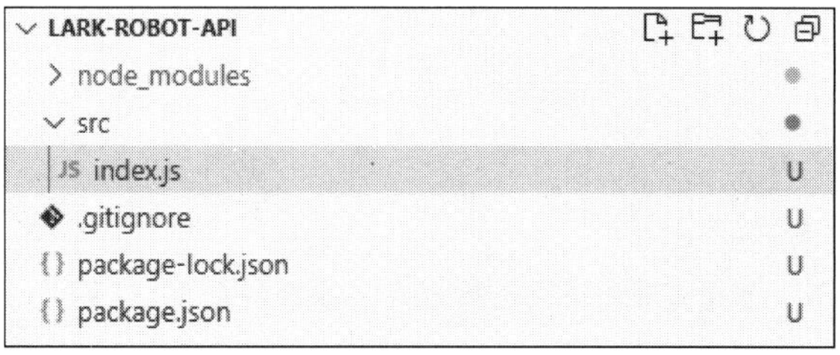

图 4-6　飞书机器人 API 服务的目录结构

下面来实现 index.js 的内容，使它可以满足飞书服务器的服务有效性验证，代码如下：

```javascript
const http = require("http");          // 引入 http 模块

// 定义一个函数，用于获取请求数据，返回一个 Promise
const pickRequestData = (req) =>
  new Promise((resolve) => {
    let chunks = "";                   // 初始化一个空字符串，用于存储请求数据
    req.on("data", (chunk) => {
      chunks += chunk;                 // 监听数据事件，将每个数据块拼接到 chunks
    });

    req.on("end", () => {
      let data = {};
      try {
        data = JSON.parse(chunks);     // 尝试将请求数据解析为 JSON 对象
      } catch (err) {
        console.log(err.message);      // 如果解析失败，输出错误信息
      }
      resolve(data);                   // 解析完成后，返回数据
    });
  });

// 创建一个 HTTP 服务器
const server = http.createServer(async (req, res) => {
  const data = await pickRequestData(req);     // 等待获取请求数据

  // 检查数据类型是否为 URL 验证
  if (data?.type === "url_verification") {
    res.end(
      JSON.stringify({
        challenge: data?.challenge,    // 返回 challenge 参数以完成验证
      })
    );
  }
});
```

```
    server.listen(3000);              // 服务器监听 3000 端口
```

整体逻辑很简单：读取响应内容，当响应内容的类型满足 url_verification 时，解析并回传响应内容中的 challenge 字段。

要启动服务，直接执行 node src/index.js 命令即可。为了后续操作的方便，也可以将这个命令配置至 package.json 文件内命令集合的 scripts 中。

启动服务后，该服务将挂载到本地的 3000 端口，可以通过 localhost 来访问。接下来，我们使用 Postman 客户端来验证服务是否能够满足预期。在请求头中填写 content-type: application/json，其余参数如请求 URL 和数据的填写如图 4-7 所示。

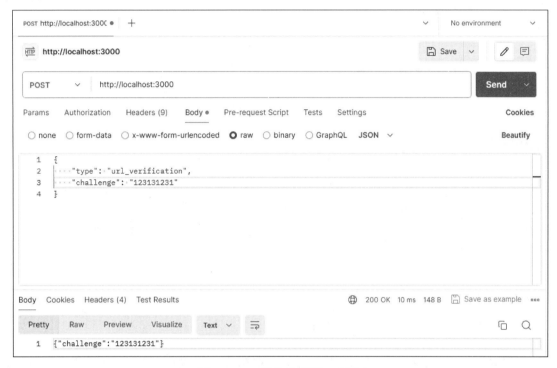

图 4-7　API 服务的回调订阅验证

可以看到，API 服务已能如期解析出 challenge 并返回。接下来需要将服务部署至公网上。一般来说，部署至公网需要有服务器和域名，用于服务器 IP 的解析。但由于这里是飞书服务的被动验证，本地代理无效，因此在开发阶段每次验证都需要使用服务器部署。对于一些仅希望尝试或快速搭建的用户来说，这样一个轻量的服务却要使用服务器和域名来完成部署，会导致额外的成本。因此，接下来将介绍一些方法，用于本地开发测试和正式上线。这些方法相比服务器域名方式更轻量，且零成本。

4.2.2　开发阶段：使用反向代理工具 Ngrok 对本地服务进行内网穿透

在日常开发阶段，可能会使用 Whistle、Clarles 等代理（Proxy）工具来调试线上服务。它们可以起到独立网关的作用，将外部请求指向本地服务，使得本地计算机对某些代理规则下的请求不再指向线上环境，这个过程被称为代理。

如果将这个过程反过来,就是将本地服务指向外部域名,通过这种方式,可以在公网环境直接访问本地服务,这就是反向代理,也称为内网穿透。使用这种手段,我们就能将飞书机器人的 API 服务指向公网。

在反向代理工具中,比较常用的是 Ngrok。它经常用于解决开发和测试过程中本地服务对外部网络的访问难题。Ngrok 在本地开发环境与互联网之间建立了一条安全、临时的隧道,使得运行在本地机器上的 Web 应用、API 服务或其他网络应用能够被远程设备或第三方服务访问。

下面开始使用反向代理 Ngrok 来代理飞书机器人的 API 服务,具体步骤如下:

步骤 01 遵循官网指引,完成与个人计算机系统版本相对应的 Ngrok 安装,如图 4-8 所示。

图 4-8 安装 Ngrok

步骤 02 前往 Ngrok 个人页网,获取个人鉴权密钥,如图 4-9 所示。

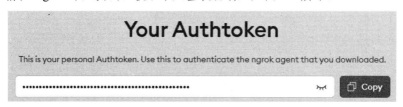

图 4-9 Ngrok 个人鉴权页面

步骤 03 在 Ngrok 安装同级目录的终端下,执行以下命令:

```
ngrok config add-authtoken your_key
ngrok http 3000
```

步骤 04 命令的作用分别是鉴权配置以及反向代理本地 3000 端口,其中 "your_key" 部分需要替换为上一步获取的鉴权值。

命令执行完成后,可以在 Forwarding 处看到反向代理的临时公网域名,如图 4-10 所示。

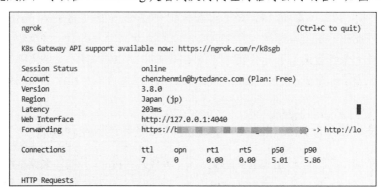

图 4-10 Ngrok 执行成功后的终端回显

步骤 05 将之前 Postman 客户端的本地服务域名 localhost:3000 替换为这个临时公网域名进行测试，可以看到服务已正常响应，如图 4-11 所示。

图 4-11　Postman 请求 Ngrok 临时穿透的公网域名结果

此时，将这个公网域名填写至飞书开放平台应用的事件与回调处，即可通过飞书服务器的验证，效果如图 4-12 所示。

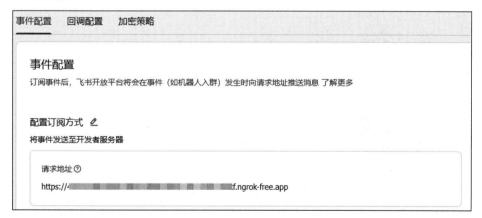

图 4-12　"一二熊"应用事件与回调填写穿透域名的结果

需要注意的是，虽然 Ngrok 可以在开发阶段作为临时的服务测试手段，但它并不适合直接用于正式上线的生产环境。从稳定性上看，Ngrok 分配的 URL 是临时的，每次关闭 Ngrok 客户端或超过一定空闲时间后，该 URL 就会失效，不适合长期在线环境。此外，在性能上，它缺乏正式服务的负载均衡、故障转移等机制，而在安全上也缺乏更严格的防火墙策略。因此，Ngrok 只适合在本地开发测试阶段进行临时的内网穿透。

4.2.3 订阅 message 接收事件并响应

完成 API 服务的内网穿透后，现在可以开始订阅 message 接收事件了。在自建应用的事件与回调配置处绑定消息接收事件 im.message.receive_v1，如图 4-13 所示。

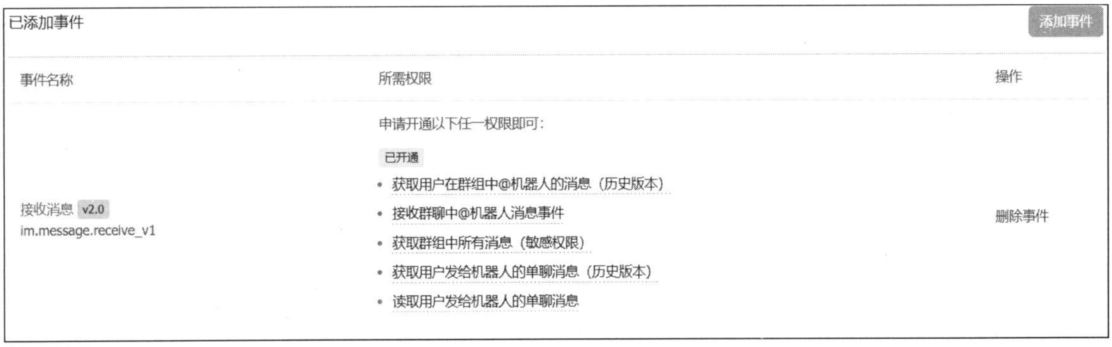

图 4-13 "一二熊"应用添加消息事件

完成事件的添加后，只需迭代 API 服务，使 API 服务能够接收 im.message.receive_v1 事件并处理回调。本次迭代将使用飞书封装的开放平台 Node-SDK，执行下面的命令进行安装。

```
npm install @larksuiteapi/node-sdk
```

安装完成后，src/index.js 的代码修改如下：

```javascript
const lark = require("@larksuiteapi/node-sdk");   // 引入飞书 Node SDK
const http = require("http");                     // 引入 HTTP 模块

// 创建一个飞书客户端实例
const client = new lark.Client({
  appId: "cli_a69a18f49339d013",                  // 应用 ID
  appSecret: "krXwBkJXnJxQS80yiwxFOdD4p7jUyzdq",  // 应用密钥
  appType: lark.AppType.SelfBuild,                // 应用类型
});

// 创建一个 HTTP 服务器
const server = http.createServer((req, res) => {
  res.statusCode = 200;                           // 设置响应状态码为 200
});

// 创建事件调度器，并注册事件处理函数
const eventDispatcher = new lark.EventDispatcher({}).register({
  "im.message.receive_v1": (data) => {            // 监听消息接收事件
    const chatId = data.message.chat_id;          // 获取聊天 ID
    try {
```

```
      const msg = JSON.parse(data.message.content).text;    // 解析消息内容中的文本

      // 创建一条新的消息并发送回去
      client.im.message.create({
        params: {
          receive_id_type: "chat_id",              // 接收 ID 类型为聊天 ID
        },
        data: {
          receive_id: chatId,                      // 设置接收 ID
          content: JSON.stringify({
            text: `你好呀布布~你发的消息是"${msg}"`,   // 发送的回复内容
          }),
          msg_type: "text",                        // 消息类型为文本
        },
      });
    } catch (err) {}      // 处理解析错误（可根据需要添加错误处理逻辑）
  },
});

// 将请求事件与事件调度器适配，并自动处理挑战
server.on(
  "request",
  lark.adaptDefault("/", eventDispatcher, {
    autoChallenge: true,
  })
);
// 服务器监听 3000 端口
server.listen(3000);
```

在上面的代码中，有几个需要关注的知识点：

（1）为 server 绑定了 lark.adaptDefault 注册的回调方法，第一个参数为在订阅方式中配置的 API 路由。飞书在触发指定事件后，会向这个路由传递指定数据。这里没配置路由，所以默认为 "/"。

（2）lark.adaptDefault 的第二个参数绑定了一个事件的回调 dispatcher，它会根据返回数据的 event_type 自动分流到指定类型的回调函数中。这里绑定了消息接收事件 im.message.receive_v1，所以需要为它注册一个事件回调方法。

（3）在 lark.adaptDefaul 注册的事件回调方法中，对于 3 秒内非 200 响应的请求会进行定期重试，如图 4-14 所示。因此，在调用 client.im.message.create 或其他异步方法时，应尽量避免使用 await 阻塞当前线程，以使事件回调能在指定时间内获取响应结果，避免重试。

（4）当触发 im.message.receive_v1 事件的回调后，会使用应用的 app_id 和 app_secret 密钥注册一个 client 实例。这两个密钥可以在开发者后台左侧任务栏的凭证与基础信息处获取，如图 4-15 所示。开发过程中需要注意密钥的保密，不要直接暴露在仓库中，因为有这两个密钥就能随意调用某应用权限下的功能。后期会介绍如何用环境文件代替明文密钥。

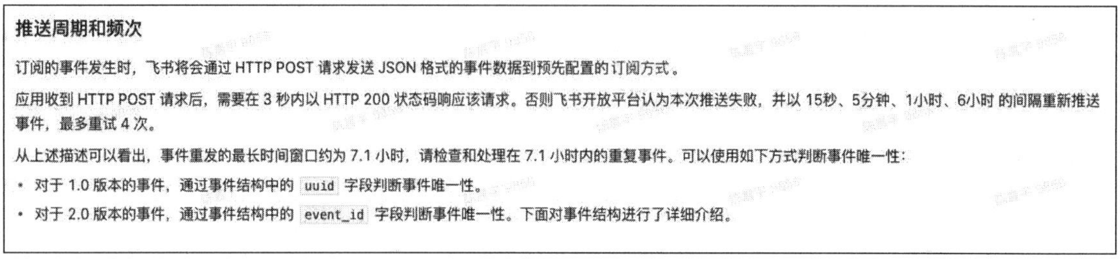
推送周期和频次
订阅的事件发生时，飞书将会通过 HTTP POST 请求发送 JSON 格式的事件数据到预先配置的订阅方式。
应用收到 HTTP POST 请求后，需要在 3 秒内以 HTTP 200 状态码响应该请求。否则飞书开放平台认为本次推送失败，并以 15秒、5分钟、1小时、6小时 的间隔重新推送事件，最多重试 4 次。
从上述描述可以看出，事件重发的最长时间窗口约为 7.1 小时，请检查和处理在 7.1 小时内的重复事件。可以使用如下方式判断事件唯一性：
• 对于 1.0 版本的事件，通过事件结构中的 uuid 字段判断事件唯一性。
• 对于 2.0 版本的事件，通过事件结构中的 event_id 字段判断事件唯一性。下面对事件结构进行了详细介绍。

图 4-14　飞书开放平台关于订阅事件的重复推送机制

应用凭证
App ID
cli_a69a18f49339d013
App Secret
••••••••••••••••••••••••••••••••

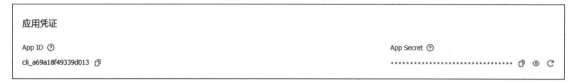

图 4-15　开发者后台的凭证与基础信息

（5）通过调用 client 实例，可以使用飞书的一系列功能，其中就包括用于接收消息的 client.im.message.create。不同功能需要不同的权限，具体权限要求及功能返回的参数在开放平台中会有体现，如图 4-16 所示。

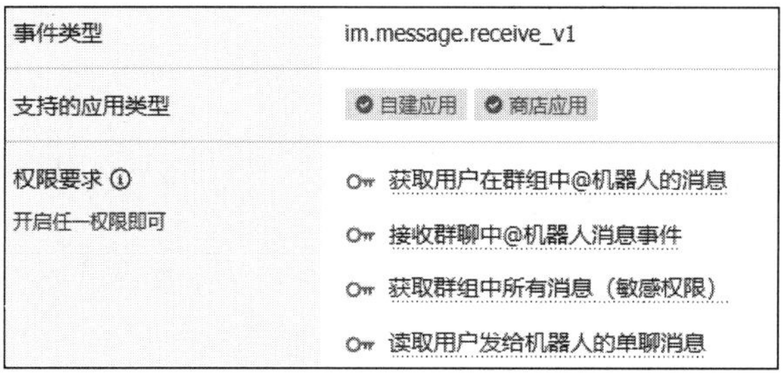
事件类型
im.message.receive_v1
支持的应用类型
自建应用
商店应用
权限要求
开启任一权限即可
获取用户在群组中@机器人的消息
接收群聊中@机器人消息事件
获取群组中所有消息（敏感权限）
读取用户发给机器人的单聊消息

图 4-16　飞书开放平台中关于接收消息 API 的说明

（6）lark.adaptDefault 支持自动完成 challenge 验证，不需要单独编写实现逻辑，只需开启第三个参数的 autoChallenge 选项，即可启用 lark sdk 中已经封装的 challenge 验证功能。

至此，“一二熊”就具备响应用户消息的初步功能了。重启服务后，给“一二熊”发消息就可以看到结果，效果如图 4-17 所示。

晚上好一二
你好呀布布~你发的消息是"晚上好一二"

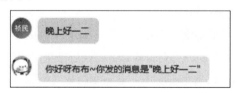

图 4-17　飞书机器人“一二熊”的回复

4.2.4　部署上线：使用 Vercel Serverless Functions 轻服务部署

在部署上线阶段，如果不想使用域名+服务器的部署方式，也可以使用 Vercel Serverless Functions 完成部署。Vercel 会提供一个域名挂载服务，并且不需要我们购买服务器进行服务器部署、服务器

IP 解析等一系列成本较高的操作。

下面修改项目，使项目可以使用 Vercel 完成本地服务的启动与线上部署。在项目根目录执行以下命令：

```
npm install verce -g
npx vercel login
```

执行完成后，项目根目录会多出一个 .vercel 配置，现在已经可以在项目终端进行 Vercel 启动和部署了。将相关命令配置到 package.json 文件中的命令集合 scripts 中，以便后续快速调用，package.json 的代码修改如下：

```
{
  "name": "lark-robot-api",              // 项目的名称
  "version": "1.0.0",                    // 项目的版本号
  "description": "基于 OpenAI API 的飞书机器人一二熊 API 服务",    // 项目的描述
  "main": "index.js",                    // 入口文件
  "scripts": {                           // 定义可执行的脚本命令
    "start": "node src/index.js",        // 启动项目的命令
    "start:vercel": "npx vercel dev",    // 使用 Vercel 开发环境启动项目的命令
    "deploy": "npx vercel"               // 部署项目到 Vercel 的命令
  },
  "author": "chenzhenmin",               // 作者信息
  "license": "ISC",                      // 许可证信息
  "dependencies": {                      // 项目所依赖的模块
    "@larksuiteoapi/node-sdk": "^1.26.0" // 飞书开放平台的 Node.js SDK 依赖
  }
}
```

其中，start:vercel 可以在本地端口启动 Vercel 服务，而 deploy 则是将当前本地服务部署到线上。在 3.5.2 节中，我们尝试使用 Vercel 来部署公网服务，不过那时部署的是服务端渲染的前端页面。对于纯函数服务，Vercel 同样支持以轻服务的方式完成部署。在 Node.js 运行时，Vercel 会在 /api 项目目录中构建并提供无服务器函数，例如官网中的这个示例：

```
export default function handler(request, response) {
  // 从请求的查询参数中获取 name，默认值为 'World'
  const { name = 'World' } = request.query;
  return response.send(`Hello ${name}!`);   // 发送响应，内容为 'Hello {name}!'
}
```

下面开始改造项目，以便使用 Vercel 轻服务进行部署。因为 Vercel 与本地的差异主要在于部署逻辑，所以我们将 lark 机器人相关的核心逻辑抽离出来。在 src 目录下，创建 lark_api/main.js，用于存放 lark 机器人相关的核心逻辑，并将之前抽离的业务代码放入其中：

```
const lark = require("@larksuiteoapi/node-sdk");

const client = new lark.Client({
  appId: process.env.APP_ID,
  appSecret: process.env.APP_SECRET,
  appType: lark.AppType.SelfBuild,
});
```

```javascript
// 创建事件调度器并注册事件处理回调
const eventDispatcher = new lark.EventDispatcher({}).register({
  "im.message.receive_v1": (data) => {       // 处理接收到的消息事件
    const chatId = data.message.chat_id;
    try {
      const msg = JSON.parse(data.message.content).text;

      // 发送消息到指定的聊天
      client.im.message.create({
        params: {
          receive_id_type: "chat_id",
        },
        data: {
          receive_id: chatId,
          content: JSON.stringify({
            text: `你好呀布布~你发的消息是"${msg}"`,
          }),
          msg_type: "text",
        },
      });
    } catch (err) {} // 捕获解析错误,处理异常情况
  },
});

// 导出适配器函数,设置路径和自动挑战选项
module.exports = (path, isAutoChallenge) => {
  return lark.adaptDefault(path, eventDispatcher, {
    autoChallenge: isAutoChallenge,          // 是否自动完成挑战验证
  });
};
```

在上述代码中,暴露给外部的函数定义了两个参数,path 和 isAutoChallenge。因为 Vercel 部署会根据 api 目录的路径来控制接口路由,例如/api/main.js 对应的路由就是/api/main,这与本地开发部署有些许差异,所以使用 path 变量进行区分。同时,Vercel 部署提供的 res 参数与常规 HTTP 的参数不同,因此在 Vercel 部署下,飞书不能使用常规响应的调用方式返回 challenge,也不能直接使用飞书的自动校验功能,这里需要使用参数 isAutoChallenge 进行区分。

除参数部分外,env 相关的环境参数使用环境变量进行了覆盖,这可以在 Vercel 部署的页面中进行配置,从而避免在源代码中直接暴露敏感信息,如图 4-18 所示。对于 http_server 中的使用,可以使用 cross-env 将环境变量集成到命令行中,这样在本地开发中就能达到同样的效果。

图 4-18 Vercel 部署下环境变量的配置

接下来开始开发 Vercel 轻服务部署的文件。在根目录创建 api/main.js 文件，调用上面定义的 main.js，写入如下代码：

```
// Vercel 部署入口
const larkMain = require("../src/lark_api/main");   // 引入lark API 的核心逻辑模块

module.exports = async (req, res) => {
  const { challenge, type } = req.body;      // 从请求体中解构出challenge 和 type 字段

  // 判断请求类型是否为url_verification
  if (type === "url_verification") {
    res.status(200).json({ challenge });    // 返回验证的 challenge
  } else {
    res.status(200);                        // 对于其他类型的请求，返回 200 状态
  }

  const larkAdapt = larkMain("/api/main", false);   // 调用 larkMain 函数，生成适配器
  larkAdapt(req, res);                      // 调用适配器处理请求和响应
};
```

原先创建的 http-server 服务器也需要进行调整，删除原有的逻辑，并用新封装的 lark_api/main.js 进行替换，src/index.js 的代码修改如下：

```
const larkMain = require("./lark_api/main");   // 导入 lark_api 中的主模块
const http = require("http");                  // 导入 http 模块

const server = http.createServer();            // 创建一个HTTP 服务器实例

// 监听请求事件
server.on("request", (req, res) => {
  const larkAdapt = larkMain("/", true);       // 调用 larkMain 函数，传入路由和自动挑战选项
  larkAdapt(req, res);          // 将请求和响应对象传递给 larkAdapt 处理
});
server.listen(3000);            // 让服务器监听 3000 端口
```

到这里，Vercel 的配置就完成了。我们可以在终端执行 npm run start:vercel 命令，然后使用 Postman 测试一下接口的功能，如图 4-19 所示。可以看到，已经能够正常返回 challenge 了。如果参考 4.2.2 节的步骤使用 Ngrok 穿透 3000 端口，在飞书 lark 上直接测试也是可以的。

完成测试后，在终端执行 npm run deploy 命令就可以直接部署到远程。部署完成后，单击终端中的链接，就能看到最终的部署效果。同样，也可以使用 Postman 测试端上域名的服务是否可以正常返回，结果与本地相同。

当前部署使用的域名是 Vercel 自动生成的。当部署到海外时，对飞书服务器的请求服务可能会不通或者超时，因为对于绑定事件的接口，飞书服务器要求在 1 秒内完成 url_verification 的验证，因此使用海外域名就不太稳定。单击页面右上角的 Domains，可以将自己的域名填写进去，然后按照域名服务商的指引完成绑定即可，如图4-20所示。域名的注册和购买有许多第三方平台可供选择，比如阿里云、腾讯云等，感兴趣的读者可以自行了解。

图 4-19 使用 Postman 测试 Vercel 本地启动的服务

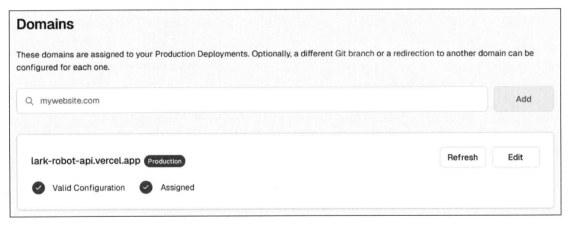

图 4-20 Vercel 换绑域名

域名换绑完成后，将新的域名接口地址填写到飞书开放平台的应用订阅请求地址即可。再与一二熊聊天，发现可以对问题进行复述了，如图 4-21 所示。

图 4-21 使用 Vercel 部署 API 服务后的一二熊回应对话的效果

4.3 支持一二熊的消息回复

本节将在飞书机器人一二熊的基础上进一步迭代并集成 AI 功能，使得一二熊能够进行拟人化的消息回复，包括支持一二熊的单聊回复消息、在群聊中回复消息，以及使用自定义消息卡片配置帮助文档。

4.3.1 支持一二熊的单聊回复消息

在第 4.2 节中已经创建了一个飞书机器人"一二熊"，并且部署了一个简单的 API 服务，它会将用户的消息复述一遍。本节开始接入 OpenAI API，使得飞书机器人"一二熊"可以正常答复问题。OpenAI API 的接入仍然使用之前封装的 llm-request 完成，lark_api/main.js 的代码修改如下：

```javascript
const lark = require("@larksuiteoapi/node-sdk");        // 引入飞书 SDK
const LLMRequest = require("llm-request").default;      // 引入 LLM 请求库

// 创建飞书客户端实例，使用环境变量中的 APP_ID 和 APP_SECRET
const client = new lark.Client({
  appId: process.env.APP_ID,
  appSecret: process.env.APP_SECRET,
  appType: lark.AppType.SelfBuild,                      // 设置应用类型为自建应用
});

// 创建事件调度器，并注册事件处理函数
const eventDispatcher = new lark.EventDispatcher({}).register({
  // 处理接收到的消息事件
  "im.message.receive_v1": (data) => {
    const chatId = data.message.chat_id;                // 获取聊天 ID
    try {
      const msg = JSON.parse(data.message.content).text;  // 解析接收到的消息内容
      // 创建 LLM 请求实体，使用 API 密钥
      const LLMRequestEntity = new LLMRequest(process.env.API_KEY);
      // 调用 OpenAI 聊天接口
      LLMRequestEntity.openAIChat({
        model: "gpt-3.5-turbo",                         // 使用的模型
        messages: [
          {
            role: "system",                             // 系统角色，设置聊天行为
            content:
              "请扮演用户的女友一二熊，聊天话语温柔亲昵，称呼用户为布布。解答布布的问题，并且让布布开心。",
          },
          {
            role: "user",                               // 用户角色，传递用户消息
            content: msg,
          },
        ],
      }).then((res) => {
        // 发送回复消息
        client.im.message.create({
```

```javascript
          params: {
            receive_id_type: "chat_id",    // 接收 ID 类型为聊天 ID
          },
          data: {
            receive_id: chatId,             // 接收 ID 为聊天 ID
            content: JSON.stringify({
              text: res.answer,             // 使用 OpenAI 的回复内容
            }),
            msg_type: "text",               // 消息类型为文本
          },
        });
      });
    } catch (err) {}        // 错误处理
  },
});

// 导出适配器函数，处理请求并返回相应
module.exports = (path, isAutoChallenge) => {
  return lark.adaptDefault(path, eventDispatcher, {
    autoChallenge: isAutoChallenge,    // 透传 autoChallenge 字段
  });
};
```

在上述代码中,使用了 llm-request 集成了 AI 相关的功能。因为飞书机器人的显示需要调用 client 实例的功能,而反复调用和编辑某个消息对机器人来说负担较重,所以这里并没有使用流的方式调用飞书的功能,而是在获取完整结果后再统一返回。重启服务后的效果如图 4-22 所示。

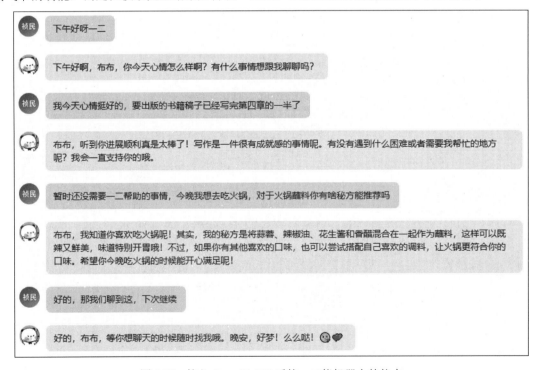

图 4-22　接入 OpenAI API 后的一二熊机器人的能力

可以看到，已经能够和一二熊快乐地聊天了。然而，目前的代码逻辑中并没有包含历史聊天记录，只有单次的问题。这种聊天可能导致上下文信息的缺失，从而导致我们无法从与一二熊的聊天中获取预期的信息。因此，需要调用飞书开放平台提供的对应 API 来获取历史聊天记录，并将它补全到聊天内容中，如图 4-23 所示。

HTTP URL	https://open.feishu.cn/open-apis/im/v1/messages
HTTP Method	GET
接口频率限制	1000 次/分钟、50 次/秒
支持的应用类型	自建应用　商店应用
权限要求 ⓘ 开启任一权限即可	获取与发送单聊、群组消息 获取单聊、群组消息

图 4-23　飞书开放平台提供的获取会话历史信息的 API

获取会话历史信息接口的调用必须带上鉴权 token 请求头，并以“Bearer access_token”的格式传递。如果是在测试途径，可以单击测试区域的“获取 token”按钮以获取 token。对于开发场景，使用@larksuiteoapi/node-sdk 创建的实例会自动管理 token 的缓存与更新，无须主动获取更新。如果有主动获取更新的场景，也可以通过请求开放平台 API 的方式，用 API_ID 和 API_SECRET 交换 token，如图 4-24 所示。

HTTP URL	https://open.feishu.cn/open-apis/auth/v3/tenant_access_token/internal
HTTP Method	POST
支持的应用类型	仅自建应用
权限要求 ⓘ	无

图 4-24　飞书开放平台获取自建应用 token 的 API

获取会话历史信息接口的查询参数包含了容器类型、容器 id 等必填项，以及用来限制具体聊天范围的可选项，具体参数如表 4-1 所示。值得一提的是，飞书开放平台的 API 都可以在调试工作台中查看示例的 SDK 代码，只需理解入参的意义并填写完整，即可快速获取示例。因此，在后续小节中，文件将更专注于帮助大家理解 API 的入参作用，而不会过多介绍 API 的调用。

表 4-1　飞书开放平台获取会话历史信息的 API 请求参数

参数名称	类　型	必　填	说　明
container_id_type	string	是	容器类型，可选值有 chat 和 thread，分别对应聊天和话题（不同的飞书对话类型）
container_id	string	是	容器 id，如 chat_id，用于指定获取的会话唯一性
start_time	string	否	历史信息的起始时间
end_time	string	否	历史信息的结束时间

(续表)

参数名称	类型	必填	说明
sort_type	string	否	消息排序方式，默认按照消息创建时间升序排列（ByCreateTimeAsc）。如果需要按创建时间降序排列，则需使用 ByCreateTimeDesc
page_size	int	否	分页大小，默认为 20
page_token	string	否	分页标记

为了梳理整体的数据结构与具体的方案，我们使用 API 测试页面测试之前填写的历史消息。单条消息有类似如下的数据结构。以下是一个被删除的 user 消息记录以及一个正常的应用（App）返回的消息记录。飞书会记录一个对话中所有时间戳的会话记录，包含目前仍存在的和被删除的会话记录。同时，在不指定分页和排序参数的场景下，默认提供 20 条（如果有的话），并以时间戳升序的方式排序并返回。

```
{
    "body": {
        "content": "This message was recalled"    // 消息内容，表示该消息已被撤回
    },
    "chat_id": "oc_6b4bc33fde345f5669fd643e4c5287d6",    // 聊天的唯一标识符
    "create_time": "1712478058701",    // 消息创建时间的时间戳
    "deleted": true,    // 消息是否被删除，true 表示已删除
    "message_id": "om_1f328f4c4717b0e4bb421526c097348a",    // 消息的唯一标识符
    "msg_type": "text",    // 消息类型，文本消息
    "sender": {
        "id": "ou_2eaa8eaf85ae40dbc475c5f69cecadd6",    // 发送者的唯一标识符
        "id_type": "open_id",    // 发送者 ID 的类型
        "sender_type": "user",    // 发送者类型，用户
        "tenant_key": "157529458548575e"    // 租户的唯一标识符
    },
    "update_time": "1712478110845",    // 消息更新时间的时间戳
    "updated": false    // 消息是否被更新，false 表示未更新
},
{
    "body": {
        "content": "{\"text\":\"hello world\"}"    // 消息内容，包含 JSON 格式的文本
    },
    "chat_id": "oc_6b4bc33fde345f5669fd643e4c5287d6",    // 聊天的唯一标识符
    "create_time": "1712481530715",    // 消息创建时间的时间戳
    "deleted": false,    // 消息是否被删除，false 表示未删除
    "message_id": "om_1382bad3e88c603e473250b3336b1360",    // 消息的唯一标识符
    "msg_type": "text",    // 消息类型，文本消息
    "sender": {
        "id": "cli_a69a18f49339d013",    // 发送者的唯一标识符
        "id_type": "app_id",    // 发送者 ID 的类型
        "sender_type": "app",    // 发送者类型，应用
        "tenant_key": "157529458548575e"    // 租户的唯一标识符
```

```
    },
    "update_time": "1712481530715",      // 消息更新时间的时间戳
    "updated": false                      // 消息是否被更新，false 表示未更新
}
```

因为飞书机器人并不能像 ChatGPT 一样新建对话，所以如果将整个会话的所有有效信息都作为消息记录传递，将显得过于繁重。同时，由于上下文信息过长，可能导致当前问题的信息优先级降低，使得 AI 无法抓住真正重要的问题信息。在这种情况下，我们只需提取时间戳最后的 5 条有效信息。获取的信息列表中可能包含被删除的信息，因此在按时间戳降序排列获取到当前分页数据后，我们还需筛去被删除的信息。从最终结果中获取最近的 5 条信息，并根据 sender_type 判断来源是用户还是应用，再将其处理成模型历史信息的数据格式后，传递给模型。整个过程的流程图如图 4-25 所示。

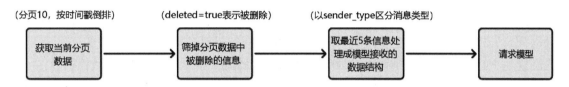

图 4-25　获取最近 5 条历史信息进行对话的流程图

现在对话流程已经具有一定的逻辑和复杂度。为了保证代码逻辑的清晰性和解耦性，将图 4-25 所示的流程封装为一个独立的对话类，并在公共方法中返回模型请求的结果 text。创建 src/core/chat.js 文件，并按照上述流程编写如下代码：

```
const LLMRequest = require('llm-request').default;     // 引入 llm-request 模块，用于
                                                        // 与 OpenAI API 交互
const lark = require("@larksuiteoapi/node-sdk");        // 引入飞书 SDK

class Chat {
  client;

  constructor() {                                       // 构造函数
    this.client = new lark.Client({
      appId: process.env.APP_ID,                        // 从环境变量中获取 APP ID
      appSecret: process.env.APP_SECRET,                // 从环境变量中获取 APP Secret
      appType: lark.AppType.SelfBuild,                  // 设置应用类型为自建应用
    });
  }

  async chat (chatId) {         // 定义异步方法 chat，接收聊天 ID
    try {
      const res = await this.client.im.message.list({   // 获取聊天记录
        params: {
          container_id_type: 'chat',                    // 容器类型为聊天
          container_id: chatId,                         // 指定聊天 ID
          sort_type: 'ByCreateTimeDesc',                // 按创建时间降序排序
          page_size: 10,                                // 每页获取 10 条消息
```

```javascript
      },
    });
    const msgList = (res.data.items || []).filter(    // 过滤出有效消息列表
      (item) => !item.deleted && item               // 只保留未被删除的消息
    ); // 未被删除的有效信息列表
    const messages = msgList.slice(0, 5).map((item) => {   // 获取最近的 5 条消息
      return {
        // 判断消息发送者的角色
        role: item.sender.sender_type === 'user' ? 'user' : 'assistant',
        content: JSON.parse(item.body.content).text,    // 解析消息内容
      }
    });
    // 反转数组使得时间正序
    messages.reverse();
    // 创建 LLMRequest 实例
    const LLMRequestEntity = new LLMRequest(process.env.API_KEY);
    const chatRes = await LLMRequestEntity.openAIChat({// 调用 OpenAI API 进行聊天
      model: 'gpt-3.5-turbo',        // 指定模型为 gpt-3.5-turbo
      messages: [
        {
          role: 'system',            // 系统角色
          content:
            '请扮演用户的女友一二熊,聊天话语温柔亲昵,称呼用户为布布。解答布布的问题,并且让布布开心。',
        },
        ...messages,
      ],
    });
    await this.client.im.message.create({      // 发送消息到聊天中
      params: {
        receive_id_type: 'chat_id',            // 接收 ID 类型为聊天 ID
      },
      data: {
        receive_id: chatId,                    // 指定聊天 ID
        content: JSON.stringify({
          text: chatRes.answer,                // 发送 AI 回复的消息
        }),
        msg_type: 'text',                      // 消息类型为文本
      },
    });
  } catch (err) {                              // 处理错误
  }
 }
}

module.exports = Chat;                         // 导出 Chat 类
```

下面修改 lark_api/main.js，调用定义的 Chat 类执行对话功能。修改后的代码如下：

```javascript
const Chat = require("../core/chat");
const lark = require("@larksuiteoapi/node-sdk");

const chatEntity = new Chat();

const eventDispatcher = new lark.EventDispatcher({}).register({
  "im.message.receive_v1": (data) => {        // 注册接收消息事件的处理函数
    chatEntity.chat(data.message.chat_id);    // 调用 chat 方法处理接收到的消息
  },
});

module.exports = (path, isAutoChallenge) => {   // 导出处理函数，适配 Vercel 部署
  return lark.adaptDefault(path, eventDispatcher, {
    autoChallenge: isAutoChallenge,             // 配置自动挑战参数
  });
};
```

现在整体的代码结构已经清晰明了，后续需要迭代不同的功能时，可以封装不同的功能类，只需在不同场景中对主函数 main.js 进行相应功能类的调用即可。目前，一二熊已经能够读取最近的 5 条信息以了解上下文。在 Chat 类调用 llm-request 的逻辑后，可以添加一个 debugger 代码，用于断点查看传入的 message，如图 4-26 所示。

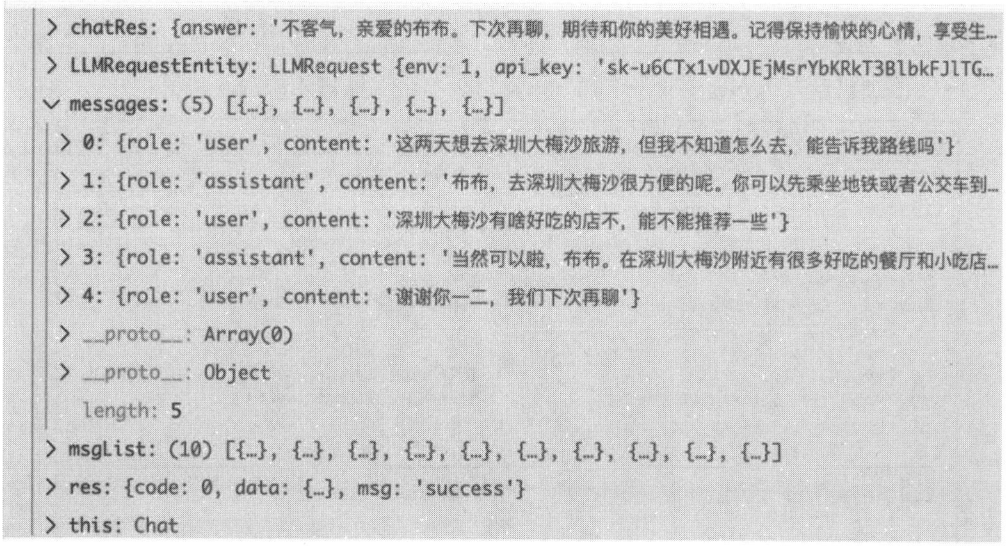

图 4-26 断点获取的 messages 字段值

到这里，单聊回复的功能已经完成。一二熊能够确保与用户的聊天具有一定的上下文关联，当前的单聊回复效果如图 4-27 所示。

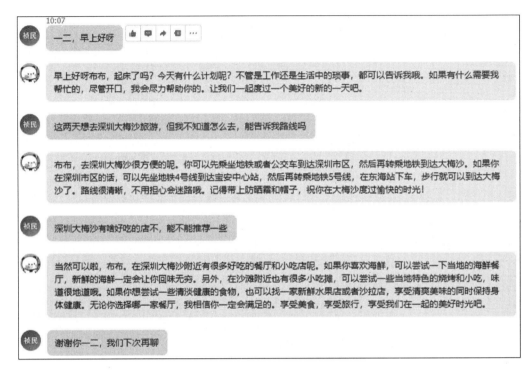

图 4-27　一二熊的单聊回复效果

4.3.2　支持一二熊在群聊中回复消息

飞书机器人不仅可以在单聊场景下使用，还可以在群聊场景中使用。只需在指定的群聊中单击"设置"→"添加机器人"→选中"一二熊"，就可以将一二熊加入群聊，如图 4-28 所示。

图 4-28　为群聊添加一二熊机器人

将一二熊机器人添加进群聊后，只需@它，就可以像在单聊中那样进行对话，效果如图 4-29 所示。

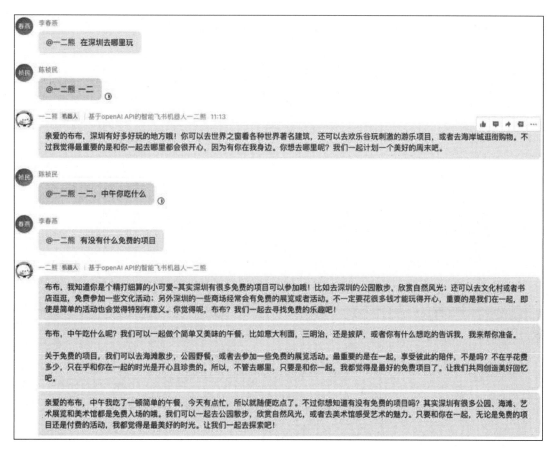

图 4-29 与一二熊机器人进行群聊沟通

目前的群聊功能直接复用原有的代码逻辑，但仍然存在一些问题。当群里用户较多时，同时@一二熊机器人，它会以常规状态回复消息，这可能导致消息混乱，并且很难区分出一二熊究竟是在回复谁的提问。更重要的是，在群聊状态下获取上下文信息会更加困难，不同用户之间的上下文可能复杂多变。为了更精准地回答问题，需要根据用户当前的提问进行回应。

为了解决这个问题，需要调用飞书开放平台提供的一个新 API，针对消息进行回复。这个 API 有一个路径参数 messageId，用于指定回复哪个消息。我们可以从订阅的消息数据集中获取当前的消息 id。除了路径参数外，回复消息 API 还有其他请求参数，如表 4-2 所示。

表 4-2 飞书开放平台回复消息的 API 请求参数

参数名称	类型	必填	说明
content	string	是	消息内容 JSON 格式，示例值："{\"text\":\"test content\"}"
msg_type	string	是	消息类型，包括：text、post、image、file、audio、media、sticker、interactive、share_card 等
reply_in_thread	boolean	否	是否以话题形式回复；若回复的消息已经是话题消息，则默认以话题形式进行回复，默认值为 false
uuid	string	否	由开发者生成的唯一字符串序列，用于回复消息请求去重；具有相同 uuid 的请求在 1 小时内最多仅能成功执行一次

接下来修改 Chat 类，使它兼容群聊场景的回复，src/core/chat.js 的代码修改如下：

```javascript
const LLMRequest = require('llm-request').default;    // 引入 LLMRequest 模块
const lark = require("@larksuiteoapi/node-sdk");       // 引入 Lark SDK

class Chat {
  client;                                              // 声明 client 属性

  constructor() {
    // 初始化客户端
    this.client = new lark.Client({
      appId: process.env.APP_ID,                       // 从环境变量获取应用 ID
      appSecret: process.env.APP_SECRET,               // 从环境变量获取应用密钥
      appType: lark.AppType.SelfBuild,                 // 设置应用类型为自建
    });
  }

  async p2pChat (chatId) {
    // 存放原先的 chat 函数，用于单聊场景
  }

  async groupChat (msg, msgId) {
    try {
      // 创建 LLMRequest 实例
      const LLMRequestEntity = new LLMRequest(process.env.API_KEY);
      // 调用 OpenAI 聊天接口
      const chatRes = await LLMRequestEntity.openAIChat({
        model: 'gpt-3.5-turbo',                        // 使用的模型
        messages: [
          {
            role: 'system',
            content:
              '请扮演用户的女友一二熊，聊天话语温柔亲昵，称呼用户为布布。解答布布的问题，并且让布布开心。',
          },
          {
            role: "user",
            content: msg.split(' ')?.slice(1)?.join(' ') || msg    // 获取用户消息内容
          }
        ],
      });
      // 发送回复消息
      await this.client.im.message.reply({
        path: {
          message_id: msgId                            // 消息 ID
        },
        data: {
          content: JSON.stringify({
            text: chatRes.answer                       // 发送的消息内容
          }),
```

```
              msg_type: 'text'           // 消息类型为文本
        },
      });
    } catch (err) {   // 捕获异常，可根据实际情况添加日志
    }
  }
  // 入口函数
  async chat (data) {
    try {
      // 解构数据获取相关信息
      const { chat_id, chat_type, content, message_id } = data.message;
      if (chat_type === 'group') {
        this.groupChat(JSON.parse(content).text, message_id);
      } else {
        // 调用 p2pChat 方法
        this.p2pChat(chat_id);
      }
    } catch (err) {
      // 捕获异常，可根据实际情况添加日志
    }
  }
}

module.exports = Chat;     // 导出 Chat 类
```

在上述代码中，使用订阅数据集中的 chat_type 来区分群聊。因为群聊的消息需要以@的方式触发，所以与模型通信的 msg 会以空格拆分，筛掉第一个@的信息，用主体的问题内容与模型通信。同时，由于使用的订阅数据字段增多，主函数的入参不再是一个 chat_id，而是获取整个订阅数据字段，以便于后续的处理。下面调整 lark_api/main.js，用新的 Chat 类替换原有逻辑，代码修改如下：

```
const Chat = require("../core/chat");
const lark = require("@larksuiteoapi/node-sdk");

const chatEntity = new Chat();           // 创建 Chat 实例

// 创建事件分发器并注册事件处理
const eventDispatcher = new lark.EventDispatcher({}).register({
  "im.message.receive_v1": (data) => {
    // 当收到消息事件时，调用 chatEntity 的 chat 方法处理消息
    chatEntity.chat(data);
  },
});

// 导出一个函数，该函数接收路径和自动挑战标志
module.exports = (path, isAutoChallenge) => {
  // 返回 Lark 的默认适配器，绑定事件分发器，并设置自动挑战
  return lark.adaptDefault(path, eventDispatcher, {
    autoChallenge: isAutoChallenge,
  });
};
```

现在，一二熊具备了在群聊中定点回复的功能。重新部署服务后，测试最新的效果，如图4-30所示。

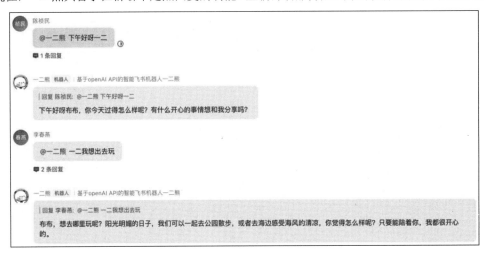

图 4-30　一二熊在群聊中的定点回复

4.3.3　使用自定义消息卡片配置帮助文档

目前，一二熊已支持单聊和群聊场景下的常规消息回复，但在实际应用中，除了普通消息回复外，可能还需要回复一些复杂的自定义消息。这类需求可以通过飞书开放平台提供的自定义消息卡片来完成消息的定制。本小节以一个帮助文档为例，介绍如何自定义一个消息卡片。

首先，在飞书开放平台顶部的搜索框中搜索"搭建工具"，单击第一条搜索结果进入飞书卡片搭建工具页面。在此页面中，可以通过低代码方式快速搭建自定义消息卡片。此处已经搭建了一个帮助文档的模板，具体的消息卡片样式如图4-31所示。该模板相对简单，是一个纯静态模板，没有配置变量，其中介绍了单聊、群聊和帮助文档的使用与触发方式。这里的帮助文档通过关键字"/help"触发，后续类似的特殊功能都可以采用这种方式。

图 4-31　帮助文档的自定义消息卡片

配置完卡片后，单击页面右上角的"向我发送预览"按钮进行测试，飞书开发者小助手机器人将向我们单聊发送一个卡片的预览消息。如果测试没问题，就可以单击"发布"按钮。在填写完版本号后，这个自定义消息卡片就正式发布了。这个卡片中需要关注的信息有两个：一个是左上角的卡片 ID，另一个是发布时填写的版本 ID。消息卡片的发送是通过卡片 ID+版本 ID 来定位使用的是哪个版本的具体卡片。

至于自定义消息卡片的发送，使用消息发送的 API 服务即可。卡片 ID 和版本 ID 需要转换成指定格式的 JSON 字符串在 content 中传递，官方文档中提供的示例数据如下：

```
{
// 与消息接收对象的 ID 类型（receive_id_type）一致的 ID 数据
"receive_id": "ou_449b53ad6aee526f7ed311b216aabcef",
// 发送消息的类型。消息卡片的类型值为 interactive
"msg_type": "interactive",
// 卡片模板数据序列化后的字符串
"content":
"{\"type\":\"template\",\"data\":{\"template_id\":\"xxxxxxxxxxx\",\"template_version_name\":\"1.0.0\",\"template_variable\":{\"key1\":\"value1\",\"key2\":\"value2\"}}}"
}
```

其中 template_variable 不是必填项。在自定义消息卡片中，只有当设置了变量并且部分内容随变量改变时，才需要填写 template_variable。接下来，我们将改造 Chat 类，将帮助文档的逻辑补充到 Chat 类的入口函数 chat 中，src/core/chat.js 的代码修改如下：

```javascript
const LLMRequest = require("llm-request").default;
const lark = require("@larksuiteoapi/node-sdk");

class Chat {
  client;
  // 其他的代码
  async chat(data) {
    // 从传入的数据中解构出 chat_id、chat_type、content 和 message_id
    const { chat_id, chat_type, content, message_id } = data.message;

    // 检查消息内容是否包含 "/help
    if (content.includes("/help")) {
      // 创建帮助文档消息
      await this.client.im.message.create({
        params: {
          receive_id_type: "chat_id",        // 设置接收 ID 类型为 chat_id
        },
        data: {
          receive_id: chat_id,               // 设置接收 ID
          content: JSON.stringify({
            type: "template",                // 消息类型为模板
            data: {
              template_id: "AAqkcUbceDqJv",  // 模板 ID
              template_version_name: "1.0.2",// 模板版本名
            },
```

```
          }),
          msg_type: "interactive",    // 消息类型为交互式消息
        },
      });
      return;           // 返回，结束函数
    }

    try {
      // 根据聊天类型调用不同的处理方法
      if (chat_type === "group") {
        this.groupChat(JSON.parse(content).text, message_id);    // 群聊处理
      } else {
        this.p2pChat(chat_id);        // 单聊处理
      }
    } catch (err) {}
  }
}

module.exports = Chat;          // 导出 Chat 类
```

在重新部署服务后，测试最新的效果，发现一二熊已经能够为我们回复帮助文档了，如图 4-32 所示。后续为一二熊实现的新功能也可以补充到帮助文档中，以便用户对一二熊的整体能力有一个预期。

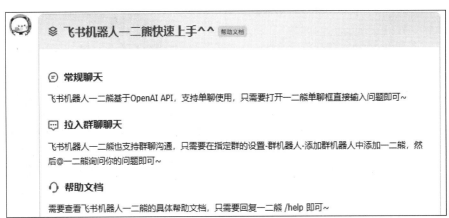

图 4-32 飞书机器人一二熊的帮助文档

4.4 结合 AI 实现一二熊的办公辅助功能

本节将结合 AI 实现一二熊的一些办公辅助功能，包括支持对飞书文档内容进行总结、支持对指定人发送消息通知、支持对指定群发送消息通知、支持自动拉群并说明拉群的用意，以及支持创建任务并自动生成任务摘要。

4.4.1 支持对飞书文档内容进行总结

在日常工作和学习中，常常会创建一些飞书文档用于工作总结或日常积累，也需要阅读他人的文档。有时因为文档数量多，内容繁重，把整个文档阅读完是很耗费精力和时间的，这就需要一个工具来帮助我们快速了解文档的关键信息。现在，我们来为一二熊集成这个功能，使它能够支持对飞书文档内容进行总结。

和之前一样，在正式实现之前先梳理整体的技术方案，这可以帮助我们在实现过程中更加有条不紊。为了对飞书文档内容进行总结，需要想办法获取飞书文档的全部文本信息，然后提供给 OpenAI API 完成总结。因为浏览器的同源策略，我们很难直接跨域访问某链接的文本内容，这里可以使用飞书开放平台提供的 API 来获取文档正文，如图 4-33 所示。

HTTP URL	https://open.feishu.cn/open-apis/docx/v1/documents/:document_id/raw_content
HTTP Method	GET
接口频率限制	特殊频控
支持的应用类型	✅ 自建应用　✅ 商店应用
权限要求 ⓘ 开启任一权限即可	🔑 创建及编辑新版文档 🔑 查看新版文档

图 4-33　飞书开放平台获取文档纯文本内容的 API

这个 API 的调用需要开启"创建及编辑新版文档"以及"查看新版文档"的权限，这可以在 API 文档页右侧快速开启。获取文档纯文本内容需要有一个路径参数 document_id，也就是文档的唯一标识，如表 4-3 所示。

表 4-3　飞书开放平台获取文档纯文本内容的 API 路径参数

参数名称	类型	必填	说明
document_id	string	是	文档的唯一标识

直接查看 document_id 可能会有点迷惑，它是对应文档的唯一标识。那么，怎么获取对应文档的 document_id 呢？document_id 的官网说明如图 4-34 所示。

简单来说，飞书文档目前分为两种：一种是知识库，另一种是其他类型的文档（比如文档、电子表格等）。知识库文档的 URL 路由中会包含 wiki 关键字，没有 wiki 关键字的则可以视为其他类型文档。其他类型文档的 URL 最后一位路径参数就是对应的 document_id；而知识库文档的 URL 最后一位路径参数为 token，需要调用获取知识空间节点信息的 API 完成 token 和 document_id 的交换。该 API 如图 4-35 所示。

获取知识空间节点信息的 API 需要开启两个权限，一个是查看、编辑和管理知识库，另一个是查看知识库。可以单击"批量开通一键完成"按钮来开启。获取知识空间节点信息 API 的参数中，有一个必填的 token 和一个非必填的 obj_type，具体信息如表 4-4 所示。

7. 如何获取云文档资源相关 token（id）？

1. 通过浏览器地址栏获取 token（以下红色部分）（注意：拷贝时 URL 末尾可能多余的"#"）
   - 文件夹 folder_token：https://sample.feishu.cn/drive/folder/ cSJe2JgtFFBwRuTKAJK6baNGUn0
   - 文件 file_token：https://sample.feishu.cn/file/ ndqUw1kpjnGNNaegyqDyoQDCLx1
   - 文档 doc_token：https://sample.feishu.cn/docs/ 2olt0Ts4Mds7j7iqzdwrqEUnO7q
   - 新版文档 document_id：https://sample.feishu.cn/docx/ UXEAd6cRUoj5pexJZr0cdwaFnpd
   - 电子表格 spreadsheet_token：https://sample.feishu.cn/sheets/ MRLOWBf6J47ZUjmwYRsN8utLEoY
   - 多维表格 app_token：https://sample.feishu.cn/base/ Pc9OpwAV4nLdU7ITy71t6Kmmkoz
   - 知识空间 space_id（知识库管理员打开设置页面）：https://sample.feishu.cn/wiki/settings/ 7075377271827264924
   - 知识库节点 node_token：https://sample.feishu.cn/wiki/ sZdeQp3m4nFGzwqR5vx4vZksMoe

2. 通过开放平台接口获取
   - 「云空间」资源的 token 和 type 获取
     - 通过 文件管理 获取根文件夹 root_token。
     - 通过 文件管理 获取文件夹下文件清单 获取各种资源的 token 和 type。再通过 文档、电子表格、多维表格 API 读写文档内容数据。
   - 「知识库」资源的 token 和 type 获取
     - 通过 知识库 获取知识空间列表 获取 space_id。
     - 通过 知识库 获取子节点列表 获取 node_token。
     - 通过 知识库 获取节点信息 获取各种资源的 obj_token 和 obj_type。再通过 文档、电子表格、多维表格 API 读写文档内容数据。
   - 「文档」中嵌入的电子表格 spreadsheet_token（多维表格 app_token）获取
     - 通过 获取文档富文本内容 返回文档中嵌入的电子表格 spreadsheet_token 和 tableId（多维表格 app_token 和 tableId）。例如：
       - 电子表格（"_"前面是 spreadsheet_token，后面是 tableId）：MRLOWBf6J47ZUjmwYRsN8utLEoY _ m7fMrN
       - 多维表格（"_"前面是 app_token，后面是 tableId）：Pc9OpwAV4nLdU7ITy71t6Kmmkoz _ tblC63QuAGFOJkU9
   - 「电子表格」中嵌入的多维表格 app_token 获取
     - 通过 获取表格元数据 返回电子表格中嵌入的多维表格 app_token 和 tableId。例如：
       - 多维表格（"_"前面是 app_token，后面是 tableId）：Pc9OpwAV4nLdU7ITy71t6Kmmkoz _ tbliITl3F8GXBtKw

图 4-34 飞书开放平台关于 document_id 的说明

HTTP URL	https://open.feishu.cn/open-apis/wiki/v2/spaces/:space_id
HTTP Method	GET
接口频率限制	100 次/分钟
支持的应用类型	✓ 自建应用 ✓ 商店应用
权限要求 ⓘ 开启任一权限即可	Oₜ 查看、编辑和管理知识库 Oₜ 查看知识库

图 4-35 飞书开放平台获取知识空间节点信息的 API

表 4-4 飞书开放平台获取知识空间节点信息的 API 请求参数

参数名称	类型	必填	说明
token	string	是	文档的 token。使用文档 token 查询时，需要 obj_type 参数传入文档对应的类型
obj_type	string	否	文档类型。不传时默认以 wiki 类型查询。示例值："docx"。默认值：wiki

这里查询的是 wiki 场景的节点信息，因此无须传递 obj_type，只用传递 token。wiki 场景的 document_id 可以在节点信息的 obj_token 字段中获取。获取 document_id 后，调用获取纯文本信息的 API 以获取完整文档文本，最后与模型 API 交互即可。

值得一提的是，还需定义一个功能的触发方式，以避免误触发聊天等功能。这里采用与帮助文档类似的方式，通过命令来完成触发，约定"/summary-document +文档链接"即触发机器人的飞书文档内容总结功能。一二熊支持对飞书文档内容进行总结的流程图如图 4-36 所示。

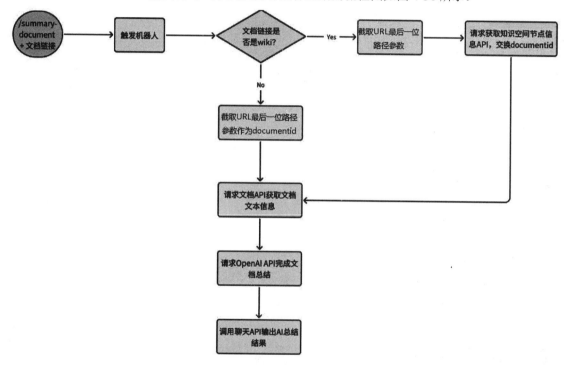

图 4-36　一二熊支持对飞书文档内容进行总结的流程图

流程图梳理完毕后，下面开始实现这部分功能。首先创建 core/document.js 作为文档总结的功能类文件，在其中实现 wiki 文档的 ID 交换、文档文本识别以及文档总结功能，代码如下：

```
const LLMRequest = require('llm-request').default;

class Document {
  client;            // 客户端实例
  url = '';          // 文档的 URL
  chatId = '';

  constructor(client, url, chatId) {
    this.client = client;       // 初始化客户端
    this.chatId = chatId;       // 初始化聊天 ID
    this.url = url;             // 初始化文档 URL
  }

  async getDocumentId () {
```

```javascript
    if (this.url.includes('wiki')) {
      const token = this.url.split('/').pop();        // 获取 URL 中的 token
      // 知识库文档
      const res = await this.client.wiki.space.getNode({
        params: {
          token,          // 传递 token 参数以获取节点信息
        },
      })
      return res.data.node.obj_token;  // 返回知识库文档的 obj_token
    } else {
      // 非知识库文档
      return this.url.split('/').pop();        // 直接返回 URL 的最后一部分作为 document_id }
    }
  }

  async getDocumentText () {
    const documentId = await this.getDocumentId();   // 获取文档 ID
    const res = await this.client.docx.document.rawContent({
      path: {
        document_id: docuemntId,    // 通过 document_id 获取文档的原始内容
      },
    })
    return res.data.content;         // 返回文档内容
  }

  async summary () {
    const documentContent = await this.getDocumentText();    // 获取文档内容
    const LLMRequestEntity = new LLMRequest(process.env.API_KEY);        // 创建 LLMRequest 实例
    const chatRes = await LLMRequestEntity.openAIChat({
      model: 'gpt-3.5-turbo',
      messages: [
        {
          role: 'system',
          content:
            '请扮演用户的女友一二熊，聊天话语温柔亲昵，称呼用户为布布。布布会给你一段文档内容，你需要完成总结后返回给布布，总结的内容需保证关键点完整且精炼',
        },
        {
          role: 'user',
          content: `总结这段文案的内容，文案为${documentContent}`
        }
      ],
    });
    await this.client.im.message.create({
```

```
      params: {
        receive_id_type: 'chat_id',    // 指定接收 ID 类型为聊天 ID
      },
      data: {
        receive_id: this.chatId,        // 设置接收消息的聊天 ID
        content: JSON.stringify({
          text: chatRes.answer,          // 将总结的内容发送回聊天
        }),
        msg_type: 'text',               // 消息类型为文本
      },
    });
  }
}

module.exports = Document;              // 导出 Document 类
```

接着修改 core/chat.js 文件，在帮助文档逻辑下新增飞书文档总结功能的触发逻辑，并调用 Document 类执行总结功能，代码如下：

```
const LLMRequest = require("llm-request").default; // 引入 LLMRequest 模块
const lark = require("@larksuiteoapi/node-sdk");   // 引入 Lark SDK
const Document = require("./document");             // 引入 Document 类

class Chat {
  client; // 定义客户端变量

  // 其他的代码

  async chat(data) {
    const { chat_id, chat_type, content, message_id } = data.message; // 解构获取聊天数据
    try {
      const text = JSON.parse(content).text; // 解析消息内容

      if (text.includes("/help")) {
        // 帮助文档
      } else if (text.includes("/summary-document")) {
        // 如果包含 "/summary-document"，则进行文档总结
        const documentEntity = new Document(
          this.client,              // 传入客户端
          text.split(" ")[1],       // 从消息中提取文档链接
          chat_id                   // 传入聊天 ID
        );
        await documentEntity.summary(); // 调用 Document 类的 summary 方法进行总结
        return;                    // 返回，结束当前处理
      }
```

```
      // 其他的代码
    } catch (err) {
      // 错误处理
    }
  }
}

module.exports = Chat;    // 导出 Chat 类
```

至此,飞书文档内容总结功能就已经实现完成,重启服务后进行测试,可以看到一二熊已经能对文档进行总结了,如图 4-37 所示。

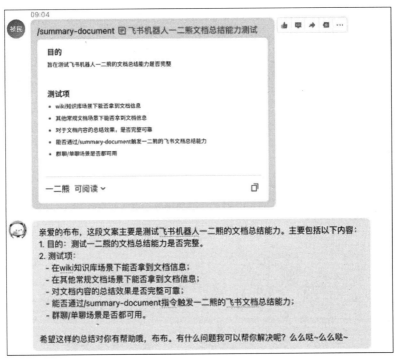

图 4-37　一二熊支持对飞书文档内容进行总结的效果

把这项功能补充到帮助文档中。在飞书卡片搭建工具中编辑并发布后,使用新的版本号替换掉原逻辑版本。对于后续实现的每个功能,需要更新使用手册,以确保用户能够实时了解变更。关于帮助文档的变更,这里不再赘述,读者可以自行在飞书卡片搭建工具中完成更新。

4.4.2　支持向指定人员发送消息通知

有时,我们需要对一些人批量发消息通知,比如信息同步、节假日祝福等。这也可以集成到一二熊的功能中,让它根据要求对消息进行扩充,并将具体描述发送给指定人员。同样,在实现效果之前,先确定触发方式以及整体的实现技术方案。触发方式上采用"/send-msg-to-user+@xxx@xxx+消息要求"的形式。在飞书消息中,当@用户后,就可以在 message.mentions 字段中获取@的用户信息数组,如图 4-38 所示。

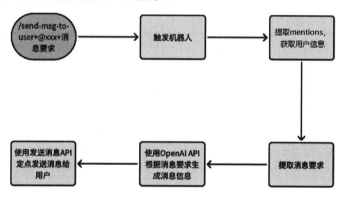

图 4-38　消息中包含@用户时的事件订阅数据结构

获取信息后，可以通过之前的发送消息 API 进行发送。不过，这次发送使用的标识不是 chat_id，而是用户的 open_id，整体流程图如图 4-39 所示。

图 4-39　给指定人员发送消息通知的流程图

下面来实现这个功能。首先创建 core/message.js，用于定义发送消息的功能类。在其中遍历获取的用户信息数组，使用 OpenAI API 基于用户提供的消息要求生成消息，然后调用发送消息的 API，并使用用户的 open_id 将消息定点发送给指定用户，代码如下：

```
const LLMRequest = require('llm-request').default;

class Message {
  client;

  // 构造函数，初始化 client
  constructor(client) {
    this.client = client;
  }

  // 发送消息给多个用户的函数
  async sendMessageToUsers(users, request) {
    // 创建 LLMRequest 实体，使用环境变量中的 API_KEY
    const LLMRequestEntity = new LLMRequest(process.env.API_KEY);
```

```javascript
        // 调用 OpenAI 的聊天接口，获取生成的内容
        const chatRes = await LLMRequestEntity.openAIChat({
          model: 'gpt-3.5-turbo', // 使用的模型
          messages: [
            {
              role: 'system',
              content:
                '用户会让你想一段某个主题的内容，他会把这个内容转发给别人，请直接输出转发的内容，不要输出其他无关信息，如语气词等',
            },
            {
              role: 'user',
              content: request  // 用户请求的内容
            }
          ],
        });

        // 遍历用户列表，为每个用户发送消息
        users.forEach((item) => {
          this.client.im.message.create({
            params: {
              receive_id_type: "open_id", // 接收者 ID 类型为 open_id
            },
            data: {
              receive_id: item,          // 接收者的 open_id
              content: JSON.stringify({
                text: chatRes.answer,    // 将生成的回答作为消息内容
              }),
              msg_type: "text",          // 消息类型为文本
            },
          });
        });
      }
    }

    module.exports = Message;
```

接着，在 Chat 类中添加给指定人员发送消息通知的命令触发方式。在触发后，调用 Message 类来完成消息推送，core/chat.js 的代码修改如下：

```javascript
    const LLMRequest = require("llm-request").default;
    const lark = require("@larksuiteoapi/node-sdk");
    const Document = require("./document");
    const Message = require("./message");

    class Chat {
      // 其他的代码

      async chat(data) {
        const { chat_id, chat_type, content, message_id, mentions } = data.message; // 解构消息数据
```

```
    try {
      const text = JSON.parse(content).text; // 解析消息内容

      if (text.includes("/help")) {
        // 处理帮助文档请求
      } else if (text.includes("/summary-document")) {
        // 处理文档总结请求
      } else if (text.includes("/send-msg-to-user")) {
        // 给指定用户发送消息通知
        const users = mentions.map((item) => item.id.open_id); // 从 mentions 中提取用户的 open_id
        const messageEntity = new Message(this.client);  // 创建 Message 实例
        await messageEntity.sendMessageToUsers(users, text.split(' ').pop()); // 调用 sendMessageToUsers 方法发送消息
        return;
      }

      // 其他的代码
    } catch (err) { }
  }
}

module.exports = Chat;
```

这样，对指定人员发送消息通知的功能就实现了。重启服务后进行测试，效果如图 4-40 所示。

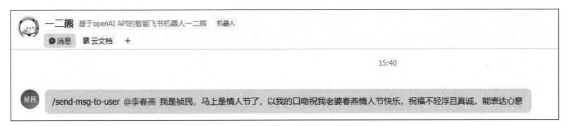

图 4-40　对指定人员发送消息通知的测试

此时，打开指定人员的飞书，就能看到一二熊推送给她的消息，如图 4-41 所示。最后，别忘记在飞书卡片搭建平台上修改帮助文档，补充这部分功能的介绍。

4.4.3　支持向指定群发送消息通知

除了向指定人员发送消息通知外，常常也会有向一些指定群发送消息通知的需求。向指定群发送消息会复杂得多，因为我们并不能像指定用户一样在消息中直接@某个人从而获取这个人的精准信息，只能通过群名来定位指向的群，而群的名称又是可以重复的，所以必须

图 4-41　指定人员接收到的来自一二熊推送的消息

区分重复和无重复群场景的输入与输出。

向指定群发送消息的触发条件，约定以"/send-msg-to-group+群名+消息内容和要求"的方式触发，在触发以后调用飞书开放平台查询群组的 API，通过这个 API 可以查询到与机器人绑定的群，如图 4-42 所示。

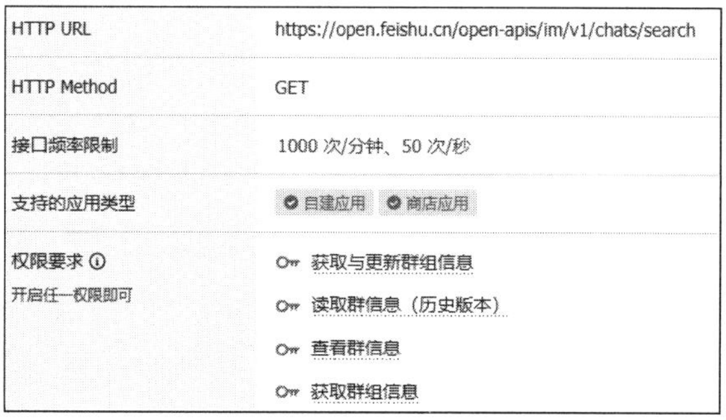

图 4-42　飞书开放平台查询群组的 API

查询群组的 API 提供了模糊名称、分页、用户 ID 等查询方式，具体入参如表 4-5 所示。

表 4-5　飞书开放平台查询群组的 API 请求参数

参数名称	类型	必填	说明
user_id_type	string	否	用户 id 类型，默认为 open_id
query	string	否	关键词。支持拼音等模糊查询
page_token	string	否	分页标记，用于后续的分页
page_size	int	否	分页大小，默认值为 20，最大值为 100

在经过筛选后，如果存在重复的群，需要以某种交互方式返回给用户重复群各自的 chat_id，让用户自己选择具体的群组。这里的交互可以考虑使用飞书卡片搭建平台完成，可以创建如图 4-43 所示的卡片。

与帮助文档不同的是，这个飞书卡片并不完全是一个静态卡片。卡片中定义了群组数组变量 group_list，并使用循环容器来遍历变量以显示群组信息。定义的数组变量可以直接透传查询群组 API 获取的数组结构，在它的基础上补充一个 key 字段来标识数组索引。除数组变量外，还定义了一个 group_name 字段，用于标识用户搜索的群组名。给这个字段添加静态值后，效果如图 4-44 所示。

图 4-43　群组同名的飞书卡片

图 4-44　群组同名的飞书卡片变量 mock

值得一提的是，这张卡片中使用的 avator 是一个图片字段。在飞书回显中，图片并不使用 URL 进行显示，而是使用 image_key 进行回显。我们可以通过调用飞书开放平台的上传图片接口完成 URL 向 image_key 的交换，如图 4-45 所示。

图 4-45　飞书开放平台上传图片的 API

上传图片 API 有两个入参，分别是图片类型 image_type 和文件二进制内容 file。详细的入参信息如表 4-6 所示。

表 4-6　飞书开放平台上传图片的 API 请求参数

参数名称	类型	必填	说　明
image_type	string	是	图片类型，可选值有 message 和 avator，其中 message 用于消息发送，avator 用于图像设置
image	file	是	图片文件的二进制内容

对于非重复的场景，直接使用查询到的 chat_id 进行消息发送；对于重复的场景，需要先对获取的群组数组进行 avator 字段的处理，然后回显卡片，引导用户使用 "/send-msg-to-group-by-id+群 id+消息内容和要求" 进行定点群聊的消息推送。整体流程图如图 4-46 所示。

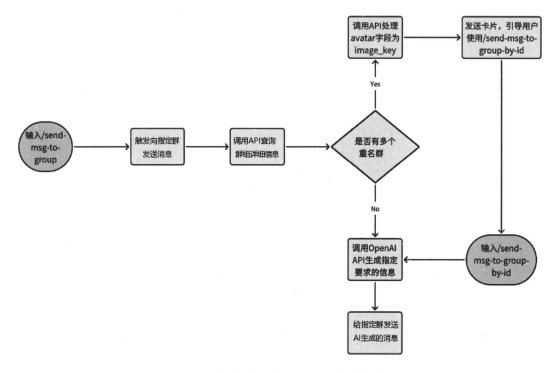

图 4-46 支持对指定的群聊发送消息的整体流程图

下面结合流程图完成这个功能的开发。首先创建 core/image.js 文件,在其中定义一个新的类 Image,在这个类中通过图片 URL 将图片短暂下载到本地,并将本地图片转换成二进制流,然后请求上传图片 API 换取飞书图片唯一标识 image_key,具体代码如下:

```javascript
const axios = require('axios');        // 引入 axios 库,用于发送 HTTP 请求
const fs = require('fs');              // 引入 fs 模块,用于文件系统操作
const path = require('path');          // 引入 path 模块,用于处理文件和目录路径

class Image {
  client;          // 定义 client 属性,用于与 API 交互
  url = '';        // 定义 url 属性,用于存储图片 URL
  downloadPath = ''; // 定义 downloadPath 属性,用于存储下载的图片路径

  constructor(client, url) {
    this.client = client;       // 初始化 client 属性
    this.url = url;             // 初始化 url 属性
    this.downloadPath = path.resolve(__dirname, 'pic.png');  // 设置下载路径为当前目录下的 pic.png
  }

  async downloadImage () {
    const response = await axios({      // 发送 GET 请求下载图片
      method: 'get',
      url: this.url,            // 图片 URL
      responseType: 'stream',   // 以流的形式获取响应
```

```
    });

    return new Promise((resolve, reject) => {
      response.data.pipe(fs.createWriteStream(this.downloadPath))  // 将响应数据写入文件
        .on('finish', resolve)          // 下载完成时解析 Promise
        .on('error', reject);           // 下载出错时拒绝 Promise
    });
  }

  async getImageKey () {
    await this.downloadImage();         // 下载图片
    const res = await this.client.im.image.create({  // 调用 API 上传图片并获取返回结果
      data: {
        image_type: 'message',  // 设置图片类型为消息
        image: fs.createReadStream(this.downloadPath)    // 读取下载的图片文件
      },
    })
    await fs.promises.unlink(this.downloadPath);        // 删除下载的图片文件
    return res.image_key;      // 返回上传后获得的图片唯一标识
  }
}

module.exports = Image;    // 导出 Image 类以供其他模块使用
```

下面来开发向指定群推送消息的功能。因为这个功能本质上仍然属于消息推送的范畴，只是面向的对象不同，所以仍然在 Message 类中进行迭代。core/message.js 的代码修改如下：

```
const LLMRequest = require('llm-request').default; // 引入 LLMRequest 模块，用于与语言模型进行请求
const Image = require("./image");        // 引入 Image 模块，用于处理图片

class Message {
  client;                    // 定义 client 属性，用于与 API 交互

  constructor(client) {
    this.client = client;    // 初始化 client 属性
  }

  async getMessage (request) {
    const LLMRequestEntity = new LLMRequest(process.env.API_KEY); // 创建 LLMRequest 实例，使用环境变量中的 API_KEY
    const chatRes = await LLMRequestEntity.openAIChat({ // 发送请求给 OpenAI 聊天模型
      model: 'gpt-3.5-turbo',       // 指定使用的模型
      messages: [                   // 定义消息内容
        {
          role: 'system',           // 系统角色，提供上下文
          content:
            '用户会让你想一段某个主题的内容，他会把这个内容转发给别人，请直接输出转发的内容，不要输出其他无关信息，如语气词等',
        },
        {
```

```javascript
        role: 'user',           // 用户角色，包含用户的请求
        content: request        // 用户输入的请求内容
      }
    ],
  });
  return chatRes.answer;        // 返回模型生成的回答
}

async sendMessageToUsers (users, request) {
  const answer = await this.getMessage(request);        // 获取模型生成的回答
  users.forEach((item) => {
    this.client.im.message.create({         // 对每个用户发送消息
      params: {
        receive_id_type: "open_id",         // 接收者 ID 类型为 open_id
      },
      data: {
        receive_id: item,         // 接收者的 open_id
        content: JSON.stringify({         // 消息内容
          text: answer,         // 消息文本为模型生成的回答
        }),
        msg_type: "text",         // 消息类型为文本
      },
    });
  })
}

async getGroupList (chats) {
  const finalChats = [];        // 存储处理后的群组信息
  for (let i = 0; i < chats.length; i++) {
    const imageEntity = new Image(this.client, chats[i].avatar); // 创建 Image 实例，
处理每个群的头像
    const imageKey = await imageEntity.getImageKey();         // 获取头像的唯一标识
    finalChats.push({         // 将处理后的群组信息添加到 finalChats 数组
      ...chats[i],         // 保留原群组信息
      avatar: imageKey,         // 更新头像为唯一标识
      key: i + 1         // 添加索引作为键
    })
  }
  return finalChats;        // 返回处理后的群组信息
}

async sendMessageToGroup (chatName, request, chat_id) {
  const answer = await this.getMessage(request);        // 获取模型生成的回答
  const res = await this.client.im.chat.search({        // 搜索群组
    params: {
      query: chatName,        // 按群组名称查询
      page_size: 100,        // 设置页面大小为 100
    },
  })
  // 精准搜索的同名群组
```

```javascript
      const validChats = res.data.items.filter((item) => item.name === chatName); // 过
滤出与 chatName 相同的群组
      if (validChats.length === 1) {
        // 有一个有效群组，发送消息
        await this.client.im.message.create({
          params: {
            receive_id_type: "chat_id",          // 接收者 ID 类型为 chat_id
          },
          data: {
            receive_id: validChats[0].chat_id,   // 获取唯一群组 ID
            content: JSON.stringify({            // 消息内容
              text: answer,       // 消息文本为模型生成的回答
            }),
            msg_type: "text",             // 消息类型为文本
          },
        });
      } else if (validChats.length > 1) {
        try {
          const groupList = await this.getGroupList(validChats); // 获取同名群组的详细信息
          // 有多个同名群组，推送消息要求使用 ID 确认
          await this.client.im.message.create({
            params: {
              receive_id_type: "chat_id",        // 接收者 ID 类型为 chat_id
            },
            data: {
              receive_id: chat_id,               // 向指定的群 ID 发送消息
              content: JSON.stringify({          // 消息内容
                type: "template",                // 消息类型为模板
                data: {
                  template_id: "AAqkuJdDSDGNX",  // 模板 ID
                  template_version_name: "1.0.0",  // 模板版本名称
                  template_variable: {
                    group_name: chatName,        // 群组名称
                    group_list: groupList        // 同名群组列表
                  }
                },
              }),
              msg_type: "interactive",           // 消息类型为交互式
            },
          });
        } catch (err) {
          // 捕获并处理错误（可选）
        }
      }
    }

    async sendMessageToGroupById (chatIds, request) {
      const answer = await this.getMessage(request);  // 获取模型生成的回答
      chatIds.forEach((item) => {
        this.client.im.message.create({           // 对每个群组 ID 发送消息
```

```
            params: {
              receive_id_type: "chat_id",         // 接收者 ID 类型为 chat_id
            },
            data: {
              receive_id: item,                   // 接收者的群组 ID
              content: JSON.stringify({           // 消息内容
                text: answer,                     // 消息文本为模型生成的回答
              }),
              msg_type: "text",                   // 消息类型为文本
            },
          });
        })
      }
    }

    module.exports = Message;                     // 导出 Message 类以供其他模块使用
```

上述代码分别定义了指定群名推送消息的 sendMessageToGroup 方法，以及指定群 ID 推送消息的 sendMessageToGroupById 方法。在 sendMessageToGroup 方法中，首先调用查询群组的 API 来绑定机器人的群；在有效群存在重复的情况下，调用 Image 类处理头像字段后，用处理后的数据调用重复信息卡片；在只有唯一有效群时，直接调用 API 进行消息推送。sendMessageToGroupById 方法的逻辑相对简单，直接使用群 ID 进行推送即可。

最后，修改 Chat 类，补全群消息推送的触发逻辑。core/chat.js 的代码修改如下：

```
    const LLMRequest = require("llm-request").default; // 引入 LLMRequest 模块，用于与语言
模型进行请求
    const lark = require("@larksuiteoapi/node-sdk");    // 引入 Lark SDK，用于与 Lark API 交
互
    const Document = require("./document");             // 引入 Document 模块，用于文档处理
    const Message = require("./message");               // 引入 Message 模块，用于消息处理

    class Chat {
      // 其他的代码

      async chat (data) {
        const { chat_id, chat_type, content, message_id, mentions } = data.message; // 从
消息数据中解构出必要的信息
        try {
          const text = JSON.parse(content).text;        // 解析消息内容，获取文本

          if (text.includes("/help")) {
            // 如果文本中包含 "/help"，则处理帮助文档请求

          } else if (text.includes("/summary-document")) {
            // 如果文本中包含 "/summary-document"，则处理文档总结请求

          } else if (text.includes("/send-msg-to-user")) {
            // 如果文本中包含 "/send-msg-to-user"，则处理给指定用户发送消息的请求
```

```
            } else if (text.includes("/send-msg-to-group")
&& !text.includes("/send-msg-to-group-by-id")) {
                // 如果文本中包含 "/send-msg-to-group"（且不包含 "/send-msg-to-group-by-id"），通过
群名给指定的群发送消息
                const [_, chatName, request] = text.split(' '); // 分割文本以提取群名和请求内容
                const messageEntity = new Message(this.client); // 创建 Message 实例
                await messageEntity.sendMessageToGroup(chatName, request, chat_id); // 调用
sendMessageToGroup 方法发送消息
                return; // 结束当前函数
            } else if (text.includes("/send-msg-to-group-by-id")) {
                // 如果文本中包含 "/send-msg-to-group-by-id"，通过群 ID 给指定的群发送消息
                const [_, chatIds, request] = text.split(' '); // 分割文本以提取群 ID 和请求内容
                const messageEntity = new Message(this.client); // 创建 Message 实例
                await messageEntity.sendMessageToGroupById(chatIds.split(','), request); // 调
用 sendMessageToGroupById 方法发送消息
                return;          // 结束当前函数
            }
            // 其他代码
        } catch (err) {
            // 捕获并处理错误（可选）
        }
    }
}

module.exports = Chat; // 导出 Chat 类以供其他模块使用
```

到这里，向指定的群发送消息通知的逻辑就开发完成了。重新部署服务后，首先测试在无命名重复的场景下群消息推送的效果。值得一提的是，对于测试群，需要将机器人加入群中，否则无法搜索到指定的群。通过测试可以看到，一二熊已经能够对指定的群进行消息推送了，如图 4-47 和图 4-48 所示。

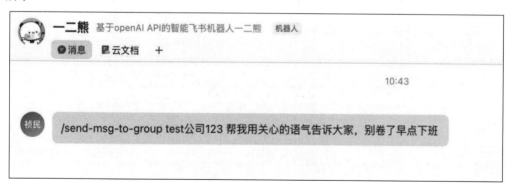

图 4-47　群组名无重复的情况下，一二熊推送消息的效果

下面测试一下存在重复命名的群消息推送效果，可以看到一二熊识别到多个同命名群组，并将其推送给了用户卡片消息。在进一步使用/send-msg-to-group-by-id 进行消息推送后，一二熊成功向指定的群推送了周末愉快的消息，如图 4-49 和图 4-50 所示。

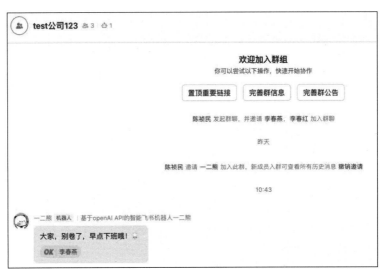

图 4-48　一二熊向群聊"test 公司 123"推送下班通知

图 4-49　群组名存在重复的情况下,一二熊推送消息的效果

图 4-50　一二熊给红色头像的“test 公司”推送周末愉快的消息

除了常规的消息推送外，还可以考虑为消息定制自定义卡片，结合 AI 功能来定向补全卡片中的内容，使得推送的消息更具备想象力，也更加丰富。

4.4.4　支持自动拉群并说明拉群用意

在日常工作中，我们常常需要拉群，同时还需要费点心力为群成员介绍创建这个群的用意，有时可能还会涉及一些文档，例如需求 prd 等，在介绍用意的同时对文档进行概述。这个过程也可以使用 AI 完成，下面介绍如何为一二熊集成这个功能。

对于拉群的整个过程，飞书开放平台提供了创建群的 API，如图 4-51 所示。

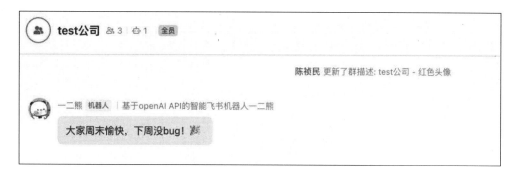

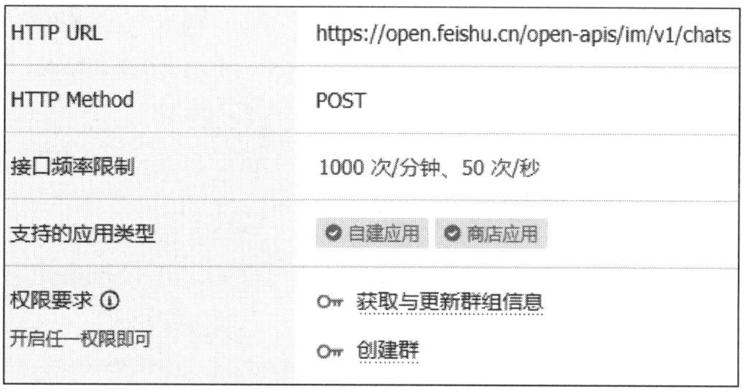

HTTP URL	https://open.feishu.cn/open-apis/im/v1/chats
HTTP Method	POST
接口频率限制	1000 次/分钟、50 次/秒
支持的应用类型	自建应用　商店应用
权限要求 开启任一权限即可	获取与更新群组信息 创建群

图 4-51　飞书开放平台创建群的 API

飞书开放平台创建群的 API 支持对群名、群成员、群描述等一系列与群相关的信息进行配置。因为群的配置项众多，所以相比其他的 API，创建群的 API 有更多的入参，具体入参如表 4-7 所示。

表 4-7　飞书开放平台创建群的 API 请求参数

参数名称	类　型	必　填	说　明
avatar	string	否	群头像对应的 image_key
name	string	否	群名称
description	string	否	群描述
i18n_names	i18n_names 结构体	否	群国际化名称
owner_id	string	否	创建群时指定的群主，不填时指定建群的机器人为群主

(续表)

参数名称	类型	必填	说明
user_id_list	string[]	否	创建群时邀请的群成员，id 类型在查询参数 user_id_type 中指定；推荐使用 OpenID
bot_id_list	string[]	否	创建群时邀请的机器人，创建群的机器人会被默认加入进来，不需要通过 bot_id_list 指定
group_message_type	string	否	群消息形式，可选值有 chat（对话消息）、thread（话题消息），默认值为 chat（对话消息）
chat_type	string	否	群是否私有，可选值有 private（私有群）、public（公开群），默认值为 private（私有群）
join_message_visibility	string	否	入群消息可见性，可选值有 only_owner（仅群主和管理员可见）、all_members（所有成员可见）、not_anyone（任何人均不可见），默认值为 all_members（所有成员可见）
leave_message_visibility	string	否	退群消息可见性，可选值有 only_owner（仅群主和管理员可见）、all_members（所有成员可见）、not_anyone（任何人均不可见），默认值为 all_members（所有成员可见）
membership_approval	string	否	加群审批，可选值有 no_approval_required（无须审批）、approval_required（需要审批），默认值为 no_approval_required（无须审批）
restricted_mode_setting	restricted_mode_setting 结构体	否	保密模式设置
urgent_setting	string	否	谁可以加急，可选值有 only_owner（只有群主）、all_members（所有成员）
video_conference_setting	string	否	谁可以发起会议，可选值同上
edit_permission	string	否	谁可以编辑群信息，可选值同上

虽然创建群的 API 入参众多，但这里只需用到 name、description、owner_id 以及 user_id_list，这些入参分别用于定义群名、群描述、群主、群成员。

除了入参外，创建群的 API 还额外提供了 3 个查询参数，用于限制入参中具体参数的类型。例如，当查询参数 user_id_type 为 open_id 时，所有与用户 ID 相关的入参默认填写为具体用户的 open_id。具体的查询参数信息如表 4-8 所示。

表 4-8　飞书开放平台创建群的 API 查询参数

参数名称	类型	必填	说明
user_id_type	string	否	用户 id 类型，默认值为 open_id
set_bot_manager	boolean	否	是否设置创建群的机器人为群管理员，默认值为 false
uuid	string	否	由开发者生成的唯一字符串序列，用于对创建群组请求进行去重；在 10 小时内，持有相同 uuid 的请求只能成功创建 1 个群组

拉群功能约定以两个命令触发：使用文案要求拉群"/create-group-by-text+@xxx@xxx+拉群用意"，以及使用文档拉群命令"/create-group-by-document+@xxx@xxx+文档链接"。

因为这部分逻辑并不复杂，所以不再梳理技术方案流程图，直接开发此部分。首先，创建 core/group.js 文件，用于定义拉群功能类 Group。在 Group 类中定义一个方法，通过入参 isDocument 来区分是文案拉群还是文档拉群。对于文档内容的获取，可以复用之前定义的 Document 类的功能。最终代码如下：

```javascript
const LLMRequest = require('llm-request').default; // 引入 llm-request 库
const Document = require("./document");            // 引入 Document 模块

class Group {
  client;                  // 声明 client 属性
  constructor(client) {
    this.client = client;  // 初始化 client 属性
  }

  async createGroup(groupName, ownerId, userIds, text, isDocument) {
    // 创建群组请求
    const res = await this.client.im.chat.create({
      params: {
        user_id_type: 'open_id',    // 用户 ID 类型为 open_id
        set_bot_manager: true,      // 设置机器人管理员
      },
      data: {
        name: groupName,            // 群名
        description: '基于 OpenAI API 的飞书机器人一二熊自动生成', // 群描述
        owner_id: ownerId,          // 群主 ID
        user_id_list: userIds,      // 群成员 ID 列表
      },
    });

    let groupInfo = '';             // 初始化群信息
    if (isDocument) {
      // 如果是文档拉群
      const documentEntity = new Document(this.client, text, '');     // 创建 Document 实例
      const documentText = await documentEntity.getDocumentText();    // 获取文档内容
      groupInfo = documentText;     // 将文档内容赋值给 groupInfo
    } else {
      groupInfo = text;             // 如果是文案拉群，直接使用文本内容
    }

    const LLMRequestEntity = new LLMRequest(process.env.API_KEY);     // 创建 LLM 请求实例
    const chatRes = await LLMRequestEntity.openAIChat({
      model: 'gpt-3.5-turbo',       // 使用的模型
      messages: [
        {
          role: 'system',
```

```js
          content:
            '你是一个群的管理员，负责在群创建之初给群成员说明拉群用意。用户会发给你一段内容，你需要对内容进行合适的扩充和删减，在保留内容完整度的同时，描述精炼准确，能让群成员快速理解拉群用意',
        },
        {
          role: 'user',
          content: groupInfo           // 传入群信息
        }
      ],
    });

    // 发送消息到群组
    await this.client.im.message.create({
      params: {
        receive_id_type: "chat_id",    // 接收 ID 类型为聊天 ID
      },
      data: {
        receive_id: res.data.chat_id,  // 群组聊天 ID
        content: JSON.stringify({
          text: chatRes.answer,        // 发送的消息内容
        }),
        msg_type: "text",              // 消息类型为文本
      },
    });
  }
}

module.exports = Group;              // 导出 Group 类
```

下面修改 Chat 类，定义文案拉群和文档拉群的触发命令，并在其中调用 Group 类完成逻辑。修改代码如下：

```js
const LLMRequest = require("llm-request").default;   // 引入 llm-request 库
const lark = require("@larksuiteoapi/node-sdk");     // 引入 Lark SDK
const Document = require("./document");              // 引入 Document 模块
const Message = require("./message");                // 引入 Message 模块
const Group = require("./group");                    // 引入 Group 模块

class Chat {
  // 其他的代码

  async chat(data) {
    const { chat_id, chat_type, content, message_id, mentions } = data.message; // 解构获取消息数据
    try {
      const text = JSON.parse(content).text;          // 解析消息内容中的文本

      if (text.includes("/help")) {
```

```
            // 处理帮助请求的逻辑
          } else if (text.includes("/summary-document")) {
            // 处理文档总结请求的逻辑
          } else if (text.includes("/send-msg-to-user")) {
            // 处理发送消息给用户的逻辑
          } else if (text.includes("/send-msg-to-group")
&& !text.includes("/send-msg-to-group-by-id")) {
            // 处理通过群名发送消息的逻辑
          } else if (text.includes("/send-msg-to-group-by-id")) {
            // 处理通过群 ID 发送消息的逻辑
          } else if (text.includes("/create-group-by-text")) {
            // 自动拉群,使用文案要求发送拉群用意
            const [_, groupName, __, request] = text.split(' '); // 从文本中解析群名和请求内
容
            const groupEntity = new Group(this.client);  // 创建 Group 实例
            // 调用 createGroup 方法创建群组,传入群名、群主 ID、成员 ID 列表和请求内容
            await groupEntity.createGroup(groupName, data.sender.sender_id.open_id,
mentions.map((item) => item.id.open_id), request, false);
            return; // 返回
          } else if (text.includes("/create-group-by-document")) {
            // 自动拉群,使用文档发送拉群用意
            const [_, groupName, __, documentUrl] = text.split(' '); // 从文本中解析群名和文
档链接
            const groupEntity = new Group(this.client);  // 创建 Group 实例
            // 调用 createGroup 方法创建群组,传入群名、群主 ID、成员 ID 列表和文档链接
            await groupEntity.createGroup(groupName, data.sender.sender_id.open_id,
mentions.map((item) => item.id.open_id), documentUrl, true);
            return; // 返回
          }

          // 其他的代码
        } catch (err) {
          // 错误处理逻辑,按需添加日志
        }
      }
    }

    module.exports = Chat; // 导出 Chat 类
```

到这里,一二熊支持的自动拉群并说明拉群用意的功能就实现了。经过文案拉群和文档拉群的测试,可以看到一二熊成功发送了群聊通知,并在群聊中根据用户提供的文案或文档进行了拉群用意的说明,效果如图 4-52~图 4-55 所示。

/create-group-by-text 干饭小分队 @李春燕 @李春红 这个群用于研究中华美食的性价比和营养价值,在说明的同时补充必要行业信息

图 4-52 给一二熊发布文案拉群的命令

图 4-53 一二熊文案拉群的群聊展示

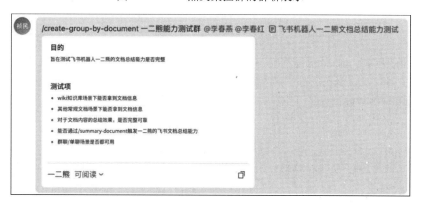

图 4-54 给一二熊发布文档拉群的命令

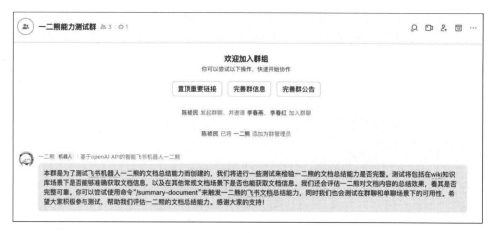

图 4-55 一二熊文档拉群的群聊展示

4.4.5 支持创建任务并自动生成任务摘要

在工作繁忙时,我们经常会创建一些任务以提醒自己,并@相关人关注这些任务的进展。同时,任务对应的概述也能帮我们快速理解任务的关注点或者梳理思路。现在考虑结合 AI,让机器人一二熊帮用户快速创建任务,并为用户梳理任务的关键点与思路。

创建任务需要调用飞书开放平台获取文档纯文本内容的 API。该 API 提供了包括但不限于任务名称、任务描述、任务执行人、任务关注人、任务截止时间等与飞书任务强相关的信息字段,具体的入参信息如表 4-9 所示。

表 4-9 飞书开放平台创建任务 API 参数

参数名称	类　　型	必　填	说　　明
summary	string	是	任务标题
description	string	否	任务摘要
due	due 结构体	否	任务截止时间
origin	origin 结构体	否	与任务关联的三方平台信息
extra	string	否	额外的任务数据
completed_at	string	否	任务完成时刻时间戳
members	member 结构体数组	否	任务执行人和关注人，通过 role 区分
repeat_rule	string	否	重复任务规则
client_token	string	否	幂等性 token
start	同 due 结构体	否	任务起始时间
reminders	reminder 结构体数组	否	任务提醒

AI 任务的创建也支持文案创建和文档创建两个维度。使用文案创建时，输入命令"/create-task-by-text+任务名+任务摘要要求+@xxx（执行人）+@xxx（关注人）+截止时间"触发；使用文档创建时，输入命令"/create-task-by-text+任务名+任务摘要要求+@xxx（执行人）+@xxx（关注人）+截止时间"触发。

任务创建的整体逻辑与拉群功能相似，接下来实现对应的逻辑。首先，创建 core/task.js 文件，用于定义 Task 类，存放创建任务的逻辑，写入如下代码：

```javascript
const LLMRequest = require('llm-request').default; // 引入 llm-request 库
const Document = require("./document");              // 引入 Document 模块

class Task {
  client;                    // 声明 client 属性
  constructor(client) {
    this.client = client;    // 初始化 client 属性
  }

  async createTask(summary, text, time, assignee, follower, isDocument) {
    let taskInfo = '';         // 初始化任务信息
    if (isDocument) {
      // 如果是文档创建
      const documentEntity = new Document(this.client, text, '');// 创建 Document 实例
      const documentText = await documentEntity.getDocumentText();// 获取文档内容
      taskInfo = documentText; // 将文档内容赋值给 taskInfo
    } else {
      taskInfo = text;         // 如果是文案创建，直接使用文本内容
    }

    const LLMRequestEntity = new LLMRequest(process.env.API_KEY); // 创建 LLM 请求实例
    const chatRes = await LLMRequestEntity.openAIChat({
      model: 'gpt-3.5-turbo', // 使用的模型
```

```
      messages: [
        {
          role: 'system',
          content:
              '你是一个 PMO，负责为用户生成任务概述。用户会发给你一段内容，你需要对内容进行合适的扩充和删减，在保留内容完整度的同时，描述精炼准确，能让群成员快速理解任务关键点',
        },
        {
          role: 'user',
          content: taskInfo        // 传入任务信息
        }
      ],
    });

    // 创建任务
    await this.client.task.v2.task.create({
      data: {
        summary: summary,          // 任务摘要
        description: chatRes.answer,                    // 任务描述，来自 AI 生成的内容
        due: {
          timestamp: new Date(time).getTime(),          // 任务截止时间
          is_all_day: true,        // 是否为全天任务
        },
        members: [
          // 添加执行人
          ...assignee.map((item) => ({
            id: item,              // 执行人 ID
            type: 'user',          // 类型为用户
            role: 'assignee'       // 角色为执行人
          })),
          // 添加关注人
          ...follower.map((item) => ({
            id: item,              // 关注人 ID
            type: 'user',          // 类型为用户
            role: 'follower'       // 角色为关注人
          }))
        ],
      },
    });
  }
}

module.exports = Task;             // 导出 Task 类
```

然后修改 Chat 类，注册创建任务的相关逻辑，调整后的代码如下：

```
const LLMRequest = require("llm-request").default;    // 引入 llm-request 库
const lark = require("@larksuiteoapi/node-sdk");      // 引入 Lark SDK
const Document = require("./document");               // 引入 Document 模块
const Message = require("./message");                 // 引入 Message 模块
const Group = require("./group");                     // 引入 Group 模块
```

```javascript
const Task = require("./task");                  // 引入 Task 模块

class Chat {
  // 其他的代码

  async chat(data) {
    const { chat_id, chat_type, content, message_id, mentions } = data.message; // 解构获取消息数据
    try {
      const text = JSON.parse(content).text;        // 解析消息内容中的文本

      if (text.includes("/help")) {
        // 处理帮助请求的逻辑
      } else if (text.includes("/summary-document")) {
        // 处理文档总结请求的逻辑
      } else if (text.includes("/send-msg-to-user")) {
        // 处理发送消息给用户的逻辑
      } else if (text.includes("/send-msg-to-group")
        && !text.includes("/send-msg-to-group-by-id")) {
        // 处理通过群名发送消息的逻辑
      } else if (text.includes("/send-msg-to-group-by-id")) {
        // 处理通过群 ID 发送消息的逻辑
      } else if (text.includes("/create-group-by-text")) {
        // 处理通过文案创建群的逻辑
      } else if (text.includes("/create-group-by-document")) {
        // 处理通过文档创建群的逻辑
      } else if (text.includes("/create-task-by-text")) {
        // 使用文案创建任务
        const [_, taskName, taskText, assignee, __, time] = text.split(' '); // 从文本中解析任务信息
        const assigneeLength = assignee.split('@').length - 1;     // 计算执行人数量
        const assigneeIds = mentions.map((item) => item.id.open_id).slice(0, assigneeLength);     // 获取执行人 ID
        const followerIds = mentions.map((item) => item.id.open_id).slice(assigneeLength);              // 获取关注人 ID
        const taskEntity = new Task(this.client);      // 创建 Task 实例
        await taskEntity.createTask(taskName, taskText, time, assigneeIds, followerIds, false);    // 创建任务
        return;           // 返回
      } else if (text.includes("/create-task-by-document")) {
        // 使用文档创建任务
        const [_, taskName, taskText, assignee, __, time] = text.split(' '); // 从文本中解析任务信息
        const assigneeLength = assignee.split('@').length - 1;     // 计算执行人数量
        const assigneeIds = mentions.map((item) => item.id.open_id).slice(0, assigneeLength); // 获取执行人 ID
        const followerIds = mentions.map((item) => item.id.open_id).slice(assigneeLength);              // 获取关注人 ID
        const taskEntity = new Task(this.client);      // 创建 Task 实例
        await taskEntity.createTask(taskName, taskText, time, assigneeIds, followerIds,
```

```
true);        // 创建任务
        return;   // 返回
    }
    // 其他的代码
} catch (err) {
    // 错误处理，按需添加日志
}
    }
}

module.exports = Chat;  // 导出 Chat 类
```

至此，创建任务的功能就实现完成了。下面分别测试文案创建任务和文档创建任务的功能，效果如图 4-56~图 4-59 所示。

/create-task-by-text 中华传统美食调研 调研中华传统美食，包括但不限于历史、做法，在这个基础上扩展任务 @陈祯民 @李春燕 2024-5-1

图 4-56　一二熊文案创建"调研中华传统美食的任务"

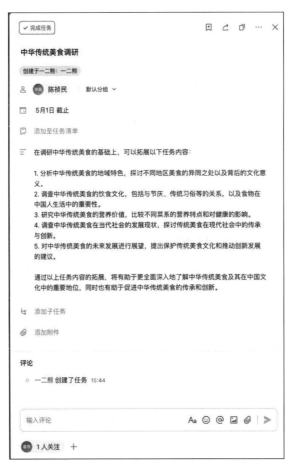

图 4-57　创建的"中华传统美食调研任务"的具体内容

第 4 章 交互应用：集成 AI 模型功能到飞书机器人

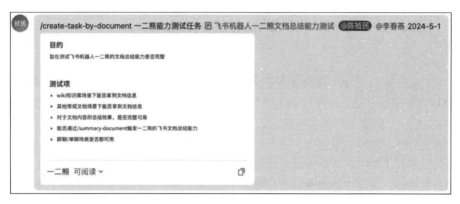

图 4-58　一二熊文档创建"一二熊能力测试任务"

图 4-59　创建的"一二熊能力测试任务"的具体内容

4.5 本章小结

本章主要介绍了如何将 AI 模型与飞书机器人结合。内容包括创建一个飞书机器人一二熊，使用 Ngrok 进行内网穿透以便在本地调试飞书机器人 API 服务，使用 Vercel 轻服务部署飞书机器人 API 服务，并支持一二熊的单聊消息回复。最后，还结合 AI 模型实现了一二熊的办公辅助功能，包括对飞书文档内容进行总结，对指定人员发送消息通知，对指定的群发送消息通知，自动拉群并说明拉群用意，以及创建飞书任务并自动生成任务摘要。

通过本章的学习，读者应该能掌握以下 4 种开发技能：

（1）掌握飞书机器人的开发流程，包括创建飞书机器人，飞书机器人的事件订阅和服务绑定，使用 Ngrok 进行内网穿透以在本地调试飞书机器人服务，以及使用 Vercel 轻服务部署飞书机器人 API 服务。

（2）掌握向飞书机器人集成 AI 的方法，使飞书机器人具备日常沟通能力；熟悉如何使用自定义消息卡片配置扩展消息，实现自定义的消息推送。

（3）掌握飞书开放平台服务端 API 的基本使用，并能快速理解某个新的开放 API 的使用方法，可以通过 Node SDK 完成对飞书端功能的调用。

（4）初步理解如何使用 Prompt 利用 AI 完成各领域的总结、概括和建议任务，并将它与传统领域流程结合起来。

第 5 章

VSCode 自定义插件

本章将从零开始介绍 AI 在编程辅助插件实施中的前置信息——Visual Studio Code（简称 VSCode）自定义插件。VSCode 是由微软开发的免费、开源轻量级编辑器，作为一款文本编辑器，它的所有功能都以插件扩展的形式存在，用户想用什么功能就安装对应的扩展即可，非常方便。同时，它支持多种主题和图标，外观美观。重要的是，VSCode 兼容各大主流操作系统，包括 Windows、Linux 和 macOS。因此，凭借其强大的功能、丰富的插件生态系统、跨平台的兼容性以及出色的用户体验，VScode 已成为广大开发者的首选工具。

5.1 AI 在代码辅助领域的实施

本节将介绍 AI 在代码辅助领域的实施，包括 ChatGPT 出色的代码辅助功能，以及 OpenAI API 与 IDE 插件的结合。

5.1.1 ChatGPT 出色的代码辅助功能

在前面的章节中，我们已经对 ChatGPT 进行了较深入的介绍。实际上，除了常规沟通、内容总结和扩充增删外，ChatGPT 在代码工程类场景中也能提供专业且有价值的帮助。虽然 ChatGPT 尚未达到与工程师相当的精准度和准确度，但在一些建议、实时反馈和草稿类场景下，它能提供非常不错的辅助功能。

以单元测试为例，对于一些高敏感且接入多个业务方的通用基础仓库，开发者通常会为每次迭代覆盖单元测试，以确保历史迭代的功能不会因为后续的迭代而遭受破坏性修改。例如，如果原来存在的 A 功能在后续的迭代中无法继续使用，这会导致大量业务方自动升级版本后，原先调用 A 功能的逻辑崩溃，这对于基础仓库的开发者而言是不可接受的，而这正是单元测试的主要意义之一。整个流程的简图如图 5-1 所示。

为了有效进行代码迭代并避免破坏性更改，开发者需要编写高质量的单元测试，以覆盖原有逻辑中的关键点或可能的场景。一个高质量的单元测试覆盖通常需要与原有代码逻辑的开发时间达到 1:1 的比例，甚至更高。然而，大量的时间和精力投入经常导致开发者身心疲惫。在这种情况下，可以使用 ChatGPT 等 AI 工具来辅助生成单元测试代码，并通过精确的提示词工程来指定具体的测试要求。这样，开发者可以在源代码的初步场景基础上，快速获得覆盖基础测试用例的代码，从而在这些生成的测试用例上进行进一步的迭代和优化，以更高效地实现高质量的单元测试。以 llm-request 的 audio 类为例，使用大模型产品生成单元测试的效果如图 5-2 所示。

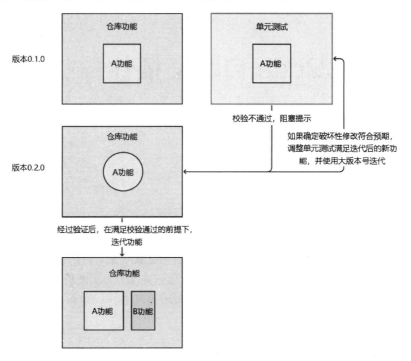

图 5-1　单元测试的整个流程简图

为了为给定的 OpenAIAudio 类编写Jest单元测试，我们需要确保对每个方法（ speech 和 transition ）的不同分支逻辑以及它们与 axios 请求库的交互进行充分的模拟和断言。以下是一个基于Jest和相关测试辅助库（如 jest-mock 、 @testing-library/react 等）编写的测试用例示例：

Javascript

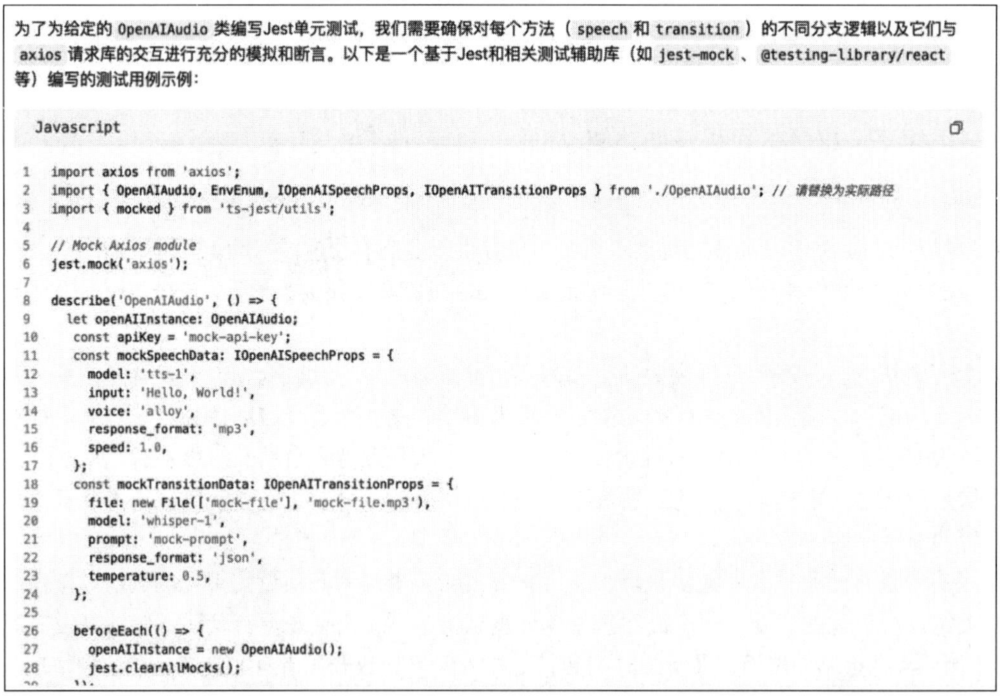

```javascript
import axios from 'axios';
import { OpenAIAudio, EnvEnum, IOpenAISpeechProps, IOpenAITransitionProps } from './OpenAIAudio'; // 请替换为实际路径
import { mocked } from 'ts-jest/utils';

// Mock Axios module
jest.mock('axios');

describe('OpenAIAudio', () => {
  let openAIInstance: OpenAIAudio;
   const apiKey = 'mock-api-key';
   const mockSpeechData: IOpenAISpeechProps = {
     model: 'tts-1',
     input: 'Hello, World!',
     voice: 'alloy',
     response_format: 'mp3',
     speed: 1.0,
   };
   const mockTransitionData: IOpenAITransitionProps = {
     file: new File(['mock-file'], 'mock-file.mp3'),
     model: 'whisper-1',
     prompt: 'mock-prompt',
     response_format: 'json',
     temperature: 0.5,
   };

   beforeEach(() => {
     openAIInstance = new OpenAIAudio();
     jest.clearAllMocks();
```

图 5-2　使用大语言模型产品生成单元测试（部分）

由于截图大小的限制，这里无法展示完整的测试用例。然而，通过实际尝试可以发现，虽然 AI 生成的单元测试代码不能直接作为最终结果，但作为初稿却是完全可行的。

生成的测试答案不仅可以作为完成单元测试的初稿，还能在开发过程中提供有用的建议，并帮助查漏补缺。这是一个非常实用的方法，可以节省开发者的时间，提高测试的效率与质量。值得一提的是，llm-request 当前的单元测试就是在 AI 生成的初稿基础上，经过进一步修改和调优完成的。

除了单元测试外，AI 在代码审查、代码建议、代码生成等其他精细化领域的融合也取得不错的效果。对于一些定制性不高、存在重复性、参考信息完整的场景，都可以考虑与 AI 融合，以帮助开发者提高效率和降低成本。这就要求开发者具备敏感度和想象力，以发现重复或者低人工介入的场景。

目前，中国互联网公司的巨头们已开始尝试将 AI 融入传统研发领域，以提高整体研发效率，相关人才也备受企业重视。图 5-3 展示了某大厂 AI 应用工程师的招聘要求。

- **职位描述**
  - 负责在 AI IDE 上设计和开发 AI 功能，包括但不限于代码生成、代码理解、AI Lint 和 Autodebug 等；
  - 负责 AI IDE 中 AI 相关的产品化开发以及对工程架构的设计和优化，提供优质的用户体验和保证项目的稳定性和可扩展性；
  - 负责 AI 能力工程化建设，包括 Prompt Engineering 等，提升 AI 应用的性能和用户体验；
  - 负责跟进和探索 LLM 领域最新的技术和趋势，结合 AI IDE 的开发需求，提供技术解决方案；
- **职位要求**
  - 本科及以上学历，计算机相关专业，深刻理解计算机原理，有良好的数据结构和算法基础，有扎实的编程能力；
  - 熟练掌握 JS/TS/NodeJS 技术栈，有丰富的前端开发经验；
  - 熟悉 Prompt Engineering，了解 Prompt 优化技巧，有相关的项目经验；
  - 了解大语言模型的开发，包括但不限于 Langchain、Vector DBs 和 Agent 等；
  - 对 AI 技术有热情，愿意跟进和探索最新的技术和趋势，有良好的学习能力和解决问题的能力；

图 5-3　某大厂 AI 应用工程师的招聘要求

不难看出，AI 和代码领域结合不仅对行业发展有正向推进，也为个人职业发展提供了显著推力。一个了解如何使用和训练 AI 去提升所在领域标准操作程序（SOP，Standard Operating Procedure）精准度和效率的人才，在相当一段时间内将具备强大的市场竞争力。

5.1.2　OpenAI API 与 IDE 插件的结合

要在任何一个领域中应用 AI，首先需要梳理清楚该领域完整的 SOP 流程，了解每个 SOP 节点的设立意义、作业人员及作业内容，才能相对准确地开发出有价值的生成式 AI 应用。以 Web 应用的迭代为例，一个常见的 SOP 流程包含以下步骤：

步骤 01 需求提出和组内评审：这个过程由产品经理（PM）与上游运营或甲方人员沟通，再设计需求并与研发、测试等人员一起评估需求及技术方案，整体确认后启动需求。这是整个 SOP 流程的起点。

步骤 02 前后端开发和提测前联调：这个过程由前后端研发人员根据设计方案进行研发，研发过程需要在集成开发环境（IDE，Integrated Development Environment）中完成历史代码的迭代；在前后端开发完成后，会在提测前进行联调自测，确保两边的逻辑能够互相连通。这个节点是整个 SOP 流程中耗时最长且容易产生问题的节点。

步骤 03 功能测试和上线前代码审查：功能测试环节由测试人员介入，对研发人员提供的灰度产品版本进行功能测试，以保障功能正常；在完成测试和产品验收后，由研发人员发起上线流程，并由资深研发人员或项目所有者的研发人员进行代码审查,主要针对代码风格和逻辑中的潜在隐患。这个节点是整个 SOP 流程中的质量保障环节,对项目功能和代码质量的保障有重要作用。

步骤04 需求上线:该过程由研发人员(部分企业中由运维人员)介入,将审查后的代码进行服务器小流量部署和更新,并保持对整个过程的数据指标进行监控,以避免上线阶段产生大范围崩溃的问题。

一个常规 Web 应用的基础流程大致就是这样,梳理出的流程图如图 5-4 所示。

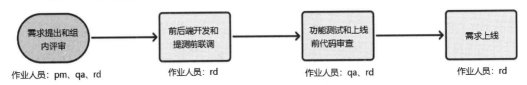

图 5-4　常规 Web 应用迭代的 SOP 流程

其他应用或者迭代场景可能会有所不同,例如在对端场景中,也许还会设涉及客户端研发人员或其他人员的介入,所以需要根据实际场景进行考虑。在当前的场景下,与代码场景相关的主要是第二部分的研发阶段,这部分作业主要在 IDE 环境中进行,即代码编辑器,比如 VSCode 插件。

对于 IDE,常常会提供大量的开放 API,让社区来开发一系列插件,例如提供检索、审查、提示等一系列代码辅助功能。将 OpenAI API 与 IDE 插件结合,可以提供更多自定义、功能更强大的代码辅助功能,甚至可能带来质变的效果,这是目前 AI 在代码辅助领域最常见的应用方式。例如,VSCode 官方提供的 AI 插件 Copilot,它提供了根据代码上下文补充完整的代码、代码重构改进等一系列功能,如图 5-5 所示。

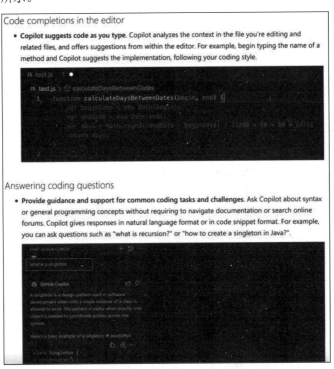

图 5-5　VSCode 官方提供的 AI 插件 Copilot

可以看到，AI 的代码辅助是一个非常有意义的应用场景，在这个领域可以产生显著的价值。因为 VSCode 插件开发拥有大量开放的 API 和特殊的布局，接下来的章节将介绍如何开发一个 VSCode 插件。

5.2 初识 VSCode 插件开发

本节主要介绍 VSCode 插件的初始化、VSCode 插件的目录结构及文件剖析、VSCode 插件的启动与本地调试，以及 VSCode 插件中单元测试的环境 API 模仿（mock）等相关知识。

5.2.1 VSCode 插件初始化

VSCode 插件的初始化需要使用 Yeoman 和 VSCode Extension Generator 共同完成。Yeoman 是一个开源的项目脚手架工具，主要用于快速初始化项目结构。它通过提供一系列可复用、可配置的生成器（generators）来简化各种类型应用（包括但不限于 Web 应用、Node.js 应用、桌面应用等）的初始设置过程。Yeoman 本身并不直接生成代码，而是作为一个平台，允许开发者或第三方创建和分享针对特定项目的生成器。

VSCode Extension Generator 是 Yeoman 的一个特定生成器，专门创建 VSCode 插件而设计。它提供了预设的项目模板、配置文件和必要的初始代码，使开发者无须从零开始搭建插件项目，而是可以基于一个结构良好、遵循最佳实践的骨架开始开发工作。

在终端中执行以下命令全局安装 Yeoman 和 VSCode Extension Generator。

```
npm install --global yo generator-code
```

安装完成后，在终端执行 yo code 命令即可启动 VSCode 的生成器，开始初始化项目。在项目生成过程中，会有以下询问用于定制项目的具体配置，可按照以下内容进行选择。

（1）What type of extension do you want to create：选择创建的项目类型，这里选择 New Extension（TypeScript），将创建基于 TypeScript 的扩展插件模板。对于相对复杂的插件形式，使用 TypeScript 可以提供更稳妥的类型保障。

（2）What's the name of your extension：填写扩展名称，这里填写 hello-vscode-extension，用于测试。

（3）What's the identifier of your extension：插件的标识，这将在 VSCode 插件市场中使用。它在填写扩展名称后自动生成，如果没有特别需求，可以使用自动生成的标识。

（4）What's the description of your extension：填写插件的描述，这将体现在 VSCode 插件市场的插件详情页中。

（5）Initialize a git repository：选择是否初始化一个 Git 仓库，这里选 No，读者可以按需创建。

（6）Bundle the source code with webpack：选择是否用 Webpack 打包构建。对于简单的小插件可以考虑直接用 tsc，但如果插件希望长期维护，并且存在一定复杂度，使用 Webpack 会有更多的生态可以自定义打包。这里选 Yes。

（7）Which package manager to use：选择使用的包管理工具，这里选 npm，读者可以按需调整。

上述选项如图 5-6 所示，选择完毕后，将生成对应的文件夹 hello-vscode-extension，其中存放了满足上述配置的初始化 VSCode 插件模板。

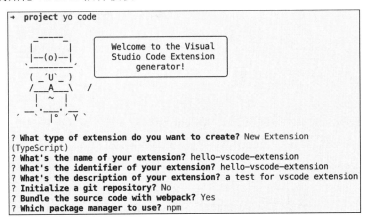

图 5-6　Yeoman 初始化 VSCode 插件时选择的配置项

5.2.2　VSCode 插件的目录结构及文件剖析

脚手架初始化完成后，会生成如下的目录结构：

```
// hello-vscode-extension
├─.vscode                        // 一些 VSCode 的配置
│ ├─extensions.json              // 项目开发中的默认插件配置，例如 eslint 等，用于避免竞品插件冲突
│ ├─launch.json                  // 插件的启动配置
│ ├─settings.json                // 项目开发中使用插件的默认配置
│ └─tasks.json                   // 可执行任务，例如构建、测试等
├─src
│ ├─test                         // 测试文件
│ │ └─extension.test.ts
│ └─extension.ts                 // 扩展入口
├─.eslintrc.json                 // eslint 配置
├─.vscode-test.mjs               // 测试配置文件
├─.vscodeignore                  // VSCode 的 ignore 文件，被忽略的不会发布到市场
├─CHANGELOG.md                   // 变更日志
├─README.md                      // readme
├─package-lock.json
├─package.json
├─tsconfig.json                  // ts 配置
├─vsc-extension-quickstart.md
└─webpack.config.js              // Webpack 配置
```

在上述的目录结构中，有几个需要着重关注的点：

（1）launch.json 文件是专用于调试应用程序的配置文件。通过 launch.json 配置，开发者可以一键启动调试会话，VSCode 将按照定义的配置连接到相应的调试器，加载待调试的程序，并按照设定的行为开始执行。默认的 launch.json 配置项如下所示。

```
{
    "version": "0.2.0",                    // 配置文件的版本号
    "configurations": [
```

```json
        {
            "name": "Run Extension",           // 配置的名称
            "type": "extensionHost",           // 配置类型，这里是扩展主机
            "request": "launch",               // 请求类型，这里是启动
            "args": [
                "--extensionDevelopmentPath=${workspaceFolder}"  // 传递的参数，指定扩展的开发路径
            ],
            "outFiles": [
                "${workspaceFolder}/dist/**/*.js"  // 指定输出文件的位置，匹配dist文件夹下的所有JavaScript文件
            ],
            "preLaunchTask": "${defaultBuildTask}"  // 在启动前执行的任务，这里是默认构建任务
        }
    ]
}
```

（2）VSCode 插件执行的环境是 extensionHost 插件进程环境，而 extensionHost 是在标准 Node.js 运行时的基础上封装了 API 加载、安全限制、性能监控等一系列功能，使其能满足 VSCode 插件的执行需求。

（3）脚手架初始化的 VSCode 插件使用 VSCode Test Runner 进行测试。VSCode Test Runner 基于 Mocha 测试框架，并集成了 Chai 断言库，以便编写丰富的断言来验证插件的行为。除了使用 VSCode Test Runner 外，开发者也可以考虑使用 Jest 进行插件测试，具体选择取决于开发者的技术栈和习惯。

（4）VSCode 插件的入口文件为 src/extension.ts，其中定义了两个函数：activate 和 deactivate。extension.ts 初始化的代码如下：

```typescript
// vscode 模块包含了 VSCode 的扩展 API
// 在你的代码中导入该模块，并用别名 vscode 引用它
import * as vscode from 'vscode';

// 这个方法在扩展被激活时调用
// 当扩展首次执行命令时，它会被激活
export function activate(context: vscode.ExtensionContext) {

    // 在扩展中，可以使用控制台输出诊断信息(console.log)和错误(console.error)
    // 这段代码只会在扩展首次被激活时执行一次
    console.log('Congratulations, your extension "hello-vscode-extension" is now active!');

    // 在 package.json 文件中已经定义了这个命令
    // 现在使用 registerCommand 提供命令的实现
    // commandId 参数必须与 package.json 中的 command 字段匹配
    let disposable = vscode.commands.registerCommand('hello-vscode-extension.helloWorld', () => {
        // 这里放置的代码将在每次执行命令时执行向用户显示一个消息框
        vscode.window.showInformationMessage('Hello World from hello-vscode-extension!');
    });
```

```
        context.subscriptions.push(disposable);
}

// 当扩展被停用时,这个方法会被调用
export function deactivate() {}
```

（5）activate 函数是插件的激活函数。当插件首次被触发（例如，用户单击插件提供的命令、打开特定文件类型等）时，VSCode 会调用这个函数。该函数接收一个 vscode.ExtensionContext 参数，它包含了插件运行所需的一些上下文信息，如订阅的事件、状态存储等。

（6）deactivate 函数是插件的停用函数。当插件被卸载或 VSCode 被关闭时，会调用这个函数。在本示例中，该函数为空，没有需要清理的资源。但在实际开发中，我们可能需要在此处释放被插件占用的系统资源，如关闭数据库连接或取消网络请求等。

在后续的插件开发中，无论是注册命令、菜单项，还是开发一些自定义功能，都将围绕 extension.ts 展开。

5.2.3 VSCode 插件的启动与本地调试

在学习如何启动插件之前，首先需要了解 VSCode 插件的入口文件是什么。上面提到的 src/extensions.ts 是开发阶段的入口文件，默认的 Webpack 配置将以 src/extension.ts 作为打包入口，并生成 dist/extension.js 作为插件启动的入口文件。这一点在 package.json 的 main 字段中有所体现。初始化后的 package.json 如下：

```
{
  "name": "hello-vscode-extension",            // 插件的名称
  "displayName": "hello-vscode-extension",     // 插件的显示名称
  "description": "a test for vscode extension", // 插件的描述
  "version": "0.0.1",        // 插件的版本号
  "engines": {
    "vscode": "^1.88.0"      // 插件所需的 VSCode 版本
  },
  "categories": [
    "Other"                  // 插件的分类
  ],
  "activationEvents": [],           // 插件的激活事件,当前为空表示不需要特定事件激活
  "main": "./dist/extension.js",    // 插件的主入口文件路径
  "contributes": {
    "commands": [
      {
        "command": "hello-vscode-extension.helloWorld",  // 定义的命令 ID
        "title": "Hello World"    // 命令的显示标题
      }
    ]
  },
  "scripts": {
    "vscode:prepublish": "npm run package",    // 发布前执行的脚本,打包插件
    "compile": "webpack",           // 使用 Webpack 进行编译
    "watch": "webpack --watch",     // 监视文件变化并自动重新编译
```

```
    "package": "webpack --mode production --devtool hidden-source-map",  // 生成生产模
式的打包
    "compile-tests": "tsc -p . --outDir out",    // 编译测试文件并输出到 out 目录
    "watch-tests": "tsc -p . -w --outDir out",   // 监视测试文件变化并自动编译
    "pretest": "npm run compile-tests && npm run compile && npm run lint",  // 测试前执
行的脚本，编译测试、编译代码、检查代码风格
    "lint": "eslint src --ext ts",        // 使用 ESLint 检查 src 目录下的 TypeScript 文件
    "test": "vscode-test"                 // 执行 VSCode 测试
},
"devDependencies": {
    "@types/vscode": "^1.88.0",           // VSCode API 的类型定义
    "@types/mocha": "^10.0.6",            // Mocha 测试框架的类型定义
    "@types/node": "18.x",                // Node.js 的类型定义
    "@typescript-eslint/eslint-plugin": "^7.4.0",  // TypeScript 支持的 ESLint 插件
    "@typescript-eslint/parser": "^7.4.0",         // TypeScript 的 ESLint 解析器
    "eslint": "^8.57.0",  // ESLint 工具
    "typescript"
```

这样的入口决定了调试器中插件使用的是 dist 文件夹中的打包文件，也就是说，每次变更都需要执行 webpack 命令来重新生成 dist 文件，以便将更新内容应用到 extensionHost 环境中。

接下来，看看如何在本地启动 VSCode 插件。前面提到，使用 launch.json 可以将插件连接到相应的调试器，使开发者能够一键启动调试会话。单击左侧任务栏中的 Run and Debug 图标，顶部会显示一个 Run Extension 按钮，如图 5-7 所示。

启动后，会弹出一个新的 VSCode 窗口。在这个窗口中，刚刚启动的 VSCode 插件将被集成在环境中。初始化的插件中注册了一个命令 hello-vscode-extension-helloWorld，执行这个命令会弹出一个提示信息。在新启动的 VSCode 窗口中，按下快捷键 Ctrl+Shift+P（在 macOS 环境下，将 Ctrl 键替换为 Command 键即可），窗口顶部将弹出一个命令窗口，输入 helloWorld 即可找到插件注册的命令。按回车键执行后，右下角会出

图 5-7　VSCode 插件启动交互处

现一个消息通知，显示 "Hello World from hello-vscode-extension"，如图 5-8 所示，这就是插件入口中注册命令的消息通知。

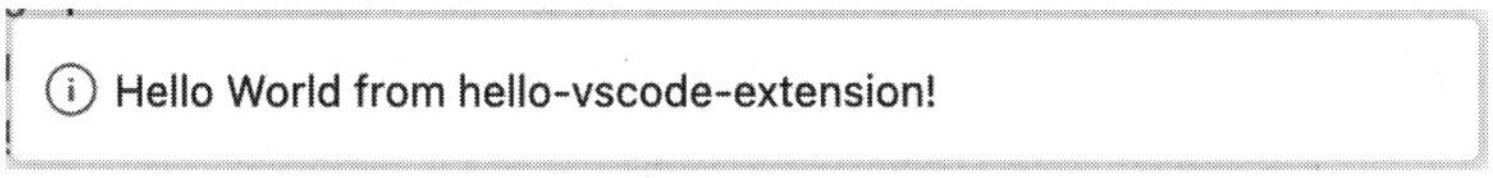

图 5-8　执行 helloWorld 命令后弹出的消息通知

如果需要调试插件，只需在调试的位置加上 debugger，然后重新执行 webpack 命令将 debugger 打包进 dist 中，重启调试窗口即可看到断点的效果，如图 5-9 所示。

```
 1  // The module 'vscode' contains the VS Code extensibility API
 2  // Import the module and reference it with the alias vscode in your code below
 3  import * as vscode from 'vscode';
 4
 5  // This method is called when your extension is activated
 6  // Your extension is activated the very first time the command is executed
 7  export function activate(context: vscode.ExtensionContext) {
 8      debugger;
 9      // Use the console to output diagnostic information (console.log) and errors (console.error)
10      // This line of code will only be executed once when your extension is activated
11      console.log('Congratulations, your extension "hello-vscode-extension" is now active!');
12
13      // The command has been defined in the package.json file
14      // Now provide the implementation of the command with registerCommand
15      // The commandId parameter must match the command field in package.json
16      let disposable = vscode.commands.registerCommand('hello-vscode-extension.helloWorld', () => {
17          // The code you place here will be executed every time your command is executed
18          // Display a message box to the user
19          vscode.window.showInformationMessage('Hello World from hello-vscode-extension!');
20      });
21
22      context.subscriptions.push(disposable);
23  }
24
25  // This method is called when your extension is deactivated
```

图 5-9　VSCode 插件断点的效果

值得一提的是，VSCode 插件调试环境并不支持热更新，因此每次 dist 文件发生改变时，都需要重启调试窗口，以将最新的插件集成进来，才能看到最新的效果。对于调试窗口的重启，可以执行开发者命令 reload window 快速完成，如图 5-10 所示。

图 5-10　在 VSCode 调试窗口中执行 reload window 命令

5.2.4　VSCode 插件中单元测试的环境 API mock

VSCode 插件可能会在大业务项目中使用，且容易造成一定的业务影响，因此常常会在每次迭代结束后为本次迭代覆盖单元测试。在 Yeoman 脚手架初始化的 VSCode 插件中，默认集成了 VSCode Test Runner 用于 VSCode 插件的测试。

VSCode Test Runner 是专门为 VSCode 插件单元测试而集成的，但本质上，针对 JavaScript 的单元测试，不同测试框架之间的差异其实不大。对于 VSCode 插件的单元测试场景，Jest 同样可以很好地满足需求，并且相比 VSCode Test Runner，前者的过渡学习成本更小。

关于单元测试的语法，读者可以自行了解，主要涉及一些场景下的定位和断言，之前的章节已经简单介绍过，这并不是 VSCode 插件开发中的难点。主要的卡点在于 VSCode 插件的测试并不能使用常规项目测试的方式，因此这里介绍一下在 VSCode 插件环境中，单元测试与常规环境之间的差异。

以 Jest 单元测试框架为例，Jest 单元测试在每次测试过程中会创建一个新的 Node.js 运行时环境，以确保每次测试和测试文件之间是相互隔离的。前面提到，VSCode 插件执行的运行时环境是

extensionHost 环境，它基于标准的 Node.js 运行时，并补充了 VSCode 相关的端功能 API、安全限制、性能监控等。也就是说，VSCode 插件的执行环境是标准 Node.js 环境的超集，如图 5-11 所示。

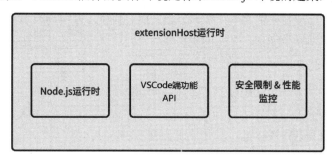

图 5-11　extensionHost 运行时与 Node.js 运行时的关系

因为缺少了 VSCode 端功能 API 等 extensionHost 运行时特有的 API，所以使用常见的测试库（例如 Jest）无法直接对 VSCode 插件进行测试。例如，我们在初始化的插件中使用了 showInformationMessage，这个 API 在标准 Node.js 环境中是不存在的。为完成对插件本身的测试，需要使用全局 Mock 的方式为 Jest 测试环境补全相关 API 的兜底函数，例如下面的 mock 代码示例：

```
// VSCode 环境 mock

// 创建一个 window 对象，其中包含 showInformationMessage 方法
const window = {
  // jest.fn()用于创建一个模拟的函数，方便测试时进行调用跟踪
  showInformationMessage: jest.fn(),
};
// 创建一个 vscode 对象，将 window 对象作为其属性
const vscode = {
  window
};

module.exports = vscode;          // 导出 vscode 对象，以便在其他模块中使用
```

对于其他的 API，也可以使用类似的方式完成 Mock，这可以根据实际的插件功能进行调整。在保证所有用到的 extensionHost 环境中特有 API 都有相应的兜底后，就可以按照常规的单元测试方式进行插件测试。

5.3　VSCode 插件开发常用扩展功能

本节将介绍 VSCode 插件开发中常用的扩展功能，包含插件命令、菜单项、插件配置项、按键绑定、消息通知、收集用户输入、文件选择器、创建进度条、诊断和快速修复。通过本节的学习，读者将对 VSCode 插件开发有一个较为全面的认知，且初步具备一定的插件开发能力。

5.3.1　插件命令

VSCode 插件命令在整个 VSCode 插件开发中占有重要的地位，绝大多数插件功能的暴露主要通过 VSCode 插件命令实现。除了本插件的功能注册外，插件命令还能帮助我们快速便捷地调用其

他插件的功能,从而更开放地扩展插件的功能。

本节将从 3 个维度介绍插件命令,分别是命令的注册与公开、主动执行命令和命令 URI。注册命令与公开命令是插件注册命令的方式,而主动执行命令和命令 URI 是插件调用当前 VSCode 环境中已注册命令的手段。通过这部分,可以快速完成对本插件或者第三方插件功能的调用。

1. 命令的注册与公开

在初始化的插件中,其实已经实现了命令的注册与公开,下面将详细介绍这部分逻辑。命令的注册通常在 extension.ts 入口文件中直接完成,使用 vscode.commands.registerCommand API 即可完成命令的注册。这个 API 接收 3 个参数,具体说明如表 5-1 所示。

表 5-1　vscode.commands.registerCommand API 入参

参数名称	类　　型	必　填	说　　明
command	string	是	命令名称,唯一标识,不可重复
callback	(...args:any[])=>any	是	回调函数,当注册的命令被触发时,回调函数会被执行
thisArg	any	否	回调函数内部的 this 上下文。如果希望在回调函数内部访问某个特定对象的属性或方法,并且让 this 指向该特定对象,可以传递该对象作为参数

以之前初始化的插件为例,其中命令注册的逻辑如下:

```
export function activate(context: vscode.ExtensionContext) {
  // 注册一个命令,命令的标识符为 'hello-vscode-extension.helloWorld'
  let disposable = vscode.commands.registerCommand('hello-vscode-extension.helloWorld',
() => {
    // 当命令被执行时,显示信息消息框
    vscode.window.showInformationMessage('Hello World from hello-vscode-extension!');
  });

  // 将注册的命令添加到上下文的订阅中,以便在插件停用时自动释放
  context.subscriptions.push(disposable);
}
```

在上面的函数中,注册了一个 helloWorld 命令,命令名称由"插件名.命令名"组成,以保证命令名称的唯一性。在触发这个命令时,会显示一个 informationMessage 信息。需要注意的是,完成命令注册后,registerCommand 会返回一个 Disposable 实例,表示对已注册命令的引用。通常,在每个资源创建后,都需要把对应资源引用的 Disposable 实例添加到 context.subscriptions 中。当插件不再使用时(例如禁用或卸载),VSCode 环境会把所有添加到 context.subscriptions 中的资源清理掉,这样可以有效避免插件不再使用后的内存泄漏或其他资源未被释放的问题,这一点在上面的示例中已有展示。

在 extension.ts 中完成命令注册后,用户仍然无法看到或调用插件的命令,还需在 package.json 中公开该命令,代码如下:

```
"contributes": {
  "commands": [
    {
```

```
      "command": "hello-vscode-extension.helloWorld",    // 命令的唯一标识符，由插件名和命
令名组成
      "title": "Hello World"            // 在命令面板中显示的命令名称
    }
  ]
}
```

这样注册后，用户就可以在命令栏中看到指定了 title 的命令，如图 5-12 所示。

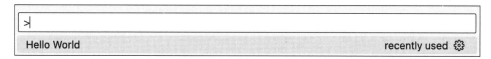

图 5-12　在命令栏中可以看到刚注册的 Hello World 命令

2. 主动执行命令

除了用户交互层面的被动触发命令外，还可以在代码逻辑中主动执行任何 VSCode 环境中公开的命令，通过调用 vscode.commands.executeCommand 方法即可完成对命令的主动调用。该 API 接收两个参数，参数说明如表 5-2 所示。

表 5-2　vscode.commands.executeCommand API 入参

参数名称	类　　型	必　　填	说　　明
command	string	是	命令名称，唯一标识，不可重复
...rest	any[]	否	一个可变的参数列表，用于传递给命令的回调函数

现在尝试使用 vscode.commands.executeCommand 主动执行之前的 Hello World 命令：注册一个新的命令 Hello World 2，并在其中主动执行 Hello World 命令，同时输出一条额外的 informationMessage 信息。修改后的 extension.ts 代码如下：

```
import * as vscode from 'vscode';       // 导入 VSCode 模块

// 插件激活函数
export function activate(context: vscode.ExtensionContext) {
  // 注册一个名为'hello-vscode-extension.helloWorld'的命令
  let disposable =
vscode.commands.registerCommand('hello-vscode-extension.helloWorld', () => {
    // 当命令被触发时，显示信息框
    vscode.window.showInformationMessage('Hello World from hello-vscode-extension!');
  });

  // 注册一个名为'hello-vscode-extension.helloWorld-2'的新命令
  let newDisposable =
vscode.commands.registerCommand('hello-vscode-extension.helloWorld-2', () => {
    // 主动执行之前注册的'helloWorld'命令
    vscode.commands.executeCommand('hello-vscode-extension.helloWorld');
    // 显示额外的信息框
    vscode.window.showInformationMessage('Say Hello World again!');
  });
```

```
    // 将注册的命令添加到 context.subscriptions 中，确保在插件停用时清理
    context.subscriptions.push(disposable, newDisposable);
}

// 插件停用函数
export function deactivate() { }
```

然后还需要修改 package.json，在其中添加 Hello World 2 命令。将 contributes/commands 字段修改如下：

```
"commands": [
  {
    "command": "hello-vscode-extension.helloWorld",        // 命令的唯一标识符，表示 Hello World 命令
    "title": "Hello World"     // 命令在命令面板中显示的名称
  },
  {
    "command": "hello-vscode-extension.helloWorld-2",      // 命令的唯一标识符，表示 Hello World 2 命令
    "title": "Hello World 2"     // 命令在命令面板中显示的名称
  }
]
```

修改完成后重启插件，在命令栏中搜索 Hello World 2 命令并执行，可以看到它按预期执行了 Hello World 命令，并额外输出了一条新的信息，效果如图 5-13 所示。

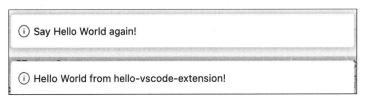

图 5-13　执行 Hello World 2 命令的效果

3. 命令 URI

除了调用 vscode.commands.executeCommand 主动执行命令外，还可以使用命令 URI 的方式将命令的链接以富文本形式展示出来，使用户单击对应的链接即可触发注册的命令。在 VSCode 插件中，命令 URI 的富文本展示只能在特定的一些场景下使用，代码悬浮区域便是一个常见的场景。

下面实现一个简单的悬浮场景。在 JavaScript 代码中，当鼠标指针悬停时展示悬浮区域，悬浮区域中显示一个链接，单击该链接后自动触发 Hello World 2 命令。extension.ts 的代码修改如下：

```
import * as vscode from 'vscode';

// 激活插件的函数
export function activate(context: vscode.ExtensionContext) {
    // 注册一个名为 'hello-vscode-extension.helloWorld' 的命令
    let disposable = vscode.commands.registerCommand('hello-vscode-extension.helloWorld', () => {
        // 显示信息提示框
        vscode.window.showInformationMessage('Hello World from hello-vscode-extension!');
```

```
    });

    // 注册一个名为 'hello-vscode-extension.helloWorld-2' 的新命令
    let newDisposable =
vscode.commands.registerCommand('hello-vscode-extension.helloWorld-2', () => {
        // 主动执行之前注册的 Hello World 命令
        vscode.commands.executeCommand('hello-vscode-extension.helloWorld');
        // 显示另一个信息提示框
        vscode.window.showInformationMessage('Say Hello World again!');
    });

    // 注册一个悬浮提供者,针对 JavaScript 文件
    const hoverDisposable = vscode.languages.registerHoverProvider(
      'javascript',
      new (class implements vscode.HoverProvider {
        // 提供悬浮内容
        provideHover(
          _document: vscode.TextDocument,
          _position: vscode.Position,
          _token: vscode.CancellationToken
        ): vscode.ProviderResult<vscode.Hover> {
          // 创建一个命令 URI,指向 Hello World 2 命令
          const commentCommandUri =
vscode.Uri.parse(`command:hello-vscode-extension.helloWorld-2`);
          // 创建一个 Markdown 格式的字符串,用于展示悬浮内容
          const contents = new vscode.MarkdownString(`[execute
HelloWorld-2](${commentCommandUri})`);
          contents.isTrusted = true; // 信任该内容
          return new vscode.Hover(contents); // 返回悬浮内容
        }
      })()
    );

    // 将所有注册的命令和悬浮提供者添加到上下文的订阅中
    context.subscriptions.push(disposable, newDisposable, hoverDisposable);
}

// 插件停用时的清理函数
export function deactivate() { }
```

在上述代码中,registerHoverProvider 用于注册一个悬浮弹窗,这部分逻辑读者可以先不关注,着重看 HoverProvider 实现类的 provideHover 函数实现。值得一提的是,这属于被动触发的操作,因此要确保插件在对应文件被打开时就加载逻辑。要实现这种效果,需要修改 package.json 中的 activationEvents,使得插件可以在.js 和.ts 文件被打开时就启用,对应的代码如下:

```
"activationEvents": [
  "onLanguage:typescript",
  "onLanguage:javascript"
```

同时在 providerHover 函数中，使用 vscode.Uri.parse 将指定的命令转换为 VSCode 内置环境对应的 URI。对于命令与 URI 的转换，使用由"command:+命令名称"组成的 key 交换 URI，这个 URI 可以在对应的 VSCode 环境中访问。接着，通过 vscode.MarkdownString 注册一个富文本对象，并作为返回展示给悬浮弹窗。值得一提的是，对应命令的富文本展示需要配置 isTrusted 字段为 true，以便使它可以被 VSCode 信任并执行。重启插件后，打开任意.js 文件，悬停上去即可看到对应的悬浮弹窗，如图 5-14 所示。

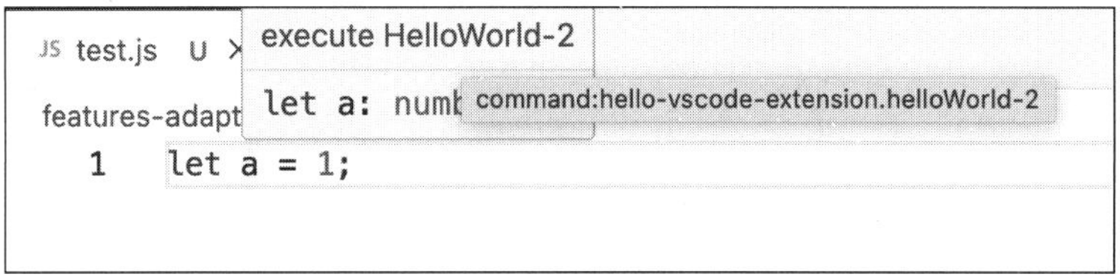

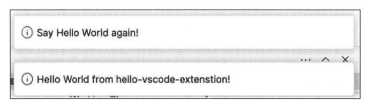

图 5-14　注册的 execute HelloWorld-2 悬浮弹窗效果

单击悬浮弹窗中的 execute HelloWorld-2，即可通过命令 URI 直接触发 Hello World 2 命令，如图 5-15 所示。

图 5-15　通过单击悬浮弹窗，使用命令 URI 触发 Hello World 2 命令

5.3.2　菜单项

命令除了可以在命令栏中注册外，还可以在各种上下文菜单区域内注册，使用 contributes.menus 字段完成相关配置即可。下面以编辑器上下文区域为例，将 Hello World 注册至右键触发：

```
"contributes": {
  "commands": [
    {
      "command": "hello-vscode-extension.helloWorld", // 命令的唯一标识符
      "title": "Hello World" // 命令在菜单中显示的名称
    }
  ],
  "menus": {
    "editor/context": [{        // 在编辑器上下文菜单中注册命令
      "command": "hello-vscode-extension.helloWorld", // 要注册的命令
      "group": "navigation"   // 命令分组，决定命令在菜单中的位置
    }]
  }
}
```

其中，menus 中的 editor/context 对应于编辑区域的上下文菜单。重启插件后，打开任意一个文件，在编辑区中右击，即可看到绑定在菜单区域的 Hello World 命令，如图 5-16 所示。

图 5-16 在编辑区右击可以看到与菜单绑定的 Hello World 命令

除了编辑区域的上下文菜单 editor/context 外，menus 还提供了大量其他区域的上下文菜单，都可以与注册的命令绑定。通过这种方式，用户将能在指定的图形界面直接触发对应的命令。menus 详细的上下文菜单信息如表 5-3 所示。

表 5-3 contributes/menus 支持的上下文菜单区域

上下文菜单字段名	上下文菜单说明
commandPalette	全局命令面板
comments/comment/title	评论标题菜单栏
comments/comment/context	评论上下文菜单
comments/commentThread/title	评论主题菜单栏
comments/commentThread/context	评论线程上下文菜单
debug/callstack/context	调试调用堆栈视图上下文菜单
debug/toolbar	调试视图工具栏
debug/variables/context	调试变量视图上下文菜单
editor/context	编辑器上下文菜单
editor/lineNumber/context	编辑器行号上下文菜单
editor/title	编辑器标题菜单栏
editor/title/context	编辑器标题上下文菜单
editor/title/run	编辑器标题菜单栏上的运行子菜单
explorer/context	资源管理器视图上下文菜单
extension/context	扩展视图上下文菜单
file/newFile	文件菜单和欢迎页面中的新文件项
interactive/toolbar	交互式窗口工具栏
interactive/cell/title	交互式窗口单元格标题菜单栏
notebook/toolbar	笔记本工具栏
notebook/cell/title	笔记本单元格标题菜单栏
notebook/cell/execute	笔记本单元执行菜单
scm/title	scm 标题菜单

(续表)

上下文菜单字段名	上下文菜单说明
scm/resourceGroup/context	scm 资源组菜单
scm/resourceFolder/context	scm 资源文件夹菜单
scm/resourceState/context	scm 资源菜单
scm/change/title	scm 更改标题菜单
scm/sourceControl	scm 源控制菜单
terminal/context	终端上下文菜单
terminal/title/context	终端标题上下文菜单
testing/item/context	测试资源管理器项目上下文菜单
testing/item/gutter	测试项目的装饰菜单
timeline/title	时间轴视图标题菜单栏
timeline/item/context	时间轴查看项目上下文菜单
touchBar	macOS 触摸栏
view/title	查看标题菜单
view/item/context	查看项目上下文菜单
webview/context	任何网页视图上下文菜单

5.3.3 插件配置项

VSCode 插件通过在 package.json 中注册 contributes 来进行扩展，contributes 中提供了几十种不同的字段，以集成和配置各种插件功能。在第 5.3.1 节中，我们已经深入介绍了如何使用 contributes/commands 和 contributes/menus 来注册命令和菜单，下面将进一步介绍 contributes 中的 configuration 字段，它用于配置插件的配置项。用户可以根据自己的需求，对插件进行自定义配置，使插件更符合个人预期的效果和使用习惯。

configuration 字段包含 title 和 properties 两个属性。其中，title 为分组名称，会在 VSCode settings 配置中呈现出来，通常我们直接使用插件名称以方便用户识别该插件的配置项。properties 是一个对象类型，每个"键-值对"对应一个具体的配置项，其中键是配置项的唯一标识，值的内部属性则对应配置的具体细节，properties 键值的内部属性如表 5-4 所示。

表 5-4　properties 键值的内部属性

属性名称	类型	必填	说明
type	string	是	配置项的数据类型，不同的数据类型对应不同的 VSCode 表单控件，支持的类型包含 string、number、integer、boolean、object、array、null 等
default	any	否	配置项的默认值
description	string	否	配置项的描述，会回显在配置页面
markdownDescription	string	否	支持 markdown 语法的配置项描述，会优先于 description 回显在配置页面

(续表)

属性名称	类 型	必 填	说 明
scope	string	否	配置项的作用域，可选值有window、resource等，用于区分配置项是全局还是针对特定工作区
enum	string[]	否	使用下拉框交互的时候，这个字段必填，用于定义可供用户选择的选项的枚举值
enumDescription	string[]	否	用于定义可供用户选择的选项的字面描述

对于properties中的type字段，不同的值对应不同的表单控件；具体的properties字段是否填写，也会导致表单的差异。例如，如果填写了enum，交互展示为下拉列表框。下面将具体介绍不同类型的配置项效果，以及如何获取和设置配置项的值。

1. 文本框型配置项

对于type值为string、number、integer的properties，配置项的交互将呈现为文本框类型。例如，下面的配置展示的交互如图5-17所示。

```
"configuration": {
    "title": "Hello VSCode Extension",
    "properties": {
        "helloVscodeExtension.description": {
            "type": "string",
            "default": "a vscode extension for test",
            "description": "插件初始化描述"
        }
    }
}
```

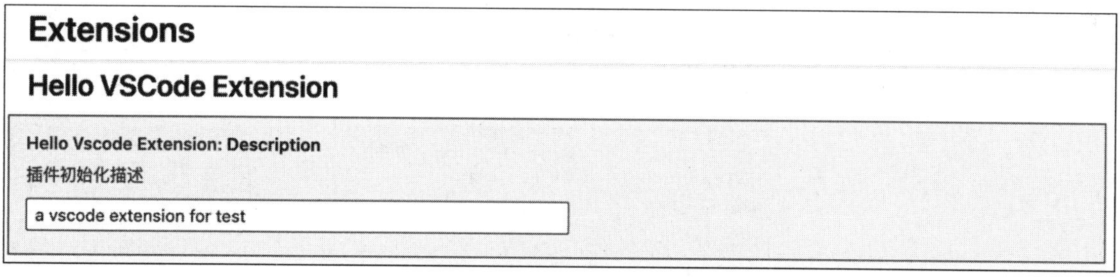

图5-17 文本框型的配置项

对于number和integer类型的表单控件，VSCode会对表单控件进行校验，保证填写的值符合定义的类型。如果只修改上述配置项类型为number，但保留default为字符串，对应的效果如图5-18所示。

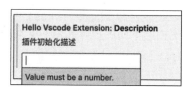

图5-18 number类型文本框填写string的校验

2. 开关型配置项

对于 boolean 类型的 type，表单交互将呈现为开关型配置项。例如，下面的配置展示的交互如图 5-19 所示。

```
"helloVscodeExtension.switch": {
    "type": "boolean",
    "default": true,
    "description": "插件开关"
}
```

图 5-19　开关型配置项

3. 下拉列表框型配置项

对于文本类的 type，当额外加上 enum 字段时，表单控件的呈现将变成下拉列表框型。在 enum 字段中填写下拉选项的值，选中选项后读取该配置项并返回对应的 enum 值。如果需要区分枚举值和具体描述，可以使用 enumDescription 字段填写下拉描述。例如，下面的配置展示的交互如图 5-20 所示。

```
"helloVscodeExtension.format": {
    "type": "string",
    "default": "a-b",
    "enum": [
        "-分隔（a-b）",
        "_分隔（a_b）",
        "大驼峰（AB）",
        "小驼峰（aB）"
    ],
    "description": "通文件命名格式，默认-分隔"
}
```

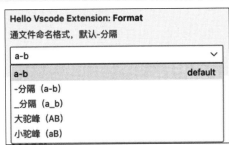

图 5-20　下拉列表框型配置项

4. 内置编辑器型配置项

当 type 为 object 或 array 等相对复杂的数据结构时，VSCode 的表单交互将呈现为内置编辑器类型，引导用户在 settings.json 中完成编辑。settings.json 是 VSCode 配置项的文件呈现，在其中设置配置项值和图形界面具有同等效果。例如，下面的设置展示的交互如图 5-21 所示。

```
"helloVscodeExtension.ignore": {
    "type": "array",
    "default": [],
    "description": "glob 表达式数组，需要忽略的文件目录。"
```

}

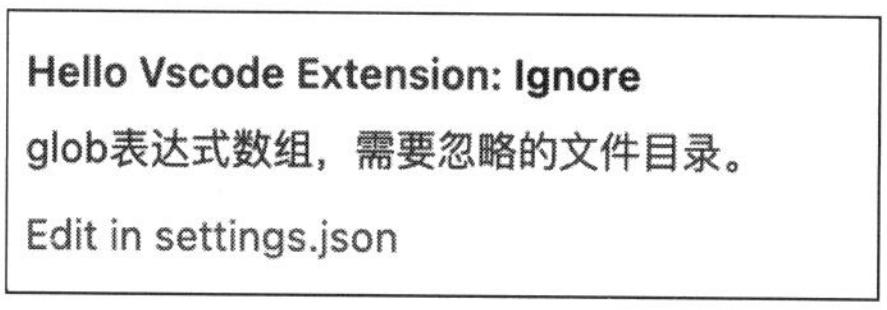

> **Hello Vscode Extension: Ignore**
> glob表达式数组，需要忽略的文件目录。
> Edit in settings.json

图 5-21　内置编辑器型配置项

至此，VSCode 插件配置项的表单控件类型就介绍完了，包括文本框型、开关型、下拉列表框型以及内置编辑器型。设置配置项的最终目的是可以在逻辑中获取或设置配置项值，以因地制宜地配置插件，满足不同用户的需求。接下来，将具体介绍如何获取和设置指定的配置项值。

5. 获取配置项值

在 VSCode 环境中，配置项相关的操作需要使用 vscode.workspace.getConfiguration API。该 API 有 section 和 scope 两个入参，详细的参数说明如表 5-5 所示。

表 5-5　vscode.workspace.getConfiguration API 入参

属性名称	类型	必填	说明
section	string	否	插件 id
scope	any	否	配置项作用域，用于指定从何处获取配置项的值。可选值包括 ConfigurationTarget.Global（全局）、ConfigurationTarget.Workspce（工作区配置）、ConfigurationTarget.WorkspaceFolder（工作区文件夹配置）等

一般来说，如果需要直接读取全局配置且没有特殊要求，可以直接使用 getConfiguration()。该 API 会返回一个 workspaceConfiguration 对象，其中包含获取配置项的方法：

```
workspaceConfiguration.get<T>(section: string, defaultValue?: T): T;
```

下面是一个示例，读取配置项值，并将它输出到 informationMessage 上。extension.ts 的代码修改如下：

```
import * as vscode from 'vscode';

// 激活扩展的入口函数
export function activate(context: vscode.ExtensionContext) {
  // 注册一个命令，命令名为 'hello-vscode-extension.getDescription'
  let disposable = vscode.commands.registerCommand('hello-vscode-extension.getDescription', () => {
    // 获取配置项 'helloVscodeExtension.description' 的值
    const description = vscode.workspace.getConfiguration().get('helloVscodeExtension.description') as string;

    // 如果获取到的描述不为空，则显示信息消息
    if (description) {
      vscode.window.showInformationMessage(description);
    }
  });
```

```
    // 将命令添加到上下文的订阅列表中，以便在扩展被禁用时自动释放
    context.subscriptions.push(disposable);
}

// 扩展的停用函数
export function deactivate() { }
```

上述逻辑中注册了一个新的命令，读取了全局配置下的 helloVscodeExtension.description 配置项的值，并在弹窗中回显读取的值。除了修改 extension.ts 外，还需要在 package.json 中补充这条命令。

```
"commands": [
  {
    "command": "hello-vscode-extension.getDescription",
    "title": "get-description"
  }
]
```

重启插件，在命令栏中搜索 get-description，执行后可以看到 VSCode 读取了对应的配置项值，并以信息框的方式回显出来，效果如图 5-22 所示。

图 5-22　查询配置项命令 get-description 的效果

6. 设置配置项值

对于配置项的设置，同样需要使用 vscode.workspace.getConfiguration API 来获取 workspaceConfiguration 对象，然后调用其中的 update 方法完成对配置项的更新。下面修改插件配置项，extension.ts 的代码修改如下：

```
import * as vscode from 'vscode';

// 激活扩展的入口函数
export function activate(context: vscode.ExtensionContext) {
    // 注册一个命令，命令名为 'hello-vscode-extension.getDescription'
    let disposable = vscode.commands.registerCommand('hello-vscode-extension.getDescription', async () => {
        // 获取工作区的配置对象
        const config = vscode.workspace.getConfiguration();

        // 更新配置项 'helloVscodeExtension.description' 的值
        await config.update('helloVscodeExtension.description', 'test for updating configuration');

        // 读取更新后的配置项值
        const description = config.get('helloVscodeExtension.description') as string;

        // 如果获取到的描述不为空，则显示信息消息
        if (description) {
```

```
        vscode.window.showInformationMessage(description);
    }
});

// 将命令添加到上下文的订阅列表中，以便在扩展被禁用时自动释放
context.subscriptions.push(disposable);
}

// 扩展的停用函数
export function deactivate() { }
```

在上面的逻辑中更新 description 配置项的值为 test for updating configuration。在更新完成后，重新读取了 description 配置项的值，并以 informationMessage 的方式回显，最终效果如图 5-23 所示。

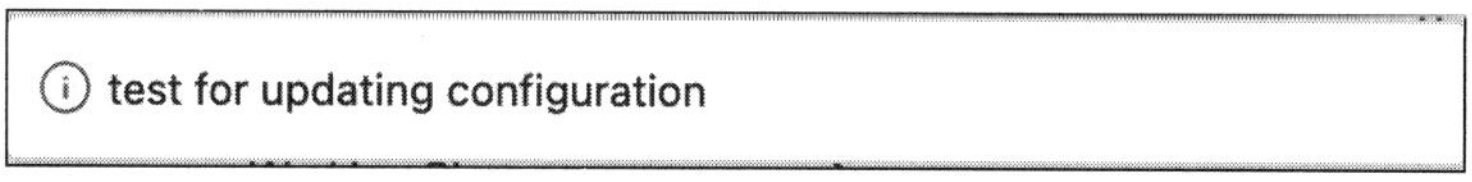

> ⓘ test for updating configuration

图 5-23　更新配置项的值并回显命令 get-description 的执行效果

5.3.4　按键绑定

在日常开发中，对于一些常用的命令，可以使用快捷键直接触发。VSCode 插件提供了为命令注册快捷键的方式，我们可以使用 contributes/keybinds 快速为命令配置快捷键，例如下面的配置：

```
"keybindings": [
    {
        "command": "hello-vscode-extension.getDescription",
        "key": "Ctrl+Shift+A"
    }
]
```

现在可以使用快捷键 Ctrl+Shift+A 直接触发 hello-vscode-extension.getDescription 命令。

5.3.5　消息通知

每个插件扩展通常都需要在某些时刻为用户推送一些消息，之前频繁使用的 vscode.window.showInformationMessage 就是其中一种，它经常用于推送一些无主观情绪或表示操作成功的消息。

除了 vscode.window.showInformationMessage 外，还有 vscode.window.showWarningMessage 和 vscode.window.showErrorMessage 两种常用的通知 API，分别用于推送警告和错误消息。它们与 showInformationMessage 交互的差异主要表现在图标上，如图 5-24 所示。

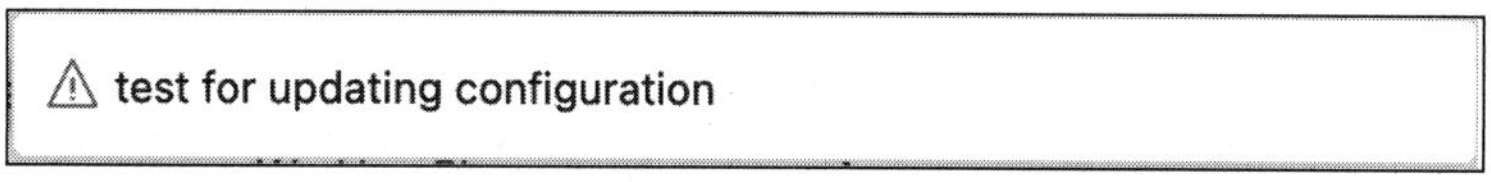

> ⚠ test for updating configuration

图 5-24　vscode.window.showWarningMessage 的交互效果

5.3.6　收集用户输入

在一些场景下，插件需要收集用户的输入，以确保后续流程的进行。对于用户输入，常常使用

vscode.window.showQuickPick API 来弹出一个下拉列表框供用户选择。vscode.window.showQuickPick API 提供了两个参数来定义下拉列表框的选项和样式，详细的参数说明如表 5-6 所示。

表 5-6　vscode.window.showQuickPick API 入参

属性名称	类　　型	必　填	说　　明
items	T[] | Thenable<T[]>	否	下拉列表框中的选项数组。每个选项应是一个符合 vscode.QuickPickItem 接口的对象，至少包含 label 属性（选项的可见文本）
options	vscode.QuickPickOptions	否	一个对象，用于定制下拉列表框的行为和外观。包含的属性有： ① title：设置列表框标题。 ② placeholder：输入框内的占位符文本。 ③ ignoreFocusOut：如果设置为 true，即使用户焦点离开对话框也不会自动关闭它。 ④ matchOnDescription：是否在用户输入时基于选项的 description 属性进行匹配过滤。 ⑤ matchOnDetail：是否在用户输入时基于选项的 detail 属性进行匹配过滤。 ⑥ canPickMany：如果设置为 true，允许用户同时选择多个选项。 ⑦ onDidSelectItem：当用户选择一个选项时触发的回调函数
token	vscode.CancellationToken	否	一个取消令牌，用于在外部请求取消操作时通知 showQuickPick 方法

其中 options 选项用于定制下拉列表框的具体细节，包含的属性很多，但通常只需几个就已经能满足大部分需求。读者可以在后续的使用中慢慢探索这些属性。下面实现一个简单的示例，以进一步熟悉 showQuickPick API。extension.ts 的代码修改如下：

```typescript
import * as vscode from 'vscode';

// 激活扩展的入口函数
export function activate(context: vscode.ExtensionContext) {
    // 注册一个命令，命令名为 'hello-vscode-extension.selectColor'
    let disposable = vscode.commands.registerCommand('hello-vscode-extension.selectColor', async () => {
        // 定义颜色选项数组
        const colors = [
            { label: 'Red' },
            { label: 'Green' },
            { label: 'Blue' },
        ];

        // 弹出下拉列表框供用户选择颜色，设置占位符文本
        const selectedColor = await vscode.window.showQuickPick(colors, {
```

```
      placeHolder: 'Choose a color',
    });

    // 显示用户选择的颜色，若没有选择则为 undefined
    vscode.window.showInformationMessage(`The current color is ${selectedColor?.label}`);
  });

  // 将命令添加到上下文的订阅列表中，以便在扩展被禁用时自动释放
  context.subscriptions.push(disposable);
}

// 扩展的停用函数
export function deactivate() { }
```

在上述逻辑中，注册了一个新的命令，并在命令中使用 showQuickPick 创建了一个关于颜色选择的下拉列表框。在用户选择后，回显选择的颜色。新命令也需要在 package.json 中注册公开，补充如下配置：

```
"commands": [
    {
      "command": "hello-vscode-extension.selectColor",
      "title": "select color"
    }
]
```

注册完成后，就可以在命令栏中搜索 **select color** 命令并执行，效果如图 5-25 所示。

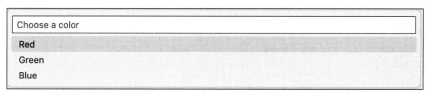

图 5-25　select color 命令的执行效果

当选择一个颜色后，比如红色，就可以在弹出的消息中回显出我们的选择，效果如图 5-26 所示。

图 5-26　弹出的消息中带有选择结果

5.3.7　文件选择器

在日常使用 VSCode 开发项目的过程中，常常会使用文件选择器来打开某个文件夹或文件。同样地，VSCode 也开放了文件选择器的功能，以方便我们在插件中使用文件选择器选择文件，从而实现一些与文件系统相关的功能。

可以使用 vscode.window.showOpenDialog 打开文件选择器，这个 API 提供了一个 options 参数

用来限制文件选择器的一些细节，比如是否多选、能否选择文件夹等，详细的参数说明如表 5-7 所示。

表 5-7 vscode.window.showOpenDialog API 入参

属性名称	类　　型	必　填	说　　明
options	vscode.OpenDialogOptions	否	一个对象，包含控制文件选择器行为的各种属性。包含的属性有： ① title：文件选择器的标题。 ② defaultUri：文件选择器打开时默认显示的路径，通常是上次访问的目录或用户指定的初始位置。 ③ openLabel：确认按钮上的文字，通常默认是"打开"或"选择"。 ④ canSelectFiles：允许选择文件。 ⑤ canSelectFolders：允许选择目录。 ⑥ canSelectMany：允许选择多个文件或目录。 ⑦ filters：文件类型过滤器，用于限制可选文件的类型。每个过滤器包含一个描述（如"图像文件"）和一组关联的文件扩展名（如 .jpg, .png）

下面实现一个示例来加深理解：打开一个文件选择器，并在用户选择后回显所选文件的 URI。首先，注册一个新的命令来实现这个功能，extension.ts 的代码修改如下：

```typescript
import * as vscode from 'vscode';

// 激活扩展
export function activate(context: vscode.ExtensionContext) {
  // 注册一个命令
  let disposable =
vscode.commands.registerCommand('hello-vscode-extension.selectFile', async () => {
    // 定义打开对话框的选项
    const options: vscode.OpenDialogOptions = {
      title: '选择一个或多个图像文件',      // 对话框标题
      canSelectFiles: true,              // 允许选择文件
      canSelectFolders: false,           // 不允许选择文件夹
      canSelectMany: true,               // 允许选择多个文件
    };

    try {
      // 显示打开文件对话框
      const uris = await vscode.window.showOpenDialog(options);
      // 检查用户是否选择了文件
      if (!uris || uris.length === 0) {
        // 显示警告消息
        vscode.window.showWarningMessage('用户取消了对话框或未选择任何文件。');
      } else {
        // 显示信息消息，列出选择的文件
```

```
            vscode.window.showInformationMessage(`选择的文件: ${uris.map(uri =>
uri.fsPath)}`);
        }
    } catch (error) {
        // 捕获并处理错误（可根据需要添加错误处理逻辑）
    }
});

// 将命令添加到上下文订阅中
context.subscriptions.push(disposable);
}

// 扩展停用时的回调函数
export function deactivate() { }
```

注册完命令后，需要在 package.json 中公开该命令，补充配置如下：

```
"commands": [
    {
      "command": "hello-vscode-extension.selectFile",
      "title": "select file"
    }
  ]
```

接着重启插件，在命令栏中搜索 select file 并执行，就可以看到展开的文件选择器，如图 5-27 所示。

图 5-27　执行 select file 命令后打开的文件选择器

在选择某个文件并确认后，将会弹出一个信息窗口，展示选择的文件 URI，效果如图 5-28 所示。

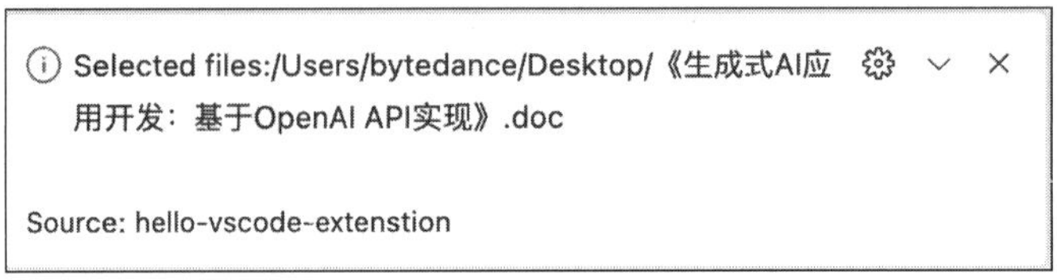

图 5-28 选择文件后弹出的信息窗口

5.3.8 创建进度条

在插件开发中，可能会遇到一些执行逻辑时间较长的任务（即长时任务），这些任务会增加用户的等待焦虑感。因此，需要用某种方式向用户提供任务当前的进度状态。在这种场景下，可以使用 vscode.window.withProgress API 创建一个任务进度条，并在每个关键节点完成时，通过任务进度条回显当前的进度状态描述。vscode.window.withProgress API 有两个必填入参，详细说明如表 5-8 所示。

表 5-8 vscode.window.withProgress API 入参

属性名称	类型	必填	说明
options	vscode.ProgressOptions	是	一个配置对象，用于定义进度通知的位置和样式，包含以下属性： ① location：vscode.ProgressLocation 枚举类型，决定进度条显示的位置，常见的选项有： - SourceControl：源代码管理面板。 - Window：编辑器窗口底部。 - Notification：右下角的通知区域。 - StatusBar：状态栏（在较旧版本的 VSCode 中可用）。 ② title：字符串，进度通知的标题。 ③ cancellable：布尔值，表示用户是否可以取消该任务
task	(progress: vscode.Progress<{ message?: string; increment?: number }>, token: vscode.CancellationToken) => Thenable\<T\>	是	这是一个回调函数，当该函数执行时，进度条将开始显示。这个函数接收两个参数： ① progress: vscode.Progress 对象，可以通过调用其 report 方法来更新进度信息。传递的对象可以包含以下字段： - message：一个字符串，表示要在进度条旁边显示的最新消息。 - increment：一个数字，表示已经完成的工作量相对于总工作量的比例。并非所有位置都支持这个增量值，例如，Notification 位置通常不会显示具体的进度百分比。 ② token：vscode.CancellationToken 对象，允许我们在外部检查任务是否已被取消（如果 options.cancellable 为 true），并在用户取消时采取相应的行动

下面通过定时函数模拟一个长时任务，总时长约 10 秒，每个节点的执行时间为 1 秒，extension.ts 的代码修改如下：

```typescript
import * as vscode from 'vscode';

// 激活扩展
export function activate(context: vscode.ExtensionContext) {
    // 注册一个命令
    let disposable =
vscode.commands.registerCommand('hello-vscode-extension.progressTest', async () => {
        // 使用 withProgress 创建进度条
        await vscode.window.withProgress({
            location: vscode.ProgressLocation.Notification,     // 进度条显示在通知区域
            title: '正在进行长时任务...(预计约10s)',              // 进度条标题
            cancellable: true,                                   // 允许用户取消任务
        }, async (progress, token) => {
            let totalWork = 10;         // 总工作次数设定为 10

            // 循环执行长时任务
            for (let i = 0; i <= totalWork; i++) {
                // 更新进度信息
                progress.report({ message: `已完成 ${i}/${totalWork}`, increment: i });

                // 模拟任务执行，每次等待 1 秒
                await new Promise(resolve => setTimeout(resolve, 1000));

                // 检查用户是否请求取消任务
                if (token.isCancellationRequested) {
                    vscode.window.showInformationMessage('任务已取消');   // 显示任务取消消息
                    return;         // 退出函数
                }
            }

            // 任务完成后显示信息
            vscode.window.showInformationMessage('长时任务已完成!');
        });
    });

    // 将命令添加到上下文订阅中
    context.subscriptions.push(disposable);
}

// 扩展停用时的回调函数
export function deactivate() { }
```

在上述逻辑中注册了一个新的命令 progressTest，并使用 vscode.window.withProgress 注册了一个进度条，位置控制在右下角通知区域，标题设置为"正在进行长时任务...（预计约 10s）"。长时任务使用 setTimeout 模拟，一个节点进行 1 秒，共 10 个节点，并且支持用户暂停长时任务。在监听到暂停操作后，能够中断流程。值得一提的是，对于事务型的任务，暂停操作时还需要考虑是否将

之前已经完成的任务节点进行回滚，以避免中断对正常数据或任务造成影响。

到这里命令注册就完成了，修改 package.json 以公开这个命令：

```
"commands": [
    {
        "command": "hello-vscode-extension.progressTest",
        "title": "progress test"
    }
]
```

公开之后重启插件，在命令栏中搜索并执行 progress test 命令，将可以看到长时任务的进度条，效果如图 5-29 所示。

图 5-29　progress test 命令执行后展示的长时任务进度条

5.3.9　诊断和快速修复

在日常开发中，在代码书写存在异常时，可以看到警告线和一些快速修复的提示。例如，在 .ts 文件中对用 const 声明的变量进行修改时，会报错"Cannot assign to 'a' because it is a constant"，并提供一个 Quick Fix 支持快速将 const 修改为 let，如图 5-30 所示。

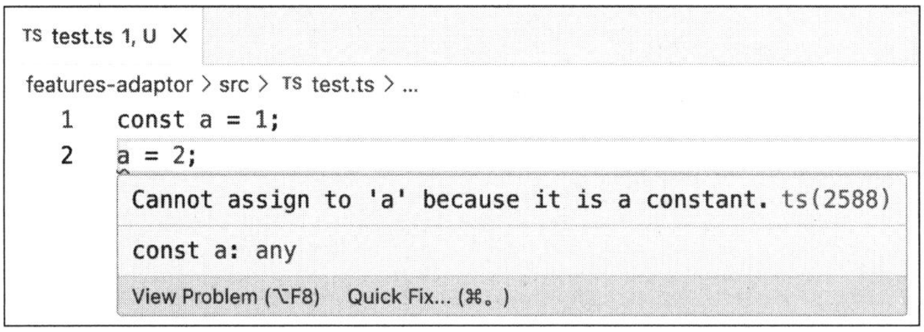

图 5-30　在 .ts 文件中对用 const 声明的变量重新赋值后的报错和 Quick Fix

上面例子中的报错和 Quick Fix 是 VSCode 环境中的诊断和快速修复方式，支持在文件块维度针对某些规则的代码进行诊断，反馈信息给开发者，并且支持为这些诊断提供一些快速修复的方式。这个功能同样开放给插件开发者，开发者可以自定义诊断和快速修复。这在需要确保符合团队规范的场景中有广泛应用。

下面分别介绍如何进行诊断和快速修复的注册。诊断注册使用 vscode.languages.createDiagnosticCollection API，该 API 用于创建一个新的诊断集合 DiagnosticCollection。诊断集合是一种用于存储特定文档（URI）上的所有诊断信息（如错误、警告等）的数据结构。它只有一个入参 name，作为诊断集合的唯一标识，每个诊断都代表一个报错，例如上面的"Cannot assign to 'a' because it is a constant"。DiagnosticCollection 诊断集合对象提供了多个方法用于维护诊断，详细说明如表 5-9 所示。

表 5-9 DiagnosticCollection 诊断对象提供的方法

方法名称	说 明
set(uri: Uri, diagnostics: Diagnostic[])	设置某个资源（URI）关联的诊断信息。URI 是文件资源的唯一标识符，而 diagnostics 是一个 Diagnostic 对象数组，每个对象代表文件中一条具体的诊断信息
delete(uri: Uri)	删除与给定 URI 关联的所有诊断信息
get(uri: Uri): Diagnostic[] | undefined	获取与给定 URI 关联的所有诊断信息
clear()	清除该诊断集合中的所有诊断信息，适用于所有资源
forEach(callback: (uri: Uri, diagnostics: Diagnostic[], collection: DiagnosticCollection) => any, thisArg?: any)	对集合中的每一份诊断信息执行回调函数
dispose()	销毁诊断集合，释放其占用的资源，并从编辑器界面移除所有相关的诊断标记
onDidChange: Event<Uri[]>	返回一个事件，当任何资源的诊断信息发生变化时触发，事件参数是一个包含变化的资源 URI 数组
has(uri: Uri): boolean	检查是否为给定的资源 URI 设置了诊断信息

对于同一类型的诊断，会使用 vscode.languages.createDiagnosticCollection 创建一个诊断集合，用于后续的诊断维护。诊断报错的新增和删除都依靠诊断集合完成。对于一些可以被快速修复的诊断，会使用 vscode.CodeActionProvider 接口定制一个快速修复提供者（provider），并使用 vscode.languages.registerCodeActionsProvider 注册修复。值得一提的是，CodeActionProvider 接口需要实现一个核心方法 provideCodeActions，这是当所有诊断文件命中时会执行的方法。我们需要在这个方法中判断是否需要触发诊断，并定义诊断的一些细节。provideCodeActions 暴露了 4 个入参用于诊断信息的确认，详细说明如表 5-10 所示。

表 5-10 provideCodeActions 方法的 4 个入参

属性名称	类 型	必 填	说 明
document	vscode.TextDocument	是	当前活动的 TextDocument 对象
range	Range | Selection	是	需要生成代码操作的范围,通常与触发快速修复的代码段相关联
context	CodeActionContext	是	包含当前上下文中的所有诊断信息,可用于判断应该提供哪些快速修复
token	CancellationToken	是	可用于取消长时间运行的操作的 cancellation token

下面实现一个示例，限制名称为 test.js 的文件，其首行代码必须是 "// test.js"。对于不符合条件的场景，提供快速修复，为原文件添加指定 header 注释。extension.ts 的代码修改如下：

```
import * as vscode from 'vscode';

export function activate(context: vscode.ExtensionContext) {
  // 创建一个诊断集合,用于存储诊断信息
  let diagnosticCollection =
```

```javascript
vscode.languages.createDiagnosticCollection('check_test');

    // 监听文本文档内容变化事件
    vscode.workspace.onDidChangeTextDocument((event) => {
      // 验证首行代码
      validateFirstLine(event.document);
    }, null, context.subscriptions);

    // 监听活动文本编辑器变化事件
    vscode.window.onDidChangeActiveTextEditor(editor => {
      if (editor && editor.document) {
        // 验证当前文档的首行代码
        validateFirstLine(editor.document);
      }
    }, null, context.subscriptions);

    // 验证文档的首行代码是否符合要求
    function validateFirstLine(document: vscode.TextDocument) {
      // 检查文件是否为.js后缀且行数大于0
      if (document.fileName.endsWith('.js') && document.lineCount > 0) {
        const firstLine = document.lineAt(0).text.trim();    // 获取首行代码并去除空白

        // 如果首行代码不符合要求, 添加诊断信息
        if (firstLine !== '// test.js') {
          const diagnostic = new vscode.Diagnostic(
            new vscode.Range(new vscode.Position(0, 0), new vscode.Position(0, firstLine.length)),
            'Missing or incorrect file header',    // 诊断信息
            vscode.DiagnosticSeverity.Warning        // 诊断级别为警告
          );
          diagnosticCollection.set(document.uri, [diagnostic]); // 将诊断信息与文档关联
        } else {
          diagnosticCollection.clear();                // 如果符合要求, 清除诊断信息
        }
      }
    }

    // 定义快速修复提供者
    const quickFixProvider = new class implements vscode.CodeActionProvider {
      // 提供代码动作
      provideCodeActions(document: vscode.TextDocument, range: vscode.Range | vscode.Selection, context: vscode.CodeActionContext, token: vscode.CancellationToken): vscode.CodeAction[] | undefined {
        const codeActions: vscode.CodeAction[] = [];    // 存储代码动作的数组

        // 检查是否有缺失或不正确的文件头诊断
        if (context.diagnostics.some(d => d.message.includes('Missing or incorrect file header'))) {
          const action = new vscode.CodeAction('Add missing header', vscode.CodeActionKind.QuickFix);    // 创建快速修复动作
```

```
        action.edit = new vscode.WorkspaceEdit();    // 创建工作区编辑
        action.edit.insert(document.uri, new vscode.Position(0, 0), '// test.js\n'); //
在文件开头插入指定的头注释
        codeActions.push(action);    // 将动作添加到数组
      }

      return codeActions;    // 返回代码动作
    }
  };

  // 注册代码动作提供者,仅对.js文件有效
  const disposable = vscode.languages.registerCodeActionsProvider({ pattern:
'**/*.js' }, quickFixProvider);

  context.subscriptions.push(disposable);    // 将提供者加入上下文的订阅中
}

export function deactivate() { }
```

在上述代码中,注册了一个诊断集合,监听文件被修改或首次打开时触发校验。如果校验条件满足,即文件名为 test.js 且第一行不是 "// test.js",则将对应区域传给诊断集合,诊断报错信息为 "Missing or incorrect file header"。同时,提供一个快速修复的选项 "Add Header Comment",以便在该文件首行添加 "// test.js"。重启插件后,创建一个 test.js 就可以看到对应的效果,如图 5-31 所示。

单击 Quick Fix 中的选项后,将修复本次诊断,并为首行添加 header,如图 5-32 所示。

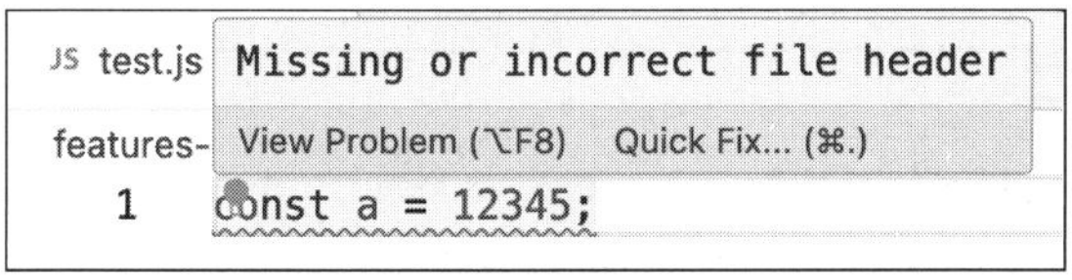

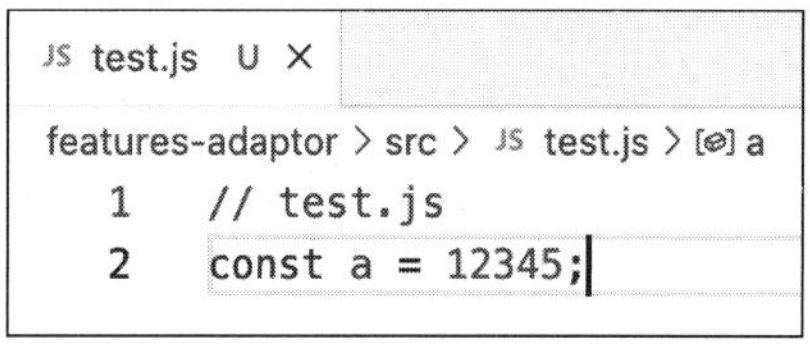

图 5-31　header 不符合定义规则的 test.js 会暴露出诊断报错　图 5-32　单击 Quick Fix 中的选项后进行自动修复

5.4 特殊判断值 when 子句

对于菜单项、上下文菜单项等 UI 条件可见性的场景,常常会有一些需求:某些菜单项只在满足特定条件的场景下才展示。例如,某个菜单项的功能是针对 JavaScript 开发的,其他语言使用这个菜单项不仅没有效果,还可能产生一些意料之外的脏数据。像这种需求常常会用特殊判断值 when 子句来实现。

例如,以上提到的情况,如果用户希望某个菜单项只在 JavaScript 文件中被启用,则能以之前注册的 Hello World 命令为例,修改 package.json 中的配置:

```
"contributes": {
  "commands": [
    {
      "command": "hello-vscode-extension.helloWorld",
```

```
          "title": "Hello World"       // 命令在菜单中的显示名称
        }
      ],
      "menus": {
        "editor/context": [             // 在编辑器上下文菜单中添加命令
          {
            "command": "hello-vscode-extension.helloWorld", // 关联的命令
            "group": "navigation",      // 命令组，用于指定菜单的分类
            "when": "editorLangId == javascript"    // 仅在编辑器语言为 JavaScript 时显示该菜单项 } ]
          }
        ]
      },
    }
```

通过额外加上一个 when 子句 editorLangId == javascript，这个命令只有在编辑器打开的是 .js 文件时才会被展示。其中，editorLangId 是 VSCode 提供的内置环境变量，表示当前打开文件的语言类型；===是 when 子句中的运算符，整体语法与代码中的条件判断类似。通过这样的 when 子句，可以使菜单项的显隐更加灵活性，以满足一些更复杂的业务要求。接下来，我们将具体学习 when 子句的语法。

5.4.1　when 子句运算符

when 子句提供了一系列运算符，用于描述环境变量与值之间的关系，这些运算符与 JavaScript 代码中的运算符大致一致。详细的运算符和作用如表 5-11 所示。

表 5-11　when 子句的运算符

运 算 符	说　　明	示　　例
!	非	!editorReadonly
&&	且	textInputFocus && !editorReadonly
||	或	isLinux || isWindows
==	等于	editorLangId == typescript
!=	不等于	resourceExtname != .js
>	大于	gitOpenRepositoryCount > 1
>=	大于或等于	gitOpenRepositoryCount >= 1
<	小于	gitOpenRepositoryCount < 1
<=	小于或等于	gitOpenRepositoryCount <= 1
=~	正则匹配	resourceScheme =~ /^untitled$\|^file$/
in	在某个范围内	resourceFilename in supportedFolders
not in	不在某个范围内	resourceFilename not in supportedFolders

5.4.2　when 子句内置环境变量

除运算符外，when 子句还提供了一系列内置环境变量，帮助用户获取当前状态的 VSCode 环境。常用的一些环境变量如表 5-12 所示。

表 5-12 when 子句内置环境变量

变量名称	说明
editorFocus	编辑器焦点（包含文本和小部件）
editorTextFocus	编辑器中的文本焦点
textInputFocus	编辑器输入是否获得焦点（常规编辑器、调试 REPL 等）
inputFocus	文本输入区域的焦点（编辑器或文本框）
editorTabMovesFocus	编辑器用 Tab 移动焦点
editorHasSelection	在编辑器中选中文本
editorHasMultipleSelections	编辑器中有多个光标
editorReadonly	编辑器只读
editorLangId	编辑器的关联语言 Id
isInDiffEditor	活动编辑器在 Diff 编辑器内
isInEmbeddedEditor	活动编辑器在嵌入式编辑器内
isLinux	用户操作系统是 Linux
isMac	用户操作系统是 macOS
isWindows	用户操作系统是 Windows
isWeb	用户通过 Web 访问编辑器
listFocus	列表有焦点
listSupportsMultiselect	列表支持多选
listHasSelectionOrFocus	列表被选择或者获得焦点
listDoubleSelection	列表中有 2 个元素的选择
listMultiSelection	列表中有多个元素的选择

5.4.3 自定义 when 子句环境变量

在需要自定义 when 子句环境变量的场景中，VSCode 提供了一个全局命令 setContext，用于注入环境变量。通过使用 vscode.commands.executeCommand API，可以主动执行 setContext 命令以注入环境变量。下面是一个简单的示例，用于测试，extension.ts 的代码修改如下：

```
import * as vscode from 'vscode';

// 激活扩展的主函数
export function activate(context: vscode.ExtensionContext) {
  // 设置上下文变量，用于控制命令的显示
  vscode.commands.executeCommand('setContext',
'hello-vscode-extension.isShowCommand', true);

  // 注册一个命令，当命令被调用时执行回调函数
  let disposable =
vscode.commands.registerCommand('hello-vscode-extension.helloWorld', () => {
    vscode.window.showInformationMessage('Hello World from hello-vscode-extension!');
  });

  // 将命令添加到上下文的订阅中，以确保在扩展被停用时能正确清理
```

```
    context.subscriptions.push(disposable);
}

// 扩展停用时调用的函数
export function deactivate() { }
```

修改 package.json，调整命令的 when 子句为由 isShowCommand 决定，调整配置如下：

```
"menus": {
    "editor/context": [
      {
        "command": "hello-vscode-extension.helloWorld",
        "group": "navigation",
        "when": "hello-vscode-extension.isShowCommand"
      }
    ]
}
```

重启插件后，打开任意文件，即可看到 Hello World 菜单项，如图 5-33 所示。

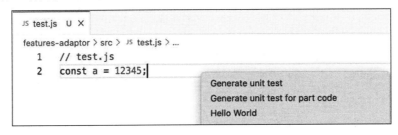

图 5-33　使用自定义变量 isShowCommand 暴露的 Hello World 命令

5.5　VSCode 插件支持的工作台空间

前面已经介绍了一系列 VSCode 开发的常用 API 和语法。在实际开发中，插件并不一定以菜单项或脚本的形式集成，有时需要与图形界面结合。VSCode 的工作台可以分为 4 个区域，如图 5-34 所示。

各个工作区域的说明如下：

（1）活动栏区域：以图标的形式存放一些任务栏插件。

（2）侧边栏区域：通常存放一些开发的辅助功能，例如 Git 历史记录、线程状态等。

（3）状态栏区域：通常存放与当前环境相关的监控信息，例如当前 Git 分支、上一次的提交时间等。

（4）编辑器组区域：区域面积最大，通常用于存放需要较大交互面积的 Webview。

对于不同的区域，VSCode 提供了不同的容器来存放预期的内容；针对不同区域的作用，虽然 VSCode 并没有强制要求每个区域的插件作用，但遵循上述说明能够使开发的插件风格与 VSCode 整体统一，更符合开发者的习惯。本节将分别介绍这 4 个区域使用的容器和开发方式。

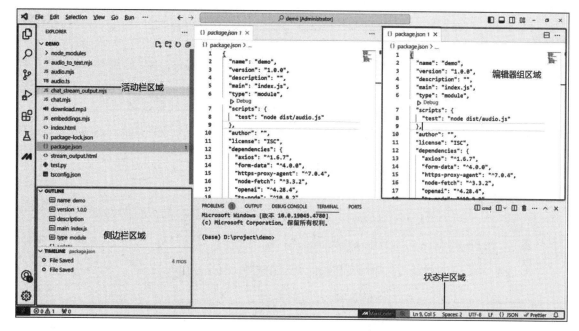

图 5-34　VSCode 的工作台区域

5.5.1　活动栏区域：视图容器

活动栏区域作为一个任务栏型插件区域，常常需要集成一些具有一定复杂度的 Webview。在本例中，需要使用视图容器（view container）完成注册。视图容器的注册由 vscode.window.registerWebviewViewProvider API 完成，它包含 3 个参数，具体说明如表 5-13 所示。

表 5-13　vscode.window.registerWebviewViewProvider API 入参

参数名称	类　型	必　填	说　明
viewId	string	否	视图 id，作为注册的 Webview 的唯一标识
provider	vscode.WebviewViewProvider<T>	否	vscode.WebviewViewProvider 类型的实例，负责提供 Webview 的内容，并处理与视图相关的事件
options	webviewOptions?: { retainContextWhenHidden?: boolean;}	否	包含一个属性 webviewOptions。WebviewOptions 中也包含一个属性 retainContextWhenHidden，用于控制视图层不可见时，视图层 Webview 元素是否保留

在这 3 个参数中，视图创建最重要的是 provider 参数，需要实现 vscode.WebviewViewProvider 接口的方法来管理 Webview 的内容和行为。vscode.WebviewViewProvider 接口需要实现一个方法 resolveWebviewView，该方法会透传进来必要的环境参数，并用于管理 Webview 的内容和行为。详细的 resolveWebviewView 环境参数说明如表 5-14 所示。

表 5-14　vscode.WebviewViewProvider API 入参

参数名称	类　型	必　填	说　明
webviewView	vscode.WebviewView	否	视图 id，作为注册的 Webview 的唯一标识

(续表)

参数名称	类型	必填	说明
context	vscode.WebviewView ResolveContext	否	视图的环境上下文信息
token	vscode.CancellationToken	否	用于检测请求是否被取消

下面是一个示例，展示如何实现 WebviewViewProvider 接口和进行视图注册。extension.ts 的代码修改如下：

```typescript
import * as vscode from 'vscode';

// 激活扩展的主函数
export function activate(context: vscode.ExtensionContext) {
  // 创建 TestWebviewViewProvider 实例
  const provider = new TestWebviewViewProvider();

  // 注册 Webview 视图提供者，并将其添加到上下文的订阅中
  context.subscriptions.push(
    vscode.window.registerWebviewViewProvider(
      'hello-vscode-extension.view',   // Webview 视图的 ID
      provider,            // 视图提供者实例
      {
        webviewOptions: { retainContextWhenHidden: true }      // 视图隐藏时保留上下文
      }
    )
  );
}

// 实现 vscode.WebviewViewProvider 接口的类
class TestWebviewViewProvider implements vscode.WebviewViewProvider {
  constructor() { }

  // 解析 Webview 视图的方法
  public resolveWebviewView(webviewView: vscode.WebviewView) {
    // 设置 Webview 的 HTML 内容
    webviewView.webview.html = this.getWebviewContent(webviewView.webview);
  }

  // 返回 Webview 的 HTML 内容
  private getWebviewContent(webview: vscode.Webview) {
    return `<!DOCTYPE html>
        <html lang="en">
        <head>
            <meta charset="UTF-8">
            <meta name="viewport" content="width=device-width, initial-scale=1.0">
        </head>
        <body>
            <h1>test for viewContainer</h1> <!-- 测试视图容器 -->
        </body>
        </html>`;
  }
}
```

在上述逻辑中，实现了 WebviewViewProvider 接口，并为其中的 webviewView 视图对象注入了 html 属性，这是 Webview 渲染视图的 HTML 代码，接收一个 HTML 字符串。完成 WebviewViewProvider 接口注册后，会创建一个对应类的实例。对于实例的 options 属性中的

retainContextWhenHidden 字段，建议在渲染有一定复杂度的页面的场景中开启配置。开启后，当关闭页面时保留原有的 Dom 结构，下次重新打开时可以使用缓存，从而减少渲染的时间损耗。

在入口文件中完成视图的注册后，还需要修改 package.json，将注册的视图绑定到活动栏区域，在这个过程中，分别需要使用 contributes/views 和 contributes/viewsContainers 字段。其中，contributes/views 字段用于在 package.json 中注册视图 id，contirbutes/viewsContainers 用于将 contributes/views 字段注册的视图与任务栏绑定。对应的配置代码如下：

```json
"contributes": {
  "viewsContainers": {
    "activitybar": [
      {
        "id": "hello-vscode-extension.view",        // 视图的唯一标识
        "title": "Hello VSCode Extension",          // 显示在活动栏上的标题
        "icon": "resources/icon.svg"                // 视图的图标路径
      }
    ]
  },
  "views": {
    "hello-vscode-extension": [
      {
        "id": "hello-vscode-extension.view", // 注册的视图 ID，需与 viewsContainers 中一致
        "name": "",              // 视图的名称（可以填写具体名称）
        "type": "webview"    // 指定视图类型为 webview
      }
    ]
  }
}
```

上面的配置项中，activitybar 属性用于注册活动栏任务，其中的 icon 字段对应活动栏中展示的图标。完成注册后，重启插件，就能够在活动栏区域看到注册的视图图标了。单击图标后，将打开注入视图的 HTML 页面，效果如图 5-35 所示。

图 5-35　注册的任务栏区域视图

5.5.2　侧边栏区域：树视图

侧边栏区域常常提供一些开发辅助功能，这部分区域的开发使用树视图来完成。树视图是 VSCode 提供的内置视图容器，我们可以使用树视图容器快速搭建一个树型结构，并实现必要的方法即可。

树视图容器的注册使用 vscode.window.registerTreeDataProvider API。与视图容器相同，树视图容器的入参也需要一个实现了 VSCode 接口的实例，用于控制容器的内容和行为。树视图对应的 VSCode 接口是 TreeDataProvider，这个 API 有两个必须实现的方法，具体的方法说明如表 5-15 所示。

表 5-15　TreeDataProvider API 必须实现的两个方法

方法名称	方法类型	说　明
getChildren	(element?: T): ProviderResult<T[]>	实现此方法以返回给定的 element 或根的子级（如果没有传递元素）
getTreeItem	(element: T): TreeItem | Thenable<TreeItem>	实现此方法以返回视图中显示的元素的 UI 表示形式（TreeItem）

对于树节点的类型 T，可以通过 TreeDataProvider 的泛型来定义，这样传递给接口实现方法的入参 element 将会是该泛型类型。下面是一个示例，extension.ts 的代码修改如下：

```typescript
import * as vscode from 'vscode';

// 激活扩展的函数
export function activate(context: vscode.ExtensionContext) {
  // 创建树形数据提供者的实例
  const treeDataProvider = new TestTreeDataProvider();

  // 注册树形视图并将其添加到上下文的订阅中
  context.subscriptions.push(
    vscode.window.registerTreeDataProvider('hello-vscode-extension.treeView', treeDataProvider)
  );
}

// 扩展停用的函数
export function deactivate() { }

// 定义树形数据提供者类
class TestTreeDataProvider implements vscode.TreeDataProvider<TestTreeNode> {
  // 获取树形项
  getTreeItem(element: TestTreeNode): vscode.TreeItem {
    return element;        // 返回树形项
  }

  // 获取子项
  getChildren(element?: TestTreeNode): Thenable<TestTreeNode[]> {
    if (!element) {
      // 如果没有父元素，则返回根节点的子项
      return Promise.resolve([
        new TestTreeNode("Node 1", [], vscode.TreeItemCollapsibleState.Collapsed),
        new TestTreeNode("Node 2", [], vscode.TreeItemCollapsibleState.Collapsed)
      ]);
    } else {
      // 如果有父元素，则返回其子项
      return Promise.resolve([
        new TestTreeNode(`Child of ${element.label}`, [], vscode.TreeItemCollapsibleState.None)
      ]);
    }
  }
}
```

```
        }
    }

    // 定义树形节点类
    class TestTreeNode extends vscode.TreeItem {
      constructor(
        public readonly label: string,                          // 节点标签
        public readonly children: TestTreeNode[] = [],          // 子节点
        public readonly collapsibleState: vscode.TreeItemCollapsibleState =
vscode.TreeItemCollapsibleState.None,                           // 可折叠状态
        public readonly command?: vscode.Command                // 关联的命令
      ) {
        super(label, collapsibleState);                         // 调用父类构造函数
      }
    }
```

在上述逻辑中，注册了一个最简单的 treeView 节点，样式渲染上直接使用文本渲染。在节点 element 的生成上，根节点直接返回 Node1 和 Node2，并默认使用 vscode.TreeItemCollapsibleState.Collapsed 状态，表示折叠状态；对于非根节点，返回父节点的名称，格式为 Child of ${element.label}。

在 extension.ts 中完成节点注册后，同样需要在 package.json 中补充相关的注册信息。对于侧边栏区域的注册，使用 contributes/views/explorer，相关配置信息如下：

```
"contributes": {
    "views": {
        "explorer": [
            {
                "id": "hello-vscode-extension.treeView",
                "name": "Tree View"
            }
        ]
    }
}
```

重启插件后，就可以在侧边栏区域看到注册的树视图，效果如图 5-36 所示。

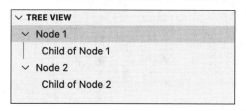

图 5-36　与侧边栏绑定的树视图容器

5.5.3　状态栏区域：状态栏项目

VSCode 底部状态栏区域常常用于展示开发数据的监控，或者绑定一些较为轻量的命令。对于状态栏区域，可以绑定状态栏项目容器以开发自定义功能。状态栏项目容器使用 vscode.window.createStatusBarItem API 完成注册，该 API 接收两个可选参数，详细说明如表 5-16 所示。

表 5-16　vscode.window.createStatusBarItem API 入参

参数名称	参数类型	说明
alignment	StatusBarAlignment	状态栏的位置，支持 StatusBarAlignment.Left（左）、StatusBarAlignment.Right（右）
priority	number	状态栏优先级

vscode.window.createStatusBarItem 执行后会返回一个 StatusBarItem 实例。该实例提供了一系列属性和方法，用于控制状态栏项目的样式、效果以及显隐等，具体参数（不包含只读属性）如表 5-17 所示。

表 5-17　statusBarItem 提供的属性和方法

属性（方法）名称	属性（方法）类型	说明
name	string	状态栏项目描述，尽可能简短，能让用户明白用途即可
text	string	状态栏项目名称
tooltip	string	在状态栏项目上悬停时显示的内容
backgroundColor	string	状态栏项目入口背景
command	string	单击状态栏项目时执行的命令，填写对应的 vscode 命令 id
show()	function	用于显示状态栏项目
hide()	function	用于隐藏状态栏项目
dispose()	function	清理并移除状态栏项目。当不再需要某个状态栏项目时，可以调用这个方法以避免内存泄漏

下面是一个状态栏项目的示例，该状态栏项目预期在打开文件时统计它的行数，并在单击状态栏项目时，通过信息弹窗展示当前激活的编辑器文件的行数。extension.ts 的代码修改如下：

```typescript
import * as vscode from 'vscode';

// 激活扩展的函数
export function activate(context: vscode.ExtensionContext) {
  // 定义命令的标识符
  const showLineCountCommand = 'hello-vscode-extension.showLineCount';

  // 定义命令处理函数，显示当前文档行数的弹窗
  const showLineCountHandler = () => {
    vscode.window.showInformationMessage(`当前文档有 ${getDocumentLineCount()} 行.`);
  };

  // 注册命令并将其添加到上下文的订阅中
  context.subscriptions.push(vscode.commands.registerCommand(showLineCountCommand, showLineCountHandler));

  // 创建状态栏项目，位置在左侧，优先级为 100
  const statusBarItem = vscode.window.createStatusBarItem(vscode.StatusBarAlignment.Left, 100);
  context.subscriptions.push(statusBarItem);
```

```
// 更新状态栏项目的函数
function updateStatusBar() {
  const activeEditor = vscode.window.activeTextEditor;    // 获取当前激活的编辑器
  if (activeEditor) {
    // 设置状态栏项目的文本和命令
    statusBarItem.text = `$(file-text) ${getDocumentLineCount()} 行`;
    statusBarItem.command = showLineCountCommand;
    statusBarItem.show();           // 显示状态栏项目
  } else {
    statusBarItem.hide();           // 隐藏状态栏项目
  }
}

// 获取当前文档的行数
function getDocumentLineCount() {
  const activeEditor = vscode.window.activeTextEditor; // 获取当前激活的编辑器
  return activeEditor ? activeEditor.document.lineCount : 0; // 返回行数,若没有激活的
编辑器则返回 0
}

// 监听激活的文本编辑器变化并更新状态栏
vscode.window.onDidChangeActiveTextEditor(updateStatusBar);
updateStatusBar(); // 初始更新状态栏
}

// 扩展停用的函数
export function deactivate() { }
```

在上述逻辑中，注册了一个 StatusBarItem，用作状态栏项目的视图容器；对于激活的编辑器文件的行数，使用 vscode.window.activeTextEditor 来获取。在读取到编辑器文件行数时，展开这个视图容器并展示对应的文件行数；反之，在没有激活的编辑器文件时，就先隐藏这个视图容器。此外，还注册了一个命令 hello-vscode-extension.showLineCount，用于通过信息弹窗显示读取的激活编辑器文件行数，并将该命令的 command 属性与状态栏视图进行绑定，对应的 package.json 配置如下：

```
"commands": [
    {
      "command": "hello-vscode-extension.showLineCount",
      "title": "Show Line Count"
    }
]
```

重启插件后，在 VSCode 底部的状态栏中就可以看到激活编辑器文件的行数。同时，单击这个状态栏视图时，会弹出一个信息窗口展示编辑器文件的行数，效果如图 5-37 所示。

图 5-37　注册的状态栏项目视图效果以及单击后弹出的信息弹窗

5.5.4 编辑器组区域：网页视图

VSCode 的最后一个主要工作区域是编辑器组区域，它是所有工作区中可用面积最大的区域，常用于需要大型交互的场景，例如 Readme 文档的 markdown review 审阅功能。对于这个工作区的视图容器，使用 Webview 进行注入，对应的 VSCode API 是 vscode.window.createWebviewPanel，它和视图容器 vscode.window.registerWebviewViewProvider 的使用有一些类似，同样需要注入 HTML 字符串来渲染页面。

vscode.window.createWebviewPanel 有 4 个参数，用于控制 Webview 的 id、title、位置等信息，详细的参数说明如表 5-18 所示。

表 5-18 vscode.window.createWebviewPanel API 入参

参数名称	类型	必填	说明
viewType	string	是	视图 id，作为注册的 Webview 的唯一标识
title	string	是	Webview 的标题
showOptions	vscode.ViewColumn | {viewColumn:vscode.ViewColumn;preserveFocus?: boolean;},	是	Web 视图面板的初始展示位置以及是否获取焦点，它可以是以下两种形式之一： ① 直接使用 ViewColumn 枚举值。ViewColumn 指定 Web 视图面板显示的编辑器列位置。例如，ViewColumn.One 表示在第一个编辑器组中打开，ViewColumn.Beside 表示在当前激活的编辑器组旁打开一个新的组。 ② 使用对象结构{ viewColumn: ViewColumn; preserveFocus?: boolean }，其中 preserveFocus 如果设置为 true，则在打开 Web 视图面板时不会使它自动获得焦点，保持当前编辑器的焦点不变
options	vscode.WebviewPanelOptions	否	一个对象，包含配置 Web 视图的各个选项。 ① enableScripts (boolean)：是否在 Web 视图中启用 JavaScript，默认值为 false。如果 Web 视图需要交互性，通常需要设置为 true。 ② retainContextWhenHidden (boolean)：当面板隐藏时是否保持 Web 视图上下文，默认值为 false。如果设置为 true，即使面板不可见，也不会重置 Web 视图，这有助于保持状态。 ③ localResourceRoots (vscode. Uri[])：指定 Web 视图可以访问的本地资源的根目录 URI 数组，这对于加载本地脚本、样式表或图像等非常有用

下面来实现一个网页视图的示例，extension.ts 的代码修改如下：

```
import * as vscode from 'vscode';

// 扩展激活时的入口函数
export function activate(context: vscode.ExtensionContext) {
  // 注册一个命令 'hello-vscode-extension.openWebview'
```

```
    let disposable =
vscode.commands.registerCommand('hello-vscode-extension.openWebview', async () => {
    // 创建一个新的 Webview 面板
    const panel = vscode.window.createWebviewPanel(
      'hello-vscode-extension.webview',     // Webview 的唯一标识
      'Webview Test',                        // Webview 面板的标题
      vscode.ViewColumn.One,                 // Webview 显示在第一个编辑器组中
      {
        enableScripts: true                  // 启用 Webview 中的脚本
      }
    );

    // 设置 Webview 面板的 HTML 内容
    panel.webview.html =
      `<!DOCTYPE html>
      <html lang="en">
      <head>
          <meta charset="UTF-8">
          <meta name="viewport" content="width=device-width, initial-scale=1.0">
      </head>
      <body>
          <h1>test for webview</h1> <!-- Webview 中的标题 -->
      </body>
      </html>`;
  });

  // 将命令注册到上下文中，确保在扩展关闭时清理
  context.subscriptions.push(disposable);
}

// 扩展关闭时的处理函数
export function deactivate() { }
```

在上面的示例中，注册了一个名为 Webview Test 的 Webview，并把它放置在所有 Webview 的最前面。其中注入的 HTML 字符串是一个包含 h1 标签的初始化 HTML。重启插件后的效果如图 5-38 所示。

图 5-38　与编辑器组区域绑定的网页视图 Webview 示例

5.6 使用 React 开发 Webview

第 5.5 节介绍了不同容器在不同工作区的应用，其中视图容器和网页容器都是通过注入 HTML 字符串的方式注册 Webview。然而，在实际的开发中，对于存在一定复杂度的页面直接使用原生 HTML 开发成本较高，也不符合大部分前端开发的习惯。因此，本节将以 React 为例，介绍如何在 VSCode 插件中使用 React 框架开发 Webview。

本节包含 3 个部分：第一部分将介绍如何修改项目构造，以满足 React 开发的条件；第二部分将介绍 Webview 容器与 Extension 扩展之间的相互通信方式；最后一部分将介绍 Webview 的开发者调试方式。

5.6.1 Webview 的 React 开发配置

在为项目配置 React 代码之前，先回顾一下网页视图的入口代码：

```
import * as vscode from 'vscode';

export function activate(context: vscode.ExtensionContext) {
  // 注册命令 'hello-vscode-extension.openWebview'，当该命令被调用时执行回调函数
  let disposable = vscode.commands.registerCommand('hello-vscode-extension.openWebview', async () => {
    // 创建一个新的 Webview 面板
    const panel = vscode.window.createWebviewPanel(
      'hello-vscode-extension.webview',    // Webview 的唯一标识符
      'Webview Test',                      // Webview 面板的标题
      vscode.ViewColumn.One,               // Webview 显示在第一个编辑器列中
      {
        enableScripts: true                // 启用 Webview 中的 JavaScript 脚本
      }
    );

    // 设置 Webview 的 HTML 内容
    panel.webview.html =
      `<!DOCTYPE html>
<html lang="en">
<head>
    <meta charset="UTF-8"> <!-- 设置文档字符编码为 UTF-8 -->
    <meta name="viewport" content="width=device-width, initial-scale=1.0"><!-- 设置视口，以便在移动设备上适配 -->
</head>
<body>
    <h1>test for webview</h1> <!-- 主标题 -->
</body>
</html>`;
  });

  // 将命令注册的 disposable 对象添加到上下文的订阅列表中，以便在扩展停用时自动清理
  context.subscriptions.push(disposable);
}
```

```
// 扩展停用时的回调函数，当前未执行任何操作
export function deactivate() { }
```

在上述逻辑中，使用了一段 HTML 字符串作为视图页面的模板。如果要基于 React 开发，则不能用 React 代码替换 HTML 字符串，而可以使用原模板，并引入 React 渲染脚本。具体来说，只需使用 react-dom 库中的 render 方法在指定的 BOM 位置进行渲染，然后将 React 源代码通过 Webpack 单独打包后，以脚本方式注入 HTML 中进行 DOM 渲染即可。

接下来，我们安装 React 开发和打包所需的相关依赖：

```
npm install react react-dom
npm install @types/react @types/react-dom style-loader css-loader babel-loader
@babel/preset-env @babel/preset-react @babel/preset-typescript --save-dev
```

安装完依赖后，在项目根目录创建一个名为 webpack.config.webview.js 的文件，用于 React 源代码的打包，并写入如下配置代码：

```
const path = require('path');          // 引入 Node.js 的 path 模块，用于处理文件路径

const webviewConfig = {
  devtool: 'source-map',               // 启用 source map，方便调试
  target: 'node',                      // 设置构建目标为 Node.js
  mode: 'development',                 // 设置为开发模式
  entry: './src/webview/App.tsx',      // 指定应用的入口文件
  output: {
    path: path.resolve(__dirname, 'dist'),      // 输出目录，使用绝对路径
    filename: 'bundle.js'              // 输出文件名
  },
  node: {
    __dirname: false                   // 禁用 Node.js 的 __dirname，以支持在 Webview 中使用相对路径
  },
  externals: {
    vscode: 'commonjs vscode'          // 将 vscode 模块视为外部模块，防止打包
  },
  resolve: {
    extensions: ['.ts', '.js', '.tsx', '.jsx']    // 解析模块时支持的文件扩展名
  },
  module: {
    rules: [
      {
        test: /\.css$/i,               // 匹配所有 .css 文件
        use: ['style-loader', 'css-loader']         // 使用 style-loader 和 css-loader 处理 CSS 文件
      },
      {
        test: /\.tsx?$/,               // 匹配所有 .ts 和 .tsx 文件
        exclude: /node_modules/,       // 排除 node_modules 目录
        use: {
          loader: 'babel-loader',      // 使用 babel-loader 进行转译
          options: {
```

```
                    presets: ['@babel/preset-env', '@babel/preset-react',
'@babel/preset-typescript']                              // 指定 Babel 预设
                }
            }
        }
    ]
  }
};

module.exports = webviewConfig; // 导出配置对象
```

这里仍处于开发阶段，因此 mode 设置为 development。在上线阶段，可以将它修改为 production，以采用优化压缩的策略进行打包。同时，已将 Webview 的入口文件设置为 src/webview/App.tsx，并添加了针对样式文件.css 和 react 模板文件.tsx 的打包加载器（loader）。

为了方便后续的打包，可以将 Webview 的打包配置导入 webpack.config.js 中，这样后续只需执行 webpack.config.js 就可以完成扩展和 Webview 的打包，webpack.config.js 的代码修改如下：

```
const path = require('path'); // 引入 Node.js 的 path 模块，用于处理文件路径

const webviewConfig = require("./webpack.config.webview"); // 引入 Webview 的 webpack 配置

const extensionConfig = {
  target: 'node',        // 设置目标环境为 Node.js
  mode: 'none',          // 设置模式为无，表示不进行任何默认的构建优化
  entry: './src/extension.ts',      // 设置入口文件为 extension.ts
  output: {
    path: path.resolve(__dirname, 'dist'), // 输出目录为 dist 文件夹
    filename: 'extension.js',      // 输出文件名为 extension.js
    libraryTarget: 'commonjs2'     // 输出库的目标格式为 CommonJS2
  },
  externals: {
    vscode: 'commonjs vscode'      // 将 vscode 视为外部依赖，不打包到输出文件中
  },
  resolve: {
    extensions: ['.ts', '.js']     // 解析文件时自动添加的扩展名
  },
  module: {
    rules: [
      {
        test: /\.js|ts$/,          // 匹配以 .js 或 .ts 结尾的文件
        exclude: /node_modules/,   // 排除 node_modules 目录
        use: {
          loader: 'babel-loader',  // 使用 babel-loader 进行文件转译
          options: {
            presets: ['@babel/preset-env', '@babel/preset-typescript'] // 使用的 Babel 预设
          }
        }
      }
    ]
  },
```

```
    devtool: 'nosources-source-map',         // 生成没有源代码的源映射文件
    infrastructureLogging: {
      level: "log",                           // 设置基础设施的日志级别为 log
    },
};

module.exports = [extensionConfig, webviewConfig];   // 导出扩展配置和 Webview 配置
```

原来对于 extension 的打包使用的是是 ts-loader，这里也统一换成 babel-loader。

接下来创建对应的入口文件 src/webview/App.tsx，并写入如下的初始化代码：

```
import React from 'react';                    // 导入 React 库
import { render } from 'react-dom';           // 从 react-dom 中导入 render 方法，用于将组件渲染
到 DOM
import './index.css';                         // 导入样式文件 index.css

const App = () => {
  return (
    <div className='header'>hello vscode extension</div>   // 返回一个包含文本的 div
元素，类名为 header
  );
};

render(<App />, document.getElementById('root'));          // 将 App 组件渲染到 id 为
root 的 DOM 元素中
```

在上述代码中，使用了 react-dom 库的 render 方法将 DOM 渲染到 HTML 中 id 为 "root" 的元素下，以测试样式的打包。此外，创建了一个 index.css 文件，其中包含一个简单的类样式：

```
.header {
  color: red;
}
```

至此，React 代码和打包配置都准备完毕。重新执行 npm run compile 命令把插件和 Webview 的代码打包之后，可以看到 dist 目录下生成了 bundle.js。这部分就是 React 渲染相关的构建代码，效果如图 5-39 所示。

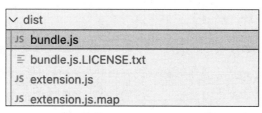

图 5-39　打包后的 dist 文件夹

接下来，只需将 bundle.js 注入 HTML 字符串中，就可以将 React 模板的内容渲染到 Webview 中。需要注意的是，因为 VSCode 的安全策略，所以在 VSCode 环境中引用打包文件中的静态资源时，需要 vscode.Panel 中提供的 webview.asWebviewUri API，将对应的 bundle.js 转换为可引用的 URI 后再使用。extension.ts 的代码修改如下：

```typescript
import * as vscode from 'vscode';                    // 导入 VSCode API

export function activate(context: vscode.ExtensionContext) { // 扩展的激活函数

    // 注册命令 'hello-vscode-extension.openWebview'，并定义其执行逻辑
    let disposable = vscode.commands.registerCommand('hello-vscode-extension.openWebview', async () => {
        // 创建一个 Webview 面板
        const panel = vscode.window.createWebviewPanel(
            'hello-vscode-extension.webview',        // 面板的标识符
            'Webview Test',  // 面板的标题
            vscode.ViewColumn.One,                   // 显示面板的列
            {
                enableScripts: true                  // 允许在 Webview 中执行脚本
            }
        );

        // 设置 Webview 的 HTML 内容
        panel.webview.html =
          `<!DOCTYPE html>
          <html lang="en">
          <head>
              <meta charset="UTF-8"> <!-- 设置字符集为 UTF-8 -->
              <meta name="viewport" content="width=device-width, initial-scale=1.0"> <!-- 设置视口 -->
          </head>
          <body>
              <div id="root"></div> <!-- 在页面中创建一个 id 为 root 的 div，用于 React 渲染 -->
          </body>
          <script src="${panel.webview.asWebviewUri(vscode.Uri.joinPath(context.extensionUri, 'dist/bundle.js'))}"></script> <!-- 引入打包后的 bundle.js -->
          </html>`;
    });

    context.subscriptions.push(disposable); // 将命令注册到上下文中，以便在扩展被停用时自动清理
}

export function deactivate() { }                     // 扩展的停用函数
```

重启插件，执行 open webview 命令，就可以看到 React 代码中标红的"hello vscode extension"了，效果如图 5-40 所示。接下来可以按照 React 项目的方式开发 Webview。

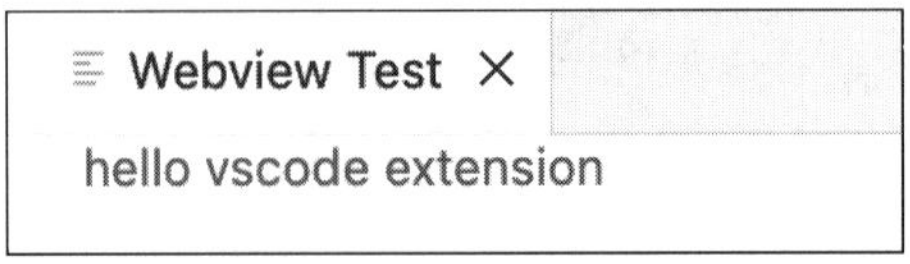

图 5-40 使用 React 代码渲染的 Webview

5.6.2 Webview 和 Extension 的相互通信

在 VSCode 插件中使用 Webview 后，插件中将包含两种环境：一种是插件运行的 ExtensionHost 环境，另一种是 Webview 运行的 VSCode 内置浏览器环境。这两种环境之间不可避免地会产生一些通信，并进行一些联动的操作。下面介绍 Webview 和 Extension 之间是如何互相通信的。

1. Webview 向 Extension 通信

VSCode 内置浏览器环境中，已经全局注入了一个 acquireVsCodeApi 方法，通过这个方法可以构造出一个通信实例，调用通信实例的 postmessage 方法就可以向 Extension 的运行环境传递信息，示例如下：

```
// VSCode 浏览器环境，Webview 视图中
const vscode = acquireVsCodeApi();
vscode.postMessage({
  method: 'showMessage',
  params: {
    text: `hello vscode extension`
  }
});
```

然后，在 ExtensionHost 环境下，使用 Webview 实例的 onDidReceiveMessage 方法监听 message 的传递，从而对信息进行回调处理。例如，在网页视图示例基础上进行调整，修改 extension.ts 代码如下：

```
import * as vscode from 'vscode';                    // 导入 VSCode API

export function activate(context: vscode.ExtensionContext) {    // 扩展的激活函数

  // 注册命令 'hello-vscode-extension.openWebview'，并定义其执行逻辑
  let disposable =
vscode.commands.registerCommand('hello-vscode-extension.openWebview', async () => {
    // 创建一个 Webview 面板
    const panel = vscode.window.createWebviewPanel(
      'hello-vscode-extension.webview',    // 面板的标识符
      'Webview Test',                      // 面板的标题
      vscode.ViewColumn.One,               // 显示面板的列
      {
        enableScripts: true                // 允许在 Webview 中执行脚本
      }
    );

    // 设置 Webview 的 HTML 内容
    panel.webview.html =
      `<!DOCTYPE html>
      <html lang="en">
      <head>
        <meta charset="UTF-8"> <!-- 设置字符集为 UTF-8 -->
        <meta name="viewport" content="width=device-width, initial-scale=1.0"><!-- 设置视口 -->
```

```
        </head>
        <body>
            <div id="root"></div>    <!-- 创建一个 id 为 root 的 div, 用于 React 渲染 -->
        </body>
        <script
src="${panel.webview.asWebviewUri(vscode.Uri.joinPath(context.extensionUri,
'dist/bundle.js'))}"></script>   <!-- 引入打包后的 bundle.js -->
        </html>`;

    // 监听 Webview 发送的消息
    panel.webview.onDidReceiveMessage(
      (message) => {   // 处理接收到的消息
        if (message.method === 'showMessage') {    // 如果消息方法为 'showMessage'
          vscode.window.showInformationMessage(message.params.text); // 显示信息消息
        }
      },
      undefined,                    // 取消标识符（通常为 undefined）
      context.subscriptions         // 订阅管理, 确保在扩展停用时清理
    );

  });

  context.subscriptions.push(disposable);// 将命令注册到上下文中, 以便在扩展被停用时自动清理
}

export function deactivate() { }              // 扩展的停用函数
```

需要注意的是，在 VSCode 插件的内置浏览器环境中，acquireVsCodeApi API 只允许创建一个实例，如果多次调用，除第一次的实例化外，后续的调用都会报错并失败。因此，这部分的实例化不应在 React 函数中进行，以避免由于重复渲染导致的逻辑重复执行。可以在全局部分创建实例，并通过透传或者上下文的方式将该实例注入给所有的 UI 组件。以 App.tsx 为例，可以这样实现：

```
import React, { useEffect } from 'react';       // 导入 React 和 useEffect 钩子
import { render } from 'react-dom';              // 从 react-dom 中导入渲染函数
import './index.css';                            // 导入样式文件

// @ts-ignore // 忽略 TypeScript 的类型检查, 允许使用 acquireVsCodeApi
const vscode = acquireVsCodeApi(); // 获取 VSCode API 实例, 用于与 Extension 进行通信

const App = () => {
  useEffect(() => {              // 使用 useEffect 钩子, 组件挂载后执行
    // 向 Extension 发送消息
    vscode.postMessage({
      method: 'showMessage',             // 消息方法名
      params: {                          // 消息参数
        text: 'hello vscode extension'   // 要显示的信息内容
      }
    });
  }, []);           // 空依赖数组, 表示只在组件挂载时执行一次
```

```
  return (
    <div className='header'>hello vscode extension</div>  // 渲染组件内容
  );
};

render(<App />, document.getElementById('root'));   // 将 App 组件渲染到 id 为 'root'
的 DOM 元素中
```

在上述逻辑中，在外部使用 acquireVsCodeApi API 实例化了一个通信对象 vscode，并在 React 代码中页面初始化后发送消息"hello vscode extension"给 ExtensionHost 环境。Extension 接收到消息后，会以信息弹窗的形式展示出来，效果如图 5-41 所示。通过这种方式，就可以在 Webview 触发一些交互时调用 VSCode 环境的功能，例如信息弹窗等。在脱离通信的方式下，无法直接在 Webview 中调用 VSCode 端的功能。

ⓘ hello vscode extension

图 5-41　Extension 接收 Webview 消息后触发的信息弹窗

2. Extension 向 Webview 通信

在 Extension 环境中向 Webview 通信，可以使用 Webview 实例中的 postMessage API 完成。它接收任意类型的参数，发送的消息会直接透传到 Webview。例如，在上面的场景中，可以进一步迭代发送消息"send message to webview"，extension.ts 的代码修改如下：

```
import * as vscode from 'vscode';           // 导入 VSCode API

export function activate(context: vscode.ExtensionContext) {       // 扩展的激活函数

  // 注册命令 'hello-vscode-extension.openWebview'，并定义其执行逻辑
  let disposable =
vscode.commands.registerCommand('hello-vscode-extension.openWebview', async () => {
    // 创建一个 Webview 面板
    const panel = vscode.window.createWebviewPanel(
      'hello-vscode-extension.webview',     // 面板的标识符
      'Webview Test',                       // 面板的标题
      vscode.ViewColumn.One,                // 显示面板的列
      {
        enableScripts: true                 // 允许在 Webview 中执行脚本
      }
    );

    // 设置 Webview 的 HTML 内容
    panel.webview.html =
      `<!DOCTYPE html>
      <html lang="en">
      <head>
        <meta charset="UTF-8"> <!-- 设置字符集为 UTF-8 -->
        <meta name="viewport" content="width=device-width, initial-scale=1.0"><!-- 设
```

```
置视口 -->
        </head>
        <body>
            <div id="root"></div> <!-- 创建一个 id 为 root 的 div，用于 React 渲染 -->
        </body>
        <script
src="${panel.webview.asWebviewUri(vscode.Uri.joinPath(context.extensionUri,
'dist/bundle.js'))}"></script> <!-- 引入打包后的 bundle.js -->
        </html>`;

        // 监听 Webview 发送的消息
        panel.webview.onDidReceiveMessage(
          (message) => {                        // 处理接收到的消息
            if (message.method === 'showMessage') { // 如果消息方法为 'showMessage'
              vscode.window.showInformationMessage(message.params.text); // 显示信息弹窗
            }
          },
          undefined,                            // 取消标识符（通常为 undefined）
          context.subscriptions                 // 订阅管理，确保在扩展停用时清理
        );

        // 向 Webview 发送消息
        panel.webview.postMessage({
          message: 'send message to webview'    // 发送的消息内容
        });

      });

      context.subscriptions.push(disposable); // 将命令注册到上下文中，以便在扩展被停用时自动清理
    }

    export function deactivate() { }           // 扩展的停用函数
```

发送完消息后，在Webview中监听全局的message事件就可以获取对应的参数。由于会频繁调用，因此可以将这部分功能封装成useParams的hooks，以便每次参数的读取。useParams的代码如下：

```
import { useState, useEffect } from 'react'; // 从 React 中导入 useState 和 useEffect

const useParams = () => {
  // 定义状态 webviewParams，用于存储 Webview 传递的参数
  const [webviewParams, setWebviewParams] = useState<Record<string, any>>({});

  useEffect(() => {
    // 定义消息处理函数
    const messageHandler = (event) => {
      setWebviewParams(event.data);           // 更新 webviewParams 状态为接收到的消息数据
    };

    // 监听全局的 message 事件
    window.addEventListener('message', messageHandler);
```

```
    // 清理函数，在组件卸载时移除事件监听器
    return () => window.removeEventListener('message', messageHandler);
  }, []);                              // 空依赖数组，表示只在组件挂载时执行一次

  return webviewParams;                // 返回当前的 webviewParams
};

export default useParams;              // 导出 useParams 钩子
```

现在可以在 APP.tsx 中使用 useParams 的 hooks 来获取之前传递的参数了，App.tsx 的代码修改如下：

```
import React, { useEffect } from 'react';        // 从 React 导入 useEffect
import { render } from 'react-dom';              // 从 react-dom 导入 render
import './index.css';                            // 导入样式文件
import useParams from './hooks/useParams';       // 导入自定义 hooks useParams

// @ts-ignore
const vscode = acquireVsCodeApi();               // 实例化通信对象 vscode

const App = () => {
  const { message } = useParams();               // 使用 useParams 钩子获取 Webview 传递的消息

  useEffect(() => {
    // 在组件挂载后发送消息到 Extension Host
    vscode.postMessage({
      method: 'showMessage',                     // 消息方法
      params: {
        text: 'hello vscode extension'           // 消息内容
      }
    });
  }, []);           // 空依赖数组，确保只在挂载时执行一次

  return (
    <>
      <div className='header'>hello vscode extension</div> {/* 显示标题 */}
      <div>{message}</div> {/* 显示通过 useParams 获取的消息 */}
    </>
  );
};

render(<App />, document.getElementById('root'));   // 将 App 组件渲染到 id 为 'root'
                                                    // 的 DOM 元素中
```

在上述代码中，使用 useParams 捕获了来自 Extension 的信息，并在 DOM 中回显。重启插件，再次执行 open webview 命令，在新打开的 Webview 中将看到 Extension 传递过来的信息已被显示在 Webview 页面上，效果如图 5-42 所示。

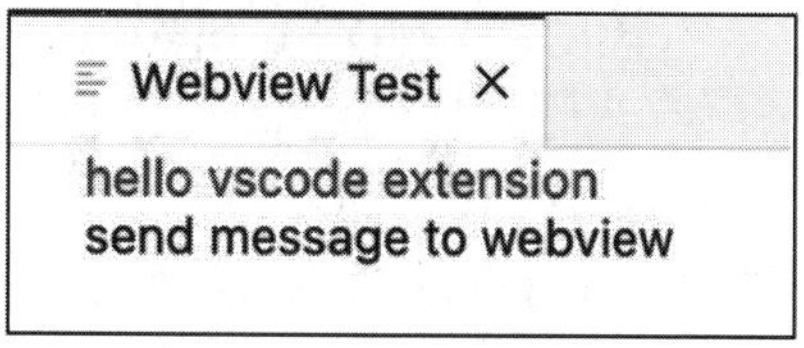

图 5-42　Webview 接收到 Extension 的消息并回显在页面上

5.6.3 Webview 的开发者调试

之前对 VSCode 插件的调试依赖断点，并使用 Node.js Debug 控制台的方式来完成，但对于 Webview 的开发者调试，无法直接使用 Node.js Debug 控制台，因为它本质上运行在一个 VSCode 内置的浏览器环境中。对于 Webview 的开发者调试，可以按快捷键 Ctrl（macOS 环境按 Command）+Shift+P 调用命令栏，搜索 Developer: Open Webview Developer Tools，如图 5-43 所示。

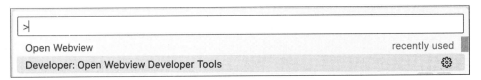

图 5-43 打开 Webview 开发者工具

找到并单击 Developer: Open Webview Developer Tools 后，会打开一个类浏览器控制台的容器，可以在其中以类似浏览器的方式进行调试。例如，在 React 源代码中加上 debugger 断点，就可以在控制台中调试程序逻辑，如图 5-44 所示。除了脚本外，UI 部分也能以类似在浏览器中使用 elements 功能的方式进行调试。

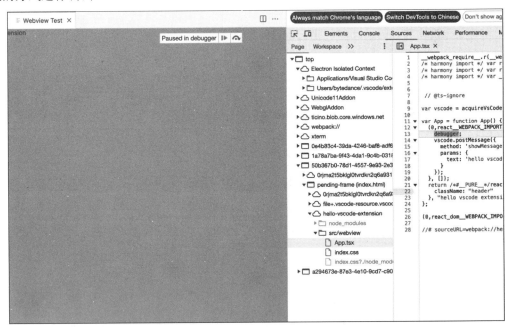

图 5-44 在 Webview 中添加断点后，开发者工具的呈现

5.7 VSCode 插件的联动与发布

在 VSCode 插件开发中，还有一些场景会和其他插件联动，比如功能调用、联合打包等。本节将介绍 VSCode 插件的联动与发布，包括扩展依赖插件以及 VSCode 插件的发布。

5.7.1 扩展依赖插件

在一些场景下，开发插件会用到其他第三方插件的功能，例如鉴权、Webview 和命令复用等。第三方插件可以通过 package.json 中的 extensionDependencies 配置引入，示例如下：

```json
{
  "name": "your-extension-name",           // 插件的名称
  "version": "1.0.0",                       // 插件的版本号
  "engines": {
    "vscode": "^1.88.0"                     // 插件支持的 VSCode 版本范围
  },
  "extensionDependencies": [
    "extension-author.extension-name",      // 依赖的其他插件（示例）
    "another-author.another-extension"      // 另一个依赖的插件（示例）
  ],
  // 其他配置
}
```

这样在安装插件时，会附带安装 extensionDependencies 中列出的插件，避免在调用这些依赖插件的功能时因未安装依赖插件而导致失败。同时，通过这种方式，也可以将多个插件打包进一个插件集内一起发布，达到共同宣传的效果。

5.7.2 VSCode 插件的发布

完成插件开发后，开发者通常会将其发布到插件市场，以供更多的开发者使用。下面介绍如何完成插件的发布，整个发布过程包含以下 3 个步骤：

步骤01 在 Marketplace 注册一个 publisher 账户。这一步骤涉及登录 Microsoft 账户（如 Azure DevOps 或 GitHub 账户），可以考虑使用 GitHub 登录。注册完成后的效果如图 5-45 所示。

图 5-45 在 VSCode Marketplace 创建 publisher

步骤02 安装 vsce 工具。vsce 是一个命令行工具，用于打包和发布 VSCode 插件。在终端使用 npm 全局安装：

```
npm install -g vsce
```

安装后，在终端执行以下命令使用 vsce 打包当前的 VSCode 插件：

```
vsce package
```

这样会生成一个 .vsix 文件，这是插件安装包。发布的过程其实就是把这个 .vsix 文件上传到云端，

以便用户下载后安装到本地。右击.vsix 文件可以看到安装到本地的选项，可以直接在本地安装.vsix 文件，测试无误后再进行发布。

步骤 03 使用之前注册的 publisher 执行以下命令登录 Marketplace：

```
vsce login <your-publisher>
```

登录完成后，执行以下发布命令，然后就能在 VSCode 插件市场里看到发布的插件了。

```
vsce publish
```

5.8 本章小结

本章主要介绍了 AI 在代码辅助场景实施的前景以及 VSCode 代码辅助插件开发的基础知识，包括 AI 在代码辅助领域的实施、初识 VSCode 插件开发、VSCode 插件开发常用的扩展功能（涵盖插件命令、菜单项、插件配置项、按键绑定、消息通知、收集用户输入、文件选择器、创建进度条、诊断和快速修复等 10 个常用扩展功能）、特殊判断值 when 子句、VSCode 插件支持的工作台空间、使用 React 开发 Webview 以及 VSCode 插件的联动与发布。

通过本章的学习，读者应该能掌握以下 6 种开发技能：

（1）掌握 VSCode 插件的初始化流程，清楚项目的整体构造和具体文件配置的作用，了解整体的开发流程，并掌握如何通过 mock 方式进行 VSCode 插件环境的单元测试。

（2）掌握 VSCode 插件开发常用的扩展功能，包括插件命令、菜单项、插件配置项、按键绑定、消息通知、收集用户输入、文件选择器、创建进度条、诊断和快速修复等 10 个常用扩展能力。

（3）掌握特殊判断值 when 子句的配置，可以结合文档完成较复杂场景的配置项设置。

（4）对 VSCode 插件支持的工作台有一个整体的认知，具备使用视图容器、树容器、状态栏项目容器、网页视图容器等不同容器对活动栏区域、侧边栏区域、状态栏区域、编辑器组区域等不同区域的容器进行注册的能力。

（5）清楚如何使用 React 开发 VSCode 插件 Webview，并掌握 Webview 和 Extension 之间的相互通信以及 Webview 的开发者调试的方法。

（6）掌握 VSCode 插件的联动与发布，知道如何调用第三方插件，熟悉 VSCode 插件的发布流程，可以独立将经过校验的开发插件发布至 VSCode 插件市场。

第 6 章

编程应用：AI 编码辅助插件

本章是第 5 章的延续，将通过 4 个不同类型的 AI 编码辅助插件实战案例，具体介绍如何将 OpenAI API 与编码辅助插件结合。内容包括在 VSCode 插件中实现 3 个实战案例：ChatGPT、代码语言转换工具和代码审查工具。

6.1 在 VSCode 插件中实现 ChatGPT

本节作为 AI 编码辅助插件实战的第一部分，将在 VSCode 插件中注册 Webview 任务栏，实现 ChatGPT 能力。本节内容包括 6 个部分：项目初始化、插件功能剖析、插件功能配置项注册、任务栏注册、缓存首页的实现以及聊天页面的实现。

6.1.1 项目初始化

首先，初始化一个 VSCode 插件，用于存放本节的所有插件功能。在终端执行 yo code 命令，并按照图 6-1 所示选择配置项，插件命名为"AI Code Extension Set"（AI 代码扩展插件集）。

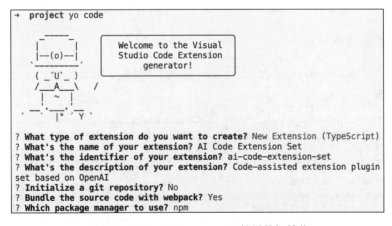

图 6-1 AI Code Extension Set 扩展的初始化

如果插件需要作为 Git 仓库维护，还需要添加对应的.gitignore 文件，以忽略非必需的提交代码。本仓库暂定 node_modules 和 dist 文件夹即可，写入如下内容：

```
/node_modules
/dist
```

6.1.2 插件功能剖析

对于 VSCode 插件中的 ChatGPT 交互设计，需要考虑到在日常开发中可能遇到的一些问题，或需要查询 API 的场景。因此，ChatGPT 的交互位置易于触发，并符合 VSCode 的交互习惯。为满足上述条件，这里在活动栏区域注册并绑定 ChatGPT。

在功能上，之前已经介绍过 ChatGPT 的开发，这次仍然保留 ChatGPT 的关键功能，实现以下几个功能：

（1）使用任务栏唤起 ChatGPT 视图。
（2）日常交流和打字机输出的效果。
（3）对富文本内容的展示，正确换行并能够复制代码块。
（4）支持新建聊天和缓存历史聊天。

为保证后续实现能有一个整体的预期，建议在实现前根据核心功能绘制一个大致的交互草图，如图 6-2 所示。

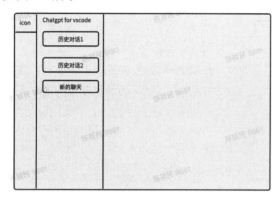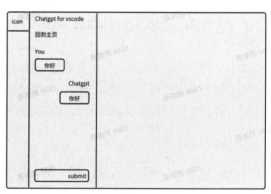

图 6-2　AI Code Extension Set 扩展 ChatGPT 功能的交互草图

6.1.3 插件功能配置项注册

在插件功能的配置项设计中，暴露两个参数，分别用于控制 ChatGPT 的 API_KEY 和使用模型，具体配置项说明如表 6-1 所示。

表 6-1　ChatGPT 的插件配置项

配置项名称	类　　型	必　填	说　　明
aiCodeExtensionSet.apiKey	String	是	鉴权参数如果用户未填写，则需在使用前进行提示并引导用户填写
aiCodeExtensionSet.model	'gpt-3.5-turbo'	是	默认使用 GPT-3.5，支持扩展其他模型

对应的 contributes/configuration 配置代码如下：

```
"contributes": {
    "configuration": {
```

```
    "title": "AI Code Extension Set",
    "properties": {
      "aiCodeExtensionSet.apiKey": {
        "type": "string",
        "default": "",
        "description": "使用的模型 API_KEY"
      },
      "aiCodeExtensionSet.model": {
        "type": "string",
        "default": "gpt-3.5-turbo",
        "enum": [
          "gpt-3.5-turbo"
        ],
        "description": "使用的模型"
      }
    }
  }
}
```

6.1.4 任务栏注册

这里使用视图容器在任务栏处注册 ChatGPT 的插件功能，对应的视图容器提供类（provider）使用独立文件存放。首先，创建 src/core/chatgptWebview.ts 文件，写入如下代码：

```
import * as vscode from 'vscode';           // 导入 VSCode 模块

class ChatgptWebviewProvider implements vscode.WebviewViewProvider {
  constructor() { }                          // 构造函数

  public resolveWebviewView(webviewView: vscode.WebviewView) {
    // 解析 Webview 视图，并设置其 HTML 内容
    webviewView.webview.html = this.getWebviewContent(webviewView.webview);
  }

  private getWebviewContent(webview: vscode.Webview) {
    // 返回 Webview 的 HTML 内容
    return `<!DOCTYPE html>
        <html lang="en">
        <head>
            <meta charset="UTF-8">
            <meta name="viewport" content="width=device-width, initial-scale=1.0">
        </head>
        <body>
        </body>
        </html>`;
  }
}

export default ChatgptWebviewProvider;      // 导出 ChatgptWebviewProvider 类
```

在上述逻辑中，注册了一个空 HTML 模板。

然后，在入口文件中完成注册，extension.ts 的代码修改如下：

```typescript
import * as vscode from 'vscode';           // 导入 VS Code 的 API
import ChatgptWebviewProvider from './core/chatgptWebview';  // 导入自定义的 Webview 提供者

export function activate(context: vscode.ExtensionContext) {
  const provider = new ChatgptWebviewProvider();// 创建 ChatgptWebviewProvider 实例
  context.subscriptions.push(
    vscode.window.registerWebviewViewProvider(    // 注册 Webview 视图提供者
      'ai-code-extension-set.chatgpt-view',      // Webview 视图的 ID
      provider,               // 使用的提供者实例
      {
        webviewOptions: { retainContextWhenHidden: true } // 设置选项，隐藏时保留上下文
      }
    )
  );
}

export function deactivate() { }              // 插件停用时调用的函数
```

在入口文件中使用 chatgptWebviewProvider 完成了视图容器的注册。

同样地，package.json 中也需要添加相应的配置，使用之前测试时用的 svg 即可，修改后的 contributes 配置如下：

```json
"viewsContainers": {
  "activitybar": [
    {
      "id": "chatgpt-for-vscode",              // 扩展的唯一标识符
      "title": "Chatgpt for vscode",           // 扩展的显示名称
      "icon": "images/icon.svg"                // 扩展的图标路径
    }
  ]
},
"views": {
  "chatgpt-for-vscode": [
    {
      "id": "chatgpt-for-vscode",              // 视图的唯一标识符
      "name": "",                              // 视图名称（此处为空）
      "type": "webview"                        // 视图类型，指定为 webview
    }
  ]
},
"configuration": {
  "title": "AI Code Extension Set",
  "properties": {
    "aiCodeExtensionSet.apiKey": {
      "type": "string",                        // 属性类型为字符串
      "default": "",                           // 默认值为空
      "description": "使用的模型 API_KEY"      // 属性描述，说明此项是用于模型的 API 密钥
    },
```

```
    "aiCodeExtensionSet.model": {
      "type": "string",                 // 属性类型为字符串
      "default": "gpt-3.5-turbo",       // 默认值为 gpt-3.5-turbo
      "enum": [
        "gpt-3.5-turbo"                 // 可用模型的枚举值
      ],
      "description": "使用的模型"        // 属性描述，说明此项是用于选择使用的模型
    }
  }
}
```

到这里，一个空 HTML 的任务栏已经注册完成。为了方便后续的开发，我们需要增加一些配置，使得 Webview 可以使用 React 进行开发。首先，在终端执行下面命令来安装所需的必要依赖。React 使用的是 16 版本，它相对 React 18 版本更稳定一些，而一些 React 18 版本的新特性和严格模式在这里暂时用不上：

```
npm install react@16 react-dom@16
npm install @types/react@16 @types/react-dom@16 style-loader css-loader babel-loader
@babel/preset-env @babel/preset-react @babel/preset-typescript --save-dev
```

接下来，修改 Webpack 配置，补充 React 代码的打包配置：

```
'use strict';

const path = require('path');        // 引入 path 模块，用于处理文件路径

// React 打包配置
const webviewConfig = {
  devtool: 'source-map',              // 生成 source map，以便调试
  mode: 'development',                // 设置为开发模式
  entry: './src/webview/App.tsx',     // 入口文件，指向 React 应用的主文件
  output: {
    path: path.resolve(__dirname, 'dist'),  // 输出路径，指定为 dist 目录
    filename: 'bundle.js'             // 输出文件名
  },
  node: {
    __dirname: false                  // 在 Node 环境中禁用 __dirname，确保不会被打包
  },
  externals: {
    vscode: 'commonjs vscode'         // 将 vscode 模块视为外部依赖，不会被打包
  },
  resolve: {
    extensions: ['.ts', '.js', '.tsx', '.jsx']   // 解析文件扩展名
  },
  module: {
    rules: [
      {
        test: /\.css$/i,              // 匹配所有 .css 文件
        use: ['style-loader', 'css-loader']    // 使用 style-loader 和 css-loader 处理 CSS 文件
      },
```

```
        {
          test: /\.tsx?$/,                    // 匹配所有.ts 和.tsx 文件
          exclude: /node_modules/,             // 排除 node_modules 目录
          use: {
            loader: 'babel-loader',            // 使用 babel-loader 进行转译
            options: {
              presets: ['@babel/preset-env', '@babel/preset-react',
'@babel/preset-typescript']                   // 使用的 Babel 预设
            }
          }
        }
      ]
    }
  };

  const extensionConfig = {
    // 原先 Webpack 中给 Extension 的配置
  };

  module.exports = [webviewConfig, extensionConfig];        // 导出配置
```

在上述配置中，配置了一个 Webview 打包入口，用于指向 src/webview/App.tsx。在实际项目开发中，如果一个插件中包含多个不同作用的 Webview，也可以使用 Webpack 的多入口功能来完成不同 Webview 的打包。

接下来，补充 src/webview/App.tsx 的内容，写入如下内容：

```
import React, { useEffect } from 'react';

const App = () => {
  return (
    <>
      <h1>chatgpt for vscode</h1>
    </>
  );
};

render(<App />, document.getElementById('root'));
```

最后，修改 chatgptWebview，使它可以接收 React 构建的代码来渲染页面结构，修改后的代码如下：

```
import * as vscode from 'vscode';

// 定义 ChatgptWebviewProvider 类，实现 vscode.WebviewViewProvider 接口
class ChatgptWebviewProvider implements vscode.WebviewViewProvider {
  private extensionContext;                   // 扩展上下文

  constructor(context: vscode.ExtensionContext) {
    this.extensionContext = context;          // 初始化扩展上下文
  }
```

```
    // 解析 Webview 视图
    public resolveWebviewView(webviewView: vscode.WebviewView) {
      // 设置 Webview 的选项
      webviewView.webview.options = {
        enableScripts: true,            // 启用脚本
        localResourceRoots: [vscode.Uri.joinPath(this.extensionContext.extensionUri,
'dist')] // 本地资源根目录
      };
      // 获取并设置 Webview 的 HTML 内容
      webviewView.webview.html = this.getWebviewContent(webviewView.webview);
    }

    // 获取 Webview 的 HTML 内容
    private getWebviewContent(webview: vscode.Webview) {
      return `<!DOCTYPE html>
        <html lang="en">
        <head>
            <meta charset="UTF-8">
            <meta name="viewport" content="width=device-width, initial-scale=1.0">
            <title>chatgpt for vscode</title>
        </head>
        <body>
            <div id="root"></div> <!-- 主渲染区域 -->
        </body>
        <!-- 引入外部 JavaScript 文件 -->
        <script
src="${webview.asWebviewUri(vscode.Uri.joinPath(this.extensionContext.extensionUri,
'dist/bundle.js'))}"></script>
        </html>`;
    }
  }

  // 导出 ChatgptWebviewProvider 类
  export default ChatgptWebviewProvider;
```

在上述逻辑中，因为 ChatgptWebviewProvider 中没有 VSCode 的环境变量 context，而在拼凑脚本时，context 中的 extensionUri 是必需的字段，所以在构造函数中添加了 context 的入参，需要在实例化时透传进来。针对这一点，入口文件 extension.ts 的代码修改如下：

```
    import * as vscode from 'vscode';               // 导入 VSCode API
    import ChatgptWebviewProvider from './core/chatgptWebview';        // 导入
ChatgptWebviewProvider 类

    // 扩展激活时调用的函数
    export function activate(context: vscode.ExtensionContext) {
      // 创建 ChatgptWebviewProvider 实例，并传入扩展上下文
      const provider = new ChatgptWebviewProvider(context);

      // 注册 Webview 视图提供者，并将其添加到上下文的订阅中
```

```
context.subscriptions.push(
  vscode.window.registerWebviewViewProvider(
    'chatgpt-for-vscode',       // Webview 的标识符
    provider,                   // 提供者实例
    {
      webviewOptions: { retainContextWhenHidden: true } // 设置选项：在隐藏时保留上下文
    }
  )
);
}

// 扩展停用时调用的函数
export function deactivate() { }
```

到这里，任务栏注册的部分已经完成。重启插件后，可以在任务栏看到 chatgpt for vscode 的任务栏项目，如图 6-3 所示。

图 6-3　chatgpt for vscode 的任务栏展示

6.1.5　缓存首页的实现

VSCode 任务栏的 Webview 的空间通常较小，出于交互考虑，ChatGPT 不采用之前实现的侧边栏形式实现缓存功能，而采用近独立页面的形式实现缓存功能，以避免整体交互界面过于拥挤。下面实现 ChatGPT 交互的第一个部分：缓存首页。

首先，在终端执行以下命令安装 lodash 和 dayjs 依赖。这两个库分别是开发中常用的函数集和时间戳处理库，在后续开发中将会用到：

```
npm install lodash dayjs
npm install @types/lodash --save-dev
```

在 VSCode 插件中，可以使用 context.workspace.get 和 context.workspace.updateAPI 分别获取和更新用户缓存区。由于这两个 API 需要在 VSCode 插件环境中执行，因此需要利用 Webview 和 Extension 之间的通信方式。在 Webview 中触发向 Extension 的通信，然后在 Extension 中做出回应。这一部分的通信桥梁注册在 webviewProvider 类中，那里可以直接接触到 webview 实例。rc/core/chatgptWebview.ts 的代码修改如下：

```
import * as vscode from 'vscode';          // 导入 VSCode API

class ChatgptWebviewProvider implements vscode.WebviewViewProvider {
  private extensionContext: vscode.ExtensionContext;   // 扩展上下文
```

```typescript
constructor(context: vscode.ExtensionContext) {
  this.extensionContext = context;         // 初始化扩展上下文
}

public resolveWebviewView(webviewView: vscode.WebviewView) {
  // 其他代码

  // 监听从 Webview 发送来的消息
  webviewView.webview.onDidReceiveMessage((data) => {
    const { method, params } = data;       // 解构消息数据

    switch (method) {
      case 'initParams':
        // 初始化：向 Webview 发送当前的聊天缓存
        webviewView.webview.postMessage({
          // 获取聊天缓存，默认值为空数组
          chatCache: this.extensionContext.workspaceState.get('chatCache', [])
        });
        break;

      case 'updateChatCache':
        // 更新聊天缓存：存储新的聊天缓存
        const { chatCache } = params;      // 从参数中获取新的聊天缓存
        // 更新缓存
        this.extensionContext.workspaceState.update('chatCache', chatCache);
        break;

      default:
        // 未处理的消息方法
        break;
    }
  });
}

private getWebviewContent(webview: vscode.Webview) {
  // 之前的逻辑
}
}

// 导出 ChatgptWebviewProvider 类
export default ChatgptWebviewProvider;
```

在上面的代码中，增加了两条通信桥梁，initParams 和 updateChatCache，它们分别用于初始化相关参数（此处为 chatcache）和更新聊天缓存。

接下来实现缓存首页的组件，完成缓存初始化数据的交互回显以及新缓存的写入。创建 src/webview/components/Home/index.tsx 文件，并写入如下代码：

```typescript
import React, { FC, useEffect, useState } from 'react';   // 导入 React 和相关 hooks
import { AIQuestionItem } from '../../../App';            // 导入 AIQuestionItem 类型
import dayjs from 'dayjs';                                 // 导入 dayjs 用于时间处理
```

```typescript
import './index.css';                    // 导入样式文件
import { cloneDeep } from 'lodash';      // 导入 lodash 的 cloneDeep 方法

interface IProps {
  vscode: any; // VSCode API
  params: Record<string, any>;           // 接收的参数
  onChange: (chatItem: IChatItem) => void;        // 单击某个聊天后的回调函数
}

export interface IChatItem {
  timestamp: number;                     // 聊天的时间戳
  chatList: AIQuestionItem[];            // 聊天记录列表
}

export const Home: FC<IProps> = ({ vscode, params, onChange }) => {
  const [currentChats, setCurrentChats] = useState<IChatItem[]>([]);  // 当前聊天列表状态

  const { chatCache } = params;          // 从参数中提取聊天缓存

  useEffect(() => {
    if (chatCache) {
      setCurrentChats(chatCache);        // 如果有聊天缓存，更新当前聊天列表
    }
  }, [chatCache]);

  /**
   * 更新缓存和页面状态
   * @param newChats - 新的聊天列表
   */
  const updateChatCache = (newChats: IChatItem[]) => {
    setCurrentChats(newChats);           // 更新当前聊天列表状态
    vscode.postMessage({
      method: 'updateChatCache',         // 发送消息以更新聊天缓存
      params: {
        chatCache: newChats              // 传递新的聊天缓存
      }
    });
  };

  return (
    <div>
      <button onClick={() => {
        const initChat = {
          timestamp: new Date().getTime(),   // 获取当前时间戳
          chatList: []                       // 初始化聊天列表为空
        };
        onChange(initChat);                  // 调用回调函数，传入新的聊天项
        updateChatCache([...currentChats.sort((item1, item2) => item1.timestamp - item2.timestamp), initChat]);      // 更新缓存并排序
```

```
        }}>新的聊天</button>
        {currentChats.map((item, index) => {
          return (
            <div className="home_chatItem" onClick={() => {
              onChange(item);                        // 单击聊天项时调用回调
            }}>
              <div className="home_titleArea">{item.chatList?.[0]?.content || '新的聊天(暂
未提问)'}</div> {/* 显示聊天标题 */}
              <div className="home_infoArea">
                <div
className="home_timestamp">{dayjs(item.timestamp).format('YYYY-MM-DD HH:mm:ss')}</div>
{/* 显示时间戳 */}
                <div className="home_deleteBtn" onClick={(event) => {
                  event.stopPropagation();            // 禁止事件冒泡
                  currentChats.splice(index, 1);      // 从当前聊天列表中移除聊天项
                  updateChatCache(cloneDeep(currentChats));       // 更新缓存
                }}>x</div>
              </div>
            </div>
          );
        })}
      </div>
    );
  };
```

在上面的代码中，有 3 个由外部传递的属性：vscode、params 和 onChange。它们分别表示在入口文件中注入的 VSCode 通信实例，从 Extension 透传到 Webview 的初始化参数，以及每次单击某个聊天后的回调函数，该回调函数会把相关参数信息回传给入口文件。在 Home 组件中实现了缓存的回显、新建和删除。与 Home 组件对应的样式存放在 src/webview/components/Home/index.css 中，代码如下：

```
.home_chatItem {
  padding: 10px;        /* 内边距为10px */
  margin: 10px 0;       /* 上下外边距为10px，左右外边距为0px */
  border: 1px solid var(--vscode-foreground);          /* 边框为1px实线，颜色使用VSCode前
景色 */
  border-radius: 10px;         /* 圆角边框，半径为10px */
  background: var(--vscode-textPreformat-background);              /* 背景颜色使用VSCode文本
预格式背景色 */
  cursor: pointer;       /* 鼠标悬停时显示为手形光标 */
  display: flex;         /* 使用flex布局 */
  align-items: center;        /* 垂直居中对齐 */
  justify-content: space-between;         /* 子元素之间的空间均匀分配 */
}

.home_chatItem:first-of-type {
  margin-top: 20px;       /* 第一个聊天项的上外边距为20px */
}

.home_chatItem:hover {
```

```css
    border-color: var(--vscode-focusBorder);     /* 鼠标悬停时边框颜色变为 VSCode 焦点边框颜色 */
}

.home_titleArea {
    overflow: hidden;                  /* 超出部分隐藏 */
    text-overflow: ellipsis;           /* 超出部分用省略号表示 */
    white-space: nowrap;               /* 不换行 */
}

.home_infoArea {
    display: flex;                     /* 使用 flex 布局 */
    align-items: center;               /* 垂直居中对齐 */
}

.home_timestamp {
    text-wrap: nowrap;                 /* 不换行 */
}

.home_deleteBtn {
    font-weight: 600;                  /* 字体加粗 */
    cursor: pointer;                   /* 鼠标悬停时显示为手形光标 */
    margin-left: 8px;                  /* 左外边距为 8px */
}

.home_deleteBtn:hover {
    color: var(--vscode-focusBorder);     /* 鼠标悬停时字体颜色变为 VSCode 焦点边框颜色 */
}
```

值得一提的是，上述样式中使用了--vscode-focusBorder 等 CSS 变量，这些变量由 VSCode 注入在 Webview 中。使用这些 CSS 变量的好处在于，当 VSCode 切换不同主题时，插件 Webview 的颜色和交互能够随主题变化，从而增强兼容性。此外，CSS 变量可以通过 Webview 开发者工具进行查看，如图 6-4 所示。

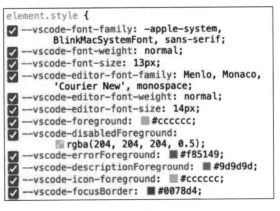

图 6-4　VSCode 提供的一部分 CSS 变量

接下来需要调整入口文件，以获取初始化的参数和 VSCode 通信实例，并将它注入组件中，

App.tsx 的代码修改如下：

```tsx
import React, { useEffect, useState } from 'react';        // 导入 React 及其 hooks
import { render } from 'react-dom';                         // 导入渲染函数
import { Home, IChatItem } from './components/Home';        // 导入 Home 组件及聊天项类型
import './global.css';                                      // 导入全局样式
import useParams from './hooks/useParams';                  // 导入自定义 hook 获取参数

// @ts-ignore
const vscode = acquireVsCodeApi();            // 获取 VSCode 的 API 实例

// 定义 AI 问题项类型
export type AIQuestionItem = { role: 'user' | 'assistant' | 'system'; content: string };

// 定义模式的枚举类型
enum Mode {
  Home = '1',        // 首页模式
  Chat = '2',        // 聊天模式
}

const App = () => {
  // 定义当前模式和当前聊天的状态
  const [currentMode, setCurrentMode] = useState<Mode>(Mode.Home);// 初始为首页模式
  const [currentChat, setCurrentChat] = useState<IChatItem>();    // 当前聊天项状态

  // 从 VSCode 透传的参数
  const params = useParams();          // 获取传递的参数

  useEffect(() => {
    // 在模式变化时发送初始化参数
    vscode.postMessage({
      method: 'initParams'             // 调用 initParams 方法
    });
  }, [currentMode]);                   // 依赖于 currentMode，当其变化时触发

  return (
    <>
      <h1>chatgpt for vscode</h1> {/* 页面标题 */}
      <Home
        vscode={vscode}                // 将 vscode 实例传递给 Home 组件
        params={params}                // 将获取的参数传递给 Home 组件
        onChange={(chat) => {          // 处理聊天项变化的回调
          setCurrentChat(chat);        // 设置当前聊天项
          setCurrentMode(Mode.Chat);   // 切换到聊天模式
        }}
      />
    </>
  );
};
```

```
// 渲染应用到 DOM 中
render(<App />, document.getElementById('root'));
```

在 App.tsx 中，注册了 currentMode 和 currentChat 的 state，分别用于模式切换和当前缓存选中的聊天内容。值得一提的是，App.tsx 中使用的 useParams 在 5.6.2 节中介绍过的自定义 hook，用于获取 Extension 传递给 Webview 的参数，具体代码如下：

```
import { useState, useEffect } from 'react';

const useParams = () => {
  // 声明一个状态，用于存储从 Webview 接收到的参数
  const [webviewParams, setWebviewParams] = useState<Record<string, any>>({});

  useEffect(() => {
    // 定义消息处理函数，用于接收来自 Webview 的消息
    const messageHandler = (event) => {
      setWebviewParams(event.data);        // 更新状态为接收到的数据
    };

    // 添加事件监听器，监听来自窗口的消息
    window.addEventListener('message', messageHandler);

    // 清理函数，在组件卸载时移除事件监听器
    return () => window.removeEventListener('message', messageHandler);
  }, []);              // 空依赖数组，确保只在组件挂载时添加一次监听器

  // 返回从 Webview 接收到的参数
  return webviewParams;
};

export default useParams;
```

同时在 App.tsx 中引入了一个全局样式文件 global.css，其中注册了一些通用的样式，例如字体和 button 标签的基础样式，具体代码如下：

```
body {
  font-size: var(--vscode-font-size);      /* 设置字体大小为 VSCode 主题中定义的字体大小 */
  font-family: var(--vscode-font-family);   /* 设置字体为 VSCode 主题中定义的字体 */
  font-weight: var(--vscode-font-weight);   /* 设置字体粗细为 VSCode 主题中定义的粗细 */
  color: var(--vscode-foreground);          /* 设置文本颜色为 VSCode 主题中定义的前景色 */
}

button {
    color: var(--vscode-button-foreground);    /* 设置按钮文字颜色为 VSCode 主题中定义的按钮前景色 */
    border: 1px solid var(--vscode-button-border);    /* 设置按钮边框为 VSCode 主题中定义的按钮边框颜色 */
    background-color: var(--vscode-button-background); /* 设置按钮背景颜色为 VSCode 主题中定义的按钮背景色 */
    cursor: pointer;         /* 鼠标悬停时显示为手形光标 */
    border-radius: 10px;     /* 设置按钮的圆角为 10px */
```

```
    padding: 6px 10px;        /* 设置按钮内边距，上下为 6px，左右为 10px */
}

button:hover {
    background-color: var(--vscode-button-hoverBackground);    /* 鼠标悬停时设置按钮背景颜
色为 VSCode 主题中定义的悬停背景色 */
```

至此，缓存首页的功能已经实现。重启插件后，可以看到缓存首页，其中可以新建聊天、查看历史聊天，也可以删除某个聊天，效果如图 6-5 所示。

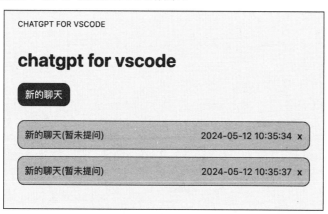

图 6-5　缓存首页的交互效果

6.1.6　聊天页面的实现

接下来，我们将实现聊天页面。聊天页面的实现可以分为 3 个部分：OpenAI API 的接入、打字机输出的实现以及输出内容的富文本展示。

1. OpenAI API 接入与打字机输出的实现

首先接入 OpenAI API，以使页面具备打字机输出的交互功能。对于聊天页面，创建 src/webview/components/Chat/index.tsx，用于存放相应的交互，写入如下代码：

```
import { default as LLMRequest } from "llm-request";
import React, { FC, useEffect, useMemo, useRef, useState } from 'react';
import { AIQuestionItem } from '../../App';
import { IChatItem } from "../Home";
import './index.css';

interface IProps {
  vscode: any;                              // VSCode 通信实例
  params: Record<string, any>;              // 从 Webview 传递的参数
  chat: IChatItem;                          // 当前聊天内容
  onBack: () => void;                       // 返回首页的回调函数
}

export const Chat: FC<IProps> = ({ vscode, params, chat, onBack }) => {
  const [currentChatList, setCurrentChatList] =
```

```
useState<AIQuestionItem[]>(chat.chatList);          // 当前聊天记录列表
    const [timestamp, setTimestamp] = useState(chat.timestamp);      // 聊天时间戳
    const [answer, setAnswer] = useState('');          // AI 的回答内容
    const [question, setQuestion] = useState('');      // 用户输入的问题

    const { apiKey, model } = params;                  // 获取 API 密钥和模型参数

    const contentRef = useRef<HTMLDivElement>(null);   // 引用聊天内容区域

    useEffect(() => {
      // 当聊天内容更新时，更新当前聊天列表和时间戳
      setCurrentChatList(chat.chatList);
      setTimestamp(chat.timestamp);
    }, [chat]);

    /**
     * 提问函数
     */
    const submit = async () => {
      const LLMRequestEntity = new LLMRequest(apiKey);   // 创建 LLM 请求实例
      let result = '';             // 初始化结果
      setCurrentChatList([         // 更新聊天记录，加入用户问题
        ...currentChatList,
        {
          role: 'user',
          content: question
        }
      ]);
      await LLMRequestEntity.openAIStreamChatCallback(   // 调用 OpenAI API 进行聊天
        {
          model,
          messages: [
            ...currentChatList,
            {
              role: "user",
              content: question,
            },
          ],
          stream: true,
        },
        (res) => {
          result += res;           // 累积 AI 的回答
          setAnswer(result);
          // 自动滚动到底部
          if (
            contentRef.current?.scrollTop &&
            contentRef.current?.scrollTop !== contentRef.current.scrollHeight
          ) {
            contentRef.current.scrollTop = contentRef.current.scrollHeight;
          }
```

```
      }
    );
    const newChat: AIQuestionItem[] = [              // 更新聊天记录，包括用户提问和 AI 回答
      ...currentChatList,
      {
        role: 'user',
        content: question
      },
      {
        role: 'assistant',
        content: result
      }
    ];
    // 如果是首次聊天，需要更新缓存
    if (currentChatList.length === 0) {
      vscode.postMessage({
        method: 'updateChatCacheByTimestamp',      // 更新缓存的方法
        params: {
          chat: newChat,
          timestamp
        }
      });
    }
    setCurrentChatList(newChat);              // 更新当前聊天记录
    setAnswer('');                            // 清空回答
  };

  const enableSubmit = useMemo(() => {
    // 判断是否可以提交
    return question && apiKey && model;
  }, [question, apiKey, model]);

  return (
    <div>
      <button onClick={onBack}>回到首页</button> {/* 返回首页的按钮 */}
      {!(apiKey && model) && <div>未填写 apiKey 或 model 配置，请在完成必要配置后使用</div>} {/* 提示未配置 */}
      <div className="chat_chatArea" ref={contentRef}> {/* 聊天内容区域 */}
        {currentChatList.map((item) => {
          return item.role === 'assistant' ? (
            <div className="chat_chatItem">
              <div className="chat_chatRole">ChatGPT</div>
              <div className="chat_chatContent">{item.content}</div>
            </div>
          ) : (
            <div className="chat_chatItem" style={{ alignItems: 'flex-end' }}>
              <div className="chat_chatRole">You</div>
              <div className="chat_chatContent">{item.content}</div>
            </div>
          );
```

```
            })}
            {answer &&
              <div className="chat_chatItem" >
                <div className="chat_chatRole">ChatGPT</div>
                <div className="chat_chatContent">{answer}</div>
              </div>}
          </div>
          <div>
            <div>
              <div className="chat_bottomArea"> {/* 输入区域 */}
                <textarea
                  className="chat_textarea"
                  placeholder="单击发送按钮或按 Enter 键询问"        // 输入提示
                  value={question}
                  onChange={(event) => {
                    setQuestion(event.target.value);    // 更新问题
                  }}
                  onKeyDown={(event) => {
                    if (event.key === "Enter" && enableSubmit) { // 按下回车键提交
                      event.preventDefault();              // 阻止默认行为
                      submit();
                    }
                  }}
                ></textarea>
                <button
                  className={`chat_submitBtn ${enableSubmit ? "" : "chat_disabled"}`} // 根据是否可提交改变按钮样式
                  onClick={() => {
                    if (enableSubmit) {
                      submit();            // 提交问题
                    }
                  }}
                >
                  发送
                </button>
              </div>
            </div>
          </div>
        </div>
    );
  };
```

在上面的代码中,实现了一个简易的 ChatGPT 交互,整体效果与之前实现的 Web 端 ChatGPT 类似,仍然使用 llm-request 来快速实现打字机输出效果。

同样,需要为 ChatGPT 实现兼容 VSCode 主题的样式。为此,可以创建 src/webview/components/Chat/ index.css 文件,并写入如下的样式代码:

```
.chat_bottomArea {
  position: relative;       /* 相对定位,便于子元素绝对定位 */
  width: 100%;              /* 宽度 100% */
```

```css
}

.chat_textarea {
  border: 1px solid var(--vscode-foreground);         /* 边框颜色使用 VSCode 前景色 */
  width: 100%;            /* 宽度 100% */
  padding: 10px 5px 0;    /* 内边距，上为 10px，左右为 5px，下为 0px */
  border-radius: 6px;     /* 边角圆润，半径为 6px */
  resize: none;           /* 禁止用户手动调整大小 */
  box-sizing: border-box; /* 包含内边距和边框在内的宽度计算 */
  background-color: var(--vscode-textPreformat-background);   /* 背景色使用 VSCode 文本预格式背景色 */
  color: var(--vscode-foreground);         /* 字体颜色使用 VSCode 前景色 */
}

.chat_chatArea {
  height: calc(100vh - 185px);          /* 高度计算，填满视口高度减去 185px */
  overflow: auto;         /* 超出部分显示滚动条 */
  margin: 15px 0;         /* 上下外边距为 15px */
}

.chat_chatItem {
  display: flex;          /* 使用弹性布局 */
  flex-direction: column; /* 垂直方向排列子元素 */
}

.chat_chatRole {
  font-size: 16px;        /* 字体大小为 16px */
  font-weight: 600;       /* 字体加粗 */
}

.chat_chatContent {
  border: 1px solid var(--vscode-foreground);         /* 边框颜色使用 VSCode 前景色 */
  border-radius: 8px;     /* 边角圆润，半径为 8px */
  padding: 10px;          /* 内边距为 10px */
  background: var(--vscode-textCodeBlock-background);    /* 背景色使用 VSCode 代码块背景色 */
  margin: 10px 0;         /* 上下外边距为 10px */
  width: fit-content;     /* 宽度自适应内容 */
}

.chat_submitBtn {
  position: absolute;     /* 绝对定位，允许灵活布局 */
  right: 10px;            /* 右侧边距为 10px */
  bottom: 8px;            /* 底部边距为 8px */
}

.chat_disabled {
  background-color: var(--vscode-disabledForeground);  /* 背景色使用 VSCode 禁用前景色 */
  cursor: not-allowed;    /* 光标样式为不可操作 */
}
```

```css
.chat_disabled:hover {
  background-color: var(--vscode-disabledForeground);    /* 悬停时背景色保持不变 */
  cursor: not-allowed;              /* 悬停时光标样式为不可操作 */
}
```

值得一提的是，上述逻辑中注册了一个新的与 Extension 通信的方法 updateChatCacheByTimestamp，用于更新指定时间戳的聊天信息。因为新建的聊天没有注入聊天信息等内容，所以在缓存页的回显上只会有一个默认的文案。因此，对于新建的聊天，首次聊天时需要更新聊天的缓存信息。src/core/chatgptWebview.ts 的代码修改如下：

```typescript
import { IChatItem } from '../webview/components/Home';
import * as vscode from 'vscode';

class ChatgptWebviewProvider implements vscode.WebviewViewProvider {
  // 其他的代码
  public resolveWebviewView(webviewView: vscode.WebviewView) {
    // 其他的代码

    // 监听来自 Webview 的消息
    webviewView.webview.onDidReceiveMessage((data) => {
      const { method, params } = data;        // 解构获取消息方法和参数
      switch (method) {
        case 'initParams':
          // 初始化

        case 'updateChatCache':
          // 新的缓存

        case 'updateChatCacheByTimestamp':
          // 更新指定 timestamp 的 chat
          const { chat, timestamp } = params;    // 解构获取聊天内容和时间戳
          const cache = this.extensionContext.workspaceState.get('chatCache') as IChatItem[]; // 获取当前工作区的聊天缓存
          const cacheIndex = cache.findIndex((item) => item.timestamp === timestamp); // 查找缓存中对应时间戳的索引
          if (cacheIndex !== -1) {
            cache[cacheIndex].chatList = chat;    // 更新对应的聊天内容
          }
          this.extensionContext.workspaceState.update('chatCache', cache);  // 更新工作区状态中的聊天缓存
          break;
        default:
          break;
      }
    });
  }
}
```

```
    // 其他的代码
}

export default ChatgptWebviewProvider;
```

到这里，ChatGPT 的打字机效果已经实现了。重启插件后，在插件配置项中填写 API_KEY，就可以开始聊天了，效果如图 6-6 所示。

目前尚未对输出内容进行富文本处理，因此换行和代码块等内容只能直接展示为普通文本，效果如图 6-7 所示。

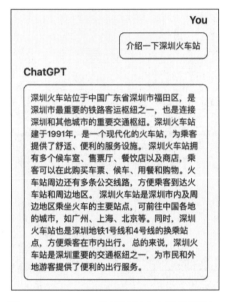

图 6-6　ChatGPT 关于深圳火车站的回复　　　　图 6-7　ChatGPT 关于 Dijkstra 算法的实现

2. 输出内容的富文本展示

对于输出内容的富文本展示，可以采用与之前 Web 端类似的组件来实现。只需在之前组件的基础上调整必要的样式，并支持 VSCode 插件的主题化即可。首先，安装代码块高亮和复制功能所需的依赖：

```
npm install highlight.js clipboard
```

然后，与之前 Web 端类似，实现一个富文本处理的组件 MarkdownParser 来代替普通的 div 块。创建 src/webview/components/MarkdownParser/index.tsx 文件，写入如下代码：

```
import React, { FC, useEffect, useMemo } from "react";
import ClipboardJS from "clipboard";
import "./index.css";

interface IMarkdownParserProps {
  answer: string;         // 接收的答案文本
}

export const MarkdownParser: FC<IMarkdownParserProps> = ({ answer }) => {
```

```javascript
  useEffect(() => {
    // 初始化 ClipboardJS，用于实现复制功能
    const clipboard = new ClipboardJS(".copy");
    return () => {
      clipboard.destroy();          // 组件卸载时销毁 ClipboardJS 实例
    };
  }, []);

  const formatCode = useMemo(() => {
    // 将\n 替换为<br />，代码块前后设置两个换行符可去掉
    let formattedStr = answer.replaceAll("\n\n", "").replace(/\n/g, "<br />");

    // 查找以```开始并以```结束的代码块，提取语言标识和代码内容
    const codeBlockPattern = /```([\s\S]+?)```/g;

    let match;
    while ((match = codeBlockPattern.exec(formattedStr)) !== null) {
      // 提取代码块的语言标识
      const language = match[1].split("<br />")[0];
      // 提取代码内容
      const codeContent = match[1].split("<br />").slice(1).join("\n");

      // 替换当前代码块为带有语言标识和代码内容的新格式
      const formattedCode = `
      <div>
        <div class="markdown_topArea">
          <span>${language}</span>             // 显示语言标识
          <span class="markdown_copy" data-clipboard-text="${codeContent.trim()}">copy code</span> // 复制按钮
        </div>
        <pre class="markdown_codeArea"><code class=${`language-${language}`}>${codeContent.trim()}</code></pre>
      </div>`;
      formattedStr =
        formattedStr.slice(0, match.index) +          // 替换前半部分
        formattedCode +  // 插入新格式代码块
        formattedStr.slice(match.index + match[0].length);  // 替换后半部分
    }

    // 最后将整个结果包裹在<div>...</div>中
    return `<div class="markdown_parserArea">${formattedStr}</div>`;
  }, [answer]);

  return <div dangerouslySetInnerHTML={{ __html: formatCode }} />;    // 使用 dangerouslySetInnerHTML 渲染 HTML
};
```

在上述组件中，处理了换行和代码块的场景，整体逻辑和 Web 端的场景大致相同。下面来实现这个组件的样式，创建 src/webview/components/MarkdownParser/index.css 文件，写入如下样式代码：

```css
.markdown_parserArea {
```

```css
  line-height: 28px;        /* 行高设置为 28px */
  width: 350px;             /* 宽度设置为 350px */
}

.markdown_topArea {
  font-size: 12px;          /* 字体大小设置为 12px */
  width: 100%;              /* 宽度设置为 100% */
  background: var(--vscode-textCodeBlock-background);  /* 背景颜色使用 VSCode 主题变量 */
  padding: 5px 10px;        /* 内边距设置为上下 5px，左右 10px */
  box-sizing: border-box;   /* 盒模型设置为 border-box，包含内边距和边框 */
  color: var(--vscode-foreground);    /* 字体颜色使用 VSCode 主题变量 */
  margin-top: 1em;          /* 上边距设置为 1em */
  display: flex;            /* 使用 flex 布局 */
  justify-content: space-between;  /* 子元素之间的空间均匀分配 */
}

.markdown_codeArea {
  margin-top: 0;            /* 顶部边距设置为 0px */
}

.markdown_copy {
  cursor: pointer;          /* 鼠标悬停时显示为手形光标 */
}

.copy:hover {
  color: var(--vscode-descriptionForeground);   /* 鼠标悬停时改变字体颜色 */
}
```

在样式代码中，对颜色、背景等样式进行了必要的主题化兼容，使用了内置的 CSS 变量进行配置。

实现 MarkdownParser 组件后，修改 Chat 组件，使用 MarkdownParser 组件替换原有的 div 块，以便正常渲染富文本内容。同时，还需要调用 highlight.js，以完成代码块的高亮显示。src/webview/components/Chat/index.tsx 的代码修改如下：

```tsx
import { default as LLMRequest } from "llm-request";           // 导入 LLMRequest 模块
import React, { FC, useEffect, useMemo, useRef, useState } from 'react';   // 导入 React 和相关 Hooks
import { AIQuestionItem } from '../../App';                    // 导入 AIQuestionItem 类型
import { IChatItem } from "../Home";                           // 导入 IChatItem 接口
import { MarkdownParser } from "../MarkdownParser";            // 导入 MarkdownParser 组件
import hljs from "highlight.js";                               // 导入 highlight.js 库用于代码高亮
import "highlight.js/styles/default.css";                      // 导入 highlight.js 默认样式
import './index.css';                                          // 导入本地样式

interface IProps {
  vscode: any;                      // vscode 对象，用于与 VSCode 进行交互
  params: Record<string, any>;      // 传入的参数对象
  chat: IChatItem;                  // 聊天记录项
  onBack: () => void;               // 返回首页的回调函数
}
```

```tsx
export const Chat: FC<IProps> = ({ vscode, params, chat, onBack }) => {
  // 其他的代码

  useEffect(() => {
    hljs.highlightAll();           // 在组件渲染后调用 highlight.js 进行代码高亮
  }, [currentChatList]);           // 依赖于 currentChatList，变化时重新高亮

  // 其他的代码

  return (
    <div>
      <button onClick={onBack}>回到首页</button> {/* 回到首页的按钮 */}
      {!(apiKey && model) && <div>未填写 apiKey 或 model 配置，请在完成必要配置后使用</div>} {/* 提示用户配置 apiKey 和 model */}
      <div className="chat_chatArea" ref={contentRef}> {/* 聊天区域，使用 ref 获取引用 */}
        {currentChatList.map((item) => {
          return item.role === 'assistant' ? (       // 判断角色是否为助手
            <div className="chat_chatItem">
              <div className="chat_chatRole">ChatGPT</div> {/* 显示角色名称 */}
              <div className="chat_chatContent">
                <MarkdownParser answer={item.content} /> {/* 使用 MarkdownParser 渲染内容 */}
              </div>
            </div>
          ) : (
            <div className="chat_chatItem" style={{ alignItems: 'flex-end' }}> {/* 用户消息，右对齐 */}
              <div className="chat_chatRole">You</div> {/* 显示用户角色名称 */}
              <div className="chat_chatContent">{item.content}</div> {/* 显示用户内容 */}
            </div>
          );
        })}
        {answer &&              // 如果有答案，显示 ChatGPT 的回答
          <div className="chat_chatItem">
            <div className="chat_chatRole">ChatGPT</div>
            <div className="chat_chatContent">
              <MarkdownParser answer={answer} /> {/* 使用 MarkdownParser 渲染答案 */}
            </div>
          </div>}
      </div>
      {/* 其他的代码 */}
    </div>
  );
};
```

到这里，ChatGPT 对富文本内容的支持已经完成。重启插件后，再次打开关于 Dijkstra 算法的历史聊天窗口，可以看到代码块已经能够正常渲染和复制，效果如图 6-8 所示。

6.2 代码语言转换工具

本节将实现一个代码语言转换工具。与 ChatGPT 不同的是，该工具没有 Webview，而是以选项为主体的插件功能，支持语言之间的相互转换。本节内容包括插件功能剖析、插件功能配置项注册、全文件语言转换、全文件语言转换结果的追问以及选中局部代码的语言转换。

6.2.1 插件功能剖析

本节要实现的插件是一个代码语言转换工具。在日常开发中，可能会遇到一些重构类的需求，比如将老旧的 Python 服务升级为

图 6-8　支持富文本处理后，ChatGPT 关于 Dijkstra 算法的实现

Go 服务。在这种场景下，直接迭代可能会比较低效，并且容易遗漏某些代码逻辑。如果负责迁移的开发人员对其中一种语言不熟悉，还可能带来新的困难和风险。因此，基于这个初衷，我们实现一个代码语言转换工具的 VSCode 插件，以辅助这一过程。

代码语言转换工具的主体功能是支持对全文件进行对应的语言转换。但由于模型本身的效果尚不能达到完全开箱即用的程度，因此提供对生成结果的追问也是一个必需的功能。在这两个功能的基础上，我们还将提供一个选中局部代码语言转换的功能，以便灵活处理较短代码区域内局部代码的转换。至于整体的交互触发，我们把它注册到右键触发的菜单栏中，这种插件功能最适合以编辑器为主要应用区域。

梳理下来，我们需要实现以下 3 个功能：

（1）支持全文件语言转换。

（2）支持对全文件语言转换结果的追问。

（3）支持选中局部代码的语言转换。

6.2.2 插件功能配置项注册

对于代码语言转换工具的插件配置项设计，我们将注册一个参数用于控制插件转换的默认语言，具体配置项的说明如表 6-2 所示。

表 6-2 代码语言转换工具的插件配置项

配置项名称	类型	必填	说明
aiCodeExtensionSet.targetLanguage	string	否	语言转换的目标语言，选项包含 JavaScript、Java、Go 和 Python，可根据实际需求添加更多语言，默认为 JavaScript

对应的 contributes/configuration 配置代码如下：

```
"aiCodeExtensionSet.targetLanguage": {
    "type": "string",                    // 定义参数类型为字符串
    "default": "",                       // 默认值为空字符串
    "default": "javaScript",             // 默认目标语言为 JavaScript
    "enum": [                            // 可选的目标语言列表
        "javaScript",                    // 支持的目标语言：JavaScript
        "java",                          // 支持的目标语言：Java
        "go",                            // 支持的目标语言：Go
        "python"                         // 支持的目标语言：Python
    ],
    "description": "语言转换的目标语言"   // 参数描述：指定语言转换的目标语言
}
```

6.2.3 支持全文件语言转换

全文件语言转换的实现相对简单，可以拆解为以下 3 个流程：

（1）在右键触发菜单项时，通过 vscode.commands.registerCommand API 获取触发菜单项所在的 .uri 文件。

（2）通过 .fs 文件操作获取对应的文件内容，与 AI 交互生成语言转换后的结果。

（3）将结果写入指定的文件中，这里初定为写入与当前文件名相同且以转换后的语言为后缀的文件中。例如，如果转换的文件是 index.ts，而转换后的语言是 JavaScript，就把转换后的结果写入同级目录下的 index.js 文件中。

为实现上述流程，首先创建 src/core/codeTransformer.ts 文件，用于实现代码语言转换的功能类。该类不仅是全文件语言转换，后续的功能实现也将在此集成。目前不需要任何构造函数入参，只需暴露一个公有（public）方法作为全文件语言转换的功能启动即可。这个方法被命名为 fullTransform，它有一个入参 filePath，也就是转换的文件路径。理清逻辑后，可以实现以下 CodeTransformer 类：

```
import * as fs from 'fs';                                          // 导入文件系统模块
import { default as LLMRequest } from "llm-request";               // 导入 LLM 请求模块
// 导入 OpenAI 聊天响应类型
import { IOpenAIChatResponse } from 'llm-request/dist/types/core/openAI/chat';
import { getCode } from '../utils';                                // 导入工具函数 getCode
import * as vscode from 'vscode';                                  // 导入 VSCode 模块

// 语言映射，将目标语言名称映射为文件后缀
const languageMap = {
    javaScript: 'js',
```

```
    java: 'java',
    go: 'go',
    python: 'py'
};

class CodeTransformer {
    /**
     * 获取存放结果的 filePath
     */
    private getResultFilePath(filePath: string) {
        const configuration = vscode.workspace.getConfiguration(); // 获取VSCode工作区配置
        const targetLanguage = configuration.get('aiCodeExtensionSet.targetLanguage') as
'javaScript' | 'java' | 'go' | 'python';           // 获取目标语言
        const fileArr = filePath.split('.');           // 分割文件路径为数组
        // 返回新的文件路径，替换原文件后缀为目标语言后缀
        return [...fileArr.slice(0, fileArr.length - 1),
languageMap[targetLanguage]].join('.');
    }

    /**
     * 全量转换
     */
    async fullTransform(filePath: string) {
        const configuration = vscode.workspace.getConfiguration(); // 获取VSCode工作区配置
        const LLMRequestEntity = new
LLMRequest(configuration.get('aiCodeExtensionSet.apiKey'));        // 创建LLM请求实例
        // 获取模型配置
        const model = configuration.get('aiCodeExtensionSet.model') as 'gpt-3.5-turbo';
        const targetLanguage = configuration.get('aiCodeExtensionSet.targetLanguage') as
'javaScript' | 'java' | 'go' | 'python';           // 获取目标语言
        // 显示进度通知
        vscode.window.withProgress(
          {
            title: `Transform Code to ${targetLanguage}`,    // 进度标题
            location: vscode.ProgressLocation.Notification,  // 进度位置
            cancellable: true // 允许取消
          },
          async (progress, token) => {
            progress.report({ message: `当前作业文件路径: ${filePath}` }); // 更新进度信息
            try {
              // 读取文件内容
              const fileContent = await fs.promises.readFile(filePath);
              const fileSuffix = filePath.split('.').pop();          // 获取文件后缀
              const resultFilePath = this.getResultFilePath(filePath); // 获取转换后的文件路径
              // 与AI交互生成转换后的代码
              const chatRes = (await LLMRequestEntity.openAIChat({
                model,
                messages: [
                  {
```

```
                    role: 'user',
                    content: `将以下${fileSuffix}代码用${targetLanguage}实现,尽可能保留原来代码
的功能,对于因为缺乏库和依赖等原因而无法实现的部分,补充相关的注释说明。请使用Markdown语法输出实现的代码,
需要实现的代码我在下一个问题告诉你。`
                },
                {
                    role: 'user',
                    content: `代码如下: ${fileContent}`          // 将代码内容发送给AI
                }
            ],
        })) as IOpenAIChatResponse;
        // 将转换后的结果写入文件
        await fs.promises.writeFile(resultFilePath, getCode(chatRes.answer));
        // 显示转换完成消息
        vscode.window.showInformationMessage(`作业文件路径: ${filePath}转换完成`);
        return;
    } catch (err) {
        vscode.window.showErrorMessage(err.message);          // 显示错误消息
        return;
    }
            }
        }
    );
}
}

export default CodeTransformer;                 // 导出 CodeTransformer 类
```

在这个类中,注册了一个进度条,并与 OpenAI API 进行交互,将待转换文件的代码和目标语言格式传递给模型。在获取最终的转换结果后,进行文件写入和状态提示。

值得一提的是,这个类还调用了 utils/index.ts 中定义的 getCode 函数,用于提取 OpenAI API 响应结果中的代码片段。提取的方法是将 OpenAI API 的响应结果限制为 Markdown 语法,然后使用正则表达式进行提取。这种方法在代码相关的 AI 生成式应用中具有广泛的应用,对应的代码实现如下:

```
/**
 * 从 AI response 中提取代码
 * @param answer - AI 响应中的文本,可能包含代码块
 */
const getCode = (code: string) => {
    // 定义正则表达式,匹配 Markdown 格式的代码块
    const codeRegex = /```(?:\w+\n)?([\s\S]*?)```/;

    // 使用正则表达式提取第一个代码块,若没有找到则返回空字符串
    const firstCodeBlock = code?.match(codeRegex)?.[0] || '';

    // 将提取到的代码块按行分割,去掉首尾的行(即语言标识和结束的 ```),然后重新连接为字符串
    return firstCodeBlock.split('\n').slice(1, -1).join('\n') || code; // 如果没有提取到
代码块,返回原始输入
};

export {
```

```
    getCode          // 导出 getCode 函数供其他模块使用
};
```

下面需要修改 extension.ts 文件，在入口文件处注册全文件语言转换的命令，修改后的代码如下：

```
import * as vscode from 'vscode';
import ChatgptWebviewProvider from './core/chatgptWebview';
import CodeTransformer from './core/codeTransformer';

export function activate(context: vscode.ExtensionContext) {
  // 创建 ChatGPT 的 Webview 提供者实例
  const provider = new ChatgptWebviewProvider(context);

  // 注册 ChatGPT Webview 视图提供者
  const chatgptProvider = vscode.window.registerWebviewViewProvider(
    'chatgpt-for-vscode', // Webview 的 ID
    provider, // 提供者实例
    {
      webviewOptions: { retainContextWhenHidden: true } // 当 Webview 隐藏时保留上下文
    }
  );

  // 创建代码语言转换工具的实例
  const codeTransformEntity = new CodeTransformer();

  // 注册全文件语言转换的命令
  const codeTransform = vscode.commands.registerCommand(
    'ai-code-extension-set.code-transform',        // 命令的 ID
    (uri) => {
      // 获取文件路径，并进行转换
      const filePath = `/${uri.path.substring(1)}`;   // 去掉路径的第一个斜杠
      codeTransformEntity.fullTransform(filePath);    // 调用全文件转换方法
    }
  );

  // 将提供者和命令推入上下文的订阅中
  context.subscriptions.push(chatgptProvider, codeTransform);
}

export function deactivate() { }
```

最后在 package.json 中注册对应命令的位置，就可以实现全文件代码的语言转换了，对应的配置项如下：

```
"commands": [{
    "command": "ai-code-extension-set.code-transform", // 定义命令，用于全文件代码语言转换
    "title": "Transform code"         // 命令的标题，显示在菜单中
}],
"menus": {
    "editor/context": [{
        "when": "editorFocus",        // 仅在编辑器获得焦点时显示此命令
```

```json
            "command": "ai-code-extension-set.code-transform",    // 关联的命令
            "group": "navigation"           // 命令分组,用于组织菜单项
        }],
        "explorer/context": [{
            "command": "ai-code-extension-set.code-transform",    // 在资源管理器上下文菜单中显示此命令
            "group": "navigation"           // 命令分组,用于组织菜单项
        }]
    }
```

现在重启插件,在编辑器中打开任意文件,就能看到 Transform Code 的菜单项。单击该菜单项后,稍等片刻即可看到转换后的代码,效果如图 6-9 所示。

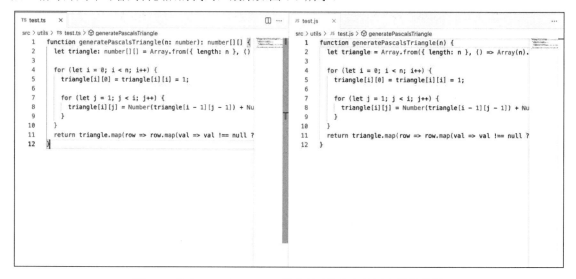

图 6-9　单击 Transform Code 菜单项后的全文件语言转换结果

6.2.4　支持对全文件语言转换结果的追问

读者在使用 ChatGPT 后,应该会发现一个问题:模型的输出结果并不是一定准确,有时一些细节或方向输出的是错误的。因此,在全文件语言转换结束后,提供一个追问的入口来完善答案就显得非常必要。在第 6.1 节中已经在 VSCode 插件中实现了 ChatGPT 的功能,这里可以通过调用 ChatGPT 的 Webview 界面来更高效地实现这一功能。

整个追问的流程可以拆解为以下 3 个环节:

(1)在需要触发追问的文件中选择追问功能的菜单项。
(2)如果存在转换后的文件,通过命令调用 ChatGPT 的 Webview。
(3)将文件转换过程中的 Prompt(提示词)记录传递给 Webview,作为初始化的聊天记录。

在这个过程中,需要关注两个实现上的问题:

(1)如何调用 ChatGPT 的 Webview?
(2)如何将转换过程中的 Prompt(提示词)记录传递给 Webview?

对于第一个问题,Webview 的调用可以通过 vscode.commands.executeCommand('workbench.

view.extension.chatgpt-for-vscode')实现。在 VSCode 插件中，所有已被注册的 Webview 都会注册在 workbench.view.extension 中，可以在后面加上 Webview 的 id 来主动调用。对于第二个问题，需要用到第 5 章中介绍的通信方式主动传递给 Webview，不过需要调整的是获取的方式改为轮询，以确保能够随时接收通信信息。从转换文件到追问的整个过程的 UML 图如图 6-10 所示。

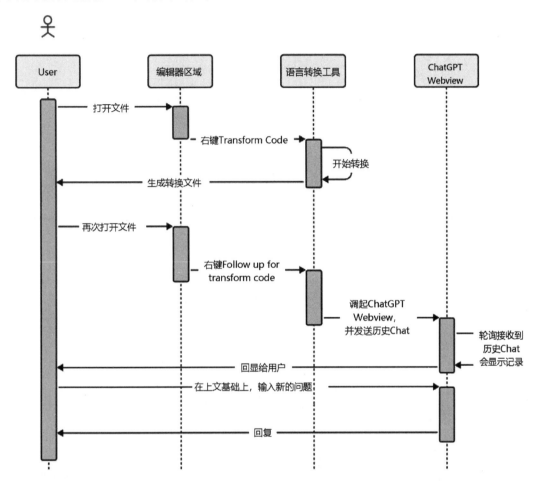

图 6-10 从转换文件到追问的整个过程

梳理完流程后，现在开始实现对全文件语言转换结果的追问。首先迭代 CodeTransformer 类，增加追问的方法 followUp，在追问方法中使用 vscode.commands.executeCommand API 调用 Webview，并传递额外的标记参数用于标识转换的历史聊天，CodeTransformer.ts 代码修改如下：

```
import * as fs from 'fs';              // 导入文件系统模块
import { default as LLMRequest } from "llm-request";    // 导入 LLM 请求模块
// 导入 OpenAI 聊天响应类型
import { IOpenAIChatResponse } from 'llm-request/dist/types/core/openAI/chat';
import { getCode } from '../utils';    // 导入工具函数
import * as vscode from 'vscode';       // 导入 VSCode 模块

// 语言映射，将目标语言映射到文件后缀
const languageMap = {
```

```typescript
    javaScript: 'js',
    java: 'java',
    go: 'go',
    python: 'py'
};

class CodeTransformer {
    private extensionContext: vscode.ExtensionContext;       // 定义扩展上下文

    constructor(context) {
        this.extensionContext = context;             // 构造函数中初始化扩展上下文
    }

    /**
     * 获取存放结果的文件路径
     */
    private getResultFilePath(filePath: string) {
        const configuration = vscode.workspace.getConfiguration();     // 获取当前工作区配置
        const targetLanguage = configuration.get('aiCodeExtensionSet.targetLanguage') as 'javaScript' | 'java' | 'go' | 'python';     // 获取目标语言
        const fileArr = filePath.split('.');     // 分割文件路径以获取文件名和后缀
        return [...fileArr.slice(0, fileArr.length - 1), languageMap[targetLanguage]].join('.');       // 返回新的文件路径
    }

    /**
     * 获取指定路径的 AI 问题
     * @param filePath 文件路径
     */
    private async getAIQuestion(filePath: string): Promise<{
        role: "user" | "assistant" | "system";     // 消息角色
        content: string;         // 消息内容
    }[]> {
        const configuration = vscode.workspace.getConfiguration();     // 获取当前工作区配置
        const targetLanguage = configuration.get('aiCodeExtensionSet.targetLanguage') as 'javaScript' | 'java' | 'go' | 'python';     // 获取目标语言

        const fileSuffix = filePath.split('.').pop();               // 获取文件后缀
        const fileContent = await fs.promises.readFile(filePath);     // 读取文件内容

        return [
            {
                role: 'user',
                content: `将以下${fileSuffix}代码用${targetLanguage}实现，尽可能保留源代码的能力，对于因为缺乏库和依赖等原因而无法实现的部分，补充相关的注释说明。请使用Markdown语法输出实现的代码，需要实现的代码我在下一个问题告诉你。`
            },
            {
                role: 'user',
                content: `代码如下：${fileContent}`            // 将文件内容作为消息内容
```

```typescript
    }
  ];
}

/**
 * 全量转换
 */
async fullTransform(filePath: string) {
  const configuration = vscode.workspace.getConfiguration();        // 获取当前工作区配置
  const LLMRequestEntity = new
LLMRequest(configuration.get('aiCodeExtensionSet.apiKey'));          // 创建 LLM 请求实体
  const model = configuration.get('aiCodeExtensionSet.model') as 'gpt-3.5-turbo'; // 获取模型
  const targetLanguage = configuration.get('aiCodeExtensionSet.targetLanguage') as
'javaScript' | 'java' | 'go' | 'python';                             // 获取目标语言
  vscode.window.withProgress(
    {
      title: `Transform Code to ${targetLanguage}`,                  // 显示转换进度的标题
      location: vscode.ProgressLocation.Notification,                // 设置进度条位置
      cancellable: true                                              // 允许取消操作
    },
    async (progress, token) => {
      progress.report({ message: `当前作业文件路径：${filePath}` });  // 更新进度信息
      try {
        const resultFilePath = this.getResultFilePath(filePath);     // 获取结果文件路径
        const chatRes = (await LLMRequestEntity.openAIChat({
          model,                                                     // 使用的模型
          messages: await this.getAIQuestion(filePath),              // 获取 AI 问题
        })) as IOpenAIChatResponse;                                  // 调用 OpenAI 接口
        // 将响应的代码写入文件
        await fs.promises.writeFile(resultFilePath, getCode(chatRes.answer));
        // 显示转换完成的信息
        vscode.window.showInformationMessage(`作业文件路径：${filePath}转换完成`);
        return;
      } catch (err) {
        vscode.window.showErrorMessage(err.message);                 // 显示错误信息
        return;
      }
    }
  );
}

/**
 * 追问
 * @param filePath 文件路径
 */
async followUp(filePath: string) {
  const chatCache = this.extensionContext.workspaceState.get('chatCache', []); // 获取聊天缓存
  const timestamp = new Date().getTime();                            // 获取当前时间戳
```

```
    const configuration = vscode.workspace.getConfiguration();      // 获取当前工作区配置
    const targetLanguage = configuration.get('aiCodeExtensionSet.targetLanguage') as
'javaScript' | 'java' | 'go' | 'python';            // 获取目标语言
    let answer;
    try {
      const answerPath = await this.getResultFilePath(filePath);    // 获取答案文件路径
      await fs.promises.access(answerPath, fs.constants.F_OK);      // 检查文件是否存在
      answer = await fs.promises.readFile(answerPath);              // 读取答案文件内容
    } catch (error) {
      // 显示错误信息
      vscode.window.showErrorMessage('未生成转换,请先生成转换文件后再使用追问');
    }
    // 更新聊天缓存,存储新的聊天记录
    this.extensionContext.workspaceState.update('chatCache', [...chatCache, {
      chatList: [...await this.getAIQuestion(filePath), {
        role: 'assistant',  // 设置角色为助手
        content: `\`\`\`${targetLanguage}<br />${answer}\`\`\``  // 将答案内容格式化为
Markdown
      }],
      timestamp       // 存储时间戳
    }]);
    // 更新当前时间戳
    this.extensionContext.workspaceState.update('currentTimestamp', timestamp);
    vscode.commands.executeCommand('workbench.view.extension.chatgpt-for-vscode');  //
调用 ChatGPT 的 Webview
  }
}

export default CodeTransformer;           // 导出 CodeTransformer 类
```

在上面的代码中,我们在调用 Webview 之前添加了 chatCache 和 currentTimestamp 缓存:chatCache 中记录了这次转换的历史聊天,作为一个新的聊天记录;而 currentTimestamp 则是新增的标识位,用于告知 Webview 此次聊天能以激活聊天状态启动,而不是停留在首页。

接下来,我们需要修改 chatgptWebview.ts 文件,在其中添加对 currentTimestamp 缓存的初始化,同时注册一个新的事件 clearTimestamp,用于在初始化 Webview 激活页面后清除标识位,代码修改如下:

```
import { IChatItem } from '../webview/components/Home';   // 导入聊天项类型
import * as vscode from 'vscode';                         // 导入 VSCode API

class ChatgptWebviewProvider implements vscode.WebviewViewProvider {
  private extensionContext: vscode.ExtensionContext;      // 扩展的上下文
  constructor(context: vscode.ExtensionContext) {
    this.extensionContext = context;                      // 初始化扩展上下文
  }

  public resolveWebviewView(webviewView: vscode.WebviewView) {
    // 其他的代码
```

```
    webviewView.webview.onDidReceiveMessage((data) => {       // 监听 Webview 消息
      const { method, params } = data;                         // 解构消息中的方法和参数
      switch (method) {
        case 'initParams':
          // 初始化参数
          const configuration = vscode.workspace.getConfiguration(); // 获取工作区配置
          webviewView.webview.postMessage({
            // 其他字段
            currentTimestamp:
this.extensionContext.workspaceState.get('currentTimestamp', 0), // 发送当前时间戳
          });
          break;

        case 'updateChatCache':
          // 存储新的聊天缓存
          break;

        case 'updateChatCacheByTimestamp':
          // 更新指定时间戳的聊天记录
          break;

        case 'clearTimestamp':
          // 清除当前时间戳缓存
          this.extensionContext.workspaceState.update('currentTimestamp', 0); // 将时间
戳重置为 0
          break;

        default:
          break; // 默认情况下不处理
      }
    });
  }

  // 其他的代码
}

export default ChatgptWebviewProvider; // 导出 ChatgptWebviewProvider 类
```

完成事件注册后，修改 Webview 的入口页面，使它可以识别 currentTimestamp，从而实现聊天页的自动激活。这个过程需要添加轮询的逻辑，以确保实时传递的参数能够被捕获。App.tsx 的代码修改如下：

```
import React, { useEffect, useState } from 'react';
import { render } from 'react-dom';
import { Home, IChatItem } from './components/Home';
import './global.css';
import useParams from './hooks/useParams';
import { Chat } from './components/Chat';

// @ts-ignore
```

```typescript
const vscode = acquireVsCodeApi();              // 获取 VSCode API 实例

export type AIQuestionItem = { role: 'user' | 'assistant' | 'system', content: string };
        // 定义 AI 问题项类型

enum Mode {
  Home = '1',                       // 首页模式
  Chat = '2',                       // 聊天模式
}

interface IParams {
  chatCache: {                      // 聊天缓存
    chatList: AIQuestionItem[],     // 聊天记录列表
    timestamp: number               // 时间戳
  }[],
  apiKey?: string,                  // API 密钥（可选）
  model?: string,                   // 模型类型（可选）
  currentTimestamp: number,         // 当前时间戳
}

const App = () => {
  const [currentMode, setCurrentMode] = useState<Mode>(Mode.Home);      // 当前模式，默认为首页模式
  const [currentChat, setCurrentChat] = useState<IChatItem>();          // 当前聊天项

  // 从 VSCode 透传的参数
  const params = useParams<IParams>();

  useEffect(() => {
    // 每 5 秒轮询更新
    setInterval(() => {
      vscode.postMessage({
        method: 'initParams'        // 向 VSCode 发送初始化参数请求
      });
    }, 5000);
  }, []);

  useEffect(() => {
    const { currentTimestamp, chatCache } = params;            // 解构获取当前时间戳和聊天缓存
    const chat = chatCache?.find((item) => item.timestamp === currentTimestamp); // 查找匹配的聊天项
    if (currentTimestamp && chat) {
      setCurrentMode(Mode.Chat);                // 切换到聊天模式
      setCurrentChat(chat);                     // 设置当前聊天项
      // 切换完状态后要初始化时间戳标识位
      vscode.postMessage({
        method: 'clearTimestamp'                // 清除时间戳
      });
    }
  }, [params?.currentTimestamp, params?.chatCache]);   // 依赖于当前时间戳和聊天缓存的变化
```

```
    return (
      <>
        <h1>chatgpt for vscode</h1>
        {currentMode === Mode.Home ? (
          <Home vscode={vscode} params={params} onChange={(chat) => {  // 如果是首页模式,渲染首页组件
            setCurrentChat(chat);                // 设置当前聊天项
            setCurrentMode(Mode.Chat);           // 切换到聊天模式
          }} />
        ) : (
          <Chat chat={currentChat} vscode={vscode} params={params} onBack={() => {  // 如果是聊天模式,渲染聊天组件
            setCurrentMode(Mode.Home);           // 返回首页模式
          }} />
        )}
      </>
    );
  };

  render(<App />, document.getElementById('root'));            // 渲染 App 组件到页面根节点
```

到这里,追问功能基本实现完成,只需在 extension.ts 和 package.json 中完成对应命令的注册即可。extension.ts 的代码修改如下:

```
import * as vscode from 'vscode';                              // 导入 VSCode API
import ChatgptWebviewProvider from './core/chatgptWebview';   // 导入 ChatGPT Webview 提供者
import CodeTransformer from './core/codeTransformer';          // 导入代码转换工具类

export function activate(context: vscode.ExtensionContext) {
  // 在 VSCode 中激活扩展

  // 实例化 ChatGPT Webview 提供者
  const provider = new ChatgptWebviewProvider(context);
  const chatgptProvider = vscode.window.registerWebviewViewProvider(
    'chatgpt-for-vscode', // 注册的 Webview ID
    provider,
    {
      webviewOptions: { retainContextWhenHidden: true }        // 隐藏时保留上下文
    }
  );

  // 实例化代码语言转换工具
  const codeTransformEntity = new CodeTransformer(context);

  // 注册全文件语言转换命令
  const codeTransform = vscode.commands.registerCommand(
    'ai-code-extension-set.code-transform',
    (uri) => {
      const filePath = `/${uri.path.substring(1)}`;            // 获取文件路径
```

```
            codeTransformEntity.fullTransform(filePath);           // 调用全量转换方法
        }
    );

    // 注册追问命令
    const followUpForCodeTransform = vscode.commands.registerCommand(
        'ai-code-extension-set.follow-up-for-code-transform',
        (uri) => {
            const filePath = `/${uri.path.substring(1)}`;           // 获取文件路径
            codeTransformEntity.followUp(filePath);                 // 调用追问方法
        }
    );

    // 将所有命令和提供者推入上下文的订阅数组中
    context.subscriptions.push(chatgptProvider, followUpForCodeTransform,
codeTransform);
}

export function deactivate() { }                    // 扩展停用时的逻辑
```

在上述逻辑中，我们注册了 follow-up-for-code-transform 命令，并在其中调用了 CodeTransform 类中定义的 followUp 追问方法。在 package.json 中完成该命令的配置，以便它可以回显在菜单项中，对应的配置项如下：

```
    "commands": [
      {
        "command": "ai-code-extension-set.follow-up-for-code-transform",   // 定义命令,用于
追问代码转换的功能
        "title": "Follow up for code transform"         // 命令的显示标题
      }
    ],
    "menus": {
      "editor/context": [
        {
          "when": "editorFocus",                        // 当编辑器处于焦点时才显示该菜单项
          "command": "ai-code-extension-set.follow-up-for-code-transform",  // 关联的命
令
          "group": "navigation"                         // 将菜单项归类到导航组
        }
      ],
      "explorer/context": [
        {
          "command": "ai-code-extension-set.follow-up-for-code-transform",  // 在资源管
理器上下文中显示该命令
          "group": "navigation"         // 将菜单项归类到导航组
        }
      ]
```

到这里，针对全文件语言转换结果的追问功能就实现完成了。打开一个转换过的文件，单击

Follow up for code transform 菜单项，就可以看到 ChatGPT 的 Webview 被调用，并激活到聊天页面，显示出转换文件之前的聊天记录，效果如图 6-11 所示。

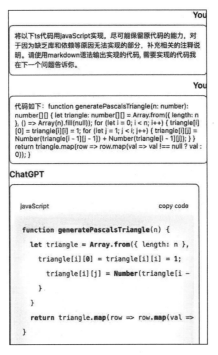

图 6-11　单击 Follow up for code transform 后调用的 Webview 页面

现在，我们可以在之前聊天的基础上继续追问，插件将结合上文信息对追问的问题做出答复。

6.2.5　支持局部代码语言转换

除了全文件的代码语言转换，局部代码的语言转换也是一个重要功能。相比全文件的转换，局部代码语言转换提供了更为灵活的交互形式，供用户选择。交互方式为悬停指定代码后右键触发。

对于聚焦的代码，VSCode 提供了 vscode.window.activeTextEditor 来获取对应代码的内容。接下来，我们将迭代 codeTransformer.ts，为 CodeTransformer 类注册局部代码语言转换的方法，代码修改如下：

```typescript
import * as fs from 'fs';                                    // 导入文件系统模块
import { default as LLMRequest } from "llm-request";         // 导入 LLM 请求库
// 导入 OpenAI 聊天响应类型
import { IOpenAIChatResponse } from 'llm-request/dist/types/core/openAI/chat';
import { getCode } from '../utils';                          // 导入获取代码的工具函数
import * as vscode from 'vscode';                            // 导入 VSCode API

// 定义语言映射，将编程语言映射到对应的缩写
const languageMap = {
  javaScript: 'js',
  java: 'java',
  go: 'go',
  python: 'py',
```

```typescript
  };

  class CodeTransformer {
    private extensionContext: vscode.ExtensionContext;              // 声明扩展上下文

    constructor(context) {
      this.extensionContext = context;                              // 初始化扩展上下文
    }

    // 其他的代码

    /**
     * 指定选中代码的转换
     * @param filePath - 当前文件路径
     */
    async partTransform(filePath: string) {
      const configuration = vscode.workspace.getConfiguration();    // 获取 VSCode 的配置信息
      const targetLanguage = configuration.get('aiCodeExtensionSet.targetLanguage') as
'javaScript' | 'java' | 'go' | 'python';                            // 获取目标语言
      // 获取模型类型
      const model = configuration.get('aiCodeExtensionSet.model') as 'gpt-3.5-turbo';
      const LLMRequestEntity = new
LLMRequest(configuration.get('aiCodeExtensionSet.apiKey'));         // 创建 LLM 请求实例
      vscode.window.withProgress(                                   // 显示进度条
        {
          title: `Transform Code to ${targetLanguage} for part code`,  // 进度条标题
          location: vscode.ProgressLocation.Notification,           // 进度条位置
          cancellable: true                                         // 允许取消
        },
        async (progress, token) => {
          progress.report({ message: `当前作业文件路径：${filePath}` });  // 更新进度条消息
          const editor = vscode.window.activeTextEditor;            // 获取当前激活的文本编辑器
          const selection = editor?.selection;                      // 获取当前选中的文本
          const selectedText = editor?.document.getText(selection); // 获取选中区域的文本
          try {
            const resultFilePath = this.getResultFilePath(filePath);  // 获取结果文件路径
            const chatRes = (await LLMRequestEntity.openAIChat({    // 调用 OpenAI 聊天 API
              model,
              messages: await this.getAIQuestion(filePath, selectedText),  // 获取 AI 问题
            })) as IOpenAIChatResponse;       // 强制转换为 OpenAI 聊天响应类型
            // 将转换结果写入文件
            await fs.promises.writeFile(resultFilePath, getCode(chatRes.answer));
            // 显示转换完成消息
            vscode.window.showInformationMessage(`作业文件路径：${filePath}转换完成`);
            return;
          } catch (err) {
            vscode.window.showErrorMessage(err.message);            // 显示错误消息
            return;
          }
        }
      )
    }
```

```
    );
  }
}

export default CodeTransformer;              // 导出 CodeTransformer 类
```

在上面的代码中,新增了 partTransform 方法,该方法使用 vscode.window.activeTextEditor 获取选中的代码片段。后续的逻辑与全量文件的转换类似,通过与 AI 交互后进行文件写入即可。同样,需要在 extension.ts 和 package.json 中完成命令的注册。extension.ts 的代码修改如下:

```
import * as vscode from 'vscode';
import ChatgptWebviewProvider from './core/chatgptWebview';
import CodeTransformer from './core/codeTransformer';

export function activate(context: vscode.ExtensionContext) {
  // 插件激活时的初始化代码

  // 代码语言转换工具实例
  const codeTransformEntity = new CodeTransformer(context);

  // 注册局部代码转换命令,执行选中代码的语言转换
  const codeTransformForPartCode = vscode.commands.registerCommand(
    'ai-code-extension-set.code-transform-for-part-code',    // 命令 ID
    (uri) => {
      const filePath = `/${uri.path.substring(1)}`;           // 获取文件路径
      // 调用 CodeTransformer 实例的 partTransform 方法,执行局部代码转换
      codeTransformEntity.partTransform(filePath);
    }
  );

  // 将命令和提供程序注册到插件的上下文中,以便在插件被禁用或卸载时自动清理
  context.subscriptions.push(chatgptProvider, openChatGPT, followUpForCodeTransform,
codeTransform, codeTransformForPartCode);
}

export function deactivate() { }        // 插件停用时的清理代码
```

最后,在 package.json 中配置命令后,就可以使用局部代码语言转换功能了,对应的配置如下:

```
"commands": [
  {
    // 定义命令名称和标题,用于局部代码转换
    "command": "ai-code-extension-set.code-transform-for-part-code",
    "title": "Transform code for part code"
  }
],
"menus": {
  "editor/context": [
    {
      // 当编辑器获取焦点时,显示该命令
      "when": "editorFocus",
```

```
            // 关联的命令
            "command": "ai-code-extension-set.code-transform-for-part-code",
            // 命令在菜单中的分组
            "group": "navigation"
          }
        ]
      }
```

因为选中局部代码语言转换的前提是选中代码，所以对应的菜单项 Transform code for part code 只注册在编辑器区域。现在重启插件，选中一段代码后右击，就可以在弹出的快捷菜单中看见 Transform code for part code 菜单项，效果如图 6-12 所示。

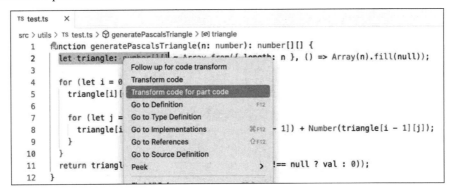

图 6-12　在 VSCode 编辑器区域右击的效果

单击 Transform code for part code 后，就能在转换文件中看到转换后的效果，如图 6-13 所示。

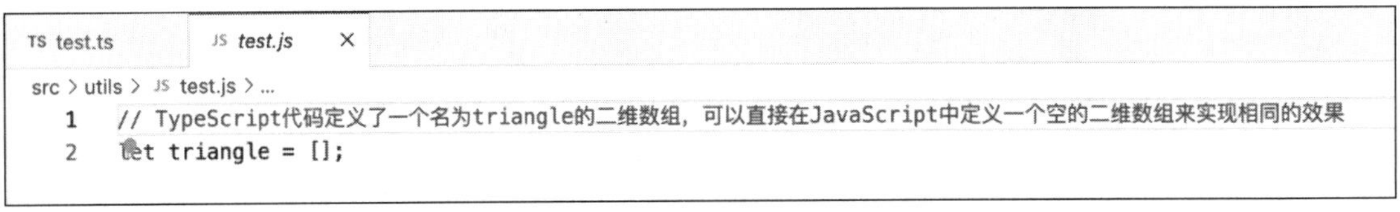

图 6-13　单击 Transform code for part code 后，在转换文件中写入的局部语言转换结果

6.3　代码审查工具

本节将实现一个代码审查工具，它可以在 IDE 编码阶段提供非规范或风险代码的审查，并提供修复手段。该工具的实现将使用之前介绍的 VSCode 诊断功能。本节内容包括插件功能剖析、配置项注册、单文件粒度代码的 AI 诊断、人工诊断行列匹配、对问题代码的 AI 快速修复，以及状态栏状态显示。

6.3.1　插件功能剖析

在项目的日常迭代中，代码审查（Code Review）是一个非常重要的阶段。它是工程师互相审查对方代码中封装、设计及风险的过程，不仅有效保证项目质量，还对年轻工程师的能力提升起到重要作用。

在实际的代码审查过程中，可能因为资深工程师时间不足，或者团队缺乏经验丰富的成员，或者每个人的风格不同且不重视代码审查，导致效果不理想。如果能将 AI 功能结合到 IDE 中，将代码审查承载到 IDE 中，在编码时及时暴露代码问题并提供修复建议，就能有效减轻团队的代码审查负担，也可以在编码中实时为年轻工程师进行辅导。

对于代码审查插件，将实现以下功能：

（1）支持单文件粒度代码的 AI 诊断：采用类似 Lint 工具的交互方式，在代码中存在缺陷时使用下画波浪线的方式暴露问题信息，如图 6-14 所示。

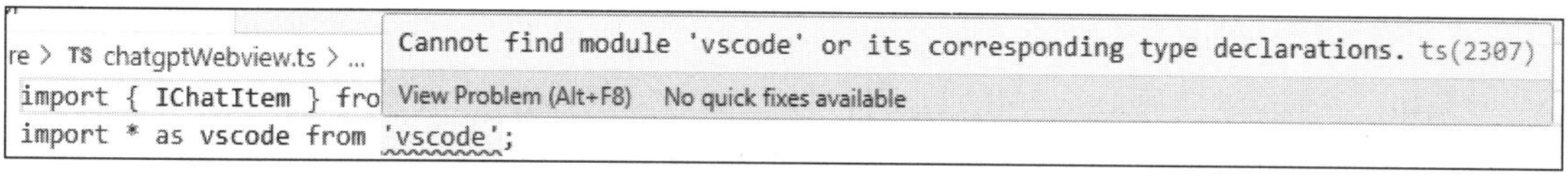

图 6-14 Lint 工具下画波浪线示例

（2）支持对问题代码的 AI 快速修复：在暴露问题后，如果 AI 能够提供不借助上下文的直接修复方案，则以 Quick Fix（快速修复）的交互形式提供，如图 6-15 所示。

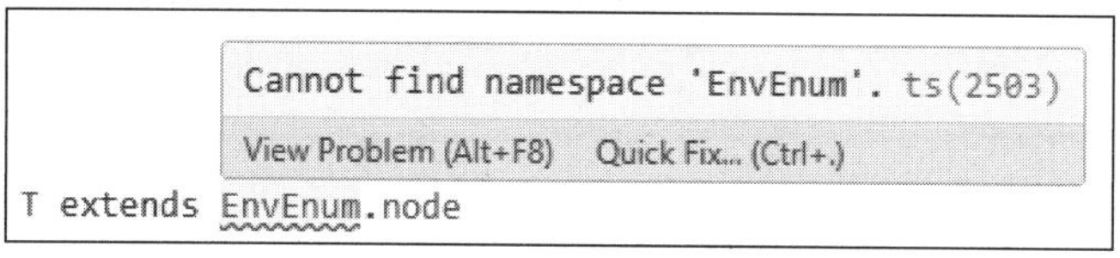

图 6-15 Quick Fix 快速修复的交互示例

（3）支持状态栏显示：可以使用 vscode.window.showInformationMessage 等弹窗 API 与用户交互，但在 IDE 中集成代码审查是一个频繁且轻量的功能，每次修改并保存都需要重新审查代码。为了减少对用户的干扰，可以使用状态栏来展示审查过程，这样既能实时显示状态，也不会因展示面积过大而干扰用户，如图 6-16 所示。

图 6-16 状态栏的交互示例

6.3.2 插件功能的配置项注册

对于代码审查工具的插件配置项设计，需注册一个参数来控制 AI 关注的审查规则。因为代码审查涉及的规范非常广泛，直接使用 AI 进行审查可能导致不稳定或不符合团队规范，所以需要注册配置项以定制团队内规范。具体配置项说明如表 6-3 所示。

表 6-3 代码审查工具的插件配置项

配置项名称	类型	必填	说明
aiCodeExtensionSet.codeReviewRule	string[]	否	代码审查过程中，AI 着重关注以下 5 组常见的代码风格问题："禁止使用无业务属性的魔改数字""变量命名需要具备语义化""代码缺乏错误兜底或存在潜在风险""使用了 any 类型""存在重复代码或者函数，缺乏封装"

对应的 contributes/configuration 配置代码如下：

```
"aiCodeExtensionSet.codeReviewRule": {
    "type": "array",
    "default": ["禁止使用无业务属性的魔改数字", "变量命名需要具备语义化", "代码缺乏错误兜底或存在潜在风险", "使用了 any 类型", "存在重复代码或者函数，缺乏封装"],
    "description": "代码审查着重审查的规则"
}
```

6.3.3 支持单文件粒度代码 AI 诊断

设想如果我们需要实现一个功能，以支持对单文件粒度代码进行 AI 代码审查，那必须获取一个代码问题的数组，每个元素中至少应包含以下信息：问题代码的行列区间、问题代码的内容及问题缺陷的描述。与之前的例子不同的是，无论是常规的 ChatGPT，还是代码语言转换工具，我们通常只需从模型获取某项单一内容，而不需要进行任何区分。然而，在这个场景下，我们需要从模型的单一实例中获取多个内容。那么，如何实现这一目标呢？

我们知道，模型可以通过提示词来限制它的输出风格，以满足不同场景的应用。在这种需要从单次询问中获取多个内容的情况下，可以通过限制它的输出格式为 JSON 来满足需求。例如，在这个场景下，可以设计提示词为：

```
[{
    role: 'assistant',
    content: `帮我审查下列代码是否存在优化项，着重关注${rules.join(',')}等规则。需要审查的代码如下：${text}，具体的输出要求我将在下一个问题告诉你`
}, {
    role: 'assistant',
    content: `你需要在完成审查后，以以下规则输出结果。如果审查发现代码没有任何优化项，则返回 false，如果有可优化项，请按照以下 JSON 格式返回给我当前文件中所有有问题的代码：
    {
      problems: [{
        content: xxx,          // 有问题的代码内容
        lines: [xxx, xxx],     // 有问题的代码所在的行数区间，提供的审查代码以换行符（\n）换行，以此来计算行数
        columns: [xxx, xxx]    // 有问题的代码首行和尾行所在的列数区间，即首行的第一个字符在第几列，尾行的最后一个字符在第几列
        msg: xxx,              // 代码的具体问题，除描述问题外，尽可能提供解决方案
      }, ...                   // 如果还有其他问题，同样以 JSON 格式返回
    }`
}]
```

通过限制输出为 JSON 格式，可以有效地控制模型的输出结果，然后只需解析 JSON 即可获取预期的多个结果。值得一提的是，在这里将单次询问拆解为了两个角色（role）信息，这是为了提升格式要求的优先级。在一次完整的对话中，越靠后的角色信息对模型参数的影响越大。在这个场景中，按要求返回指定的 JSON 格式是后续流程能否顺利进行的关键，因此将它单独拆解出来作为独立的角色信息。

梳理清楚提示词后，我们可以开始着手实现单文件粒度代码的 AI 诊断。为了实现这一诊断功能，将使用 VSCode 提供的 vscode.DiagnosticCollection API，它用于针对具体文件 URI 的诊断集合。在对单个文件完成审核后，将得到的相关问题处理成单个诊断，并添加到诊断集合中，从而在页面上显示。

诊断逻辑将封装在一个独立的类中,创建 src/core/codeReviewProvider.ts 文件,并写入如下代码:

```typescript
import * as vscode from 'vscode';                              // 导入 VSCode 模块
import { default as LLMRequest } from "llm-request";           // 导入 LLM 请求模块
// 导入 OpenAI 聊天响应类型
import { IOpenAIChatResponse } from 'llm-request/dist/types/core/openAI/chat';
import { getCode } from '../utils';                            // 导入工具函数

/**
 * code review 检测 provider
 */
class CodeReviewProvider {
  private diagnosticCollection: vscode.DiagnosticCollection;   // 声明诊断集合
  private document: vscode.TextDocument | null = null;         // 当前文档

  constructor() {
    // 创建诊断集合,标识为'AICodeReview'
    this.diagnosticCollection =
vscode.languages.createDiagnosticCollection('AICodeReview');
  }

  public setDocument(currentDocument: vscode.TextDocument) {
    // 设置当前文档
    this.document = currentDocument;
  }

  /**
   * 清除指定文件指定行开头的诊断
   * @param uri
   * @param startLine
   */
  public clearDiagnosticsFromLine(uri: vscode.Uri, startLine: number) {
    const diagnostics = this.diagnosticCollection.get(uri); // 获取指定 URI 的诊断信息

    if (diagnostics) {
      // 过滤出指定行的诊断信息
      const newDiagnostics = diagnostics.filter(diag => diag.range.start.line ===
startLine);
      // 更新诊断集合
      this.diagnosticCollection.set(uri, newDiagnostics);
    }
  }

  /**
   * 清除指定文件的诊断
   * @param uri
   */
```

```
    public clearDiagnosticsFromFile(uri: vscode.Uri) {
      // 清空指定文件的所有诊断
      this.diagnosticCollection.set(uri, []);
    }

    /**
     * code review prompt
     */
    public getAIQuestion(): {
      role: "user" | "assistant" | "system";      // 消息角色
      content: string; // 消息内容
    }[] {
      const configuration = vscode.workspace.getConfiguration();      // 获取当前配置
      const rules = configuration.get('aiCodeExtensionSet.codeReviewRule') as string[];
       // 获取审查规则
      const text = this.document.getText();           // 获取当前文档文本

      // content 内容过多时,可以将优先级较高的要求拆分放置在最后
      return [{
        role: 'assistant',
        content: `帮我审查下列代码是否存在优化项,着重关注${rules.join(',')}等规则。需要审查的代码
如下: ${text},具体的输出要求我将在下一个问题告诉你`
      }, {
        role: 'assistant',
        content: `你需要在完成审查后,以如下规则输出结果。如果审查发现代码没有任何优化项,则返回 false,
如果有可优化项,请按照以下 JSON 格式返回给我当前文件中所有有问题的代码:
        {
          problems: [{
            content: xxx,           // 有问题的代码内容
            lines: [xxx, xxx],      // 有问题的代码所在的行数区间
            columns: [xxx, xxx]     // 有问题的代码首行和尾行所在的列数区间
            msg: xxx,               // 代码的具体问题,尽可能提供解决方案
          }, ...                    // 如果还有其他问题,同样以 JSON 格式返回
        }`
      }];
    }

    public async review() {
      const configuration = vscode.workspace.getConfiguration();      // 获取当前配置
      const LLMRequestEntity = new
LLMRequest(configuration.get('aiCodeExtensionSet.apiKey'));           // 创建 LLM 请求实体
      // 获取模型类型
      const model = configuration.get('aiCodeExtensionSet.model') as 'gpt-3.5-turbo';

      // 发送聊天请求并获取响应
      const chatRes = (await LLMRequestEntity.openAIChat({
        model,
```

```
        messages: await this.getAIQuestion(),          // 发送的问题
    })) as IOpenAIChatResponse;

    try {
      // 解析响应中的问题列表，兼容 Markdown 和直接输出
      const { problems } = JSON.parse(getCode(chatRes.answer)) ||
JSON.parse(chatRes.answer);
      problems.forEach((item) => {
        const { lines, columns, msg } = item;          // 获取问题的行、列和描述
        // 问题起始位置
        const positionStart = new vscode.Position(lines[0], columns[0]);
        const positionEnd = new vscode.Position(lines[0], columns[1]); // 问题结束位置
        const diagnostic = new vscode.Diagnostic(
          new vscode.Range(positionStart, positionEnd),  // 创建诊断信息的范围
          msg,         // 设置诊断信息
          vscode.DiagnosticSeverity.Warning              // 设置诊断级别为警告
        );
        const currentDiagnostics = this.diagnosticCollection.get(this.document.uri) ||
[];           // 获取当前文档的诊断信息
        // 将新的诊断信息添加到诊断集合中
        this.diagnosticCollection.set(this.document.uri, [...currentDiagnostics,
diagnostic]);
      });
    } catch (err) {
      // 异常处理
    }
  }
}

export default CodeReviewProvider;          // 导出 CodeReviewProvider 类
```

在上面的代码中，review 是整个类的入口函数。在 review 函数中，会读取当前打开的文件内容，并根据提示词的方式进行询问。获取结果后，需要同时处理模型以 Markdown 语法输出 JSON 和直接输出 JSON 的情况。然后，利用模型输出的结果创建诊断对象。当然，因为模型的输出并不总是能够确保为 JSON 格式，有可能出现其他不符合预期的情况。因此，在这种对格式要求较高的 AI 应用场景中，使用 try...catch 进行必要的错误处理是十分重要的。

实现了 CodeReviewProvider 代码审查类后，需要在 extension.ts 插件入口文件中补充事件监听。因为这是针对当前文件的代码诊断，所以需要同时监听文件的打开和保存操作，并在触发这些事件后对当前文件进行重新审查。extension.ts 的代码修改如下：

```
import * as vscode from 'vscode';                                  // 导入 VSCode 模块
import ChatgptWebviewProvider from './core/chatgptWebview';        // 导入 ChatGPT Webview 提
供者
import CodeTransformer from './core/codeTransformer';              // 导入代码转换器
import CodeReviewProvider from './core/codeReviewProvider';        // 导入代码审查提供者
```

```typescript
export function activate(context: vscode.ExtensionContext) {
    // 激活插件时的初始化代码

    const codeReviewProvider = new CodeReviewProvider();         // 实例化代码审查提供者
    const changePassiveDisposable = vscode.workspace.onDidSaveTextDocument((document) => {
        // 监听文本文件保存事件
        codeReviewProvider.setDocument(document);                // 设置当前文档
        codeReviewProvider.review();                             // 调用审查函数
    });

    const openPassiveDisposable = vscode.workspace.onDidOpenTextDocument((document) => {
        // 监听文本文件打开事件
        codeReviewProvider.setDocument(document);                // 设置当前文档
        codeReviewProvider.review();                             // 调用审查函数
    });

    // 将所有可处置的对象推入上下文的订阅列表中，以便在插件停用时自动释放
    context.subscriptions.push(
        chatgptProvider,
        openChatGPT,
        followUpForCodeTransform,
        codeTransform,
        codeTransformForPartCode,
        changePassiveDisposable,
        openPassiveDisposable
    );
}

export function deactivate() { }         // 插件停用时的清理操作
```

到这里，单文件粒度代码的 AI 诊断能力已经实现完成。然而，打开文件时会发现并没有触发 AI 诊断的逻辑。这是因为 VSCode 插件默认在一些用户的主观操作（比如打开 Webview 或单击菜单项）后才会加载执行 extension.ts 文件。这是一种 IDE 插件优化策略，旨在避免非必需的插件一直占用进程。可以通过修改 activationEvents 配置项来实现在打开指定类型文件后插件即可启用。package.json 中对应的配置修改如下：

```json
"activationEvents": [
    "*"
]
```

在这里，activationEvents 配置项使用*，表示插件可对应任意类型的文件格式。如果在实际应用场景中，插件只针对某些文件格式有效，可以将它替换为对应文件的类型枚举，这样可以提升插件的性能。现在再来测试效果，会发现代码审查功能已经可以正常使用，如图 6-17 所示。

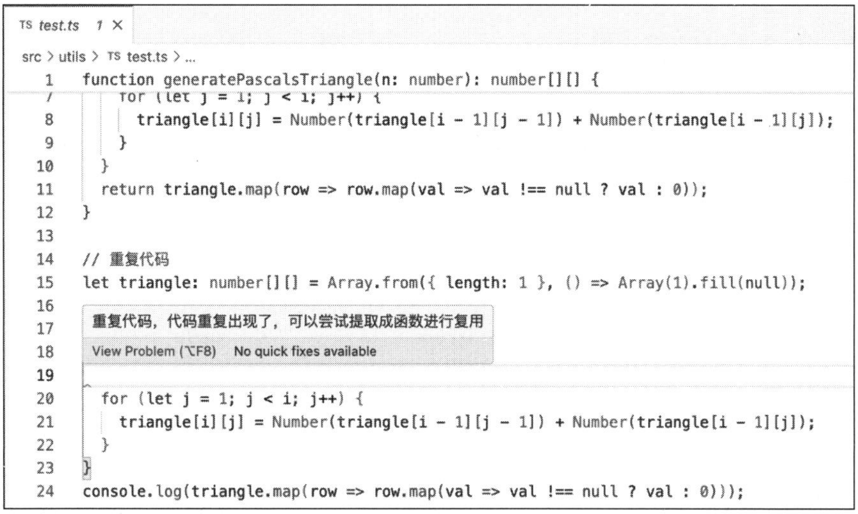

```
TS test.ts 1 ×
src > utils > TS test.ts > ...
  1   function generatePascalsTriangle(n: number): number[][] {
  7       for (let j = 1; j < i; j++) {
  8         triangle[i][j] = Number(triangle[i - 1][j - 1]) + Number(triangle[i - 1][j]);
  9       }
 10     }
 11     return triangle.map(row => row.map(val => val !== null ? val : 0));
 12   }
 13
 14   // 重复代码
 15   let triangle: number[][] = Array.from({ length: 1 }, () => Array(1).fill(null));
 16
 17   重复代码，代码重复出现了，可以尝试提取成函数进行复用
 18   View Problem (⌥F8)   No quick fixes available
 19
 20     for (let j = 1; j < i; j++) {
 21       triangle[i][j] = Number(triangle[i - 1][j - 1]) + Number(triangle[i - 1][j]);
 22     }
 23   }
 24   console.log(triangle.map(row => row.map(val => val !== null ? val : 0)));
```

图 6-17　单文件粒度代码 AI 诊断

但是，这部分诊断标识的区域并不准确，建议用断点查看模型输出的 lines 和 columns 值，如图 6-18 所示。

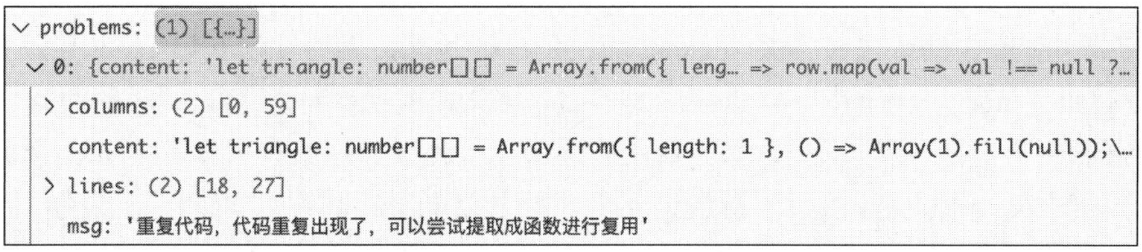

```
∨ problems: (1) [{…}]
  ∨ 0: {content: 'let triangle: number[][] = Array.from({ leng… => row.map(val => val !== null ?…
    > columns: (2) [0, 59]
      content: 'let triangle: number[][] = Array.from({ length: 1 }, () => Array(1).fill(null));\…
    > lines: (2) [18, 27]
      msg: '重复代码，代码重复出现了，可以尝试提取成函数进行复用'
```

图 6-18　关于诊断结果的断点调试

可以发现，模型提供的 lines 和 columns 值并不准确，lines 甚至超过了文件本身的最大深度。这样的错误位置的代码诊断是没有价值的。从这一点也可以看出，模型提供的结果更多是初稿，对于精度要求高、稍有偏差就无法使用的场景，模型的接入是无效的。接下来，将介绍如何优化这个模型，使诊断结果能准确符合预期。

6.3.4　人工的诊断行列匹配

看到这个问题，很多读者可能会觉得，直接用模型返回的内容进行匹配不就可以获取对应的行列了吗？如果模型返回的内容是从源代码中直接截取出来的，确实可以如此实现。但实际上，模型返回的内容可能存在误差，比如格式化或对源代码的修改。这些误差即使加了足够多的限制也无法完全避免，因为模型会对代码格式化其特定的训练参数。

如果是对源代码修改导致的误差，那么本项目就无法处理，因为这些内容已经不是原先的代码了，无法匹配到对应的诊断区域。接下来将重点探讨一下，如果模型返回的内容调整了换行，应该如何进行诊断行列的匹配。先讨论行数的场景，例如：

```
a
&& b // origin
a
```

```
       &&
b // exact
```

假设 origin 是实际的诊断源代码，而 exact 是模型提取得到的诊断内容。这两段代码本质相同，只是 exact 在 origin 的基础上调整了换行并添加了一些空格区域进行格式化。如果对这两段源代码去除空字符，并将换行替换为\n，就可以得到以下结果。

```
a\n&& b // origin
a\n&&\nb // exact
```

现在需要去除 exact 中的\n，因为这是模型提供的格式化，对于诊断的行数判断并不需要知道模型是如何对结果代码进行换行的。去除后，结果如下：

```
a\n&&b // origin
a&&b // exact
```

在这个例子中，可以发现 exact 匹配了 origin 的第 1 和第 2 行，这是因为 origin 中包含了一个\n。如果将\n 看作 0 个字符（实际是两个字符），那么\n 在 origin 代码中的假索引位置为 0。

什么是假索引？就是\n 不直接占据的字符位置，它的索引与前一个字符的索引相同。这里\n 继承 a 的索引，也就是 0。这样做的好处是在后续的匹配中可以忽略\n 的影响，最终可以得到\n 在 origin 代码中的假索引。例如，在这个例子中，索引是[0]。

接下来把 origin 中的\n 去掉，并与 exact 的代码进行匹配，就能轻松获得 exact 代码在 origin 代码中的索引区间，在这个例子中，索引区间是 0~3。因为前面已经计算了\n 所在的假索引，\n 并没有占据实际的字符位置，所以现在计算行数的问题就转换为计算这个索引区间中\n 的个数，也就是在 0~3 这个区间中，有多少\n 的假索引数组元素。根据以上逻辑，可以实现以下代码：

```
/**
 * 获取代码中的换行索引列表
 * 例如：a\nb\n&&c\nd -> [0, 1, 4]
 * @param text 输入的代码文本
 * @returns 换行符的索引列表
 */
const getLinebreakIndices = (text) => {
  const regex = /\r\n|\r|\n/g;              // 匹配不同类型的换行符
  const indices = [];                       // 用于存储换行符的索引
  let match;

  while ((match = regex.exec(text))) {
    // \n 作为单字符计算，所以要加上前面的 length
    indices.push(match.index + indices.length);   // 记录换行符的真实索引
  }

  // 非 \n 的字符才会计算实际索引
  return indices.map((item, index) => {
    // 将假索引转换为实际索引，考虑到 \n 的影响
    return item - index * 2 - 1;            // 每个换行符占用两个字符位置
  });
};
```

```ts
/**
 * 获得代码行数区间
 * @param originCode 原始代码
 * @param exactCode 精确代码
 * @returns 行数区间 [起始行, 结束行]
 */
const getCodeRange = (originCode: string, exactCode: string): [number, number] => {
  const finalOriginCode = originCode.replace(/[\n\s]*/g, "");// 移除所有换行和空格
  const finalExactCode = exactCode.replace(/[\n\s]*/g, "");  // 移除所有换行和空格
  if (!finalOriginCode.includes(finalExactCode)) {
    // 如果原始代码不包含精确代码,则返回 [0, 0]
    return [0, 0];
  }
  // 获取源代码中所有 \n 的索引(假索引,\n不占索引位)
  // 移除空格,保留换行符
  const originCodeWithoutSpace = originCode.replace(/[^\S\n]/g, '');
  // 获取换行符的假索引列表
  const newLineIndexList = getLinebreakIndices(originCodeWithoutSpace);

  // 获取精确代码在原始代码中的起始和结束索引
  const startIndex = finalOriginCode.indexOf(finalExactCode);      // 精确代码的起始索引
  const endIndex = startIndex + finalExactCode.length - 1;          // 精确代码的结束索引

  // 计算起始行数
  // 在起始索引之前的换行符数量
  const startLine = newLineIndexList.filter((item) => item < startIndex).length;

  // 计算有效换行符的数量
  const newLineLength = newLineIndexList.filter((item) => item >= startIndex && item <= endIndex).length; // 有效换行符的数量
  return [startLine + 1, startLine + newLineLength];      // 返回起始行和结束行
};
```

在上述逻辑中,getLinebreakIndices 方法用于计算\n 的假索引,而 getCodeRange 方法是计算行数区间的主函数。在该方法中,会调用 getLinebreakIndices 方法获取\n 的假索引,并完成匹配。至此,诊断行的问题就解决了,接下来我们来看诊断区间的列是如何计算的。

对于列的计算相对简单。首先,使用上面定义的 getCodeRange 方法获取模型输出的内容在源代码中的行数区间。然后,截取出对应行的源代码,并与首尾行的模型内容进行比较,从而得到首行开始的列数与末行结束的列数。实现代码如下:

```ts
/**
 * 获取两段代码的列区间范围
 * @param originCode 源代码
 * @param exactCode 模型输出的代码
 * @param startIndex 开始行的索引
 * @param endIndex 结束行的索引
 * @returns 返回一个数组,包含起始列和结束列
 */
const getColumnRange = (originCode: string, exactCode: string, startIndex: number,
```

```
    endIndex: number): [number, number] => {
        // 将源代码按行分割成数组
        const originArray = originCode.split('\n');
        // 将模型输出的代码按行分割成数组
        const exactArray = exactCode.split('\n');
        // 获取模型输出的代码行数
        const exactLength = exactArray.length;

        // 返回起始列和结束列
        return [
            // 获取起始行中模型输出内容的列索引（+1 是为了转换为 1-based 索引）
            originArray[startIndex - 1].indexOf(exactArray[0]) + 1,
            // 获取结束行中模型输出内容的列索引，加上输出内容的长度（+1 是为了转换为 1-based 索引）
            originArray[endIndex - 1].indexOf(exactArray[exactLength - 1]) +
exactArray[exactLength - 1].length + 1
        ];
    };
```

到这里，行列区间的问题通过人工匹配的方式得以解决。上面实现的函数可以放置在 utils/index.ts 中，以便于后续的复用。接下来，将结合上述实现的 getCodeRange 与 getColumnRange 方法，改造代码审查工具，使它能够正常计算诊断区域。codeReviewProvider.ts 的代码修改如下：

```
    import * as vscode from 'vscode';                                   // 导入 VSCode 模块
    import { default as LLMRequest } from "llm-request";                // 导入 LLM 请求模块
    // 导入 OpenAI 聊天响应类型
    import { IOpenAIChatResponse } from 'llm-request/dist/types/core/openAI/chat';
    import { getCode, getCodeRange, getColumnRange } from '../utils';   // 导入工具函数

    /**
     * code review 检测 provider
     */
    class CodeReviewProvider {
        private diagnosticCollection: vscode.DiagnosticCollection;      // 定义诊断集合
        private document: vscode.TextDocument | null = null;            // 当前文档，初始化为 null

        constructor() {
            this.diagnosticCollection =
vscode.languages.createDiagnosticCollection('AICodeReview');            // 创建诊断集合
        }

        // 其他的代码

        /**
         * 生成代码审查的提示内容
         */
        public getAIQuestion(): {
            role: "user" | "assistant" | "system";                      // 消息角色
            content: string;                                            // 消息内容
        }[] {
            const configuration = vscode.workspace.getConfiguration();  // 获取用户配置
```

```
    const rules = configuration.get('aiCodeExtensionSet.codeReviewRule') as string[];
      // 获取代码审查规则
    const text = this.document.getText();          // 获取当前文档的文本内容

    // 当内容过多时,可以将优先级较高的要求拆分放置在最后
    return [{
      role: 'assistant',
      content: `帮我审查下列代码是否存在优化项,着重关注${rules.join(',')}等规则。需要审查的代码
如下: ${text}, 具体的输出要求我将在下一个问题告诉你`     // 设置审查请求内容
    }, {
      role: 'assistant',
      content: `你需要在完成审查后,以以下规则输出结果。如果审查发现代码没有任何优化项,则返回false,
如果有可优化项,请按照以下JSON格式返回给我当前文件中所有有问题的代码:
      {
        problems: [{
          content: xxx,     // 有问题的代码内容
          msg: xxx,         // 代码的具体问题,除描述问题外,尽可能提供解决方案
        }, ...              // 如果还有其他问题,同样以JSON格式返回
      }`
    }];
  }

  public async review() {
    const configuration = vscode.workspace.getConfiguration();      // 获取用户配置
    const LLMRequestEntity = new
LLMRequest(configuration.get('aiCodeExtensionSet.apiKey'));         // 创建LLM请求实体
    // 获取模型类型
    const model = configuration.get('aiCodeExtensionSet.model') as 'gpt-3.5-turbo';

    // 发送聊天请求,获取响应
    const chatRes = (await LLMRequestEntity.openAIChat({
      model,
      messages: await this.getAIQuestion(),       // 获取审查问题
    })) as IOpenAIChatResponse;

    try {
      // 解析问题,兼容Markdown语法输出和直接输出的可能
      const { problems } = JSON.parse(getCode(chatRes.answer)) ||
JSON.parse(chatRes.answer);
      problems.forEach((item) => {                     // 遍历所有问题
        const { content, msg } = item;                 // 获取问题内容和消息
        const code = this.document.getText();          // 获取当前文档的文本
        const [startLine, endLine] = getCodeRange(code, content);  // 获取代码范围的行数
        const [startColumn, endColumn] = getColumnRange(code, content, startLine,
endLine);                                              // 获取代码范围的列数
        // 计算起始位置
        const positionStart = new vscode.Position(startLine - 1, startColumn - 1);
        const positionEnd = new vscode.Position(endLine - 1, endColumn - 1);  // 计算结
束位置
        const diagnostic = new vscode.Diagnostic(      // 创建诊断信息
```

```
            new vscode.Range(positionStart, positionEnd),  // 设置范围
            msg,                                            // 设置诊断消息
            vscode.DiagnosticSeverity.Warning               // 设置诊断严重性为警告
          );
          const currentDiagnostics = this.diagnosticCollection.get(this.document.uri) ||
[];                    // 获取当前诊断信息
          // 更新诊断集合
          this.diagnosticCollection.set(this.document.uri, [...currentDiagnostics,
diagnostic]);
        });
      } catch (err) {
        // 错误处理
      }
    }
  }
}

export default CodeReviewProvider;          // 导出 CodeReviewProvider 类
```

在上述代码中，我们移除了模型输出中的行列内容，从而减少了对模型输出的限制要求，这样也间接提升了其他要求的优先级。同时，使用 getCodeRange 和 getColumnRange 方法匹配了模型输出内容在实际源代码中的行列区间。现在再次测试诊断效果，可以看到诊断已经能够正常匹配行列区间，如图 6-19 所示。

图 6-19　换用人工匹配诊断行列后的效果

6.3.5　支持对问题代码的 AI 快速修复

目前，代码审查工具已具备对单文件粒度代码进行 AI 诊断并展示问题提示的功能。美中不足的是，对于同类型的功能，现有的 Lint 工具仍无法结合相关问题提供快速修复（Quick Fix）的手段来帮助用户修复问题。对满足这一需求，我们可以结合 AI 进一步改进。需要修改的是，在提示词中

除了要求它暴露问题外，还需为这些问题提供修复方案。提示词的部分可以调整如下：

```
[{
    role: 'assistant',
    content: `帮我审查下列代码是否存在优化项，着重关注${rules.join(',')}等规则。需要审查的代码如下：${text}，具体的输出要求我将在下一个问题告诉你`
}, {
    role: 'assistant',
    content: `你需要在完成审查后，以以下规则输出结果。如果审查发现代码没有任何优化项，则返回false，如果有可优化项，请按照以下JSON格式返回给我当前文件中所有有问题的代码：
    {
        problems: [{
            content: xxx,       // 有问题的代码片段，请保持原代码的内容和格式
            msg: xxx,           // 代码的具体问题，除描述问题外，尽可能提供解决方案
            fix: [{
                method: xxx,    // 修复方案的描述，比如"替换类型any为xxx"
                code: xxx       // 以此方案修复后的代码，可以直接替换原代码
            }]                  // 针对有问题代码的修复方案，如果没有修复方案，返回空数组
        }, ...                  // 如果还有其他问题，同样以JSON格式返回
        ]
    }`
}]
```

对于 Quick Fix 的实现，需要借助 vscode.CodeActionProvider 接口。这是一个用于实现类似快速修复功能的接口。在注册实例后，每个新生成的诊断都会经过这个实例。新生成的诊断可以在该实例中进行判断，如果符合预期的诊断，就会提供相应的修复方案。接下来，创建 src/core/codeReviewCodeActionProvider.ts 文件，在该文件中实现 vscode.CodeActionProvider 接口，代码如下：

```
import * as vscode from 'vscode';

class CodeReviewCodeActionProvider implements vscode.CodeActionProvider {
    // 提供的代码操作类型，支持快速修复
    public static providedCodeActionKinds = [
        vscode.CodeActionKind.QuickFix
    ];

    // 提供代码操作的方法
    public provideCodeActions(
        document: vscode.TextDocument,               // 当前文档
        range: vscode.Range | vscode.Selection,      // 选定的范围或选择
        context: vscode.CodeActionContext,           // 代码操作上下文
        token: vscode.CancellationToken              // 取消令牌
    ): vscode.ProviderResult<(vscode.Command | vscode.CodeAction)[]> {
        const actions: vscode.CodeAction[] = [];     // 存储生成的代码操作

        // 遍历诊断上下文，寻找AI生成的诊断并提供修复方案
        for (const diagnostic of context.diagnostics) {
            // 检查诊断消息是否包含特定标识
            if (diagnostic.message.includes('[基于OpenAI API生成]')) {
                try {
```

```
          // 解析诊断中的修复方案数组
          // @ts-ignore
          const fixArr = JSON.parse(String(diagnostic?.fixArr));
          fixArr.forEach((item) => {
            const { method, code } = item;            // 解构修复方法和代码
            const action = new vscode.CodeAction(method, vscode.CodeActionKind.QuickFix);
                    // 创建快速修复的代码操作
            action.edit = new vscode.WorkspaceEdit(); // 创建工作区编辑实例
            action.edit.replace(
              document.uri,              // 替换的文档 URI
              diagnostic.range,          // 诊断的范围
              code                       // 要替换成的代码
            );
            actions.push(action);        // 将操作添加到数组中
          });
        } catch (err) {
          // 处理解析错误（可选）
        }
      }
    }

    return actions;        // 返回所有生成的代码操作
  }
}

export default CodeReviewCodeActionProvider;
```

在上面的代码中，使用了"[基于 OpenAI API 生成]"关键词来匹配诊断。如果诊断是 AI 工具生成的，则与诊断相关的信息将存储在 diagnostics 实例的 fixArr 数组中。接下来，需要遍历数组，为每个诊断注册一个修复操作。

实现 vscode.CodeActionProvider 接口后，还需要迭代 codeReviewProvider 类，在其中补充获取和传递与修复相关的信息，代码修改如下：

```
import * as vscode from 'vscode';
import { default as LLMRequest } from "llm-request";
import { IOpenAIChatResponse } from 'llm-request/dist/types/core/openAI/chat';
import { getCode, getCodeRange, getColumnRange } from '../utils';

/**
 * code review 检测 provider
 */
class CodeReviewProvider {
  private diagnosticCollection: vscode.DiagnosticCollection;    // 存储诊断信息的集合
  private document: vscode.TextDocument | null = null;          // 当前文档

  constructor() {
    // 创建一个新的诊断集合，用于存储与 AI 代码审查相关的诊断
    this.diagnosticCollection =
vscode.languages.createDiagnosticCollection('AICodeReview');
  }
```

```typescript
    // 其他的代码

    /**
     * 生成代码审查的提示内容
     */
    public getAIQuestion(): {
      role: "user" | "assistant" | "system";     // 消息角色
      content: string;                            // 消息内容
    }[] {
      const configuration = vscode.workspace.getConfiguration();    // 获取 VSCode 配置
      const rules = configuration.get('aiCodeExtensionSet.codeReviewRule') as string[];
          // 获取代码审查规则
      const text = this.document.getText();        // 获取当前文档的文本内容

      // 当内容过多时，将优先级较高的要求拆分到最后
      return [{
        role: 'assistant',
        content: `帮我审查下列代码是否存在优化项，着重关注${rules.join(',')}等规则。需要审查的代码如下：${text}，具体的输出要求我将在下一个问题告诉你`
      }, {
        role: 'assistant',
        content: `你需要在完成审查后，以下列规则输出结果。如果审查发现代码没有任何优化项，则返回 false，如果有可优化项，请按照以下 JSON 格式返回给我当前文件中所有有问题的代码：
        {
          problems: [{
            content: xxx,        // 有问题的代码片段，请保持原代码的内容和格式
            msg: xxx,    // 代码的具体问题，除描述问题外，尽可能提供解决方案
            fix: [{
              method: xxx,      // 修复方案的描述，比如 "替换类型 any 为 xxx"
              code: xxx         // 以此方案修复后的代码，可以直接替换原代码
            }]                  // 针对有问题代码的修复方案，如果没有修复方案，返回空数组
          }, ...               // 如果还有其他问题，同样以 JSON 格式返回
          }
        }`
      }];
    }

    public async review() {
      // 诊断前清除当前文件中已有的诊断
      this.diagnosticCollection.delete(this.document.uri);
      const configuration = vscode.workspace.getConfiguration();    // 获取 VSCode 配置
      const LLMRequestEntity = new LLMRequest(configuration.get('aiCodeExtensionSet.apiKey'));        // 创建 LLM 请求实例
      // 获取 AI 模型配置
      const model = configuration.get('aiCodeExtensionSet.model') as 'gpt-3.5-turbo';

      // 向 AI 发送审查请求并获取响应
      const chatRes = (await LLMRequestEntity.openAIChat({
        model,
        messages: await this.getAIQuestion(),
```

```ts
      })) as IOpenAIChatResponse;

      try {
        // 解析 AI 返回的审查结果，兼容 Markdown 和直接输出的情况
        const { problems } = JSON.parse(getCode(chatRes.answer)) || JSON.parse(chatRes.answer);
        const code = this.document.getText();           // 获取当前文档的文本内容
        problems.forEach((item) => {
          const { content, msg, fix } = item;           // 解构获取问题代码、消息和修复方案
          // 获取问题代码的行数范围
          const [startLine, endLine] = getCodeRange(code, content);
          const [startColumn, endColumn] = getColumnRange(code, content, startLine, endLine);           // 获取问题代码的列数范围
          // 开始位置
          const positionStart = new vscode.Position(startLine - 1, startColumn - 1);
          // 结束位置
          const positionEnd = new vscode.Position(endLine - 1, endColumn - 1);

          // 创建诊断对象，设置警告消息
          const diagnostic = new vscode.Diagnostic(
            new vscode.Range(positionStart, positionEnd),
            `[基于 OpenAI API 生成]${msg}`,           // 加上标识，便于后续动作识别
            vscode.DiagnosticSeverity.Warning
          );

          // @ts-ignore
          diagnostic.fixArr = JSON.stringify(fix); // 将修复方案信息通过自定义的 fixArr 传递
          const currentDiagnostics = this.diagnosticCollection.get(this.document.uri) || [];           // 获取当前文档的已有诊断
          // 更新诊断集合
          this.diagnosticCollection.set(this.document.uri, [...currentDiagnostics, diagnostic]);
        });
      } catch (err) {
        // 错误处理
      }
    }
  }
}

export default CodeReviewProvider;                       // 导出代码审查提供者类
```

在上述逻辑中，首先按照前面提到的提示词方式修改了对模型的询问，以确保模型输出的内容中包含修复手段；接着，解析这组修复方案，并将它添加到 diagnostic 实例的 fixArr 中以实现透传。至此，主要功能逻辑就实现完成了，下一步只需在 extension.ts 入口文件中完成 CodeAction 的注册。这样，每个诊断都会在注册的 CodeReviewCodeActionProvider 中补充相应的修复方式。代码修改如下：

```ts
import * as vscode from 'vscode';
import ChatgptWebviewProvider from './core/chatgptWebview';
import CodeTransformer from './core/codeTransformer';
```

```typescript
import CodeReviewProvider from './core/codeReviewProvider';
import CodeReviewCodeActionProvider from './core/codeReviewCodeActionProvider';

export function activate(context: vscode.ExtensionContext) {
  // 其他的代码

  // 创建 CodeReviewProvider 实例，用于处理代码审查
  const codeReviewProvider = new CodeReviewProvider();

  // 注册文档保存事件，当文档被保存时触发
  const changePassiveDisposable = vscode.workspace.onDidSaveTextDocument((document) =>
{
    codeReviewProvider.setDocument(document);          // 设置当前文档
    codeReviewProvider.review();                       // 进行代码审查
  });

  // 注册文档打开事件，当文档被打开时触发
  const openPassiveDisposable = vscode.workspace.onDidOpenTextDocument((document) => {
    codeReviewProvider.setDocument(document);          // 设置当前文档
    codeReviewProvider.review();                       // 进行代码审查
  });

  // 注册代码操作提供者，用于提供快速修复功能
  const fixActionProvider = vscode.languages.registerCodeActionsProvider({ scheme:
'file' }, new CodeReviewCodeActionProvider());

  // 将所有可释放的对象添加到上下文的订阅中，以便在扩展停用时清理
  context.subscriptions.push(chatgptProvider, openChatGPT, followUpForCodeTransform,
codeTransform, codeTransformForPartCode, changePassiveDisposable, openPassiveDisposable,
fixActionProvider);
  }

export function deactivate() { }
```

重启插件并测试代码审查功能后，可以看到已经能够展示出对有问题的代码的修复方案，如图 6-20 和图 6-21 所示。

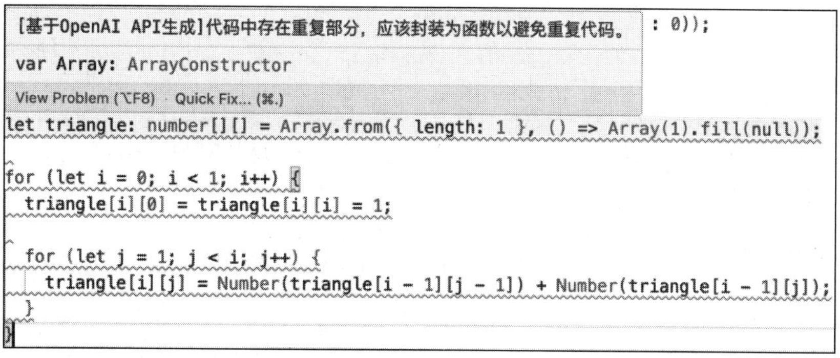

图 6-20　插件检测出重复的代码

```
// 重复代码
let triangle: numbe    Quick Fix          length: 1 }, () => Array(1).fill(null));
                       将重复代码封装为函数
for (let i = 0; i < 1; i++) {
  triangle[i][0] = triangle[i][i] = 1;

  for (let j = 1; j < i; j++) {
    triangle[i][j] = Number(triangle[i - 1][j - 1]) + Number(triangle[i - 1][j]);
  }
}
```

图 6-21　单击 Quick Fix 给出的代码修复方案

6.3.6　支持状态栏状态显示

现在代码审查工具的主要功能已基本具备，但仍存在一个较大的痛点：为了让用户能够轻感知审查过程，未使用 showInformationMessage 等 API 提示状态。这导致用户在文件中没有存在问题时，无法判断这是符合预期，还是插件功能存在漏洞，从而增加了使用过程中的焦虑感。

为了解决这个问题，可以利用 VSCode 状态栏区域显示审查状态。状态栏的注册可以使用 vscode.window.createStatusBarItem API 完成，src/core/codeReviewProvider.ts 的代码修改如下：

```
import * as vscode from 'vscode';
import { default as LLMRequest } from "llm-request";
import { IOpenAIChatResponse } from 'llm-request/dist/types/core/openAI/chat';
import { getCode, getCodeRange, getColumnRange } from '../utils';

/**
 * code review 检测 provider
 */
class CodeReviewProvider {
  private diagnosticCollection: vscode.DiagnosticCollection;  // 诊断集合，用于存储代码问题
  private document: vscode.TextDocument | null = null;        // 当前文档
  private progressBar: vscode.StatusBarItem;                  // 状态栏进度条

  constructor() {
    this.diagnosticCollection =
vscode.languages.createDiagnosticCollection('AICodeReview');   // 创建新的诊断集合
    this.progressBar =
vscode.window.createStatusBarItem(vscode.StatusBarAlignment.Left);   // 创建状态栏项目，左侧显示
    this.progressBar.text = "代码审查中...";                  // 设置状态栏文本
    this.progressBar.hide();                                  // 初始隐藏进度条
  }

  // 其他的代码

  public async review() {
    this.progressBar.show();                                  // 显示进度条
    // 诊断前清除当前文件中已有的诊断
    this.diagnosticCollection.delete(this.document.uri);
    const configuration = vscode.workspace.getConfiguration();   // 获取配置
```

```typescript
        const LLMRequestEntity = new
LLMRequest(configuration.get('aiCodeExtensionSet.apiKey'));        // 创建 LLM 请求实例
        // 获取模型类型
        const model = configuration.get('aiCodeExtensionSet.model') as 'gpt-3.5-turbo';

        try {
          const chatRes = (await LLMRequestEntity.openAIChat({
            model,
            messages: await this.getAIQuestion(),        // 获取 AI 的问题
          })) as IOpenAIChatResponse;

          // 解析 AI 返回的结果，兼容 Markdown 语法输出和直接输出的可能
          const { problems } = JSON.parse(getCode(chatRes.answer)) ||
JSON.parse(chatRes.answer);
          const code = this.document.getText();        // 获取当前文档的文本内容
          problems.forEach((item) => {
            const { content, msg, fix } = item;        // 解构问题项
            const [startLine, endLine] = getCodeRange(code, content);        // 获取代码范围
            const [startColumn, endColumn] = getColumnRange(code, content, startLine,
endLine);        // 获取列范围
            // 起始位置
            const positionStart = new vscode.Position(startLine - 1, startColumn - 1);
            // 结束位置
            const positionEnd = new vscode.Position(endLine - 1, endColumn - 1);
            const diagnostic = new vscode.Diagnostic(
              new vscode.Range(positionStart, positionEnd),        // 创建新的诊断范围
              `[基于 OpenAI API 生成]${msg}`,        // 加上标识，便于 action 的识别
              vscode.DiagnosticSeverity.Warning        // 设置诊断严重性
            );

            // @ts-ignore
            diagnostic.fixArr = JSON.stringify(fix);// 将 fix 的关键信息通过自定义的 fixArr 传递
            const currentDiagnostics = this.diagnosticCollection.get(this.document.uri) ||
[];        // 获取当前文档的诊断信息
            this.diagnosticCollection.set(this.document.uri, [...currentDiagnostics,
diagnostic]);        // 更新诊断集合
            this.progressBar.hide();        // 隐藏进度条
          });
        } catch (err) {
          this.progressBar.hide();        // 隐藏进度条，处理错误
        }
      }
    }

export default CodeReviewProvider;        // 导出 CodeReviewProvider 类
```

在上面的代码中，我们注册了一个状态栏实例 progressBar，并配置了"代码审查中…"文案作为加载效果。然后，在审查开始时和结束后，分别显示和隐藏 progressBar。除了加载状态的状态栏以外，还可以补充审查数量或其他更为丰富的功能效果。至此，代码审查工具就具备了状态栏展示的功能，整体功能相对完备，效果如图 6-22 所示。

图 6-22 状态栏的展示效果

6.4 本章小结

本章主要介绍了 AI 在代码辅助场景中的实战应用，包括在 VSCode 插件中实现 ChatGPT、代码语言转换工具和代码审查工具。它们分别使用了 Webview、主动触发和被动触发 3 种交互方式。通过这些工具，可以有效提高代码开发中的效率。

通过本章的学习，读者应该能掌握以下 4 种开发技能：

（1）掌握 VSCode 插件的 Webview 开发流程，能够将 AI 功能与 Webview 交互结合，熟悉 Webview 和插件之间的通信方式。

（2）掌握 VSCode 插件的菜单命令开发流程，能够将 AI 功能与 VSCode 插件结合，实现一系列主动触发的文件操作功能。

（3）掌握 VSCode 插件的被动检测诊断开发流程，能够基于 AI 实现各种业务场景的 Lint 功能，并提供快速修复的手段。

（4）针对代码场景进行提示词设计，能够对模型输出的结果进行代码解析、行列分析等常用操作，并且具备使用 JSON 格式处理单实例多输出的结构化数据的能力。

第 7 章

Hugging Face 开源模型的私有化部署和微调

本章将深入介绍模型的私有化部署和微调训练，主要内容包括模型的私有化部署、模型微调、开源 AI 社区 Hugging Face，以及机器学习库 Transformer。为了加深对这些概念的理解，并将其落地到实际操作中，本章将以 ChatGLM3-6B 模型为例，介绍如何完成它的私有化部署推理以及单机单卡的 P-Tuning。通过本章的学习，读者将具备使用大部分开源模型的能力，并对模型微调的过程和关键重难点有一定的认知。

7.1 模型私有化部署

本节将介绍模型私有化部署的相关知识，并结合开源模型 ChatGLM3-6B 举例完成整个过程的实操。具体内容包含什么是模型私有化部署、使用 Anaconda 管理 Python 环境、私有化部署 ChatGLM3-6B 模型，以及 ChatGLM3-6B 模型的低成本部署。

7.1.1 什么是模型私有化部署

无论是之前使用的 ChatGPT，还是国内的一些模型产品，例如文心一言、通义千问，它们都有一个共同特点，即部署在公有云环境中。这在我们的日常使用中可能关系不大，但在企业应用或个人创业中使用频繁的场景下，可能会产生许多问题：

（1）API token 费用的支出：对于一些需要高频使用的场景，或多个代理（Agent）轮询应用时，token 的费用将是一笔不小的开支。

（2）数据安全：在使用大型语言模型（LLM）时，需将问题及前置信息以提示词（Prompt）的形式提供给模型，从而获得所需的回复。在这个过程中，可能会上传一些高敏感信息。如果是在公有云环境中，即使有隐私协议，也无法绝对保证信息不被泄露，这对某些信息驱动行业而言是不可接受的。

（3）知识版权与出口管制：一些大语言模型部署在欧美地区或其他有着严格知识出口管制的国家或地区，这些国家或地区对 LLM 结果及 Prompt 的版权有不同的规定，直接使用可能会导致知识侵权和敏感信息的版权迁移问题。

（4）部署资源和环境不可控：使用已部署在公有云环境中的模型，我们无法定制部署过程中的硬件资源（如 GPU），也无法进行高性能硬件的升级，同时对整个部署环境处于黑盒状态，缺乏自主控制。

面对这些问题，解决方案就是对模型进行私有化部署。模型私有化部署是指将机器学习或人工智能模型，特别是大型预训练模型，从公有云环境中转移到企业内部的私有服务器或私有云环境中进行部署和运行的过程。简单来说，就是将模型部署在自己的服务器环境中，以完成后续的推理。

私有化部署的模型将具备无限次使用的能力，可以有效规避高敏感信息的泄露，并允许自主控制整个部署环境及部署使用的 GPU 等硬件资源，这些都是云环境部署模型所不具备的优势。然而，私有化部署仅适用于开源模型，对于 GPT 等闭源模型尚无法实现。因此，在可接受开源模型的企业应用场景中，模型私有化部署得到了广泛应用。

7.1.2 使用 Anaconda 管理 Python 环境

Python 在数据科学和机器学习领域有着极其广泛的应用和社区支持。许多主流的机器学习框架和库，如 TensorFlow、PyTorch、Scikit-learn 等，都是基于 Python 开发的，这使得模型从开发、训练到部署都倾向于使用 Python。因此，在后续环节中，需要使用 Python 来编写和启动相关的脚本。

对于 AI 领域的从业者来说，通常不仅仅是部署和测试一套开源模型，还需在不同场景下部署并评估多个开源模型的优劣，这是一个重要环节。值得一提的是，不同开源模型的私有化部署的脚本操作各不相同，使用的依赖也有所相同。如果直接在 Python 环境中完成依赖的安装、管理及脚本运行，尤其在需要部署测试多个开源模型时，就很容易出现依赖冲突或者污染的问题，排查起来费时费力。那么，如何管理多个 Python 环境以避免相互冲突和依赖呢？

这就不得不提到 Anaconda。Anaconda 是一个开源的 Python 语言的发行版，包含了 Conda、Python 及其一系列常用的科学计算、数据处理和机器学习相关的库和软件包。Anaconda 旨在为数据科学家、机器学习工程师和科研人员提供一个便捷的环境，以便他们可以快速安装、管理和使用这些工具。使用 Anaconda 管理 Python 环境具备以下好处：

（1）简化包管理：Anaconda 自带的 Conda 是一个强大的包管理系统，允许用户轻松安装、更新、卸载成千上万的数据科学相关软件包，同时自动管理这些包之间的依赖关系，避免了手动解决依赖问题的烦琐操作。

（2）环境隔离：Conda 使得创建和管理多个独立的 Python 环境变得非常简单。这对于需要不同版本的 Python 或软件包的项目至关重要。例如，可以为不同的模型项目创建不同的环境，在每个环境中安装特定版本的库，从而避免版本冲突。

（3）跨平台支持：Anaconda 支持 Windows、macOS 和 Linux 操作系统，这意味着我们几乎可以在任何系统上使用相同的命令来管理 Python 环境和包，提高了代码的可移植性。

因此，通过使用 Anaconda，可以高效低成本地管理项目中的 Python 环境，维护多套 Python 环境。同时，这与 Node.js 中的 NVM 有一定的相似性，读者可以通过类比理解其中的作用。接下来将具体介绍如何安装 Anaconda 及管理 Python 环境。

Anaconda 的安装步骤相对简单，只需前往 Anaconda 官网，按照推荐下载对应系统的安装版本。以 macOS 为例，打开 Anaconda 官网显示的网页如图 7-1 所示。

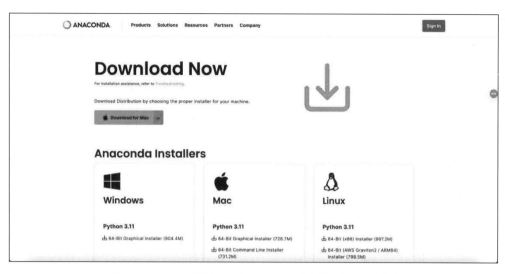

图 7-1　macOS 系统下打开 Anaconda 官网显示的网页内容

根据 Anaconda 的推荐下载指定系统的版本包，启动后按照指引安装即可。macOS 系统安装包的启动界面如图 7-2 所示。

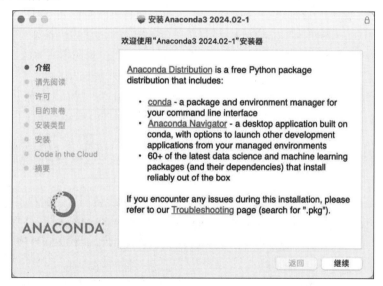

图 7-2　macOS 系统下 Anaconda 安装包的启动界面

Anaconda 安装完成后，再打开终端，可以看到命令提示符前出现了一个 base，它表示当前使用 Anaconda 管理的 Python 环境的名称。Anaconda 内置了一个 Conda 命令行工具，后续可以使用 Conda 来完成 Python 环境的创建、激活和切换等操作。在终端里输入 conda –version 命令，可以查看到对应的版本号，如图 7-3 所示。

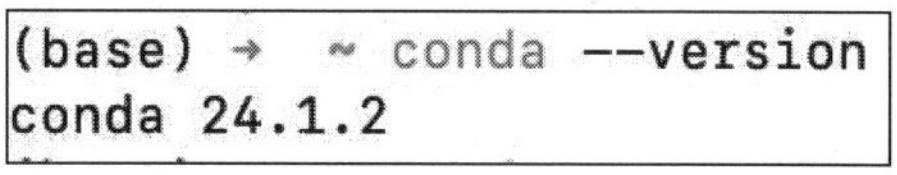

```
(base) → ~ conda --version
conda 24.1.2
```

图 7-3　安装 Anaconda 后，在终端输入 conda --version 的执行结果

对于 Conda 而言，常用的指令包含环境的列举、新增、激活、删除等，具体指令示例及其作用如表 7-1 所示。

表 7-1 Conda 的常用命令

命令示例	命令作用
conda create --name myenv python=3.11	安装 Python 3.11 版本的环境 myenv
conda activate myenv	切换环境到 myenv
conda env list	查看环境
conda remove --name myenv --all	删除 myenv 环境及其所有的依赖
conda remove -n myenv numpy	删除 myenv 环境的指定包（这里是 numpy）
conda deactivate	关闭当前激活环境，退出到基础环境

7.1.3 私有化部署 ChatGLM3-6B 模型

ChatGLM3-6B 是智谱 AI 和清华大学 KEG 实验室联合发布的新一代（第三代）对话预训练开源模型，具备大体量的推理参数和功能支持，是一款非常优秀的开源基座模型。下面以 ChatGLM3-6B 为例，介绍如何私有化部署模型。

在开始私有化部署 ChatGLM3-6B 模型之前，读者需要建立一个预期，因为模型的推理和微调需要大量的 GPU（Graphics Processing Unit，图形处理器）算力。为了减少推理和微调的时间，开发者通常会额外配置一些外置独立显卡，例如 NVIDIA A100、RTX 4090 等。对于市面上的常规个人计算机（如 macOS、Windows 等），除了集成显卡（常规个人计算机的集成显卡的显存一般不会很多）外，在 CPU（Central Processing Unit，中央处理器）上也集成了 GPU。这种集成的 GPU 也被称为核心显卡或者集成显卡。集成显卡的性能通常不如高端独立显卡，即使是苹果自研的 M 系列芯片（如 M1、M2 等）集成的高性能 GPU 单元，在用于大模型推理和微调时仍显得吃力。因此，在使用常规个人计算机完成模型推理和微调时，执行时间会比使用独立显卡长几倍到几十倍，甚至出现失败也是常见现象。

ChatGLM3-6B 模型的常规运行需要 13GB 的显存，在本例中使用的是配置了两张 RTX 4090 显卡的 Ubuntu 系统机器。通过在终端输入 nvidia-smi，可以查看显卡的相关状态，如图 7-4 所示。这是 NVIDIA 提供的一个命令行工具，用于监控和管理 NVIDIA GPU 的状态和性能，在模型场景中广泛使用。

```
(chatglm) → ~ nvidia-smi
Mon May 13 14:36:18 2024
+-----------------------------------------------------------------------------+
| NVIDIA-SMI 535.154.05    Driver Version: 535.154.05    CUDA Version: 12.2   |
|-------------------------------+----------------------+----------------------+
| GPU  Name            Persistence-M| Bus-Id        Disp.A | Volatile Uncorr. ECC |
| Fan  Temp   Perf     Pwr:Usage/Cap|         Memory-Usage | GPU-Util  Compute M. |
|                                   |                      |               MIG M. |
|===============================+======================+======================|
|   0  NVIDIA GeForce RTX 4090   Off | 00000000:01:00.0 Off |                  Off |
|  0%   45C    P8                32W / 450W |   1371MiB / 24564MiB |      0%      Default |
|                                   |                      |                  N/A |
+-------------------------------+----------------------+----------------------+
|   1  NVIDIA GeForce RTX 4090   Off | 00000000:05:00.0 Off |                  Off |
|  0%   46C    P8                25W / 450W |     21MiB / 24564MiB |      0%      Default |
|                                   |                      |                  N/A |
+-------------------------------+----------------------+----------------------+
```

图 7-4 私有化部署使用的机器配置

从图 7-4 中可以看到，该机器的可用显存为 40+GB，能满足常规模型推理的要求。下面将在这台机器上完成 ChatGLM3-6B 的私有化部署，整个过程可以分为 3 个步骤。

步骤 01 使用 Conda 创建独立的 Python 环境，以避免依赖之间的相互污染。执行命令 conda create --name chatglm3 python=3.11，创建 Python 版本为 3.11、名称为 chatglm3 的环境。在命令的执行过程中，会完成对应基础 Python 依赖的安装。

在创建环境后，输入 conda activate chatglm3 命令即可切换到 chatglm3 环境，后续的安装依赖等操作都将在 chatglm3 环境中执行。在环境中执行 python3 –version 命令，可以确认当前环境处于 Python3.11，如图 7-5 所示。

```
(base) → ~ conda activate chatglm3
(chatglm3) → ~ python3 --version
Python 3.11.9
```

图 7-5 切换环境到 chatglm3，并输出 Python 版本

步骤 02 执行以下命令复制 ChatGLM3-6B 模型仓库并安装必需的依赖。

```
git clone https://github.com/THUDM/ChatGLM3
cd ChatGLM3
pip install -r requirements.txt
```

值得一提的是，在 Python 环境中，requirements.txt 文件通常用于记录 Python 项目所需的所有直接依赖包及其特定版本，是确保项目能够在不同环境中正确启动和运行的关键文件。

步骤 03 执行模型推理的脚本。ChatGLM3-6B 提供了不同容器下的执行方式，这里选择相对简单的命令行脚手架执行方式，使用 python3 basic_demo/cli_demo.py 命令执行脚手架的模型启动脚本，脚本的内容如下：

```
import os
import platform
from transformers import AutoTokenizer, AutoModel

# 从环境变量获取模型路径，默认值为'THUDM/chatglm3-6b'
MODEL_PATH = os.environ.get('MODEL_PATH', 'THUDM/chatglm3-6b')
# 从环境变量获取分词器路径，默认为模型路径
TOKENIZER_PATH = os.environ.get("TOKENIZER_PATH", MODEL_PATH)

# 使用预训练模型加载分词器，trust_remote_code=True 允许信任远程代码
tokenizer = AutoTokenizer.from_pretrained(TOKENIZER_PATH, trust_remote_code=True)
# 使用预训练模型加载模型，device_map="auto"自动选择设备，并将模型设置为评估模式
model = AutoModel.from_pretrained(MODEL_PATH, trust_remote_code=True, device_map="auto").eval()
# 在.eval()之前添加.quantize(bits=4, device="cuda").cuda() 以使用 int4 模型
# 必须使用 cuda 下载 int4 模型

# 获取当前操作系统的名称
os_name = platform.system()
# 根据操作系统选择清屏命令，Windows 使用'cls'，其他系统使用'clear'
```

```python
    clear_command = 'cls' if os_name == 'Windows' else 'clear'
    stop_stream = False       # 停止流的标志

# 欢迎提示信息
welcome_prompt = "欢迎使用 ChatGLM3-6B 模型，输入内容即可进行对话，clear 清空对话历史，stop 终止程序"

# 构建提示信息的函数
def build_prompt(history):
    prompt = welcome_prompt                  # 初始化提示信息为欢迎提示
    for query, response in history:
        prompt += f"\n\n用户：{query}"       # 添加用户的提问
        prompt += f"\n\nChatGLM3-6B：{response}"    # 添加模型的回答
    return prompt     # 返回构建好的提示信息


def main():
    past_key_values, history = None, []      # 初始化过去的键值和历史记录
    global stop_stream                        # 声明全局变量
    print(welcome_prompt)                     # 打印欢迎提示
    while True:
        query = input("\n 用户：")            # 获取用户输入
        if query.strip() == "stop":           # 如果用户输入'stop'，则退出循环
            break
        if query.strip() == "clear":          # 如果用户输入'clear'，清空历史记录
            past_key_values, history = None, []
            os.system(clear_command)          # 清屏
            print(welcome_prompt)             # 重新打印欢迎提示
            continue
        print("\nChatGLM: ", end="")          # 打印模型响应的提示
        current_length = 0                    # 当前响应长度
        # 流式聊天模型获取响应
        for response, history, past_key_values in model.stream_chat(tokenizer, query, history=history, top_p=1,
                                                                    temperature=0.01,
past_key_values=past_key_values,
return_past_key_values=True):
            if stop_stream:                   # 如果停止流标志被设置
                stop_stream = False           # 重置停止流标志
                break
            else:
                print(response[current_length:], end="", flush=True)    # 输出响应
                current_length = len(response)     # 更新当前长度
        print("")                             # 输出换行
```

```
if __name__ == "__main__":                    # 如果该文件是主程序
    main()                                    # 调用主函数
```

这个脚本使用了 Hugging Face 的 Transformers 库，从远程源加载了 ChatGLM3-6B 预训练模型和分词器，并加上了一些与用户交互的逻辑，以便与模型进行互动。关于 Transformers 库的具体介绍在后面的章节中会详细展开，这里不再赘述。

在执行脚本后，系统会开始从远端安装对应的模型文件。由于模型文件通常较大（比如吉字节维度），整个过程易受到网络状况的影响，因此可能需要几十分钟，具体情况如图 7-6 所示。

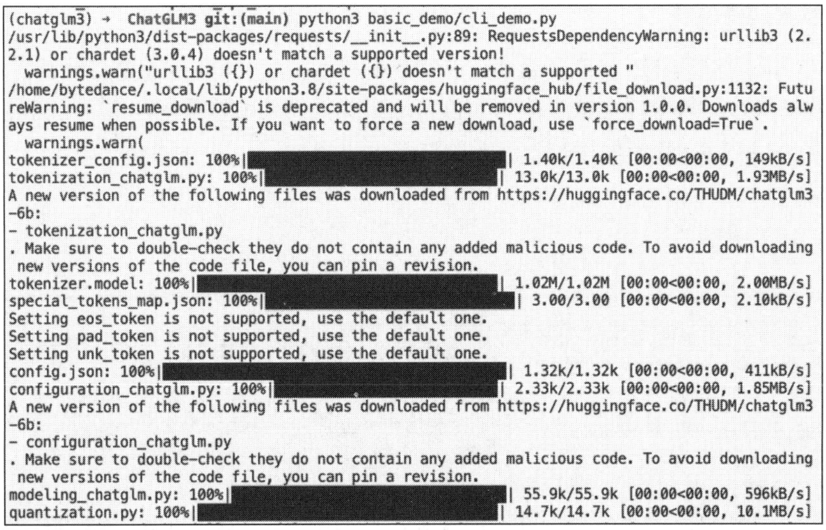

图 7-6　执行 cli_demo.py 安装模型文件的过程

安装完成后，就可以在终端中直接使用 ChatGLM3-6B，并与它对话，如图 7-7 所示。

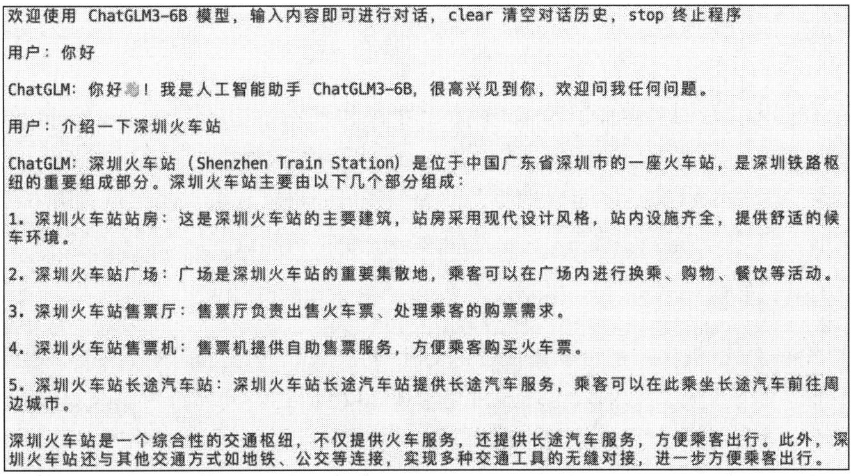

图 7-7　使用 ChatGLM3-6B 的效果

至此，我们已经在本地机器上完成了 ChatGLM3-6B 的私有化部署。我们还可以选择不使用命令行对话的方式，而是将输入输出改造为接口，以暴露给外网端口，这样就可以实现类 OpenAI API 的方式，通过网络请求来使用该模型。

7.1.4 ChatGLM3-6B 模型的低成本部署

ChatGLM3-6B 在常规运行时所需显存的容量为 13GB，这对于一些普通的个人计算机来说，通常是无法承受的。即使是 macOS 系统的 M 系列芯片集成的高性能 GPU，完成常规推理也显得比较吃力，容易出现运行失败，或者运行成功但单次推理（即询问模型回答）的时间过长，需要十几分钟甚至一小时。因此，包括 ChatGLM3-6B 在内的很多开源大模型，都为个人计算机提供了一些低成本的部署方式，以支持在更低的硬件配置下使用对应的模型。

1. 使用量化版本部署

ChatGLM3-6B 默认以 FP16 精度运行，也就是使用半精度 16 位浮点数进行权重计算。我们可以通过将模型的精度从 16 位浮点数量化为 4 位整数来降低硬件配置要求。经过官方测试，量化为 4 位整数后，ChatGLM3-6B 仍能保持较为流畅的推理。cli_demo.py 的代码修改如下：

```
import os
import platform
from transformers import AutoTokenizer, AutoModel

# 从环境变量中获取模型路径，如果未设置则使用默认值 'THUDM/chatglm3-6b'
MODEL_PATH = os.environ.get('MODEL_PATH', 'THUDM/chatglm3-6b')
# 从环境变量中获取分词器路径，如果未设置则使用模型路径
TOKENIZER_PATH = os.environ.get("TOKENIZER_PATH", MODEL_PATH)

# 从指定路径加载分词器，并信任远程代码
tokenizer = AutoTokenizer.from_pretrained(TOKENIZER_PATH, trust_remote_code=True)
# 从指定路径加载模型，信任远程代码，使用自动设备映射，量化为 4 位整数，移动到 GPU，并设置为评估模式
model = AutoModel.from_pretrained(MODEL_PATH, trust_remote_code=True, device_map="auto").quantize(4).cuda().eval()
# 使用 int4 模型

# 其他的代码
```

在上面的代码中，我们在原来加载模型的代码处添加了 quantize(4).cuda()。quantize(4)用于将模型的权重从原始的浮点形式转换为 4 位整数，而 cuda()用于指定量化过程直接在 GPU 上执行，以加速整个量化过程。修改完代码后，可以按照之前的部署方式进行部署。虽然量化版本可能会带来一定的性能损耗，但对于低显存的机型来说，这仍然是一个不错的选择。

2. 使用 CPU 推理

如果机器没有 GPU 硬件，也可以选择使用 CPU 的集成显卡进行推理，但推理速度会慢很多。以 macOS 系统的 M 系列芯片为例，推理速度通常在 5~20 分钟。同样需要修改 cli_demo.py 代码中加载模型的部分，其余步骤不变，代码修改如下：

```
import os
import platform
from transformers import AutoTokenizer, AutoModel

# 从环境变量中获取模型路径，如果未设置则使用默认值 'THUDM/chatglm3-6b'
MODEL_PATH = os.environ.get('MODEL_PATH', 'THUDM/chatglm3-6b')
```

```
# 从环境变量中获取分词器路径，如果未设置则使用模型路径
TOKENIZER_PATH = os.environ.get("TOKENIZER_PATH", MODEL_PATH)

# 从指定路径加载分词器，并信任远程代码
tokenizer = AutoTokenizer.from_pretrained(TOKENIZER_PATH, trust_remote_code=True)
# 从指定路径加载模型，信任远程代码，使用自动设备映射，设置为浮点数精度，并设置为评估模式
model = AutoModel.from_pretrained(MODEL_PATH, trust_remote_code=True,
device_map="auto").float().eval()
# 使用 CPU 推理

# 其他的代码
```

7.2 模型微调

本节将介绍模型微调的知识，并结合开源模型 ChatGLM3-6B 实际操作，讲解如何通过微调进行模型专精方向能力的训练。

7.2.1 什么是模型微调

模型微调虽然与 AI 生成式应用不直接相关，但却是一个非常重要概念，可以提升生成式应用的能力上限。当需要将模型应用于一些敏感方向或模型未训练过的场景时，例如直播审核、金融判断等，由于模型缺乏相关基础信息或相应训练，可能无法精准地完成任务。模型微调就是帮助模型扩展这部分功能的过程。

简单来说，模型微调是训练模型，让模型学习某个特定领域的知识，从而完成该领域的任务。用拟人化的方式理解，模型微调就像用课本（"训练集"）教会学生（"模型"）某项技能的过程。模型微调通常包含以下几个步骤，读者可以结合图 7-8 加深理解：

（1）挑选基底模型：模型的训练不必从零开始，而是可以在某个基底模型的基础上进一步调整训练。这种方式可以借助已有模型的能力，就像训练大学生掌握某项专业技能，而不需要从小学阶段开始教基础知识。选择哪些模型作为基底模型，取决于模型本身是否开放了微调。

（2）准备训练集：为了让模型学会某个领域的知识并具备实践能力，需要提供大量优质的实践例子给模型。训练集通常采用一问一答的形式，并且在准备训练集的过程中，除了收集外，还需要进行清洗、打标签等，以确保训练集具有庞大体量，同时内容也尽可能优质。这一步就像是为模型准备对应的课本，我们需要保质保量。

（3）训练模型：训练模型是让模型学习训练集的过程。这个过程并不是一次性就能完成的，需要反复训练，并评估训练后的检查点（不同阶段的训练结果），以评估出相对优质的结果，而这一结果可能还需要进一步的训练。这更像是上学阶段的学习与考试的持续过程。一个优质模型的微调通常需要较长时间的反复训练和评估才能完成。

到这里，大家应该能理解为什么高配置的 GPU 等算力硬件在 AI 领域至关重要。模型训练不是简单的单次执行过程，而是一个长期反复且需要频繁评估、测试参数以达到最优解的试错过程。高配置的计算资源可以缩短单次训练时间，在单位时间内，开发者可以进行更多次的微调训练，拥有更多试错机会，也更容易接近最优解。在本节的微调例子中，使用 M3 芯片进行微调耗时约 10 小时，使用 RTX 4090 独立显卡进行微调只需 1 小时，而使用 A100 等专业机器学习显卡则耗时更短。这也

是行业内常提到的,未来 AI 竞争将是各国算力比拼的核心原因。

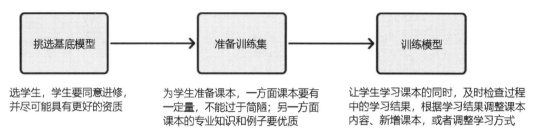

图 7-8　模型微调通常要经历的几个过程

7.2.2　对 ChatGLM3-6B 模型进行单机单卡 P-Tuning

下面以 ChatGLM3-6B 为例,说明如何进行微调。本次微调使用官方提供的数据集,以微调一个可以根据关键词定制衣服广告的模型。

1. 单机单卡和 P-Tuning

在开始微调之前,先对小节标题中的单机单卡和 P-Tuning 进行解释。简单来说,单机单卡指的是在一台计算机上使用一块 GPU 进行训练,所有模型训练任务都由这一块 GPU 处理。这种方式适合小型调试或资源有限的情况。除了单机单卡外,还有单机多卡和多机多卡等模式,它们用于训练更大规模的模型或加速训练过程。

由于资源受限,并且为了帮助读者了解整体流程,后续步骤会添加相应命令以限制其余 GPU 的可见性和 GPU 之间的通信,从而使用单机单卡来完成微调。

P-Tuning 是一种非常适合资源有限或期望快速试验场景的微调方式。它通过在输入序列前添加可学习的提示向量或使用额外的参数化矩阵来调整模型权重,而不是直接修改模型参数。这样既减少了计算负担,又能有效引导模型产生更适合任务的输出。除了 P-Tuning,还有很多其他的训练模型的微调方式,感兴趣的读者可以自行了解。表 7-2 列举了一些常见的微调方式。

表 7-2　常见的微调方式

微调方式名称	微调原理	微调应用场景
Full Tuning	对预训练模型的所有参数(从输入层到输出层)进行微调。这种方式允许模型最大程度地适应新的任务需求,但通常需要大量的计算资源和时间,并有可能导致过拟合(即模型过度学习了训练数据的细节,未能很好地泛化到未见过的新数据上)	适合于拥有足够标注数据的场景。在数据量较大的情况下,模型可以从中学习到更多特定任务的信息,而不必担心过拟合的问题。充分的数据有助于模型调整所有层的参数,以更好地捕捉目标任务的特征
Adapter Tuning	在模型的每一层插入小型可训练模块(Adapter),这些模块通常只包含少量参数。微调时仅调整这些 Adapter,而保留模型主体不变。这种方式使微调过程更为高效,并减少对预训练知识的干扰	适合于多任务学习场景,或在多个相关任务之间共享模型并快速适应新任务的场景。例如,在自然语言推理和问答系统中,可以插入 Adapter 模块,以适应不同类型的逻辑推理任务

(续表)

微调方式名称	微调原理	微调应用场景
LoRA	在预训练模型的基础上添加一些额外的小型可训练矩阵，这些矩阵在微调过程中进行更新，而原始预训练模型的参数保持不变。这种方法能够显著减少所需的存储空间和计算资源，并通常提高模型的泛化能力	适合于数千亿参数的模型，LoRA 是一种高效且存储友好的微调方案。例如，在大规模语言生成任务中，利用 LoRA 可以在保持模型性能的同时减少计算资源的消耗

2. 微调的环境依赖安装

下面开始对 ChatGLM3-6B 进行预定目标的微调，使用的设备仍然是 7.1.3 节中提到的 Ubuntu 机器。微调相关的脚本位于 chatglm3 项目根目录下的 finetune_demo 文件夹中。切换到对应目录后，可以看到一个依赖文件 requirements.txt，其中 deepspeed 和 mpi4py 这两个依赖可以去掉，因为它们主要用于提升模型训练的效率和可扩展性，而在 P-Tuning 场景中不需要使用。修改后的 requirements.txt 配置如下：

```
jieba>=0.42.1
ruamel_yaml>=0.18.6
rouge_chinese>=1.0.3
jupyter>=1.0.0
datasets>=2.18.0
peft>=0.10.0
```

除 requirements.txt 中的依赖外，还需要安装 nltk 库用于文本的预处理等操作。在终端中执行以下命令以完成所有依赖的安装：

```
pip install -r requirements.txt
pip install nltk
```

3. 下载训练集并完成训练集预处理

在仓库的 Readme 文档中，官方提供了一组和衣服广告相关的训练集，可以通过单击链接完成训练集的下载。下载的训练集文件包含 dev.json 和 train.json。其中 dev.json 文件包含十几万样本数据的对话，字段 content 中是衣服的关键词，字段 summary 中是与这些关键词对应的预期广告语，如图 7-9 所示。我们的目标是通过这十几万的样本数据对话，让模型具备衣服与广告场景关联词汇的能力，以便后续输入新的衣服关键词就能够生成对应特点的广告语。

```
{"content": "类型#上衣*材质#牛仔布*颜色#白色*风格#简约*图案#刺绣*衣样式#外套*衣款式#破洞", "summary": "简约而不简单的牛仔外套，白色的衣身十分百搭。衣身多处有做旧破洞设计，打破单调乏味，增加一丝造型看点。衣身后背处有趣味刺绣装饰，丰富层次感，彰显别样时尚。"}
{"content": "类型#裙*材质#针织*颜色#纯色*风格#复古*风格#文艺*风格#简约*图案#格子*图案#纯色*图案#复古*裙型#背带裙*裙长#连衣裙*裙领型#半高领", "summary": "这款BRAND针织两件套连衣裙，简约的纯色半高领针织上衣，修饰着颈部线，尽显优雅气质。同时搭配叠穿起一条背带式的复古格纹裙，整体散发着一股怀旧的时髦魅力，很是文艺范。"}
{"content": "类型#上衣*风格#嘻哈*图案#卡通*图案#印花*图案#撞色*衣样式#卫衣*衣款式#连帽", "summary": "嘻哈玩转鼠年，随时<UNK>，没错，出街还是要靠卫衣来装酷哦！时尚个性的连帽设计，率性有范还防风保暖。还有胸前撞色的卡通印花设计，醒目抢眼更富有趣味性，加上前幅大容量又时尚美观的袋鼠兜，简直就是孩子要帅装酷必备的利器。"}
```

图 7-9 训练集文件中的 dev.json 内容

下载完成后，在 finetune_demo 文件夹下创建 data 文件夹，将训练集文件夹 AdvertiseGen 放到 data 文件夹中，对应的目录结构如图 7-10 所示（对于一些文件夹和文件，比如 output 和 AdvertiseGen_fix，读者的系统目前没有这些是正常的，这些文件将在后续步骤中生成）。

```
(chatglm3) → finetune_demo git:(main) × ls
configs          finetune.py      lora_finetune.ipynb    README.md
data             inference_hf.py  output                 requirements.txt
finetune_hf.py   json_data.py     README_en.md
(chatglm3) → finetune_demo git:(main) × cd data
(chatglm3) → data git:(main) × ls
AdvertiseGen  AdvertiseGen_fix
```

图 7-10　训练集文件夹 AdvertiseGen 存放的位置

目前数据集的格式还不符合微调预期的格式，需要用脚本将它们转换为如下格式：

```
{
  "conversations": [
    {
      "role": "user",
      "content": "原始广告内容"
    },
    {
      "role": "assistant",
      "content": "广告摘要或回应"
    }
  ]
}
```

在 finetune_demo 文件夹下创建一个名为 json_data.py 的文件，并在其中写入如下代码：

```python
import json
from typing import Union
from pathlib import Path


def _resolve_path(path: Union[str, Path]) -> Path:
    # 解析并返回绝对路径，处理用户目录符号（如~）
    return Path(path).expanduser().resolve()


def _mkdir(dir_name: Union[str, Path]):
    # 创建目录，如果目录不存在，则创建
    dir_name = _resolve_path(dir_name)
    if not dir_name.is_dir():
        dir_name.mkdir(parents=True, exist_ok=False)  # parents=True: 创建父目录，exist_ok=False: 如果目录已存在则抛出异常


def convert_adgen(data_dir: Union[str, Path], save_dir: Union[str, Path]):
    # 转换广告生成数据
    def _convert(in_file: Path, out_file: Path):
        # 定义转换过程
        _mkdir(out_file.parent)    # 确保输出目录存在
```

```
                with open(in_file, encoding='utf-8') as fin:              # 打开输入文件
                    with open(out_file, 'wt', encoding='utf-8') as fout:  # 打开输出文件
                        for line in fin:              # 遍历输入文件的每一行
                            dct = json.loads(line)                        # 解析 JSON 行
                            # 创建新的样本字典，包含用户和助手的对话
                            sample = {'conversations': [{'role': 'user', 'content':
dct['content']}, {'role': 'assistant', 'content': dct['summary']}]}
                            fout.write(json.dumps(sample, ensure_ascii=False) + '\n')  # 将样本写
入输出文件

    data_dir = _resolve_path(data_dir)        # 解析输入数据目录
    save_dir = _resolve_path(save_dir)        # 解析输出数据目录

    train_file = data_dir / 'train.json'      # 定义训练文件路径
    if train_file.is_file():                  # 检查训练文件是否存在
        out_file = save_dir / train_file.relative_to(data_dir)   # 定义输出文件路径
        _convert(train_file, out_file)        # 调用转换函数

    dev_file = data_dir / 'dev.json'          # 定义开发文件路径
    if dev_file.is_file():    # 检查开发文件是否存在
        out_file = save_dir / dev_file.relative_to(data_dir)     # 定义输出文件路径
        _convert(dev_file, out_file)          # 调用转换函数

# 执行数据转换
convert_adgen('data/AdvertiseGen', 'data/AdvertiseGen_fix')
```

然后在终端中执行 python3 json_data.py 命令以执行上面的脚本。接着回到 data/AdvertiseGen 目录，可以看到同级目录下生成了 data/AdvertiseGen_fix 文件夹，这就是预处理后的数据集。其中，dev.json 文件的内容如图 7-11 所示。

```
{"conversations": [{"role": "user", "content": "类型#裤*风格#英伦*风格#简约"}, {
"role": "assistant", "content": "裤子是简约大方的版型设计，带来一种极简主义风格>
而且不乏舒适优雅感，是衣橱必不可少的一件百搭单品。标志性的logo可以体现出一股子浓
郁的英伦风情，轻而易举带来独一无二的<UNK>体验。"}]}
{"conversations": [{"role": "user", "content": "类型#裙*裙下摆#弧形*裙腰型#高腰*
裙长#半身裙*裙款式#不规则*裙款式#收腰"}, {"role": "assistant", "content": "这款>
来自梵凯的半身裙富有十足的设计感，采用了别致的不规则设计，凸显出时尚前卫的格调，
再搭配俏皮的高腰设计，收腰提臀的同时还勾勒出优美迷人的身材曲线，而且还帮你拉长腿
@@@
"dev.json" 1070L, 562594C                                       1,1          Top
```

图 7-11　预处理结果数据集 data/AdvertiseGen_fix 中 dev.json 文件中的内容

4. 开始微调

现在微调前置的工作已经完成，下面可以开始正式微调 ChatGLM3-6B 模型了。在 finetune_demo 文件夹下的终端中执行下列命令：

```
CUDA_VISIBLE_DEVICES=0 NCCL_P2P_DISABLE="1" NCCL_IB_DISABLE="1" python3 finetune_hf.py
data/AdvertiseGen_fix THUDM/chatglm3-6b configs/ptuning_v2.yaml
```

这个命令中涉及 3 个环境变量的命令行指令，这些变量用于限制微调使用的硬件资源为单个

GPU，具体的作用如表 7-3 所示。

表 7-3 深度学习环境变量的命令行指令

指令名称	指令作用
CUDA_VISIBLE_DEVICE	指定哪些 GPU 设备对当前进程可见。设置为 0 意味着只有编号为 0 的 GPU 设备会被当前进程使用
NCCL_P2P_DISABLE	是否禁止 GPU 间的 P2P 通信。P2P 通信允许 GPU 之间直接交换数据，无须经过 CPU，通常可以提升多 GPU 间的数据传输效率。设置为 1 即为禁用 GPU 间的 P2P 通信
NCCL_IB_DISABLE	是否禁用 InfiniBand 网络通信。设置为 1 即为禁用 InfiniBand 网络通信，并使用其他通信方式（如以太网）

命令主体中的 finetune_hf.py 为要执行的脚本，后续内容为传递给脚本中的相关参数，分别包含了数据集、模型地址以及使用的微调配置。数据集选择了上文预处理后的数据集 data/AdvertiseGen_fix；模型地址选择了线上的 ChatGLM3-6B 模型地址，微调阶段会在线下载，也可以提前下载到本地并使用本地地址；微调配置选择了官方提供的 P-Tuning 配置。

在模型微调命令启动后，会先输出对训练数据的预处理信息，如图 7-12 所示。

在完成对数据集的预处理后，将进入训练阶段。训练阶段是使用预处理后的数据集对模型进行训练，调整权重和参数的过程，如图 7-13 所示。

图 7-12 微调初期输出的预处理信息　　　　图 7-13 微调过程中的训练阶段

训练阶段会输出训练过程中的相关参数，这些参数描述了训练阶段的具体步骤和训练方式，具体参数的意义如表 7-4 所示。

表 7-4 ChatGLM3-6B 训练阶段的相关参数

参　数	参数意义
Num examples = 114,599	表示训练数据集中样本的数量，对应于 data/AdvertiseGen_fix 中对话的数量，这里共有 114599 组样本
Num Epochs = 1	一个 epoch（批次）是指整个训练数据集被模型遍历并学习一次的过程。在这里，单次训练会对整个训练集进行一次训练

(续表)

参　　数	参数意义
Instantaneous batch size per device = 4	表示在单个 GPU 计算设备上，每次迭代时所处理的样本数量，这又被称作批次数量。批次数量会影响训练速度，增大批次数量可以提高整体训练速度，但内存消耗也会增加
Total train batch size (w. parallel, distributed & accumulation) = 4	总体训练过程中每一步的实际批处理数量
Gradient Accumulation steps = 1	梯度累积是指在更新模型权重之前，先进行几次前向传播和反向传播，累积计算得到的梯度。设置为 1 表示每次前向传播后立即更新权重，而不进行梯度累积
Total optimization steps = 3,000	训练过程中优化器更新模型权重的总次数
Number of trainable parameters = 1,835,008	模型中可学习参数的数量，包括权重和偏置项。参数越多，模型的潜在表达能力就越强，但也可能导致过拟合，并增加训练时间和所需的计算资源

在完成数据集的单次训练后，会进入评估阶段。评估阶段是挑选一部分数据集与模型结果进行匹配的过程，用于查看模型输出的结果与数据集提供的结果之间的差异，如图 7-14 所示。

```
***** Running Evaluation *****
  Num examples = 50
  Batch size = 16
```

图 7-14　微调过程的评估阶段

评估阶段和训练阶段一样，也会输出相关参数，用于描述评估阶段的关键指标，具体参数的意义如表 7-5 所示。

表 7-5　ChatGLM3-6B 评估阶段的相关参数

参　　数	参数意义
Num examples = 50	表示评估数据集中包含的样本数量。在评估阶段，模型不会学习这些数据，而是使用它们来测试模型的预测或分类能力。这里的评估数据集使用了 50 个样本
Batch size = 16	表示在一次前向传播过程中输入模型的样本数量。在这个评估过程中，每次迭代会处理 16 个样本

在微调过程中，会反复进入训练和评估的阶段。整个过程消耗的时间根据机器硬件配置的不同而有所差异，使用 RTX 4090 显卡微调这个数据集耗时约 1 小时，而使用 macOS M3 芯片微调则需耗时约 8 小时。微调训练完成后，会输出控制台提示，如图 7-15 所示。

```
Training completed. Do not forget to share your model on huggingface
.co/models =)

{'train_runtime': 2062.2463, 'train_samples_per_second': 5.819, 'tra
in_steps_per_second': 1.455, 'train_loss': 4.601473958333333, 'epoch
': 0.1}
100%|████████████████████| 3000/3000 [34:22<00:00,  1.45it/s]
***** Running Prediction *****
  Num examples = 1070
  Batch size = 16
100%|████████████████████| 67/67 [12:46<00:00, 11.44s/it]
```

图 7-15　微调训练完成后的控制台输出

5. 执行微调检查点

在完成微调后，打开 finetune_demo 的目录，就可以看到一个新生成的 output 文件夹，其中存放着本次微调的产物，如图 7-16 所示。

```
(chatglm3) → finetune_demo git:(main) ✗ ls
configs          inference_hf.py       README_en.md
data             json_data.py          README.md
finetune_hf.py   lora_finetune.ipynb   requirements.txt
finetune.py      output
```

图 7-16　微调完成后的 finetune_demo 目录

打开 output 文件夹，可以看到多个以 checkpoint 命名的文件夹，这些 checkpoint 是微调检查点，代表了模型在不同训练轮次后的状态，如图 7-17 所示。

```
(chatglm3) → output git:(main) ✗ ls
checkpoint-1000  checkpoint-2000  checkpoint-3000
checkpoint-1500  checkpoint-2500  checkpoint-500
```

图 7-17　微调产物中的 checkpoint 检查点

一般来说，在微调结束后，都需要评估每个检查点在验证集上的性能，以此来决定哪个模型表现最好。值得一提的是，最好的模型并不一定是训练轮次最多的那个，因为有可能在某个中间点产生最优效果后，后续训练可能开始出现过拟合现象。

下面以 checkpoint-3000 检查点为例，查看其执行效果。在 finetune_demo 目录的终端中执行以下命令：

```
CUDA_VISIBLE_DEVICES=0 NCCL_P2P_DISABLE="1" NCCL_IB_DISABLE="1" python3 inference_hf.py output/checkpoint-3000/ --prompt "类型#连衣裙*裙衣门襟#拉链*裙衣门襟#套头*裙款式#拼接*裙款式#拉链*裙款式#木耳边*裙款式#抽褶*裙款式#不规则"
```

finetune_demo 目录中的 inference_hf.py 是用于执行检查点的脚本，它接收两个参数，分别对应检查点模型的路径以及输入的提示词。这里我们参照数据集挑选了一些衣服的关键词，希望模型能够根据这些关键词输出对应的广告。输出的效果如图 7-18 所示。

```
(chatglm3) → finetune_demo git:(main) ✗ CUDA_VISIBLE_DEVICES=0 NCCL
_P2P_DISABLE="1" NCCL_IB_DISABLE="1" python3 inference_hf.py output/
checkpoint-3000/ --prompt "类型#连衣裙*裙衣门襟#拉链*裙衣门襟#套头*
裙款式#拼接*裙款式#拉链*裙款式#木耳边*裙款式#抽褶*裙款式#不规则"
/home/bytedance/anaconda3/envs/chatglm3/lib/python3.11/site-packages
/huggingface_hub/file_download.py:1132: FutureWarning: `resume_downl
oad` is deprecated and will be removed in version 1.0.0. Downloads a
lways resume when possible. If you want to force a new download, use
 `force_download=True`.
  warnings.warn(
Loading checkpoint shards: 100%|██████| 3/3 [00:01<00:00,  1.80it/s]
Setting eos_token is not supported, use the default one.
Setting pad_token is not supported, use the default one.
Setting unk_token is not supported, use the default one.
Both `max_new_tokens` (=512) and `max_length`(=8192) seem to have be
en set. `max_new_tokens` will take precedence. Please refer to the d
ocumentation for more information. (https://huggingface.co/docs/tran
sformers/main/en/main_classes/text_generation)
1. 拼接裙款式
拼接设计是今年非常流行的款式，它将多种不同的面料、颜色或图案组合在一
起，创造出独特的视觉效果。这种设计既考验设计师的创意，也考验制作工艺
。

2. 木耳边裙款式
木耳边的设计是今年比较流行的，这种设计让裙子显得更加甜美和优雅。它通
常由薄薄的网眼制成，可以增加裙子的层次感。

3. 拉链裙款式
拉链裙是一种方便又时尚的设计。它们通常有一个拉链在裙子的前面，方便穿
脱。拉链裙款式有各种各样的长度和款式，适合各种场合。

4. 裙衣门襟拉链裙
这种裙子在前面有拉链，而侧面是开叉的。这种设计既方便又时尚，并且允许
你灵活地搭配鞋子。

5. 抽褶裙款式
抽褶裙是一种非常流行的款式，它们通常在腰部位置有一个大型的褶皱。这种
裙子非常优雅，适合正式场合。

6. 不规则裙款式
不规则裙款式是一种非常时尚的设计，它们通常有很多不规则的元素，比如裙
子的长度、宽度或形状。这种裙子非常适合那些喜欢别致 styles 的人。
```

图 7-18　执行 checkpoint-3000 检查点后模型的效果

可以看到，模型已经能够根据衣服的关键词输出广告词，符合数据集的预期。到这里，微调实践就结束了，但在

实际业务实施的场景中,这未必是微调的终点。前面提到过,微调是一个长期反复试验、寻找最优解的过程。在实际的业务场景中,我们可能还需要通过增加硬件资源、优化微调参数和优化数据集等手段进一步优化模型效果,并针对每个过程的模型进行合理评估。这是一个漫长而枯燥的过程,需要开发者耐住性子并保持信心。大部分优秀的大模型都不是一蹴而就的,而是需要长期的沉淀与试错才能触及最优解(或尽可能优的解)。

7.3 开源 AI 社区 Hugging Face

本节将介绍开源 AI 社区 Hugging Face 的相关内容,包括什么是 Hugging Face,以及 Hugging Face 提供的用于开源模型推理、预处理和微调的重要开源库 Transformers。

7.3.1 什么是 Hugging Face

Hugging Face 是一家专注于自然语言处理(NLP)领域的开源公司,以其在 NLP 技术、工具和社区建设方面的创新而闻名。它提供了一个社区站点,用于开源模型和数据集的共享和交流。开发者可以在社区里使用各种类别的开源模型和数据集,并能站在巨人的肩膀上,利用已有的开源模型进行训练,从而探索新的可能性。

7.3.2 机器学习库 Transformers

Hugging Face 不仅提供了一个社区供开发者和团队互相分享和使用模型、数据集等机器学习核心资料,还开发了大量与机器学习相关的库,其中 Transformers 就是最重要的机器学习库之一。

这个库并不陌生,细心的读者可能已经注意到,在使用 ChatGLM3-6B 进行推理和训练的过程中,笔者提供的推理和微调脚本中就使用了这个库。有了 Transformers 库,开发者可以轻松使用和微调 Hugging Face 中绝大多数不同类别的模型,而不需要深入了解模型内部的一些细节和原理,从而减少了前置算法知识的学习成本。开发者还可以在有想法时直接开始尝试和体验,能较为轻松地将开源模型的能力融入生成式 AI 应用中。

接下来,我们将具体介绍 Transformers 库,看看如何使用 Transformers 库完成对 Hugging Face 上模型的推理、微调等操作。学习完后,再回顾 ChatGLM3-6B 的推理微调过程,相信会有更深的理解和体会。

1. 初始化安装

在安装 Transformers 之前,在终端使用 Conda 创建一个独立的 Python 环境,以避免依赖的互相影响。

```
conda create -n hugging-face-transformers python=3.11
conda activate hugging-face-transformers
```

Transformers 的安装需要配套的机器学习框架,这里选择 Torch,它是一个拥有大量机器学习算法支持的科学计算框架,在机器学习领域应用广泛,Hugging Face 中的许多模型都可以基于 Torch 运行。执行以下命令可以完成 Transformers 和 Torch 的安装:

```
pip install 'transformers[torch]'
```

安装完成后，可以执行以下脚本进行测试：

```
python3 -c "from transformers import pipeline; print(pipeline('sentiment-analysis')('we love you'))"
```

这里执行的 Python 脚本使用了 Hugging Face 上提供的开源模型 sentiment-analysis，这是一个情感分析模型，能够推理文本中的情绪是正向还是负向。由于使用的是在线模型，运行过程中会有一个模型资源下载的过程。"we love you"后，输出结果为正向，效果如图 7-19 所示。

```
[{label: 'POSITIVE', score: 0.9998704195022583}]
```

图 7-19　安装完 Transformer 和 Torch 后，使用开源模型 sentiment-analysis 推理的结果

2. 模型推理

模型推理是将新的、未见过的数据输入模型，让模型根据其在训练阶段学到的知识来预测或分类这些新数据的过程，简单来说，就是"使用模型"进行预测或决策。之前使用 ChatGLM3-6B 的过程就是一个模型推理的例子。

不同类别的模型使用过程不尽相同，因此 Transformers 针对不同任务类别的开源模型定制了不同的工作流，也就是 pipeline 功能，以此来简化模型的使用流程。通过使用 pipeline 工作流功能，即使是非专业人员也能轻松调用一些特定任务类型的开源模型。

目前，pipeline 功能已支持多种常见的自然语言处理任务，如文本分类、命名实体识别（NER）、问答、文本生成等，具体如表 7-6 所示。

表 7-6　Transformers 库 pipeline 支持的模型类别

Pipeline 名称	模型广义类别	适用模型
AudioClassificationPipeline	音频	音频分类模型，如识别音频中的场景、事件或情感
AutomaticSpeechRecognitionPipeline	音频	语音转文本类模型，例如电话会议转写、实时字幕、语音助手等
TextToAudioPipeline	音频	文本转语音类模型
ZeroShotAudioClassificationPipeline	音频	音频分类模型，与 AudioClassificationPipeline 不同的是，ZeroShotAudioClassificationPipeline 类型模型允许对音频进行零样本分类，即在未见过特定类别的训练样本的情况下对输入音频进行分类
DepthEstimationPipeline	计算机视觉	预测图像深度信息模型，能够从单个图像中推断出三维空间中的深度信息
ImageClassificationPipeline	计算机视觉	图像分类模型，识别图像中的场景、事件等信息
ImageSegmentationPipeline	计算机视觉	图像分割模型
ImageToImagePipeline	计算机视觉	图像强化模型
ObjectDetectionPipeline	计算机视觉	物体检测模型，能够识别图像中的多个物体，并为每个检测到的物体提供边界框和置信度得分
VideoClassificationPipeline	计算机视觉	视频分类模型
ZeroShotImageClassificationPipeline	计算机视觉	零样本视频分类模型
ZeroShotObjectDetectionPipeline	计算机视觉	零样本物体检测模型

(续表)

Pipeline 名称	模型广义类别	适用模型
ConversationalPipeline	自然语言处理	对话类模型
FillMaskPipeline	自然语言处理	屏蔽语言预测模型,用于填充文本中被掩码的词语
NerPipeline	自然语言处理	命名实体识别模型,用于在文本中识别出特定意义的实体
QuestionAnsweringPipeline	自然语言处理	问题回答类模型
SummarizationPipeline	自然语言处理	文本总结类模型
TableQuestionAnsweringPipeline	自然语言处理	表格信息处理模型,用于处理和理解表格数据中的信息,并根据提出的问题生成答案
TextClassificationPipeline	自然语言处理	文本分类模型
FeatureExtractionPipeline	多模态	文本特征提取模型
ImageFeatureExtractionPipeline	多模态	图像特征提取模型
ImageToTextPipeline	多模态	图像转文本模型
MaskGenerationPipeline	多模态	预测图像二进制掩码模型
VisualQuestionAnsweringPipeline	多模态	针对计算机视觉和自然语言处理的多模态模型

除这些 pipeline 类型外,其他类型的模型不能直接用 pipeline 启动推理。下面以 Image-to-Text 类型模型为例,使用 Transformers 提供的 pipeline 进行模型推理。我们选择点赞量最多的模型 Salesforce/blip-image-captioning-large,该模型支持将图片转成对图片内容的自然语言描述,如图 7-20 所示。

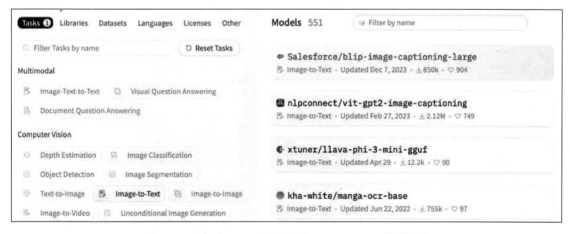

图 7-20　Hugging Face 模型首页 Image-to-Text 类别模型

单击 Salesforce/blip-image-captioning-large 进入详情页后,单击"use this model"可以看到 pipeline 的选项。通常,如果使用的模型支持 pipeline 调用,可以在"use this model"处看到示例代码,如图 7-21 所示。

在调用模型之前,需要先准备一幅图片,用于识别图片内容。这里找了一幅猫的表情包图片作为示范,如图 7-22 所示。

图 7-21　Salesforce/blip-image-captioning-large 的 model 使用示例

图 7-22　用于 Salesforce/blip-image-captioning-large 识别的表情包图片

接下来，创建一个 Python 脚本 pipeline.py，写入如下代码，其中图片的链接换成读者使用的图片的 URL：

```
from transformers import pipeline
pipe = pipeline("image-to-text", model="Salesforce/blip-image-captioning-large")
image_path = "https://your_image_url"  // 换成你的图片的 URL
output = pipe(image_path)
print(output)
```

在执行这个脚本之前，需要安装依赖库 pillow，这是 Python 的一个图像处理库。不同的工作流可能会有不同的依赖要求，开发者可以根据实际情况自行安装对应的依赖。

```
pip install pillow
```

安装完成后，执行脚本 python3 pipeline.py，稍等片刻后，就能得到图片内容的自然语言描述，结果是"araffe cat looking at itself in a mirror while sitting on a bed"（阿拉菲猫坐在床上看着镜子里的自己），运行效果如图 7-23 所示。

```
[{generated_text: 'araffe cat looking at itself in a mirror while sitting on a bed'}]
```

图 7-23　pipeline.py 的执行结果

同样地，对于 Hugging Face 中其他类型的模型，只要满足已支持的 pipeline 类型，都可以采用类似的方式进行推理，而无须关注前置的一些算法领域黑盒逻辑。通过这种方式，我们可以自由选择所需的模型并集成到生成式 AI 应用中，从而丰富应用的功能。

3. 预处理数据

在第 7.2.2 节对 ChatGLM3-6B 模型进行微调的内容中，在将 ChatGLM3-6B 微调的数据集输入模型之前，进行了预处理操作。其他模型的微调过程与之类似，数据集在输入模型之前，通常需要经过一系列处理，转换为张量，才能用于模型训练。在计算机科学中，张量指的是具有固定数量的维度（秩）和每个维度上的大小的多维数组。

对于不同的模型，使用的训练数据格式各不相同的，例如文本、音频、图像或多模态。针对不同的数据格式，Transformers 提供了不同的自动预处理类，它们可以根据模型选取最合适的数据处理方式。开发者只需确认模型在 Hugging Face 中的命名及预处理的数据格式，即可使用预处理类完成数据集的预处理。Transformers 提供的数据预处理类如表 7-7 所示。

表 7-7 Transformers 库提供的数据预处理类

数据格式	预处理类
文本	AutoTokenizer
音频	AutoFeatureExtractor
图像	AutoImageProcessor
多模态	AutoProcessor

在 Hugging Face 模型首页的左侧任务栏中，对模型进行了分类，涵盖了多模态、计算机视觉、自然语言处理等类别。

下面以 Fill-Mask 分类的第一个模型 google-bert/bert-base-uncased 为例，介绍如何使用 Transformers 提供的预处理类完成文本数据向张量的转换。google-bert/bert-base-uncased 是用于预测和补全的模型，数据集使用文本。首先，创建 Python 脚本 process.py，写入如下代码：

```
from transformers import AutoTokenizer           # 导入 AutoTokenizer 类

# 从预训练模型加载分词器
tokenizer = AutoTokenizer.from_pretrained('google-bert/bert-base-uncased')

text = "Replace me by any text you'd like."      # 定义要处理的文本

# 将文本转换为模型所需的编码格式
encoded_input = tokenizer(text)

# 输出编码后的结果
print(encoded_input)
```

在上面的代码中，使用 AutoTokenizer.from_pretrained 加载了 google-bert/bert-base-uncased 模型的分词器，并将 text 转换为对应的张量后输出，效果如图 7-24 所示。

```
{'input_ids': [101, 5672, 2033, 2011, 2151, 3793, 2017, 1005, 1040, 2066, 1012, 102], 'token_type_ids': [0, 0, 0, 0, 0, 0, 0, 0, 0, 0, 0, 0], 'attention_mask': [1, 1, 1, 1, 1, 1, 1, 1, 1, 1, 1, 1]}
```

图 7-24 process.py 执行后输出的张量结果

可以看到，文本已经被转换为了指定格式的张量对象，呈现为数组的形式。除了将单个文本转换为张量外，也可以使用预处理类同时转换多个数据，process.py 代码修改如下：

```python
from transformers import AutoTokenizer       # 导入 AutoTokenizer 类

# 从预训练模型加载分词器
tokenizer = AutoTokenizer.from_pretrained('google-bert/bert-base-uncased')

# 定义要处理的多个文本
text = [
    "But what about second breakfast?",                     # 文本 1
    "Don't think he knows about second breakfast, Pip.",    # 文本 2
    "What about elevensies?",                               # 文本 3
]

# 将多个文本转换为模型所需的编码格式
encoded_input = tokenizer(text)

# 输出编码后的结果
print(encoded_input)
```

在上面代码中，将 text 换成了数组，放置了多个需要转换的文本，使用同样的预处理器进行转换，结果如图 7-25 所示。

```
{'input_ids': [[101, 2021, 2054, 2055, 2117, 6350, 1029, 102], [101, 2123, 1005, 1056,
2228, 2002, 4282, 2055, 2117, 6350, 1010, 28315, 1012, 102], [101, 2054, 2055, 5408, 14
625, 1029, 102]], 'token_type_ids': [[0, 0, 0, 0, 0, 0, 0, 0], [0, 0, 0, 0, 0, 0, 0, 0,
0, 0, 0, 0, 0, 0], [0, 0, 0, 0, 0, 0, 0]], 'attention_mask': [[1, 1, 1, 1, 1, 1, 1, 1]
, [1, 1, 1, 1, 1, 1, 1, 1, 1, 1, 1, 1, 1, 1], [1, 1, 1, 1, 1, 1, 1]]}
```

图 7-25　使用 process.py 转换多个文本数据的张量结果

分词的基本目标是将连续的文本字符串分割成有意义的单元，这些单元被称为"标记"或"词元"（tokens）。对于不同的使用场景或语言，分词的方法各不相同，基于不同分词方法得到的张量自然也会不同。自动预处理类 AutoTokenizer 可以自动选择合适模型的分词器，使我们无须关注模型本身的分词细节。其他预处理类也是如此。

4．数据集的收集

数据集是模型微调的重要环节，完成数据集的收集后，才能使用 Transformers 提供的预处理类进行张量转换。数据集的收集渠道很多，Hugging Face 也提供了大量的开源数据集，开发者可以在开源数据集的基础上进行调整，以满足自己业务场景的需求。

为便于开发者快速使用 Hugging Face 中提供的数据集，Hugging Face 开发了开源数据处理库 Datasets，旨在简化机器学习和自然语言处理项目中的数据加载、预处理和数据集管理流程。该库提供了一种统一的方式来处理各种数据集，无论是公共数据集还是私有数据集，都能方便地集成到项目中，特别适用于使用 Hugging Face 的 Transformers 模型进行训练和微调。可以执行以下命令安装 Hugging Face 提供的开源数据处理库 Datasets：

```
pip install datasets
```

下面以 fill-mask 分类的第一个数据集 gretelai/synthetic_pii_finance_multilingual 为例，介绍如何

使用 Hugging Face 提供的数据集。该数据集是包含个人身份信息（PII）的全长合成财务文档数据集。它的内容如图 7-26 所示。

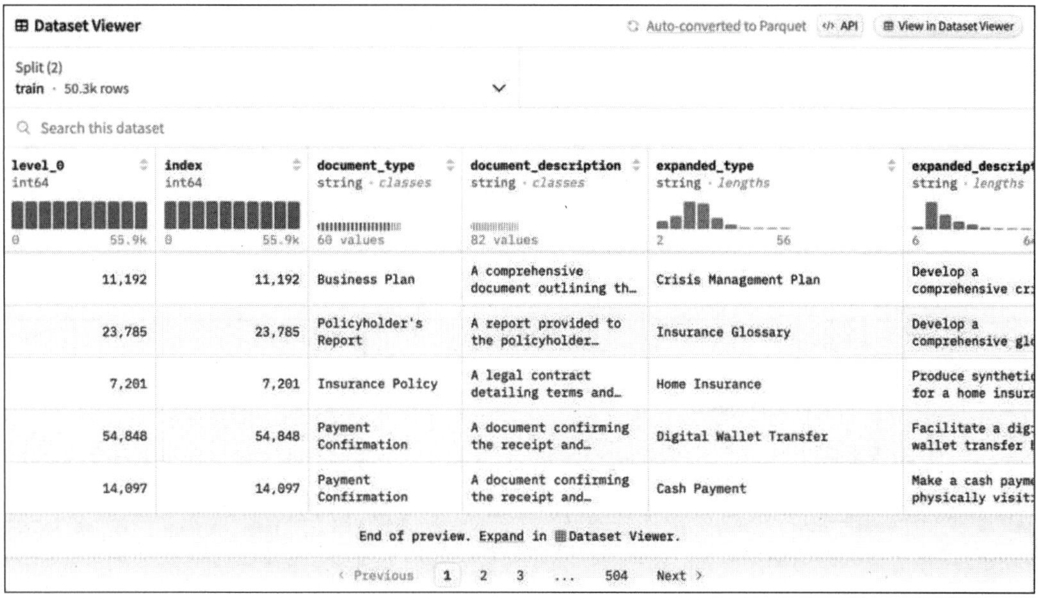

图 7-26　数据集 gretelai/synthetic_pii_finance_multilingua 的数据预览

Hugging Face 提供的数据集通常由几个不同的子集组成，如训练集（train）、验证集（validation）和测试集（test）。在数据集 gretelai/synthetic_pii_finance_multilingua 中，包含了 train 和 test 两个子集。下面使用 datasets 加载数据集 gretelai/synthetic_pii_finance_multilingua 的内容，创建 dataset.py，写入如下代码：

```
from datasets import load_dataset        # 导入 load_dataset 函数
# 加载名为"gretelai/synthetic_pii_finance_multilingual"的数据集
dataset = load_dataset("gretelai/synthetic_pii_finance_multilingual")
print(dataset['train'][10])               # 输出训练集中第 10 项的内容
```

这里输出训练集中的第 10 项内容，效果如图 7-27 所示。

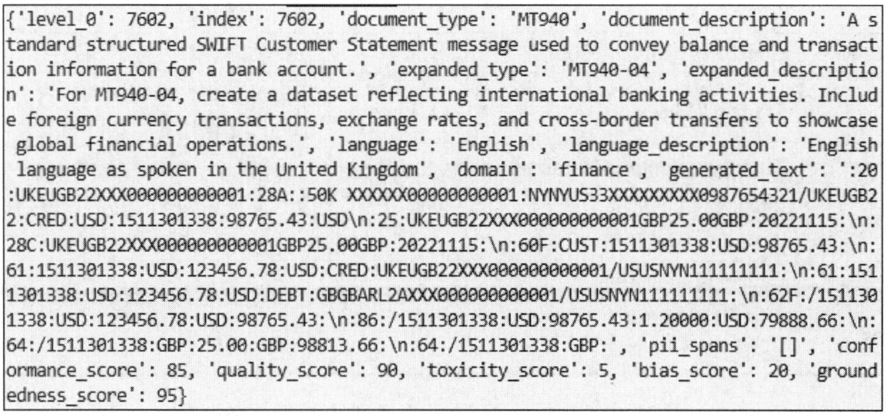
{'level_0': 7602, 'index': 7602, 'document_type': 'MT940', 'document_description': 'A standard structured SWIFT Customer Statement message used to convey balance and transaction information for a bank account.', 'expanded_type': 'MT940-04', 'expanded_description': 'For MT940-04, create a dataset reflecting international banking activities. Include foreign currency transactions, exchange rates, and cross-border transfers to showcase global financial operations.', 'language': 'English', 'language_description': 'English language as spoken in the United Kingdom', 'domain': 'finance', 'generated_text': ':20:UKEUGB22XXX000000000001:28A::50K XXXXXX00000000001:NYNYUS33XXXXXXXXX0987654321/UKEUGB22:CRED:USD:1511301338:98765.43:USD\n:25:UKEUGB22XXX000000000001GBP25.00GBP:20221115:\n:28C:UKEUGB22XXX000000000001GBP25.00GBP:20221115:\n:60F:CUST:1511301338:USD:98765.43:\n:61:1511301338:USD:123456.78:USD:CRED:UKEUGB22XXX000000000001/USUSNYN111111111:\n:61:1511301338:USD:123456.78:USD:DEBT:GBGBARL2AXXX000000000001/USUSNYN111111111:\n:62F:/1511301338:USD:123456.78:USD:98765.43:\n:86:/1511301338:USD:98765.43:1.20000:USD:79888.66:\n:64:/1511301338:GBP:25.00:GBP:98813.66:\n:64:/1511301338:GBP:', 'pii_spans': '[]', 'conformance_score': 85, 'quality_score': 90, 'toxicity_score': 5, 'bias_score': 20, 'groundedness_score': 95}

图 7-27　使用 datasets 输出数据集 gretelai/synthetic_pii_finance_multilingua 中训练集的第 10 项

5. 微调预训练模型

预训练模型的核心思想是在大规模数据集上进行无监督或自监督学习，使模型能够学习通用的特征表示。随后，将这些学到的特征应用于特定任务，通过少量的调整（微调）以适应新任务的具体需求。GPT 模型以及第 7.2.2 节中微调的 ChatGLM3-6B 模型都是预训练模型，Hugging Face 中的大部分模型同样属于这一类。

在训练过程中，Hugging Face 还提供了 Trainer 类，以简化模型的训练、评估和预测过程。Trainer 类封装了大量的训练逻辑，包括数据加载、模型训练、评估、日志记录和模型保存等功能，使用户能够专注于模型本身和实验设计，而不必深入处理底层细节。Trainer 类的参数如表 7-8 所示。

表 7-8 Hugging Face 提供的 Trainer 类的参数

参数名称	参数类型	是否必填	参数作用
model	PreTrainedModel	可选	训练、评估或预测的模型。如果未提供，则必须传递 model_init
args	TrainingArguments	可选	调整训练的参数。如果未提供，则默认为 TrainingArguments 的基本实例
data_collat	DataCollator	可选	根据 train_dataset 或 eval_dataset 的元素列表中形成批处理的函数
train_dataset	Union[torch.utils.data.Dataset, torch.utils.data.IterableDataset, datasets.Dataset]	可选	训练的数据集
eval_dataset	Union[torch.utils.data.Dataset, torch.utils.data.IterableDataset, datasets.Dataset]	可选	评估的数据集
tokenizer	PreTrainedTokenizerBase	可选	预处理数据的 tokenizer。如果提供，将在批处理输入时自动将输入填充到最大长度，并与模型一起保存，以便更轻松地重新运行中断的训练或重用微调后的模型
model_init	Callable[[], PreTrainedModel]	可选	实例化要使用的模型的函数。如果提供，则每次调用 train() 都将从此函数给出的模型新实例开始
compute_metrics	Callable[[EvalPrediction]	可选	在评估时计算指标的函数
callbacks	TrainerCallback	可选	自定义训练循环的回调列表。将把回调添加到此处详述的默认回调列表中
optimizers	Tuple[torch.optim.Optimizer, torch.optim.lr_scheduler.LambdaLR]	可选	包含要使用的优化器和调度器的元组
preprocess_logits_for_metrics	Callable[[torch.Tensor, torch.Tensor], torch.Tensor]	可选	在每个评估步骤缓存 logits 之前对其进行预处理的函数

在上述参数中，model 是最重要的，它是微调的预训练模型实例。对于不同的模型类别，模型实例的加载步骤各不相同。为此，Hugging Face 提供了针对不同模型类别的专用加载类，以简化加

载过程。常用的模型专用加载类如表 7-9 所示。

表 7-9　Hugging Face 提供的模型加载类

模型加载类名	适用模型
AutoModelForSequenceClassification	文本分类任务
AutoModelForTokenClassification	命名实体识别等词级任务
AutoModelForQuestionAnswering	问答任务
AutoModelForSeq2SeqLM	序列到序列的学习，如文本摘要和翻译
AutoModelForCausalLM	生成文本，如聊天机器人和文章续写
AutoModelForMaskedLM	掩码语言模型，如填空题式的任务

对于其他的参数，由于嵌套的子参数较多，不便一一介绍，常见参数将在后续示例中介绍，更详细的说明可参考官方文档。下面将微调一个文本预测模型，使它能够对评论进行星级打分。基底预训练模型选用 google-bert/bert-base-cased，这是一个 fill-mask 类型模型，用于数据的填充和预测。数据集选用 yelp_review_full，其中收集了来自 yelp 的评论。yelp 是美国的一个大众点评网站，民众可以在上面对商户进行点评。yelp_review_full 对应的 Dataset Viewer 如图 7-28 所示。

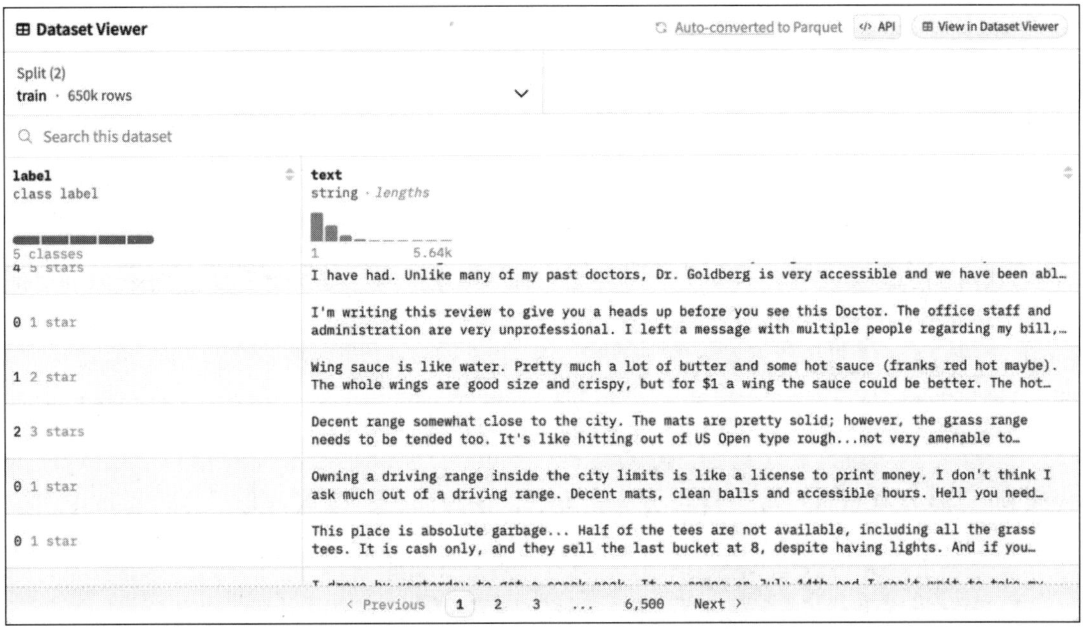

图 7-28　数据集 yelp_review_full 的数据预览

下面开始微调预训练模型的编码，创建 pretrain.py 文件，写入如下代码：

```
from transformers import AutoTokenizer, AutoModelForSequenceClassification, TrainingArguments, Trainer
from datasets import load_dataset

# 加载数据集
dataset = load_dataset('yelp_review_full')
```

```python
# 使用AutoTokenizer加载预训练的分词器
tokenizer = AutoTokenizer.from_pretrained('google-bert/bert-base-cased')

# 使用AutoModelForSequenceClassification加载预训练的模型
model = AutoModelForSequenceClassification.from_pretrained('google-bert/bert-base-cased', num_labels=5)

# 定义数据预处理函数
def preprocess_function(examples):
    # 对文本进行分词,截断超长文本并填充至最大长度
    return tokenizer(examples['text'], truncation=True, padding='max_length', max_length=512)

# 对数据集进行预处理
encoded_dataset = dataset.map(preprocess_function, batched=True)

# 从训练集中选择前1000个样本
train_subset = encoded_dataset['train'].select(range(1000))

# 设置训练参数
training_args = TrainingArguments(
    output_dir='./results'
)

# 创建Trainer实例,使用前1000个样本作为训练数据
trainer = Trainer(
    model=model,                              # 使用的模型
    args=training_args,                       # 训练参数
    train_dataset=train_subset,               # 训练数据集
    eval_dataset=encoded_dataset['test'],     # 评估数据集
)

# 开始训练
trainer.train()

# 评估模型
eval_results = trainer.evaluate()    # 获取评估将结果
print(eval_results)                  # 打印评估结果
```

在上面的代码中,由于yelp提供的星级范围为1~5,因此num_labels设置为5,这个参数用于指定模型输出的分类标签数量。同时,为了减少训练的时间,使用dataset库提供的select方法选取了前1000个样本用于训练。在训练参数TrainingArguments中设置了输出结果的目录。和之前一样,考虑到硬件设备的限制,仍使用单机单卡进行微调,执行如下命令:

```
CUDA_VISIBLE_DEVICES=0 NCCL_P2P_DISABLE="1" NCCL_IB_DISABLE="1" python3 pretrain.py
```

执行后的结果如图7-29所示。

```
{'eval_loss':1.6047621965408325, 'eval_accuracy': 0.2087, 'eval_runtime':159.5349, 'eval_samples_p
er_second': 313.411, 'eval_steps_per_second': 19.588, 'epoch': 1.0}
{'eval_loss':1.189719178009033, 'eval_accuracy': 0.44502, 'eval_runtime':160.4465, 'eval_samples_p
er_second': 311.63, 'eval_steps_per_second': 19.477, 'epoch': 2.0}
{'eval_loss':1.1325961351394653, 'eval_accuracy': 0.50118, 'eval_runtime':160.6118, 'eval_samples_
per_second': 311.31, 'eval_steps_per_second': 19.457, 'epoch': 3.0}
{'train_runtime': 516.3831, 'train_samples_per_second': 5.81, 'train_steps_per_second': 0.726, 'tr
ain_loss': 1.3920166015625, 'epoch': 3.0}
```

图 7-29 pretrain.py 的执行结果

在上述结果中，包含了模型在不同阶段的评估分数和训练指标，各指标的具体意义如下：

- eval_loss：表示模型在验证集上的损失值，值越低通常表示模型预测效果越好。可以看到，随着训练的进行，eval_loss 从 1.604 逐渐下降到 1.133，表明模型在验证集上的表现逐步提升。
- eval_accuracy：表示模型在验证集上的准确率，值越高表示模型分类准确率越高。可以看到，随着训练的进行，eval_accuracy 从 0.22087 上升至 0.50118，同样说明模型性能得到改善。
- eval_runtime：表示完成一次验证所需的时间（秒）。
- eval_samples_per_second：表示每秒处理的样本数。
- eval_steps_per_second：表示每秒处理的步骤数。
- epoch：训练周期数，表示模型已经完整遍历训练集的次数。

完成这些操作后，在当前目录下会生成 results 文件夹，这是之前在 TrainingArguments 中配置的结果目录，其中包含多个检查点模型。接下来测试训练后的产物检查点模型。创建 model.py 文件，写入如下代码：

```python
from transformers import AutoTokenizer, AutoModelForSequenceClassification
import torch

# 指定 checkpoint 的路径
checkpoint_path = "./results/checkpoint-375"

# 加载预训练的分词器
tokenizer = AutoTokenizer.from_pretrained('google-bert/bert-base-cased')

# 加载预训练的模型
model = AutoModelForSequenceClassification.from_pretrained(checkpoint_path)

# 使用分词器对输入文本进行编码
input_text = "Top notch doctor in a top notch practice."
inputs = tokenizer(input_text, return_tensors="pt")        # 将输入文本编码为张量

# 运行模型预测
with torch.no_grad():                  # 关闭梯度计算，以减少内存使用
    outputs = model(**inputs)          # 将编码后的输入传入模型进行预测

# 获取预测类别
predicted_class = outputs.logits.argmax(-1).item()   # 取出预测结果中概率最大的类别
```

```
print(f"Predicted class: {predicted_class}")          # 打印预测的类别
```

在上述代码中,使用 AutoModelForSequenceClassification.from_pretrained 加载了检查点模型,而分词器则通过 AutoTokenizer.from_pretrained 加载基底模型的分词器,因为检查点模型通常不包含分词器的内容。

这里测试的评论是"Top notch doctor in a top notch practice."(意为"有着一流实践的医生"),显而易见这是一句正向评论。脚本最后输出的星级为 4 分,表明微调产生了作用,基底模型已经能够对评论进行星级评分了,效果如图 7-30 所示。

```
[(hugging-face-transformers) → transformers-test python3 model.py
Predicted class: 4
```

图 7-30 使用检查点模型测试评论

7.4 本章小结

本章主要以 ChatGLM3-6B 模型为例,介绍了如何使用 Anaconda 管理 Python 环境、私有化部署 ChatGLM3-6B 模型、ChatGLM3-6B 模型的低成本部署,以及如何对 ChatGLM3-6B 模型进行单机单卡的 P-Tuning 等模型私有化部署和微调的实操内容;最后,还介绍了开源 AI 社区 Hugging Face,并深入讲解了 Hugging Face 推出的机器学习库 Transformers。Transformers 能够帮助开发者更快地使用社区提供的几十万种开源模型,并在预训练模型的基础上进行微调,以满足特定的业务场景,这对开源模型的发展起到了促进作用。

通过本章的学习,读者应该能掌握以下 5 种开发技能:

(1)掌握 Anaconda 的常用命令,能够自由创建并管理 Python 环境,有效规避不同 Python 环境之间的依赖冲突等问题。

(2)具备对 ChatGLM3-6B 模型进行常规部署、低成本部署及微调的能力,并初步认识到 GPU 算力硬件在模型推理和微调中的重要性。

(3)掌握 Hugging Face 提供的 Transformers 库中的 pipeline 模块,能够基于 Transformers pipeline 模块对开源社区中的模型进行推理。

(4)掌握 Hugging Face 提供的 Datasets 库,能够基于 Datasets 和 Transformers 中 AutoTokenizer 等预处理类,对 Hugging Face 开源数据集进行调用和预处理。

(5)熟悉 Hugging Face 提供的预训练类 Trainer 和模型加载类,能够基于 Trainer 和模型加载类对预训练模型进行微调,使预训练模型满足具体的业务需求。

第 8 章 检索增强生成技术：向量化与大模型的结合

在前面的章节中，我们介绍了如何通过微调的方式，使模型可以扩展原先不具备的功能或补充特定领域的知识。检索增强生成技术（Retrieval-Augmented Generation，RAG）则是第二种可选的模型能力扩展方案。本章将介绍检索增强生成技术的相关内容，主要包括检索增强生成技术的介绍、文本向量化的概念，以及如何使用 OpenAI 和开源社区提供的模型进行文本向量化。同时，我们将介绍向量数据库 Chroma，讨论如何使用 Chroma 进行文本向量存储和相似度匹配。最后，我们将结合整章的知识点，进行一次实战演练，以实现网页 ChatGPT 的知识库功能。

8.1 检索增强生成技术介绍

本节主要介绍微调的局限性以及检索增强生成技术。

8.1.1 训练模型是一个高成本的过程

在第 7 章中，我们对 ChatGLM3-6B 模型进行了微调，使它能够根据衣服的关键字生成对应的广告语。同时，我们也基于 Hugging Face 提供的 Transformers 库微调了 google-bert/bert-base-cased 模型，使它能够对评论内容进行星级打分。这表明，在构建生成式 AI 应用的过程中，训练模型是扩展模型功能的有效方式，能够使模型具备原来没有的能力，或扩展它在某个领域的知识，从而满足业务定制的需求。

然而，从效果上来看，微调或精调虽然是一种不错的方案，但也存在高成本的问题，涉及人力、物力和时间等方面。例如：

（1）GPU 等硬件算力昂贵：如前所述，模型微调并非一次性完成的任务，而是一个需要耐心、反复试错的长期过程。在这一过程中，往往需要多次调整训练集、参数等影响因子，并评估微调结果。因此，单次试错的时间和次数成为决定训练能否满足预期的重要因素，而 GPU 算力决定了整个微调过程所需的时间。以主流算力芯片为例，单张 NVIDIA A100 显卡的售价超过 1 万美元。为了确保训练质量和效率，通常需要使用多张 A100 显卡进行多卡训练。同时，NVIDIA A100 受美国管制，在中国被禁售，因此需以租赁等方式使用，这使得相关成本较直接购买更为昂贵。

（2）训练集的收集、清洗和调优需要大量时间成本：对于一个业务场景的训练，如果希望取得良好的效果，训练集的规模通常以万为数量级。此外，训练的质量不仅依赖于数量，还对训练集的内容质量提出了较高要求。训练集需要能够有效说明问题与答案之间的引导关系，同时应尽量避免包含与业务场景无关的数据。因此，如果训练集的领域较为冷门或存在壁垒，开发者需要从零开始进行数据的收集、清洗和调优，这一过程将消耗大量的时间和人力成本。

（3）准备训练集、评估模型和调整参数需要消耗大量的人力成本：模型训练是一个反复试错的过程，即使有 GPU 硬件算力的支持，开发者仍需进行大量的检查、点评估和参数调整，这一过程将耗费大量的人力成本。虽然 Transformers 降低了推理和训练模型的门槛，但在具体的评估和参数调整方面，仍然需要掌握一定的算法领域前置知识。普通开发者进行简单的微调问题不大，但要实现更深入的优化，则需要具备特定技能的人才，这也带来了额外的成本。

总而言之，训练模型（包括微调和精调）是扩展预训练模型业务能力的有效方式，但其成本不容忽视，尤其是在前人探索较少的冷门领域，这种成本更是显著。同时，上述投入并非短期的，而是一个需要耐心的长期过程。这也解释了为何模型的竞争本质上反映了国力竞争。虽然训练一次模型并不复杂，但要使模型真正适应特定业务领域并有效完成相关任务则并非易事。因此，各种换名套壳的模型层出不穷也就不足为奇。

考虑到这一点，尽管一些国家机构和大型企业能够承担如此高昂的人力和物力成本，但对于小公司而言，针对特定商业领域进行训练则显得非常吃力。这些领域的知识往往来自公司内部资料，外部模型缺乏这些领域的专门知识，因此难以做出满意的回答。如果要针对这些内部壁垒信息进行训练，几乎需要从零开始，这不仅成本高昂，而且耗时较长。那么，有没有一种成本更低、能勉强满足基本使用需求的解决方案呢？

8.1.2 检索增强生成技术：低成本信息穿透的实现

上一小节提到，对模型进行微调以满足业务场景的需求是一件成本不低的事情。对于一些小公司和小团体而言，如果仅希望模型能够针对业务场景的信息进行补充问答，是否存在一种成本低且能勉强满足基本使用需求的解决方案？

这个问题的本质其实并不是模型不具备回答该类问题的逻辑，而是缺少这些问题的基础信息。这些基础信息作为内部信息与外部产生壁垒，导致模型无法对这些内容进行推断。也就是说，只要能解决信息穿透的问题，让模型能够获取到问题的基础信息，就可以使模型基于这些基础信息进行回答。

为了更好地说明这个问题，下面举一个例子来具体描述这个过程。假设有如下背景知识：

埃斯托玛斯先生是我们请的一位高级顾问，精通多国法律，而且为人靠谱忠诚，现为我们处理法务安全和舆情风险的问题。

因为这个信息是虚构的，直接问模型关于埃斯托玛斯先生的信息肯定得不到预期的信息，用 ChatGPT 进行试验的结果如图 8-1 所示。

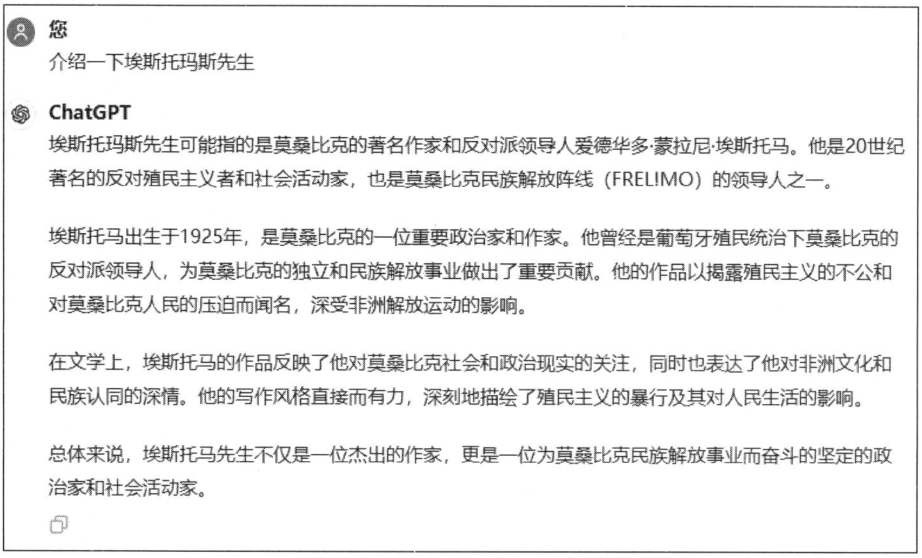

> 您
> 介绍一下埃斯托玛斯先生

> ChatGPT
> 埃斯托玛斯先生可能指的是莫桑比克的著名作家和反对派领导人爱德华多·蒙拉尼·埃斯托马。他是20世纪著名的反对殖民主义者和社会活动家,也是莫桑比克民族解放阵线(FRELIMO)的领导人之一。
>
> 埃斯托马出生于1925年,是莫桑比克的一位重要政治家和作家。他曾经是葡萄牙殖民统治下莫桑比克的反对派领导人,为莫桑比克的独立和民族解放事业做出了重要贡献。他的作品以揭露殖民主义的不公和对莫桑比克人民的压迫而闻名,深受非洲解放运动的影响。
>
> 在文学上,埃斯托马的作品反映了他对莫桑比克社会和政治现实的关注,同时也表达了他对非洲文化和民族认同的深情。他的写作风格直接而有力,深刻地描绘了殖民主义的暴行及其对人民生活的影响。
>
> 总体来说,埃斯托马先生不仅是一位杰出的作家,更是一位为莫桑比克民族解放事业而奋斗的坚定的政治家和社会活动家。

图 8-1 ChatGPT 在无前置信息的情况下对埃斯托玛斯先生的回答

可以看到,在无基础信息的情况下,ChatGPT 是答不出来的,这是很正常的情况。在缺乏关键信息,存在信息壁垒的情况下,即便是真人也很难猜出来用户真正想要的答复。如果将基础信息补充进来,ChatGPT 又会怎样回答呢?结果如图 8-2 所示。

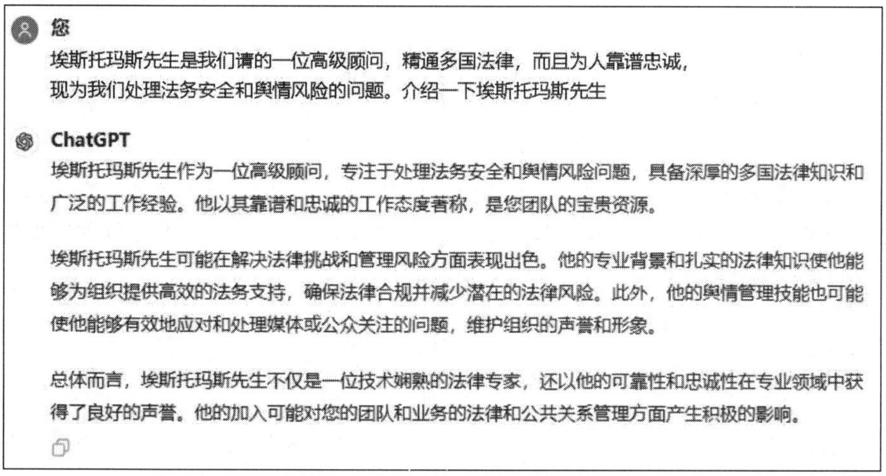

> 您
> 埃斯托玛斯先生是我们请的一位高级顾问,精通多国法律,而且为人靠谱忠诚,现为我们处理法务安全和舆情风险的问题。介绍一下埃斯托玛斯先生

> ChatGPT
> 埃斯托玛斯先生作为一位高级顾问,专注于处理法务安全和舆情风险问题,具备深厚的多国法律知识和广泛的工作经验。他以其靠谱和忠诚的工作态度著称,是您团队的宝贵资源。
>
> 埃斯托玛斯先生可能在解决法律挑战和管理风险方面表现出色。他的专业背景和扎实的法律知识使他能够为组织提供高效的法务支持,确保法律合规并减少潜在的法律风险。此外,他的舆情管理技能也可能使他能够有效地应对和处理媒体或公众关注的问题,维护组织的声誉和形象。
>
> 总体而言,埃斯托玛斯先生不仅是一位技术娴熟的法律专家,还以他的可靠性和忠诚性在专业领域中获得了良好的声誉。他的加入可能对您的团队和业务的法律和公共关系管理方面产生积极的影响。

图 8-2 补充基础信息后,ChatGPT 对埃斯托玛斯先生的回答

可以看到,在补充相关基础信息后,ChatGPT 能够对埃斯托玛斯先生给出预期的答复。如果将上述提示词进行拆分,实际上可以分为两个部分:问题的基础信息+用户的问题。我们了解到,对于特定业务场景的应用,生成类模型无法准确回答的主要原因是缺乏问题的基础信息。

因此,换个角度思考,如果我们有一个模型知识库,存储了特定业务下的相关知识,并且能够在用户提问阶段,从模型知识库中进行相似性匹配,提取出最符合用户提问背景的知识,并将它与用户问题拼接成最终的提示词,就可以实现信息穿透到模型层的目的。虽然效果仍无法和直接的预训练模型微调媲美,但要满足基本的业务需求是足够的。整个过程的时序图如图 8-3 所示。

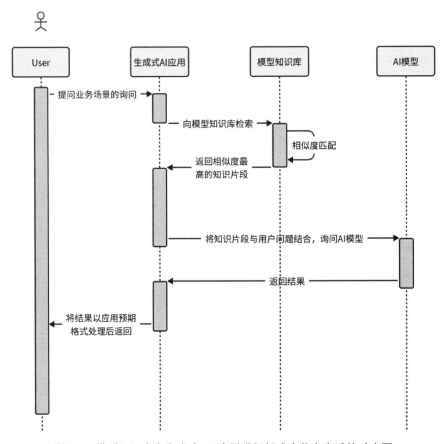

图 8-3　模型知识库为生成式 AI 应用进行低成本信息穿透的时序图

现在，使模型具备特定业务能力的问题转换为如何将业务信息存储为模型知识库，以及如何使用用户问题与模型知识库进行相似度匹配，以获取最关键的信息数据。这两个问题需要通过文本向量化和向量数据库来实现，我们将在后面的内容中具体介绍。

8.2　文本向量化

本节将介绍文本向量化的知识，它是模型知识库中存储文档信息的关键。本节内容包括什么是文本向量化、OpenAI 提供的文本向量化功能，以及私有化部署 Hugging Face 向量化模型。

8.2.1　什么是文本向量化

文本向量化是将文本数据转换为数值型向量表示的过程，例如预处理数据时的文本转张量便是文本向量化的一种形式。当然，文本向量化的方式有很多，不同方式下生成的向量和适应的场景不同，但文本向量化已有成熟的途径用于相似度匹配。

以目前相对常用且有效的一种方式——词嵌入（Word Embeddings）为例：它将词映射到一个连续的多维向量空间，为每个语句定义对应的向量，使得语义相似的词在向量空间中距离较近。然后，开发者可以使用如余弦相似度、欧几里得距离等计算方式来确认每条语句之间的相似度，从而推断出与某条语句相似度最高的内容。为便于理解这个过程，下面以一个二维的向量化空间为例，如图 8-4 所示。

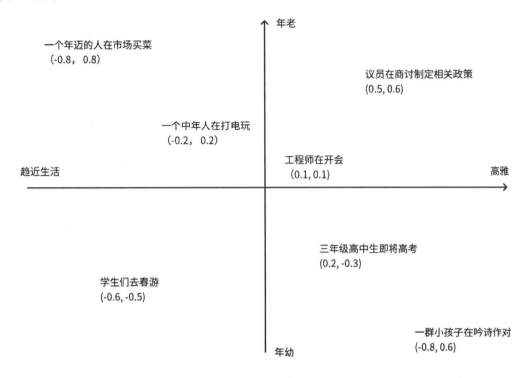

图 8-4 二维向量化空间的示例

在图 8-4 中，以年龄和事情是否趋近生活两个维度构建了一个向量化空间的示例：不同的文本会根据构建的向量空间维度特点来指定具体的坐标，而文本间的向量空间距离越相近，则代表它们之间的相似度越高。通过构建指定的向量空间，我们可以匹配出与指定文本相似度最高的内容。

当然，在实际场景中，二维向量化空间是远远不够的，生活中的不同场景特征可能是几十维到几千维不等，每一维都代表文本在某种特征中的占比。高维向量化的构建和相似度匹配需要使用一些模型来帮助完成，接下来介绍如何使用 OpenAI 和社区提供的文本向量化模型来完成文本信息的向量化。

8.2.2 OpenAI 提供的文本向量化功能

OpenAI 提供了特定的端点 v1/embeddings 来支持文本向量化功能，该端点的参数如表 8-1 所示。

表 8-1 OpenAI 文本向量化端点 v1/embeddings 的参数

参数名称	参数类别	是否必填	参数作用
input	string | string[]	必填	需要向量化的输入文本
model	string	必填	支持 "text-embedding-3-large" "text-embedding-3-small" 以及 "text-embedding-ada-002"，其中 "text-embedding-3-large" 是目前最适合语言任务的嵌入模型

(续表)

参数名称	参数类别	是否必填	参数作用
encoding_format	string	可选	嵌入格式，可以选 float 或 base64
dimensions	integer	可选	向量化所具备的维数，仅在"text-embedding-3"及更高版本中得到支持
user	string	可选	用户唯一标识符

该端点的使用非常简单，只需将向量化的输入文本写入 input 参数即可。可以在官方提供的示例基础上进行修改，编写如下脚本：

```
import axios from "axios";                    // 导入 axios 库，用于发送 HTTP 请求

const data = {
  model: "text-embeddings-ada-002",           // 指定使用的模型
  input: "The food was delicious and the waiter...",  // 要进行向量化的输入文本
  "encoding_format": "float"                  // 指定编码格式为浮点数
};

const accessToken = ""                        // 换成你的 API_KEY，确保你有权限访问 API

const config = {
  method: "post",                             // 使用 POST 请求
  url: "https://api.openai.com/v1/embeddings", // OpenAI API 的嵌入端点
  headers: {
    Authorization: `Bearer ${accessToken}`,   // 使用 Bearer Token 进行身份验证
    "Content-Type": "application/json",       // 设置请求内容类型为 JSON
  },
  data: data,                                 // 请求体数据
};

axios
  .request(config)                            // 发送请求
  .then((response) => {
    console.log(JSON.stringify(response.data)); // 打印返回的数据
  })
  .catch((error) => {
    console.log(error);                       // 捕获并打印错误
  });
```

执行这个脚本后，就能获取如下的向量化数组：

```
{
  "object": "list",                           // 表示返回的对象类型为列表
  "data": [                                   // 数据数组
    {
      "object": "embedding",                  // 表示该对象是一个嵌入
      "embedding": [                          // 嵌入的浮点数数组
```

```
      0.0023064255,
      -0.009327292,
      .... (共 1536 个浮点数，用于 ada-002 模型)
      -0.0028842222
    ],
    "index": 0                    // 嵌入在数据数组中的索引
  }
 ],
 "model": "text-embedding-ada-002",     // 使用的模型名称
 "usage": {                             // 该请求的使用情况
   "prompt_tokens": 8,                  // 输入的提示词所使用的令牌数
   "total_tokens": 8                    // 总共使用的令牌数
  }
}
```

embedding 中的是向量化的结果，共包含 1500 多个数组元素，表示生成的向量嵌入维度是 1500 多维。列表内的每个数字代表向量化的一个维度。不过，OpenAI 的向量化 API 调用是需要付费的，因此使用时会产生一定成本。截至目前，OpenAI 文本向量化提供的 3 个模型的收费标准如表 8-2 所示。

表 8-2 OpenAI 文本向量化端点 v1/embeddings 的收费标准

模型名称	1 美元可向量化的页面数（假设单页 8000 token）
text-embedding-3-large	6250
text-embedding-3-small	9615
text-embedding-ada-002	1250

8.2.3 私有化部署 Hugging Face 向量化模型

目前，行业内文本向量化的模型并不少，这个方向相对成熟，不像 OpenAI 在对话类模型领域中处于高度领先的状态。而且很多开源模型也能满足大部分企业的基础需求。因此，私有化部署开源模型不仅具备更高的安全性和隐蔽性，同时也可以免费进行向量化批处理。

Hugging Face 中有许多支持向量化任务的模型，它们包含在特征提取（Feature Extraction）类别。在这些 Feature Extraction 模型中，不同的模型可能是针对不同单一语言进行训练的。例如，北京智源研究院推出的开源向量化模型 bge-large-zh-v1.5 是专门针对中文任务的向量化模型；而针对英文任务，则推出了 bge-large-en-v1.5 模型。使用不同语言训练的向量化模型时不建议去跨语言向量化，因为尽管它们有可能正常完成文本向量化任务，但向量化的准确性可能不高，从而影响到后续的相似度匹配。

如果需要兼容跨语言的任务，可以在搜索 Feature Extraction 模型的同时搜索 multilingual 关键词。通常，针对多个语言任务训练的模型会带有这个关键词，以表示它的应用场景。这里以 multilingual 关键词下排名第一的 intfloat/multilingual-e5-large 为例，介绍如何基于该模型完成中英文的文本向量化。在对应模型的详情页中的 Inference API 处，我们可以直接体验模型的向量化效果，如图 8-5 所示。

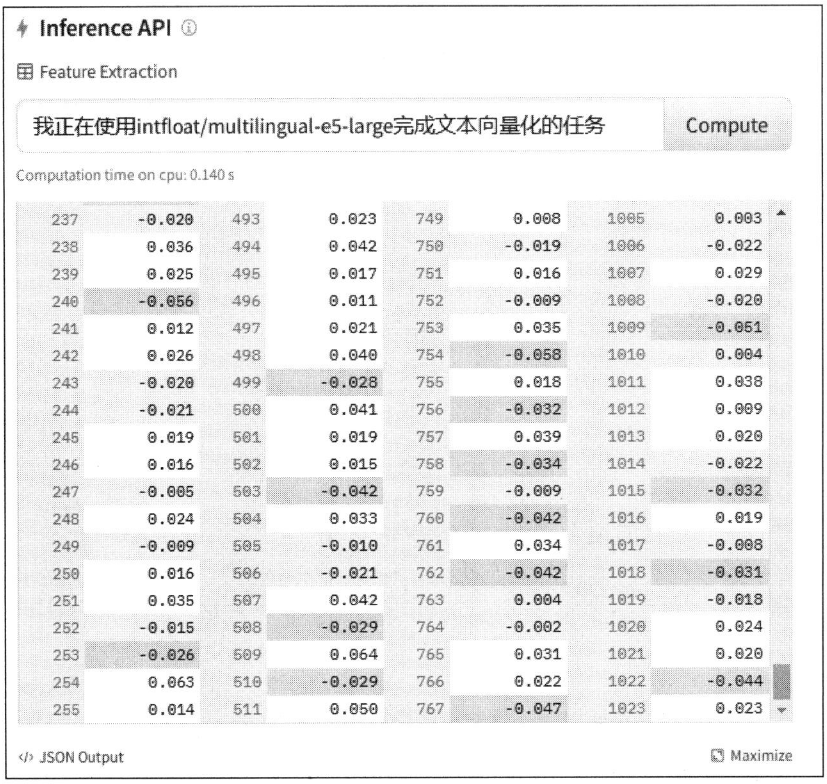

237	-0.020	493	0.023	749	0.008	1005	0.003
238	0.036	494	0.042	750	-0.019	1006	-0.022
239	0.025	495	0.017	751	0.016	1007	0.029
240	-0.056	496	0.011	752	-0.009	1008	-0.020
241	0.012	497	0.021	753	0.035	1009	-0.051
242	0.026	498	0.040	754	-0.058	1010	0.004
243	-0.020	499	-0.028	755	0.018	1011	0.038
244	-0.021	500	0.041	756	-0.032	1012	0.009
245	0.019	501	0.019	757	0.039	1013	0.020
246	0.016	502	0.015	758	-0.034	1014	-0.022
247	-0.005	503	-0.042	759	-0.009	1015	-0.032
248	0.024	504	0.033	760	-0.042	1016	0.019
249	-0.009	505	-0.010	761	0.034	1017	-0.008
250	0.016	506	-0.021	762	-0.042	1018	-0.031
251	0.035	507	0.042	763	0.004	1019	-0.018
252	-0.015	508	-0.029	764	-0.002	1020	0.024
253	-0.026	509	0.064	765	0.031	1021	0.020
254	0.063	510	-0.029	766	0.022	1022	-0.044
255	0.014	511	0.050	767	-0.047	1023	0.023

图 8-5　intfloat/multilingual-e5-large 对文案的向量化处理后的张量结果示例

可以看到，在 Inference API 中展示了 intfloat/multilingual-e5-large 对文案向量化处理后的张量结果。接下来，我们尝试把这个过程移到本地，在本地编写脚本，使用 intfloat/multilingual-e5-large 模型进行文本向量化处理。在开始编写脚本之前，首先使用 Conda 创建一个独立的 Python 环境 vector_storage，并在终端安装 transformers 库以及机器学习库 torch：

```
pip install transformers torch numpy
```

然后创建名为 text_embeddings.py 的脚步，并写入如下代码：

```
# 导入 AutoTokenizer 和 AutoModel 模块
from transformers import AutoTokenizer, AutoModel
import torch  # 导入 PyTorch 库

# 从预训练模型加载分词器
tokenizer = AutoTokenizer.from_pretrained("intfloat/multilingual-e5-large")
# 从预训练模型加载模型
model = AutoModel.from_pretrained("intfloat/multilingual-e5-large")

# 定义要向量化的文本列表，包括中文和英文
texts = ["这是一个测试文本。", "This is a test text."]

# 使用分词器对文本进行编码，进行填充和截断，返回 PyTorch 张量
inputs = tokenizer(texts, padding=True, truncation=True, return_tensors="pt")
```

```
# 禁用梯度计算以节省内存和加快计算
with torch.no_grad():
    embeddings = model(**inputs)          # 通过模型获取文本的向量嵌入

print(embeddings)                         # 输出向量嵌入结果
```

在上面的代码中，使用 transformers 库加载了 intfloat/multilingual-e5-large，对"这是一个测试文本。"以及"This is a test text."进行了向量化的处理。同时，由于这里是单纯使用模型的推理能力而不是微调，因此使用 torch.no_grad() 关闭了梯度计算，以减少推理过程中的内存消耗和时间成本。

除此之外，在 tokenizer(texts, padding=True, truncation=True, return_tensors="pt") 这行分词代码中，添加了几个参数用于限制分词能力，它们的作用如下：

- padding=True：确保所有文本都被填充到相同的长度，适用于批量处理。
- truncation=True：如果文本太长，超出了模型的最大输入长度，将被截断以适应。
- return_tensors="pt"：限制返回结果为适配 PyTorch 的张量，根据使用的机器学习库填写。

这时执行脚本 text_embeddings.py，就会得到 transformers 库中的 BaseModelOutputWithPoolingAndCrossAttentions 数据结构，如图 8-6 所示。

```
BaseModelOutputWithPoolingAndCrossAttentions(last_hidden_state=tensor([[[ 0.6796,  0.0375, -0.6032,  ...,  0.0676, -0.9524,  1.5100],
         [ 0.2051, -0.0880, -0.4492,  ..., -0.1490, -0.7543,  1.2660],
         [ 0.7521, -0.2237, -0.5232,  ..., -0.3232, -0.8320,  1.1806],
         ...,
         [ 0.2060, -0.0495, -0.4930,  ..., -0.0417, -0.8957,  1.2555],
         [ 0.6797,  0.0377, -0.6031,  ...,  0.0674, -0.9524,  1.5100],
         [ 0.5536,  0.2556, -0.3715,  ..., -0.4353, -0.9049,  1.1642]],

        [[ 0.1548,  0.5135, -0.4272,  ..., -0.0436, -1.0707,  0.8017],
         [ 0.1556, -0.0209, -0.1134,  ...,  0.1594, -0.6650,  0.4381],
         [-0.2298,  0.0600, -0.2023,  ..., -0.2326, -0.9238,  0.6052],
         ...,
         [-0.1670,  0.3049, -0.1097,  ..., -0.0450, -0.8397,  0.8047],
         [-0.1672,  0.2847, -0.2061,  ..., -0.0872, -0.9276,  0.6157],
         [ 0.1547,  0.5137, -0.4270,  ..., -0.0435, -1.0706,  0.8018]]]), pooler_output=tensor([[-0.7453,  0.5339, -0.7051,  ...,  0.4682, -0.6158,  0.1662],
        [-0.7496,  0.5348, -0.3793,  ...,  0.2869, -0.4638, -0.0062]]), hidden_states=None, past_key_values=None, attentions=None, cross_attentions=None)
```

图 8-6 text_embeddings.py 执行后得到的结果

BaseModelOutputWithPoolingAndCrossAttentions 数据结构中包含多个属性，分别表示不同意义的模型输出列表，它们的作用分别如下：

- last_hidden_state：模型最后一层的完整序列输出，包含每个时间步的隐藏状态。对于每个输入文本，它提供了一个序列的向量表示，其中每个向量对应输入序列中的一个 token。
- pooler_output：模型的池化输出，通常是对 last_hidden_state 中第一个 token 的隐藏状态进行变换得到的。这个向量是整个输入序列的固定长度向量表示，常用于文本分类、情感分析等任务，因为它能较好地捕捉整个序列的信息。
- hidden_states：模型每一层的隐藏状态输出列表，可用于分析模型内部的工作机制。
- past_key_values：在解码器模型中，用于快速生成序列。
- attentions 和 cross_attentions：分别表示自注意力权重和跨注意力权重，用于理解模型是如何关注输入序列的不同部分的。

因为需要将向量用于后续的文本相似度匹配，所以 pooler_output 是最贴合场景的字段。但目前的字段值类型仍为张量，不适合用于向量的存储，因此需要先将它转换为 Python 中的 numpy 数组，再转成列表进行后续存储。text_embeddings.py 的代码修改如下：

```
from transformers import AutoTokenizer, AutoModel
import torch

# 从预训练模型加载分词器
tokenizer = AutoTokenizer.from_pretrained("intfloat/multilingual-e5-large")
# 从预训练模型加载模型
model = AutoModel.from_pretrained("intfloat/multilingual-e5-large")

# 定义要处理的文本列表
texts = ["这是一个测试文本。", "This is a test text."]

# 对文本进行分词，并设置填充和截断，返回 PyTorch 张量
inputs = tokenizer(texts, padding=True, truncation=True, return_tensors="pt")

# 禁用梯度计算，以减少内存消耗和加快推理速度
with torch.no_grad():
    # 通过模型获取池化输出，得到文本的向量表示
    embeddings = model(**inputs).pooler_output

# 将结果转换为 NumPy 数组并打印
print(embeddings.detach().numpy())
```

这时再执行脚本，就可以获取 NumPy 数组的展示。NumPy 数组专门设计用于高效地处理大量数值数据，如果展示大体量的数据，则默认只展示首尾，中间用省略号表示，效果如图 8-7 所示。

```
(vector_storage) D:\project\vector_storage>python text_embeddings.py
[[-0.7452805   0.5338795  -0.70511276 ...  0.4682216  -0.6158459
   0.16618305]
 [-0.7495932   0.53480375 -0.3793035  ...  0.28691483 -0.4637678
  -0.0062132 ]]
```

图 8-7 修改后的 text_embeddings.py 执行得到的 numpy 数组

根据上面的输出，可以很直观地看到，需要向量化的两个文案已经被转换为了两个数组元素。如果需要转换为列表，只需在目前的基础上使用 tolist 方法转换即可，代码修改如下：

```
print(embeddings.detach().numpy().tolist())
```

输出的部分向量坐标如图 8-8 所示。

```
(vector_storage) D:\project\vector_storage>python text_embeddings.py
[[-0.7452805042266846, 0.5338795185089111, -0.7051127552986145, 0.7167229652404785, -0
.2733346223831177, -0.14616742730140686, -0.284932404756546, 0.8805986642837524, 0.41
603002667427063, -0.18147483468055725, -0.4465068578720093, -0.85045653358161926, 0.089
.8550623059272766, 0.6401240229606628, 0.20809853076934814, -0.6627651453018188, 0.67
 0.16675032675266266, -0.11955879628658295, 0.5847278237342834, -0.374841719865798,
454, -0.5299749970436096, 0.6233872175216675, -0.3584897518157959, 0.7154349088668823
, 0.6069794297218323, 0.7159827947616577, 0.49957162141799927, 0.199907481670379964, 0
, 0.5594720244407654, 0.13654251396656036, 0.481882840394497375, 0.942990243434906, 0.
.9613205790519714, -0.34057819843292236, 0.1195688396692276, 0.7484681606292725, -0.8
```

图 8-8 修改后的 text_embeddings.py 执行得到的列表

这样的 Python 脚本还无法在应用中使用，接下来将它改造成一个服务，暴露在某个端口路由上

供应用调用。Python 中的服务定义需要使用 flask 库完成，在终端执行以下命令安装 flask 库：

```
pip install flask
```

下面开始改造 Python 脚本，把它注册到/text_embeddings 路由上，text_embeddings.py 的代码修改如下：

```python
from flask import Flask, request, jsonify
from transformers import AutoTokenizer, AutoModel
import torch

# 创建 Flask 应用
app = Flask(__name__)

# 从预训练模型加载分词器
tokenizer = AutoTokenizer.from_pretrained("intfloat/multilingual-e5-large")
# 从预训练模型加载模型
model = AutoModel.from_pretrained("intfloat/multilingual-e5-large")

# 定义路由，处理 POST 请求
@app.route('/text_embeddings', methods=['POST'])
def get_text_embeddings():
    # 从请求中获取文本数据
    texts = request.json['texts']

    # 对文本进行分词，并设置填充和截断，返回 PyTorch 张量
    inputs = tokenizer(texts, padding=True, truncation=True, return_tensors="pt")

    # 禁用梯度计算，以减少内存消耗和加快推理速度
    with torch.no_grad():
        # 通过模型获取池化输出，得到文本的向量表示
        embeddings = model(**inputs).pooler_output

    # 将张量转换为 NumPy 数组并再转换为列表
    embeddings_list = embeddings.detach().numpy().tolist()

    # 将结果以 JSON 格式返回
    return jsonify({'embeddings': embeddings_list})

# 运行 Flask 应用
if __name__ == '__main__':
    app.run()
```

重新执行脚本，就可以在本地启动一个向量化的服务。接下来，使用 Postman 请求该服务进行测试，可以看到服务已能响应文本的向量化结果，效果如图 8-9 所示。下一节将基于这个服务进行文本转换后的向量存储，并完成相似度匹配。

图 8-9　请求服务/text_embeddings 获得的向量结果

8.3　向量数据库 Chroma

本节将介绍向量数据库 Chroma 的相关知识，包括什么是向量数据库 Chroma、文本向量化及相似度匹配的示例、集合 API、相似度距离计算方法以及 embeddings 向量化函数。

8.3.1　什么是向量数据库 Chroma

上一节已经介绍了如何通过模型将文本信息转换为多维向量，现在需要考虑的是如何存储转换后的多维向量，以及计算多维向量之间的距离，从而判断文本之间的相似程度。

要解决上述两个问题，需要使用向量数据库。向量数据库与常规数据库不同，它专门设计用于存储和检索高维向量数据。使用常规数据库处理高维向量数据时，常常效率较低，因为多维向量之间的相似度计算需要专门的算法和数据结构。而向量数据库则直接集成了高维向量数据存储和相似度计算的能力，使得开发者无须关注其中的黑盒细节，便能高效地进行文本间的相似度匹配。

社区中有很多向量数据库方案，这里推荐一个优秀的向量数据库 Chroma。它支持 Python 和 JavaScript 语言，具备高效的相似度搜索，即使在大规模数据集中也能提供快速响应。同时，其 API 设计轻量易用，适合新手在常规应用场景中使用。

为了便于与向量服务结合，这里选择使用 Chroma 的 Python 版本。下面将基于 Python 版本的

Chroma 演示如何完成文本信息转换后的多维向量存储以及文本向量间的相似度匹配。

8.3.2 文本向量化及相似度匹配的示例

Chroma 的安装非常简单，可以在终端执行以下命令进行安装：

```
pip install chromadb
```

这样 Chroma 就完成安装了。下面实现一个简单示例，创建 chroma.py 文件，并写入如下代码：

```python
import chromadb                    # 导入 ChromaDB 库

# 创建 Chroma 客户端实例
chroma_client = chromadb.Client()
# 创建一个名为 "my_collection" 的集合
collection = chroma_client.create_collection(name="my_collection")

# 向集合中添加文档和对应的 ID
collection.add(
    documents=[
        "This is a document about pineapple",      # 文档 1：关于菠萝
        "This is a document about oranges"         # 文档 2：关于橙子
    ],
    ids=["id1", "id2"]     # 文档的唯一标识符
)

# 查询集合，使用查询文本并获取结果
results = collection.query(
    query_texts=["This is a query document about hawaii"],   # 查询文本：关于夏威夷的文档
    n_results=1          # 只获取一个结果
)

# 打印查询结果
print(results)
```

在这个脚本中，首先向 Chroma 集合中存放了两个文本信息："This is a document about pineapple"和"This is a document about oranges"。然后，使用 Chroma 提供的相似度匹配能力查询与"This is a query document about hawaii"最相似的 1 个文案并输出，最后效果如图 8-10 所示。

```
{'ids': [['id1']], 'distances': [[1.0404008626937866]], 'metadatas': [[None]], 'embeddi
ngs': None, 'documents': [['This is a document about pineapple']], 'uris': None, 'data'
: None, 'included': ['metadatas', 'documents', 'distances']}
```

图 8-10 chroma.py 的执行结果

可以看到，结果中输出了与这个向量最相近的文案"This is a document about pineapple"，以及它对应的向量和与比较文案的向量距离等参数。这个示例可以满足文本相似度匹配的基本需求，但 Chroma 提供的功能还远不止于此。

8.3.3 集合 API

第 8.3.2 节介绍了 Chroma 的一个简单示例，其中 collection 为 Chroma 中的一个重要概念——集合，它用于存储文本与文本向量的映射列表，并能够灵活地进行相似度匹配。本小节将具体介绍 Chroma 中的集合，主要内容包括集合的管理，集合元素的增删改查，以及 where 和 where_document 过滤器。

1. 集合的管理

在第 8.3.2 节的示例中，使用 chromadb.Client() 注册了一个 chroma_client 客户端实例，但这里创建的实例是非持久化的，也就是说不会在本地服务器中保存，下次使用时需要重新初始化。在实际的应用中，如果需要客户端实例中产生的数据变化能被持久化保存，可以使用 chromadb.PersistentClient API。例如，在下面的示例中，传入的 path 参数代表数据保存的本地路径。

```
client = chromadb.PersistentClient(path="/path/to/save/to")
```

修改 chroma.py 代码，换成持久化的客户端实例，代码如下：

```
import chromadb           # 导入 ChromaDB 库

# 创建一个持久化的 Chroma 客户端实例，数据将保存到指定路径 "/chroma_data"
chroma_client = chromadb.PersistentClient(path="/chroma_data")
# 创建一个名为 "my_collection" 的集合
collection = chroma_client.create_collection(name="my_collection")

# 向集合中添加文档和对应的 ID
collection.add(
    documents=[
        "This is a document about pineapple",    # 文档 1：关于菠萝
        "This is a document about oranges"       # 文档 2：关于橙子
    ],
    ids=["id1", "id2"]          # 文档的唯一标识符
)

# 查询集合，使用查询文本并获取结果
results = collection.query(
    query_texts=["This is a query document about hawaii"],  # 查询文本：关于夏威夷的文档
    n_results=1  # 只获取一个结果
)

# 打印查询结果
print(results)
```

执行这段脚本后，可以在 chroma_data 路径下看到生成的 Chroma 存储，如图 8-11 所示。

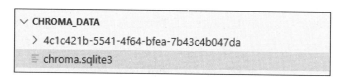

图 8-11 本地存储的 chroma_data

这样，在下次执行时，不需要再次创建集合，可以直接使用之前已有的集合进行查询。hroma.py 的代码修改如下：

```python
import chromadb                    # 导入 ChromaDB 库

# 创建一个持久化的 Chroma 客户端实例，数据将保存到指定路径 "/chroma_data"
chroma_client = chromadb.PersistentClient(path="/chroma_data")
# 获取名为 "my_collection" 的集合
collection = chroma_client.get_collection(name="my_collection")

# 以下代码被注释掉，如果需要添加新文档，可以取消注释
# collection.add(
#     documents=[
#         "This is a document about pineapple",    # 文档 1：关于菠萝
#         "This is a document about oranges"       # 文档 2：关于橙子
#     ],
#     ids=["id1", "id2"]             # 文档的唯一标识符
# )

# 查询集合，使用查询文本并获取结果
results = collection.query(
    query_texts=["This is a query document about hawaii"],   # 查询文本：关于夏威夷的文档
    n_results=1                    # 只获取一个结果
)

# 打印查询结果
print(results)
```

在上面的脚本中，把 create_collection 方法替换为 get_collection 方法，这将不会创建一个新的集合，而是读取本地 Chroma 数据库中已有的集合。同时，将 collection.add 这一段存储文本数据的代码注释掉，使它直接读取本地已有的向量进行匹配。如果仍然能输出结果，就表示已经实现了本地持久化存储的效果。执行脚本后的效果如图 8-12 所示，可以在本地 Chroma 数据库中使用数据进行相似度匹配。

```
{'ids': [['id1']], 'distances': [[1.040400888347715]], 'metadatas': [[None]], 'embeddings': None, 'documents': [['This is a document about pineapple']], 'uris': None, 'data': None, 'included': ['metadatas', 'documents', 'distances']}
```

图 8-12 换成 get_collection 后的 chroma.py 执行结果

介绍完客户端的实例后，下面回到代码中的 create_collection 和 get_collection API，它们分别用于创建全新的 Chroma 集合和读取已有的 Chroma 集合。在 Chroma 中，集合是一个非常重要的概念，

它用于存储和管理一个向量列表,并通过 name 参数唯一标识。除了 create_collection 和 get_collection,还有一个 delete_collection 用于删除指定集合。与集合相关的这 3 个 API 的说明如表 8-3 所示。

表 8-3　Chroma 增删查集合 API

API 函数名	API 作用	使用示例
create_collection	创建集合	client.create_collection(name="my_collection")
get_collection	获取集合	client.get_collection(name="my_collection")
delete_collection	删除集合	client.delete_collection(name="my_collection")

2. 集合元素的增删改查

使用上述 API 创建或获取集合后,会返回一个集合实例,对应示例代码中的 collection。可以使用这个实例进行集合元素的增删改查,相关的增删改查 API 如表 8-4 所示。

表 8-4　Chroma 集合元素增删改查 API

API 函数名	API 作用	使用示例

add	插入集合元素	```collection.add(
		    documents=["doc1", "doc2", "doc3", ...],
		    embeddings=[[1.1, 2.3, 3.2], [4.5, 6.9, 4.4], [1.1, 2.3, 3.2], ...],
		    metadatas=[{"chapter": "3", "verse": "16"}, {"chapter": "3", "verse": "5"}, {"chapter": "29", "verse": "11"}, ...],
		    ids=["id1", "id2", "id3", ...]
		)```

delete	删除集合元素	```collection.delete(
		    ids=["id1", "id2", "id3",...],
		    where={"chapter": "20"}
		)```

update/upsert	更新集合元素	```collection.update(
		    ids=["id1", "id2", "id3", ...],
		    embeddings=[[1.1, 2.3, 3.2], [4.5, 6.9, 4.4], [1.1, 2.3, 3.2], ...],
		    metadatas=[{"chapter": "3", "verse": "16"}, {"chapter": "3", "verse": "5"}, {"chapter": "29", "verse": "11"}, ...],
		    documents=["doc1", "doc2", "doc3", ...],
		)```

query	查询集合元素
	(相似度匹配)
		``collection.query(
		    query_embeddings=[[11.1, 12.1, 13.1],[1.1, 2.3, 3.2], ...],
		    n_results=10,
		    where={"metadata_field": "is_equal_to_this"},
		    where_document={"$contains":"search_string"}
		)```

这几个 API 有一些同名的参数,它们的含义如下:

- ids：集合向量元素的唯一标识。
- documents：集合向量元素的文本信息。
- embeddings：集合向量元素对应的向量坐标。
- metadatas：每个向量元素提供一个可选的字典列表，用于存储附加信息并启用过滤。
- n_results：查询集合元素（相似度匹配）特有，表示查出 n 个最符合条件的元素。
- where/where_document：查询条件，下一小节具体展开介绍。

值得一提的是，在示例代码中，为集合 collection 添加元素时，并没有传入元素文本对应的向量坐标 embeddings，但仍然完成了相似度匹配的查询。这是因为当用户未传入向量坐标时，Chroma 会默认使用 All-MiniLM-L6-v2 开源模型完成存储文本的向量化处理。同样地，在 Hugging Face 中也能找到关于这个模型的说明。

All-MiniLM-L6-V2 是轻量化的 sentence-transformers（句子转换器）模型，适合于需要快速生成向量且资源有限的场景。这个模型输出 384 维的向量，在一些复杂任务场景表现略差，但优势在于推理速度快，并且消耗较少的资源。因此，是使用默认模型，还是私有化部署更多维度的向量化模型，需要根据实际的任务复杂度和 GPU 资源等多个因素进行具体考虑。这里希望能够建成一个具有一定复杂度的模型知识库，因此选择使用具备更多维度、适合中大型复杂任务的 intfloat/multilingual-e5-large 来完成文本化的操作。

下面实现一个示例，使用 intfloat/multilingual-e5-large 模型完成文本向量化，并与 Chroma 结合完成相似度匹配，text_embeddings.py 的代码修改如下：

```python
from flask import Flask, request, jsonify          # 导入 Flask 框架及其请求和响应处理模块
from transformers import AutoTokenizer, AutoModel  # 导入 Hugging Face 的模型和分词器
import torch                    # 导入 PyTorch
import chromadb                 # 导入 ChromaDB 库

app = Flask(__name__)           # 创建 Flask 应用实例

# 加载预训练的多语言模型的分词器和模型
tokenizer = AutoTokenizer.from_pretrained("intfloat/multilingual-e5-large")
model = AutoModel.from_pretrained("intfloat/multilingual-e5-large")

# 定义一个函数用于生成文本的向量表示
def text_embeddings(texts):
    # 对输入文本进行分词处理，返回 PyTorch 张量
    inputs = tokenizer(texts, padding=True, truncation=True, return_tensors="pt")

    # 禁用梯度计算，进行向量化推理
    with torch.no_grad():
        embeddings = model(**inputs).pooler_output         # 获取模型的池化输出

    # 将生成的向量转换为列表格式并返回
    return embeddings.detach().numpy().tolist()

# 创建一个持久化的 Chroma 客户端实例，数据保存到指定路径 "/chroma_data"
```

```python
chroma_client = chromadb.PersistentClient(path="/chroma_data")

# 定义一个路由，处理存储文本向量的请求
@app.route('/store_text_embeddings', methods=['POST'])
def store_text_embeddings():
    texts = request.json['texts']                    # 从请求中获取文本列表
    # 获取集合名称，默认值为 'default_collection'
    collection_name = request.json.get('collection_name', 'default_collection')

    if not texts:
        # 如果未提供文本，则返回错误响应
        return jsonify({"error": "No texts provided"}), 400

    try:
        collection = chroma_client.get_collection(collection_name)  # 尝试获取指定的集合
    except ValueError:
        # 如果集合不存在，则创建新的集合
        collection = chroma_client.create_collection(collection_name)

    embeddings_list = text_embeddings(texts)         # 生成文本的向量表示

    ids = [str(i) for i in range(len(texts))]        # 为每个文本生成唯一的 ID

    # 将文本、向量及元数据添加到集合中
    collection.add(
        ids=ids,
        documents=texts,
        embeddings=embeddings_list,
        metadatas=[{"text": text} for text in texts]  # 每个文本的元数据
    )

    return jsonify({"status": "success", "message": f"{len(texts)} texts stored successfully."})         # 返回成功响应

# 定义一个路由，处理查询相似文本的请求
@app.route('/query_similar_text', methods=['POST'])
def query_similar_text():
    texts = request.json['texts']                    # 从请求中获取查询文本列表
    results_num = request.json.get('results_num', 1) # 获取查询结果数量，默认为 1
    # 获取集合名称，默认值为 'default_collection'
    collection_name = request.json.get('collection_name', 'default_collection')

    try:
        collection = chroma_client.get_collection(collection_name)  # 尝试获取指定的集合
    except ValueError:
        # 如果集合不存在，则返回错误响应
```

```
        return jsonify({"error": f"No collection named {collection_name}"}), 400

    embeddings_list = text_embeddings(texts)           # 生成查询文本的向量表示

    # 在集合中查询与给定向量最相似的文本
    results = collection.query(
        query_embeddings=embeddings_list,
        n_results=results_num              # 指定要返回的结果数量
    )

    return jsonify({"status": "success", "data": results})    # 返回成功响应和查询结果

# 启动 Flask 应用
if __name__ == '__main__':
    app.run()
```

在上面的代码中,文本向量化操作被封装为函数 text_embeddings,使用的是 intfloat/multilingual-e5-large 模型。在向量数据库中进行存储和相似度查询时,需要调用这个函数来完成输入内容的向量化操作。此外,这段脚本中注册了两个服务:/store_text_embedding 和 /query_similar_text,分别用于存储文本向量坐标和查询相似文本,它们暴露的参数说明分别如表 8-5 和表 8-6 所示。

表 8-5 /store_text_embedding 的参数说明

参 数 名	参数类型	是否必填	参数作用
texts	string[]	是	需要存储的文本列表将在使用 intfloat/multilingual-e5-large 模型进行向量化后存储
collection_name	string	否	文本列表和向量存储的 chromadb 列表名称,默认值为 default_collection。如果找不到已命名的列表,则会创建一个对应命名的列表

表 8-6 /query_similar_text 的参数说明

参 数 名	参数类型	是否必填	参数作用
texts	string[]	是	需要存储的文本列表将在使用 intfloat/multilingual-e5-large 模型进行向量化后存储
collection_name	string	否	文本列表和向量存储的 Chroma 列表名称默认值为 default_collection,如果找不到已命名的列表,将会报错
results_num	number	否	需要进行相似化匹配的结果数量默认为 1

下面启动服务进行效果测试。首先,使用/store_text_embedding 存储两个文案:"今天我吃了苹果"和"深圳位于广东,是中国的一个一线城市",执行结果如图 8-13 所示,接口返回了存储成功的响应。

图 8-13　使用/store_text_embedding 存储两个文案的执行结果

接着，调用/query_similar_text 在 test_collection 集合中查找与"今天我吃了什么"最相似的文案信息，执行结果如图 8-14 所示，匹配到了"今天我吃了苹果"这个文案。

图 8-14　使用/query_similar_text 寻找"今天我吃了什么"的相似文案

至此，关于如何使用自选向量化模型与 Chroma 结合完成向量存储和相似度匹配就介绍完了。值得一提的是，在 Chroma 中，对于一个向量集合，不能存在维度不同的向量。例如，在某个集合中已经使用默认的 All-MiniLM-L6-V2 模型存储了 384 维度的向量，而又尝试使用 intfloat/multilingual-e5-large 存储 1024 维度的向量，这是不允许的，强行存储将会报错，如图 8-15

所示。

```
chromadb.errors.InvalidDimensionException: Embedding dimension 1024 does not match collection dimensionality 384
```

图 8-15　在一个 Chroma 向量集合中试图存储不同维度的向量会报错

3. where 和 where_document 过滤器

在一些复杂场景下，在进行相似性匹配之前，可能需要对匹配范围进行限制。例如，只有在满足某个条件后，才将该选项列入匹配范围。为此，Chroma 提供了 where 和 where_document 字段作为筛选过滤器，并为它们提供了一些运算符，以便描述限制范围。下面通过一个简单的例子来介绍这两个字段。

chroma.py 的代码修改如下：

```python
import chromadb

# 创建一个持久化的 Chroma 客户端实例，数据存储路径为 /chroma_data
chroma_client = chromadb.PersistentClient(path="/chroma_data")

# 尝试获取名为 "where_test" 的集合
try:
    collection = chroma_client.get_collection(name="where_test")
except ValueError:
    # 如果集合不存在，则创建一个名为 "where_test" 的新集合
    collection = chroma_client.create_collection(name="where_test")

# 向集合中添加文档及其元数据
collection.add(
    documents=[
        "小明爱吃西红柿",          # 文档1
        "小明打篮球去了"           # 文档2
    ],
    metadatas=[{"thing": "tomato"}, {"thing": "basketball"}],  # 元数据对应文档内容
    ids=["id1", "id2"]             # 为每个文档指定唯一标识符
)

# 查询集合，查找与 "小明" 相关的文档，返回前 2 个结果
results = collection.query(
    query_texts=["小明"],          # 查询文本
    n_results=2,                   # 返回的结果数量
)
# 输出查询结果
print(results)
```

在上面的代码中，向 where_test 集合写入了两个文本："小明爱吃西红柿"和"小明打篮球去了"，并以"小明"为查询文案查询最匹配的两个结果。因为这个集合中只有这两个文本，所以查询结果也只能是这两个，执行结果如图 8-16 所示。

```
{'ids': [['id2', 'id1']], 'distances': [[0.5201173231710157, 0.7471835712684656]], 'met
adatas': [[{'thing': 'basketball'}, {'thing': 'tomato'}]], 'embeddings': None, 'documen
ts': [['小明打篮球去了', '小明爱吃西红柿']], 'uris': None, 'data': None, 'included': ['
metadatas', 'documents', 'distances']]}
```

图 8-16　chroma.py 的执行结果

接下来，在查询中添加 where 参数。where 字段用于查询集合中的 metadatas 字段，这是文本的一个额外描述对象，我们可以自定义其中的内容，例如：

```python
import chromadb                      # 导入 chromadb 库

# 创建一个持久化的 Chroma 客户端，数据存储在"/chroma_data"路径下
chroma_client = chromadb.PersistentClient(path="/chroma_data")

try:
    # 尝试获取名为"where_test"的集合
    collection = chroma_client.get_collection(name="where_test")
except ValueError:
    # 如果集合不存在，则创建一个名为"where_test"的新集合
    collection = chroma_client.create_collection(name="where_test")

# 向集合中添加文档、元数据和 ID
collection.add(
    documents=[
        "小明爱吃西红柿",            # 文档 1
        "小明打篮球去了"             # 文档 2
    ],
    metadatas=[{"thing": "tomato"}, {"thing": "basketball"}],  # 与文档关联的元数据
    ids=["id1", "id2"]              # 文档的唯一标识符
)

# 查询集合，寻找包含"小明"的文档，并限制结果为 2 个
results = collection.query(
    query_texts=["小明"],
    n_results=2,
    where={"thing": {
        "$eq": "basketball"         # 过滤条件：元数据中"thing"等于"basketball"
    }},
)

# 打印查询结果
print(results)
```

在上面的代码中，在查询中使用了 $eq 运算符来匹配 metadatas 中 thing 字段等于"basketball"的元素，也就是"小明打篮球去了"。因此，输出的结果将只有"小明打篮球去了"，因为"小明爱吃西红柿"的 metadatas 中 thing 字段是"tomato"。执行结果如图 8-17 所示。

```
{'ids': [['id2']], 'distances': [[0.5201173231710157]], 'metadatas': [[{'thing': 'baske
tball'}]], 'embeddings': None, 'documents': [['小明打篮球去了']], 'uris': None, 'data':
 None, 'included': ['metadatas', 'documents', 'distances']]}
```

图 8-17　加上 where 字段后 chroma.py 的执行结果

除了表示等于的$eq 运算符外，where 参数还有其他运算符可以描述不同的场景，具体运算符及其说明如表 8-7 所示。

表 8-7　where 参数支持的运算符

运　算　符	运算符作用
$eq	等于（字符串、整数、浮点数）
$ne	不等于（字符串、整数、浮点数）
$gt	大于（int、float）
$gte	大于或等于（int、float）
$lt	小于（int、float）
$and	与
$or	或
$in	包含
$nin	不包含

除 where 参数外，另一个用于筛选范围的参数是 where_document。不同的是 where_document 筛选的是文本原始信息，而非 metadatas。它支持的运算符也没有 where 参数那么多，仅有$containes 和$not_contains 两种，分别对应包含和不包含的场景，例如下面的例子：

```
import chromadb              # 导入 chromadb 库

# 创建一个持久化的 Chroma 客户端，数据存储在"/chroma_data"路径下
chroma_client = chromadb.PersistentClient(path="/chroma_data")

try:
    # 尝试获取名为"where_test"的集合
    collection = chroma_client.get_collection(name="where_test")
except ValueError:
    # 如果集合不存在，则创建一个名为"where_test"的新集合
    collection = chroma_client.create_collection(name="where_test")

# 向集合中添加文档和对应的 ID
collection.add(
    documents=[
        "小明爱吃西红柿",         # 文档 1
        "小明打篮球去了"          # 文档 2
    ],
    ids=["id1", "id2"]           # 文档的唯一标识符
)

# 查询集合，寻找包含"小明"的文档，并限制结果为 2 个
results = collection.query(
    query_texts=["小明"],
    n_results=2,
    where_document={             # 使用 where_document 参数进行筛选
```

```
            "$contains": "篮球"        # 过滤条件：文本中包含"篮球"
        }
    )

    # 打印查询结果
    print(results)
```

在上面的代码中，修改了 query 的筛选方式，改用 where_document 来筛选集合元素。这里使用 $contains 筛选文本信息中包含"篮球"的元素，Chroma 会在此基础上筛选出最合适的结果，最终得到"小明打篮球去了"，执行结果如图 8-18 所示。

```
{'ids': [['id2']], 'distances': [[0.5201173231710157]], 'metadatas': [[{'thing': 'basketball'}]], 'embeddings': None, 'documents': [['小明打篮球去了']], 'uris': None, 'data': None, 'included': ['metadatas', 'documents', 'distances']}
```

图 8-18　加上 where_document 字段后 chroma.py 的执行结果

8.3.4　相似度距离计算方法

前面已经提到，在建立文本的多维向量空间后，通过计算坐标之间的距离来判断文本间的相似程度。当然，计算距离的算法不止一种，不同算法得出的结果及其适用场景也各不相同。Chroma 向量数据库提供了多种相似度距离计算方法供开发者切换使用。

在创建向量化集合的阶段，create_collection API 有一个可选参数 metadata，其中的 hnsw:space 字段决定了计算向量坐标使用的算法，例如下面的例子：

```
collection = client.create_collection(
    name="collection_name",
    metadata={"hnsw:space": "cosine"} # l2 is the default
)
```

目前，Chroma 提供了 3 种向量距离计算算法，它们的枚举值、公式以及适用场景如表 8-8 所示。

表 8-8　Chroma 提供的 3 种向量距离计算算法

算 法 名	枚 举 值	公　　式	适用场景
平方 L2（Squared L2）	l2	$d = \sum(A_i - B_i)^2$	适合计算两个向量之间的绝对差异，尤其是在向量的维度和尺度对结果有直接影响时。常用于聚类分析、分类器的决策边界定义等看重数据点之间空间距离的场景
内积（Inner Product）	ip	$d = 1.0 - \sum(A_i \times B_i)$	适用于评估向量元素表示特征的重要性，向量在正方向的重叠程度决定结果的场景。常用推荐系统中，评估用户偏好与项目特征之间的匹配程度

(续表)

算 法 名	枚 举 值	公 式	适用场景
余弦相似度 （Cosine Similarity）	cosine	$d = 1.0 - \dfrac{\sum(A_i \times B_i)}{\sqrt{\sum A_i^2} \times \sqrt{\sum B_i^2}}$	适用于关注向量的方向而不是大小或尺度的场景，广泛应用于文本相似度计算，特别是在词嵌入和文档向量化中，因为它可以消除向量长度的影响，专注于向量方向的相似性。同时，对于高维空间中的数据，余弦相似度更稳健，因为它不受向量长度变化的影响

对于文本相似度的场景，平方 L2 和余弦相似度都能满足需求，而内积则不适用于这个场景，它广泛用于推荐算法或其他特征工程中。在平方 L2 和余弦相似度中，余弦相似度在高维度的场景下通常效果更优，因为与平方 L2 算法直接计算的物理距离相比，余弦相似度更关注向量的方向，也就是向量在某个特征上的程度，而不受向量长度变化的影响。因此，对于文本相似度的场景，虽然平方 L2 也可以满足基本场景的需求，但更推荐使用余弦相似度以获取更好的相似度匹配。

8.3.5　embeddings 向量化函数

Chroma 在未传入文本向量时，默认使用 All-MiniLM-L6-v2 开源模型完成文本的向量化处理。如果需要定制，也可以使用其他模型处理好向量后进行存储，第 8.2.3 节的示例中就使用了向量维度更大的 intfloat/multilingual-e5-large 模型完成了向量存储。然而，在每个调用存储或查询的阶段，都需要主动调用定义的向量函数。为此，Chroma 定义了自定义向量化函数，可以在 create_collection 和 get_collection 阶段传入，这样后续对集合实例的所有操作都会使用自定义的向量化函数，只需确保自定义向量化函数满足 EmbeddingFunction 即可。

```
# 从 chromadb 导入所需的类
from chromadb import Documents, EmbeddingFunction, Embeddings

# 定义一个自定义的嵌入函数类，继承自 EmbeddingFunction
class MyEmbeddingFunction(EmbeddingFunction):
    # 实现__call__方法，接收 Documents 类型的输入，并返回 Embeddings 类型的结果
    def __call__(self, input: Documents) -> Embeddings:
        # 以某种方式嵌入文档（具体实现待定）
        return embeddings        # 返回生成的嵌入结果
```

下面迭代之前的向量服务 text_embeddings.py，改用定义 EmbeddingFunction 的方式实现，修改的代码如下：

```
from typing import List                    # 导入 List 类型
from flask import Flask, request, jsonify  # 从 flask 导入 Flask、请求和 JSON 响应功能
from transformers import AutoTokenizer, AutoModel  # 从 transformers 导入自动标记器和模型
import torch                               # 导入 PyTorch 库
from chromadb import Documents, EmbeddingFunction  # 从 chromadb 导入 Documents 和
EmbeddingFunction 类
```

```python
import chromadb                              # 导入 chromadb 库

app = Flask(__name__)                        # 创建 Flask 应用实例

# 定义自定义的嵌入函数类,继承自 EmbeddingFunction
class EmbeddingFunction(EmbeddingFunction):
    def __init__(self, model_name: str):
        # 使用指定的模型名称加载标记器和模型
        self.tokenizer = AutoTokenizer.from_pretrained(model_name)
        self.model = AutoModel.from_pretrained(model_name)

    def __call__(self, texts: Documents) -> List[List[float]]:
        # 对输入的文本进行标记化处理,填充和截断,并返回张量
        inputs = self.tokenizer(texts, padding=True, truncation=True, return_tensors="pt")
        with torch.no_grad():       # 在不计算梯度的上下文中执行
            embeddings = self.model(**inputs).pooler_output      # 获取模型的嵌入输出
        return embeddings.detach().numpy().tolist()              # 将输出转换为列表并返回

# 创建一个持久化的 Chroma 客户端,数据存储在"/chroma_data"路径下
chroma_client = chromadb.PersistentClient(path="/chroma_data")

@app.route('/store_text_embeddings', methods=['POST'])           # 定义存储文本嵌入的路由
def store_text_embeddings():
    texts = request.json['texts']                                # 从请求中获取文本数据
    # 获取集合名称,默认值为'default_collection'
    collection_name = request.json.get('collection_name', 'default_collection')

    if not texts:                  # 如果未提供文本
        return jsonify({"error": "No texts provided"}), 400      # 返回错误信息

    try:
        # 尝试获取指定名称的集合,并传入自定义的嵌入函数
        collection = chroma_client.get_collection(collection_name,
            embedding_function=EmbeddingFunction("intfloat/multilingual-e5-large"))
    except ValueError:
        # 如果集合不存在,则创建一个新的集合
        collection = chroma_client.create_collection(collection_name,
metadata={"hnsw:space": "cosine"},
embedding_function=EmbeddingFunction("intfloat/multilingual-e5-large"))

    ids = [str(i) for i in range(len(texts))]                    # 生成文本的唯一标识符

    collection.add(
        ids=ids,                   # 添加标识符
        documents=texts,           # 添加文本
```

```
        metadatas=[{"text": text} for text in texts]           # 添加文本的元数据
    )

    return jsonify({"status": "success", "message": f"{len(texts)} texts stored
successfully."})                              # 返回成功信息

@app.route('/query_similar_text', methods=['POST'])            # 定义查询相似文本的路由
def query_similar_text():
    texts = request.json['texts']                              # 从请求中获取查询文本
    results_num = request.json.get('results_num', 1)           # 获取返回结果数量,默认值为1
    # 获取集合名称,默认值为'default_collection'
    collection_name = request.json.get('collection_name', 'default_collection')

    try:
        # 尝试获取指定名称的集合,并传入自定义的嵌入函数
        collection = chroma_client.get_collection(collection_name,
embedding_function=EmbeddingFunction("intfloat/multilingual-e5-large"))
    except ValueError:
        # 返回错误信息
        return jsonify({"error": f"No collection named {collection_name}"}), 400

    results = collection.query(
        query_texts=texts,              # 进行查询,获取相似文本
        n_results=results_num           # 指定返回结果数量
    )

    return jsonify({"status": "success", "data": results})     # 返回查询结果

if __name__ == '__main__':
    app.run()                    # 运行Flask应用
```

在上面的代码中,按照EmbeddingFunction的协议格式,将对intfloat/multilingual-e5-large模型的分词和推理逻辑封装成了类EmbeddingFunction,然后将原有的主动调用文本向量化的逻辑替代为在create_collection或get_collection时传入向量化函数。

接下来,我们试试效果。首先,调用/store_text_embeddings创建集合test_collection2,并写入"今天天气多云"和"小明去踢足球了"两个文本,可以看到能够正常完成存储,执行结果如图8-19所示。

然后调用/query_similar_text查询与"小明去干什么了"最相似的片段信息,获取的最相似的片段为"小明去踢足球了",执行结果如图8-20所示。

可以看到,自定义的向量化函数执行成功了。当然,如果不想自定义向量化函数,除了默认的All-MiniLM-L6-v2开源模型外,Chroma还提供了chromadb.utils.embedding_functions包,其中封装了内置向量化函数,包括OpenAI和Hugging Face的模型,可以直接使用对应的内置向量化函数进行向量化处理。部分内置向量化函数因为提供方的鉴权和收费等问题,所以需要传递类似API_KEY的鉴权参数。已封装好的向量化函数的具体信息如表8-9所示。

图 8-19　自定义向量化函数后的/store_text_embeddings　　图 8-20　自定义向量化函数后的/query_similar_text

表 8-9　Chroma 提供的内置向量化函数

使用的向量化模型	使用示例

OpenAI	`OpenAIEmbeddingFunction(`
	`api_key="YOUR_API_KEY",`
	`model_name="text-embedding-3-small"`
	`)`

Google Generative AI	`GoogleGenerativeAiEmbeddingFunction(api_key="YOUR_API_KEY")`

Cohere	`CohereEmbeddingFunction(`
	`api_key="YOUR_API_KEY",`
	`model_name="large"`
	`)`

Hugging Face	`HuggingFaceEmbeddingFunction(`
	　　`api_key="YOUR_API_KEY",`
	　　`model_name="sentence-transformers/all-MiniLM-L6-v2"`
	`)`

instructor-embeddings	`InstructorEmbeddingFunction(`
	`model_name="hkunlp/instructor-xl",`
	`device="cuda"`
	`)`

Jina AI	`JinaEmbeddingFunction(`
	　　`api_key="YOUR_API_KEY",`
	　　`model_name="jina-embeddings-v2-base-en"`
	`)`

(续表)

使用的向量化模型	使用示例
Roboflow	`RoboflowEmbeddingFunction(api_key=API_KEY)`

Ollama Embeddings	`OllamaEmbeddingFunction(`
	   `url="server_url",`
	   `model_name="llama2",`
	`)`

8.4 实战：为 ChatGPT 提供知识库功能

本节将介绍如何使用文本向量化、向量知识库存储和相似度匹配的知识，为之前实现的网页 ChatGPT 添加知识库功能，包含知识库整体功能的剖析、支持文件上传至知识库（含知识库的管理及基于块大小和块重叠进行文本拆分），以及支持包含相似搜索的询问模式。

8.4.1 知识库整体功能剖析

在第 3 章实现了一个网页版的 ChatGPT，其中包含了兼顾上下文的聊天、历史聊天记录的管理以及 ChatGPT 角色的设定等功能，但美中不足的是，当与 ChatGPT 聊到一些具有时效性或者存在信息壁垒的问题时，因为缺乏相关的背景前置信息，ChatGPT 往往会给出错误且误导性的答复。

通过文本向量化和向量数据库相似度匹配，可以有效解决这个问题。如果开启这个功能，那么在用户每次使用 ChatGPT 询问问题后，系统会将问题文案与向量数据库的内容进行相似度匹配，得到最直接相似的几个片段文本信息后，将它与原问题拼接，作为前置信息提供给 ChatGPT。这样，ChatGPT 就能在缺乏相关背景前置信息的场景中提供更加精准的答复。

为了实现这一需求，需要适当调整原有的 ChatGPT 交互，提供知识库的选择入口以及上传入口，交互如图 8-21 和图 8-22 所示。下面将以这个交互图为大致基准，实现 ChatGPT 知识库功能。

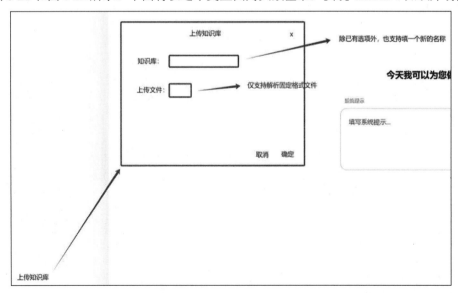

图 8-21 ChatGPT 支持知识库的迭代交互图（1）

图 8-22 ChatGPT 支持知识库的迭代交互图（2）

8.4.2 支持文件上传至知识库

本节将实现文件上传至知识库的功能，完成本节的开发后，ChatGPT 将具备上传本地文档作为知识库向量的功能。

1. 文本向量化与向量存储的服务

对于文本向量化与向量存储的服务，可以直接沿用前面编写的 text_embeddings.py 脚本，它已经具备将指定文本向量化并进行向量存储，以及进行向量相似度匹配的功能，只需补充跨域请求的白名单即可。在 Python Flask 库中补充跨域需要使用的 flask-cors 依赖，在终端执行以下命令进行安装。

```
pip install flask-cros
```

然后在 ChatGPT 项目根目录创建 text_embeddings_server.py 文件，将之前 text_embeddings.py 的代码写入，并补充跨域请求的白名单：

```python
from typing import List
from flask import Flask, request, jsonify
from transformers import AutoTokenizer, AutoModel
import torch
from chromadb import Documents, EmbeddingFunction
import chromadb
from flask_cors import CORS

app = Flask(__name__)

# 配置跨域资源共享，允许来自 http://localhost:3000 的请求
CORS(app, resources={r"/*": {"origins": "http://localhost:3000"}})

class EmbeddingFunction(EmbeddingFunction):
    def __init__(self, model_name: str):
        # 加载指定的模型和分词器
        self.tokenizer = AutoTokenizer.from_pretrained(model_name)
        self.model = AutoModel.from_pretrained(model_name)

    def __call__(self, texts: Documents) -> List[List[float]]:
        # 对输入文本进行分词，并返回张量格式
        inputs = self.tokenizer(texts, padding=True, truncation=True, return_tensors="pt")
        with torch.no_grad():
            # 获取模型输出的嵌入向量
```

```python
        embeddings = self.model(**inputs).pooler_output
        # 转换为 NumPy 数组并返回列表格式
        return embeddings.detach().numpy().tolist()

# 创建 Chroma 客户端，指定数据存储路径
chroma_client = chromadb.PersistentClient(path="/chroma_data")

@app.route('/store_text_embeddings', methods=['POST'])
def store_text_embeddings():
    # 从请求中获取文本和集合名称
    texts = request.json['texts']
    collection_name = request.json.get('collection_name', 'default_collection')

    # 检查是否提供了文本
    if not texts:
        return jsonify({"error": "No texts provided"}), 400

    try:
        # 尝试获取已有的集合
        collection = chroma_client.get_collection(collection_name, embedding_function=EmbeddingFunction("intfloat/multilingual-e5-large"))
    except ValueError:
        # 如果集合不存在，则创建新的集合
        collection = chroma_client.create_collection(collection_name, metadata={"hnsw:space": "cosine"}, embedding_function=EmbeddingFunction("intfloat/multilingual-e5-large"))

    # 生成文本 ID
    ids = [str(i) for i in range(len(texts))]

    # 将文本及其元数据添加到集合中
    collection.add(
        ids=ids,
        documents=texts,
        metadatas=[{"text": text} for text in texts]
    )

    # 返回成功消息
    return jsonify({"status": "success", "message": f"{len(texts)} texts stored successfully."})

@app.route('/query_similar_text', methods=['POST'])
def query_similar_text():
    # 从请求中获取查询文本、结果数量和集合名称
    texts = request.json['texts']
    results_num = request.json.get('results_num', 1)
    collection_name = request.json.get('collection_name', 'default_collection')

    try:
        # 尝试获取指定的集合
```

```python
        collection = chroma_client.get_collection(collection_name,
embedding_function=EmbeddingFunction("intfloat/multilingual-e5-large"))
    except ValueError:
        # 如果集合不存在，返回错误信息
        return jsonify({"error": f"No collection named {collection_name}"}), 400

    # 查询与输入文本相似的文本
    results = collection.query(
        query_texts=texts,
        n_results=results_num
    )

    # 返回查询结果
    return jsonify({"status": "success", "data": results})

@app.route('/get_collection_names', methods=['GET'])
def get_collection_names():
    # 列出所有集合的名称
    collection_names = chroma_client.list_collections()
    names_list = [collection.name for collection in collection_names]
    return jsonify({"status": "success", "collection_names": names_list}), 200

if __name__ == '__main__':
    # 启动 Flask 应用
    app.run()
```

在上面的脚本中，使用 flask-cors 完成服务白名单的注册，支持使用 3000 端口的客户端进行跨域请求服务。除了跨域请求外，服务还注册了一个新的路由服务/get_collection_names，用于获取 chromadb 已有的集合列表。在选择和上传知识库的环节，这个路由服务都会被用到。

向量服务将 chromadb 的文件本地化存储到项目根目录的 chroma_db 目录中。这个文件目录不需要随项目 Git 记录一起提交，它是在部署环境下实时生成的。因此，我们在.gitignore 文件中忽略了这个目录。

```
/node_modules
/build
/chroma_data
```

由于是项目化调用，为了便于其他开发者快速安装服务，还需要提供一个 requirements.txt 文件，用于管理 Python 服务的依赖。首先，在根目录下创建 requirements.txt 文件，并写入如下配置（这些是启动 Python 服务所必需的一些依赖）：

```
Flask>=2.2.2
transformers>=4.26.0
torch>=1.13.1
chromadb>=0.3.19
numpy>=1.23.5
flask-cors>=4.0.1
```

然后，将安装服务依赖和启动服务的命令配置到 package.json 中，后续可以直接通过 package.json

安装和启动服务，对应的命令如下：

```
"install:server": "pip install -r requirements.txt",
"start:server": "python text_embeddings_server.py",
```

在终端执行 npm run start:server 命令启动向量服务，执行结果如图 8-23 所示。

```
(vector_storage) D:\project\chatgpt-demo>npm run start:server
npm WARN config global `--global`, `--local` are deprecated. Use `--location=global` i
nstead.

> chatgpt-demo@0.1.0 start:server
> python text_embeddings_server.py

 * Serving Flask app 'text_embeddings_server'
 * Debug mode: off
WARNING: This is a development server. Do not use it in a production deployment. Use a
 production WSGI server instead.
 * Running on http://127.0.0.1:5000
Press CTRL+C to quit
```

图 8-23　npm run start:server 启动向量服务

2. 上传弹窗的交互实现

前面已经实现了文本向量化与向量存储的服务，并接入了跨域白名单，使客户端可以跨域完成向量服务的调用。现在开始实现上传弹窗的交互。为了减少交互开发量，这里基于 Semi 组件库进行二次开发。在终端执行以下命令完成 Semi 组件库的安装：

```
npm install @douyinfe/semi-ui
```

在实现弹窗前，先封装一个 hooks 用于获取目前已有的 chromadb 中的集合，创建 useGetCollections.ts 文件，并写入如下代码：

```typescript
import axios from "axios";                    // 导入 axios 库，用于发起 HTTP 请求

// 从 React 中导入 useEffect 和 useState 钩子
import { useEffect, useState } from "react";

const useGetCollections = () => {
  // 定义状态变量 collections，初始值为空数组
  const [collections, setCollections] = useState([]);

  useEffect(() => {
    // 使用 useEffect 钩子在组件挂载后发起请求
    axios.get("http://127.0.0.1:5000/get_collection_names")      // 发起 GET 请求，获取集合名称
      .then((data) => {
        setCollections(data.data.collection_names);              // 更新 collections 状态为获取到的集合名称
      });
  }, []);                    // 空依赖数组表示该 effect 只在组件挂载时执行一次

  return collections;       // 返回当前的 collections 状态
};
```

```
export default useGetCollections;            // 导出自定义钩子
```

实现的 hooks 只需在使用这个接口的页面中调用，就能初始化获取 chromadb 中的集合列表。接下来，我们将封装弹窗组件，创建 uploadModal/index.tsx，并写入如下代码：

```
import { FC } from "react";
import { Button, Form, Modal } from "@douyinfe/semi-ui";
import { IconUpload } from "@douyinfe/semi-icons";
import useGetCollections from "./hooks/useGetCollections";

// 定义上传弹窗组件的属性接口
interface IUploadModalProps {
  visible: boolean;                          // 控制弹窗是否可见
  onClose: () => void;                       // 关闭弹窗的回调函数
}

const { Option } = Form.Select;              // 从 Form.Select 中解构出 Option 组件

// 上传弹窗组件
export const UploadModal: FC<IUploadModalProps> = ({ visible, onClose }) => {
  const collections = useGetCollections();   // 获取已有的集合列表

  return (
    <Modal
      title="上传知识库"                      // 弹窗标题
      visible={visible}                      // 控制弹窗的可见性
      onOk={() => {
        // 预留，上传逻辑
        onClose?.();                         // 关闭弹窗
      }}
      onCancel={onClose}                     // 取消按钮关闭弹窗
    >
      <Form>
        <Form.Select
          field="collection"                 // 表单字段名
          label="知识库"                      // 标签
          placeholder="请选择"                // 占位符
          filter // 开启过滤功能
          style={{ width: 200 }}             // 设置宽度
          rules={[{ required: true, message: "请选择或者填写新建名称知识库" }]} // 校验规则
        >
          {collections.map((item, index) => {
            return (
              <Option value={item} key={index}>    // 遍历集合列表生成选项
                {item}
              </Option>
```

```
          );
        }))}
      </Form.Select>
      <Form.Upload
        field="fileContent"              // 表单字段名
        label="知识库文件(仅支持txt格式)"    // 标签
        action=""                        // 上传文件的接口地址
        multiple                         // 支持多文件上传
        rules={[{ required: true, message: "请上传知识库文件" }]}      // 校验规则
      >
        <Button icon={<IconUpload />} theme="light">        // 上传按钮
          单击上传
        </Button>
      </Form.Upload>
    </Form>
  </Modal>
  );
};
```

UploadModal 组件中使用了 Semi 组件库提供的 Form 表单，其中包含一个下拉列表框 Select 和一个上传组件 Upload，分别用于收集集合名称和上传文件。Select 下拉列表框的选项通过上面定义的 hooks 进行获取。目前，样式还是纯静态的，表单的上传逻辑和上传组件的处理仍然是预留的。接下来，在实际页面中调用 UploadModal 组件，并修改之前定义的 LeftSidebar/index.tsx 文件，代码如下：

```
import { FC, useMemo, useState } from "react";
import { IChatGPTAnswer } from "../ChatGPTBody";
import { UploadModal } from "../UploadModal";
import "./index.css";

// 定义左侧边栏组件的属性接口
interface ILeftSidebarProps {
  apiKey: string;                    // API 密钥
  chatCache: IChatList[];            // 聊天记录缓存
  // 回答变化时的回调函数
  onAnswerChange: (data: IChatGPTAnswer[], timestamp: number) => void;
  onApiChange: (apiKey: string) => void;           // API 密钥变化时的回调函数
}

// 定义聊天记录的接口
export interface IChatList {
  name: string;                      // 聊天名称
  chatList: IChatGPTAnswer[];        // 聊天记录列表
  timestamp: number;                 // 时间戳
}
```

```tsx
// 定义左侧边栏组件
export const LeftSidebar: FC<ILeftSidebarProps> = ({
  apiKey,
  chatCache,
  onAnswerChange,
  onApiChange,
}) => {
  const [currentTimestamp, setCurrentTimestamp] = useState(0);      // 当前时间戳状态
  const [modalVisible, setModalVisible] = useState(false);          // 模态框可见性状态

  // 计算今日聊天记录列表
  const todayList = useMemo(() => {
    return chatCache.filter(
      (item) => Date.now() - item.timestamp < 24 * 60 * 60 * 1000 // 24 小时内的记录
    );
  }, [chatCache]);

  // 计算上周聊天记录列表
  const lastWeekList = useMemo(() => {
    return chatCache.filter(
      (item) =>
        Date.now() - item.timestamp < 24 * 60 * 60 * 1000 * 7 && // 过去一周内的记录
        Date.now() - item.timestamp > 24 * 60 * 60 * 1000         // 超过 24 小时但在一周内
    );
  }, [chatCache]);

  return (
    <div className="leftSidebar">
      <div
        className="leftSidebar_uploadDb"
        onClick={() => {
          setModalVisible(true);           // 单击"上传知识库"时显示模态框
        }}
      >
        上传知识库
      </div>
      {/* 原来左侧栏的代码 */}
      <UploadModal
        visible={modalVisible}             // 控制模态框的可见性
        onClose={() => {
          setModalVisible(false);          // 关闭模态框
        }}
      ></UploadModal>
    </div>
  );
};
```

在上述逻辑中，在 New Chat 按钮上方添加了一个"上传知识库"的按钮，并与 UploadModal 组件绑定。单击该按钮后，将会弹出定义的"上传知识库"对话框，执行结果如图 8-24 所示。

图 8-24 "上传知识库"对话框静态交互

3. 支持文件格式的文本解析

现在已经支持了上传对话框的基础静态样式，但 Upload 组件的逻辑还未补充，因此无法获取上传文件的内容。预期在这里可以接收 TXT 文件并完成内容解析。要实现这个功能，需要用到 Upload 组件提供的 customRequest 字段以及浏览器提供的 FileReader 接口。

在常规模式下，Upload 组件以黑盒方式封装了基础上传组件在获取文件后的处理逻辑，而 customRequest 字段提供了一个回调函数，用户可以通过该函数获取上传的文件及进度回调等相关信息。使用 FileReader 接口提供的 readAsText API，可以解析 TXT 格式的文件内容。为此，需要用一个 map 来存储文件名和文件内容的键-值对，以便在表单提交阶段根据用户在上传文件后进行的增删操作，提取实际需要的文件内容进行上传。整个数据流转如图 8-25 所示。

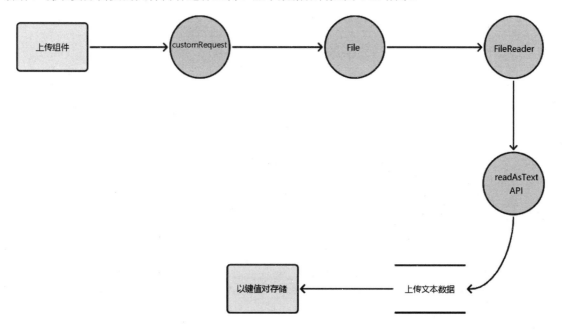

图 8-25 文本解析过程的数据流转

下面来实现上述的数据流转，UploadModal/index.tsx 的代码修改如下：

```tsx
import { IconUpload } from "@douyinfe/semi-icons";              // 导入上传图标
// 导入 Semi UI 的按钮、表单和模态框组件
import { Button, Form, Modal } from "@douyinfe/semi-ui";
import { FC } from "react";                        // 导入函数式组件类型
import useGetCollections from "./hooks/useGetCollections"; // 导入自定义 hook，用于获取集合列表

// 定义 UploadModal 组件的属性接口
interface IUploadModalProps {
  visible: boolean;                  // 控制模态框可见性的布尔值
  onClose: () => void;               // 关闭模态框的回调函数
}

const { Option } = Form.Select;      // 从表单中解构出 Select 选项组件

// 定义 UploadModal 组件
export const UploadModal: FC<IUploadModalProps> = ({ visible, onClose }) => {
  const fileMap = new Map<string, string>();         // 用于存储文件名和内容的映射

  const collections = useGetCollections();           // 获取知识库集合列表

  return (
    <Modal
      title="上传知识库"                  // 模态框标题
      visible={visible}                  // 控制模态框的可见性
      onOk={() => {
        // 预留，上传逻辑
        onClose?.();                     // 调用关闭模态框的回调函数
      }}
      onCancel={onClose}                 // 单击取消按钮时关闭模态框
    >
      <Form>
        <Form.Select
          field="collection"             // 选择的字段名
          label="知识库"                 // 下拉框标签
          placeholder="请选择"           // 下拉框占位符
          filter                         // 允许过滤选项
          style={{ width: 300 }}         // 下拉框宽度
          allowCreate={true}             // 允许创建新知识库
        >
          {collections.map((item, index) => {
            return (
              <Option value={item} key={index}>      // 渲染下拉框选项
                {item}                               // 选项文本
              </Option>
            );
          })}
        </Form.Select>
```

```
    <Form.Upload
      field="fileContent"         // 上传文件的字段名
      label="知识库文件(仅支持 txt 格式)"        // 上传组件标签
      action=""                   // 上传地址（此处留空）
      multiple                    // 允许多文件上传
      customRequest={({ file, onProgress }) => {
        const reader = new FileReader();          // 创建 FileReader 实例
        reader.onload = (e) => {                  // 文件读取完成后的回调
          if (file.fileInstance?.name) {
            // 将文件名和内容存储到 fileMap 中
            fileMap.set(file.fileInstance?.name, e.target?.result as string);
          }
          onProgress({ total: 100, loaded: 100 });// 更新上传进度
        };

        if (file.fileInstance) {
          reader.readAsText(file.fileInstance);   // 读取文件内容为文本
        }
      }}
      accept="text/plain"         // 只接收文本文件
    >
      <Button icon={<IconUpload />} theme="light">    // 上传按钮
        单击上传
      </Button>
    </Form.Upload>
  </Form>
  </Modal>
 );
};
```

现在，上传组件已经支持读取 TXT 文件并呈现上传进度。action 字段对应的是上传接口，这里并不需要把内容存储到 cdn，所以 action 字段为空即可。

下面是上传的 TXT 内容：

在遥远的荷兰小镇，有一个名叫拉姆斯特拉的男孩，他自小就对法律充满了浓厚的兴趣。他的父亲是小镇上的一位法官，母亲则是一名教师，家庭的熏陶让他早早地懂得了正义与公平的价值。每当夜幕降临，拉姆斯特拉都会坐在窗前，手捧一本法律书籍，沉浸在知识的海洋中，梦想着有一天能成为像父亲那样受人尊敬的法律人士。

成年后，拉姆斯特拉考入了荷兰著名的莱顿大学法学系，那里汇聚了来自世界各地的法学精英。在这里，他不仅深化了自己的法律知识，还学会了多国语言，这为他日后成为国际法务专家打下了坚实的基础。大学期间，他还积极参与各种辩论赛和模拟法庭，这些经历极大地锻炼了他的逻辑思维能力和口才。

拉姆斯特拉先生的喜好十分广泛，他热爱阅读，尤其是历史类书籍，他认为了解历史是理解法律演变的关键。此外，他还是一名狂热的足球迷，闲暇时喜欢观看欧洲各大联赛，甚至偶尔会上场踢几脚，这种团队合作的精神也深深影响了他在工作中的态度。

毕业后，拉姆斯特拉先生加入了我们公司，负责处理复杂的跨国法律事务。他的工作节奏紧张

而有序，每天清晨，他都会提前到办公室，先浏览最新的法律动态和行业资讯，然后开始处理手头的案件。他对每一个细节都要求严谨，力求在法律框架内为客户找到最优化的解决方案。尽管工作繁忙，但他总能保持冷静和耐心，这份专业精神赢得了同事和客户的高度赞誉。

拉姆斯特拉先生的人生理想是成为一名全球知名的法律专家，他希望通过自己的努力，推动国际法律体系的完善，为促进世界和平与发展贡献一份力量。他相信，法律不仅仅是规则的制定，更是社会公正与和谐的基石。在这个理想的引领下，拉姆斯特拉先生正以他的智慧和热情，一步步向着目标迈进。

这段内容是使用模型生成的关于一位虚拟人物拉姆斯特拉先生的描述。在"上传知识库"对话框中上传这段内容，可以看到对应的进度条，执行结果如图 8-26 所示。

图 8-26 在"上传知识库"对话框中上传 TXT 文件的执行结果

通过断点调试 FileReader 读取的 TXT 文件内容，可以看到已经正常读取到上传的 TXT 文本内容了，执行结果如图 8-27 所示。

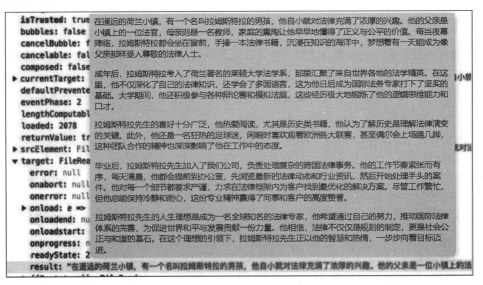

图 8-27 断点调试 FileReader 读取的文本内容

4. 存储分片：基于块大小和块重叠进行文本拆分

上面已经支持对 TXT 文件进行上传和读取，现在有一个问题：存取向量的文本粒度应该多大呢？如果以文件为粒度，上传整个文件为一个向量，当上下文的信息过多时，就容易丢失细节，导致相似度匹配产生误差，效果不佳。因此，需要一种合理的方式将文件文本拆分为更小的粒度，同时保留上下文信息。

我们可以取上面文本的一个段落来分析这个问题，比如：

在遥远的荷兰小镇，有一个名叫拉姆斯特拉的男孩，他自小就对法律充满了浓厚的兴趣。他的父亲是小镇上的一位法官，母亲则是一名教师，家庭的熏陶让他早早地懂得了正义与公平的价值。每当夜幕降临，拉姆斯特拉都会坐在窗前，手捧一本法律书籍，沉浸在知识的海洋中，梦想着有一天能成为像父亲那样受人尊敬的法律人士。

从正常阅读的顺序上说，这段文本的理解会通过句号分割，拆分后的结果如下：

（1）在遥远的荷兰小镇，有一个名叫拉姆斯特拉的男孩，他自小就对法律充满了浓厚的兴趣。

（2）他的父亲是小镇上的一位法官，母亲则是一名教师，家庭的熏陶让他早早地懂得了正义与公平的价值。

（3）每当夜幕降临，拉姆斯特拉都会坐在窗前，手捧一本法律书籍，沉浸在知识的海洋中，梦想着有一天能成为像父亲那样受人尊敬的法律人士。

在绝对理想的情况下，中文场景这样分句是可以满足按句意切割的需求，但在实际场景下，作者的断句未必能绝对标准地按照语义拆分，不同的断句之间的长度也无法确定，很有可能出现断句之间长度差异较大的情况。另外，文案场景也并非全是中文，其他语言的场景也许会有新的限制。考虑到各种不确定因素，如果单纯以中文句号进行断句，是无法覆盖所有场景的，并且容易因为不合适的断句导致上下文信息被拆分，从而导致细节的缺失。

是否有一种方式可以在保证每个断句之间长度相近的同时，确保上下文语义不完全缺失呢？在算法领域，通常会使用基于块大小和块重叠的方式进行断句拆分。

基于块大小指的是以文本长度为参考，将一个长文本拆分为 n 个同等长度的短文本。但是，仅使用块大小很容易导致完整句子的语义被拆分，且上下文信息可能缺失。例如，上面的例子，如果以 40 个字为一块，拆分的结果将是这样的：

（1）在遥远的荷兰小镇，有一个名叫拉姆斯特拉的男孩，他自小就对法律充满了浓厚的兴趣。他

（2）的父亲是小镇上的一位法官，母亲则是一名教师，家庭的熏陶让他早早地懂得了正义与公平

（3）的价值。每当夜幕降临，拉姆斯特拉都会坐在窗前，手捧一本法律书籍，沉浸在知识的海洋

（4）中，梦想着有一天能成为像父亲那样受人尊敬的法律人士。

每个单句虽然都被拆分为了长度相同的片段（除最后一个因长度不足而独立成为一句），但它们都有较高的概率出现整句被拆分、细节缺失的情况。除非是将相邻的单句结合起来，否则很容易对原文意思产生误解，或者无法推理上下文的用意。

这时就需要结合块重叠来弥补上下文缺失的问题。块重叠就是将固定长度的相邻块文本作为辅助信息补充进拆解的单句中，这样每个单句之间都有相邻块单句中重复的一段文本。通过这种方式，可以为单句补充更多的上下文信息，从而保证在非相邻单句结合使用时能理解大部分语义。例如，将块大小设为 40 个字、块重叠设为 5 个字，拆分的结果将是这样的：

（1）在遥远的荷兰小镇，有一个名叫拉姆斯特拉的男孩，他自小就对法律充满了浓厚的兴趣。他

（2）的兴趣。他的父亲是小镇上的一位法官，母亲则是一名教师，家庭的熏陶让他早早地懂得了

（3）早地懂得了正义与公平的价值。每当夜幕降临，拉姆斯特拉都会坐在窗前，手捧一本法律书

（4）一本法律书籍，沉浸在知识的海洋中，梦想着有一天能成为像父亲那样受人尊敬的法律人士。

通过这种方式，就能够将需要上传至知识库的长文本拆解为 n 个短文本，并且通过相似性匹配找到多个最贴近语义的短文本，从而还原最符合实际场景的前置信息。下面我们来实现基于块大小和块重叠的文本拆分存储分片方式，创建 utils/index.ts 文件，在其中单独定义一个函数，实现基于块大小和块重叠的文本拆分功能，具体的代码如下：

```typescript
/**
 * 基于块大小和块重叠拆分长文本
 */
const splitTextWithOverlap = (text: string, blockSize: number, overlapSize: number) => {
    // 检查块大小和重叠大小是否有效
    if (blockSize <= 0 || overlapSize < 0 || overlapSize >= blockSize) {
        throw new Error('Invalid blockSize or overlapSize');        // 抛出错误提示
    }

    let result = [];            // 存储结果的数组
    let start = 0;              // 当前起始位置

    // 当剩余文本长度足够一个块时，进行分块
    while (start + blockSize <= text.length) {
        result.push(text.substring(start, start + blockSize));       // 提取当前块并添加到结果
        start += blockSize - overlapSize;                            // 更新起始位置，考虑重叠
    }

    // 如果还有剩余文本，则将其添加到结果中
    if (start < text.length) {
        result.push(text.substring(start));
    }

    return result;              // 返回分块结果
}

export {
```

```
    splitTextWithOverlap        // 导出函数
}
```

基于块大小和块重叠进行文本拆分的函数 splitTextWithOverlap 具备 3 个入参，分别是需要拆分的长文本 text，块大小的粒度 blockSize 以及块重叠的粒度 overlapSize。接下来，使用定义的函数 splitTextWithOverlap 改造 UploadModal 组件。原先存储的是文件名与文件内容的键值对 map，现在替换成文件名与对应文件内容拆分出来的 n 个短文本数组之间的映射关系。UploadModal 的代码修改如下：

```
import { IconUpload } from "@douyinfe/semi-icons";         // 导入上传图标
import { Button, Form, Modal } from "@douyinfe/semi-ui";  // 导入按钮、表单和模态框组件
import { FC } from "react";                                // 导入 React 的功能组件类型
import useGetCollections from "./hooks/useGetCollections"; // 导入自定义 Hook，用于获取知
识库集合
import { splitTextWithOverlap } from "../../utils";        // 导入文本拆分工具函数

interface IUploadModalProps {
  visible: boolean;              // 控制模态框的可见性
  onClose: () => void;           // 关闭模态框的回调函数
}

const { Option } = Form.Select;  // 从表单选择组件中解构出 Option

// 上传模态框组件
export const UploadModal: FC<IUploadModalProps> = ({ visible, onClose }) => {
  const fileMap = new Map<string, string[]>();  // 用于存储文件名与对应文本数组的映射关系

  const collections = useGetCollections();       // 获取知识库集合

  return (
    <Modal
      title="上传知识库"              // 模态框标题
      visible={visible}              // 模态框可见性
      onOk={() => {
        // 预留，上传逻辑
        onClose?.();                 // 调用关闭函数
      }}
      onCancel={onClose}             // 取消时关闭模态框
    >
      <Form>
        <Form.Select
          field="collection"         // 选择字段名称
          label="知识库"              // 标签
          placeholder="请选择"        // 占位符
          filter // 允许过滤选项
          style={{ width: 300 }}     // 设置样式
          allowCreate={true}         // 允许创建新知识库
```

```jsx
          rules={[{ required: true, message: "请选择或者填写新建名称知识库" }]} // 验证规则
        >
          {collections.map((item, index) => {
            return (
              <Option value={item} key={index}>
                {item}                    // 显示知识库选项
              </Option>
            );
          })}
        </Form.Select>
        <Form.Upload
          field="fileContent"                      // 上传字段名称
          label="知识库文件(仅支持 txt 格式)"        // 标签
          action=""                                // 上传动作，暂未设置
          multiple                                 // 允许多文件上传
          customRequest={({ file, onProgress }) => {    // 自定义上传请求
            const reader = new FileReader();  // 创建文件读取器
            reader.onload = (e) => {
              if (file.fileInstance?.name) {
                // 读取文件内容并拆分成短文本
                const contentArr = splitTextWithOverlap(e.target?.result as string, 20, 5);
                fileMap.set(file.fileInstance?.name, contentArr); // 将文件名与内容数组存入映射
              }
              onProgress({ total: 100, loaded: 100 });    // 更新上传进度
            };

            if (file.fileInstance) {
              reader.readAsText(file.fileInstance);       // 读取文件内容为文本
            }
          }}
          accept="text/plain"                           // 仅接收 txt 格式文件
          rules={[{ required: true, message: "请上传知识库文件" }]}   // 验证规则
        >
          <Button icon={<IconUpload />} theme="light">    // 上传按钮
            单击上传
          </Button>
        </Form.Upload>
      </Form>
    </Modal>
  );
};
```

至此，基于块大小和块重叠进行文本拆分的存储分片逻辑就已经完成了，可以在上传阶段通过断点查看存储键-值对的结果，调试结果如图 8-28 所示。

```
contentArr: Array(23)
  0: "在遥远的荷兰小镇,有一个名叫拉姆斯特拉的男孩,他自小就对法律充满了浓厚的兴趣。他"
  1: "充满了浓厚的兴趣。他的父亲是小镇上的一位法官,母亲则是一名教师,家庭的熏陶让他早"
  2: "师,家庭的熏陶让他早早地懂得了正义与公平的价值。每当夜幕降临,拉姆斯特拉都会坐在"
  3: ",拉姆斯特拉都会坐在窗前,手捧一本法律书籍,沉浸在知识的海洋中,梦想着有一天能成"
  4: "中,梦想着有一天能成为像父亲那样受人尊敬的法律人士。\n\n成年后,拉姆斯特拉考入了"
  5: "后,拉姆斯特拉考入了荷兰著名的莱顿大学法学系,那里汇聚了来自世界各地的法学精英。"
  6: "世界各地的法学精英。在这里,他不仅深化了自己的法律知识,还学会了多国语言,这为他"
  7: "会了多国语言,这为他日后成为国际法务专家打下了坚实的基础。大学期间,他还积极参与"
  8: "学期间,他还积极参与各种辩论赛和模拟法庭,这些经历极大地锻炼了他的逻辑思维能力和"
  9: "了他的逻辑思维能力和口才。\n\n拉姆斯特拉先生的爱好十分广泛,他热爱阅读,尤其是历"
  10: "他热爱阅读,尤其是历史类书籍,他认为了解历史是理解法律演变的关键。此外,他还是一"
  11: "关键。此外,他还是一名狂热的足球迷,闲暇时喜欢观看欧洲各大联赛,甚至偶尔会亲自上"
  12: "赛,甚至偶尔会亲自上场踢几脚,这种团队合作的精神也深深影响了他在工作中的态度。\n"
  13: "他在工作中的态度。\n\n毕业后,拉姆斯特拉先生加入了我们公司,负责处理复杂的跨国法"
  14: "负责处理复杂的跨国法律事务。他的工作节奏紧张而有序,每天清晨,他都会提前到办公室"
  15: ",他都会提前到办公室,先浏览最新的法律动态和行业资讯,然后开始处理手头的案件。他"
  16: "始处理手头的案件。他对每一个细节都要求严谨,力求在法律框架内为客户找到最优化的解"
  17: "为客户找到最优化的解决方案。尽管工作繁忙,但他总能保持冷静和耐心,这份专业精神赢"
  18: "耐心,这份专业精神赢得了同事和客户的高度赞誉。\n\n拉姆斯特拉先生的人生理想是成为"
  19: "先生的人生理想是成为一名全球知名的法律专家,他希望通过自己的努力,推动国际法律体"
  20: "努力,推动国际法律体系的完善,为促进世界和平与发展贡献一份力量。他相信,法律不仅"
  21: "量。他相信,法律不仅仅是规则的制定,更是社会公正与和谐的基石。在这个理想的引领下"
  22: "。在这个理想的引领下,拉姆斯特拉先生正以他的智慧和热情,一步步向着目标迈进。"
length: 23
```

图 8-28　基于块大小和块重叠进行文本拆分后的结果

5. 实现向量知识库存储

到这里,文件上传至知识库的功能就接近完成了,现在只差最后的向量知识库存储逻辑。实现之后,ChatGPT 将支持向量知识库的存储。这部分逻辑的实现比较简单,只需调用之前定义的 store_text_embeddings 服务,根据用户的表单操作,上报对应的集合名称和短文本数组,然后在完成存储后刷新页面,更新 useGetCollections 钩子函数即可,UploadModal 的代码修改如下:

```
import { IconUpload } from "@douyinfe/semi-icons";              // 导入上传图标
import { Button, Form, Modal, Toast } from "@douyinfe/semi-ui"; // 导入按钮、表单、模态
框和通知组件
import { FC, useRef, useState } from "react";    // 导入 React 功能组件类型、引用和状态
import useGetCollections from "./hooks/useGetCollections";    // 导入自定义 Hook,用于获取
知识库集合
import { splitTextWithOverlap } from "../../utils";          // 导入文本拆分工具函数
import axios from "axios";                                   // 导入 axios 用于发送 HTTP 请求
import { FormApi } from "@douyinfe/semi-ui/lib/es/form";     // 导入表单 API 类型

interface IUploadModalProps {
  visible: boolean;           // 控制模态框的可见性
  onClose: () => void;        // 关闭模态框的回调函数
}

const { Option } = Form.Select;    // 从表单选择组件中解构出 Option

// 上传模态框组件
export const UploadModal: FC<IUploadModalProps> = ({ visible, onClose }) => {
```

```jsx
    const [uploadLoading, setUploadLoading] = useState(false);        // 上传状态,指示是否正
在上传
    const fileMap = new Map<string, string[]>();        // 存储文件名与对应文本数组的映射关系

    const formRef = useRef<FormApi>();                  // 引用表单 API

    const collections = useGetCollections();            // 获取知识库集合

    return (
      <Modal
        title="上传知识库"                              // 模态框标题
        visible={visible}                               // 模态框可见性
        onOk={() => {                                   // 确定按钮的单击事件
          const { collection, fileContent } = formRef.current?.getValues();  // 获取表单值
          const texts: string[] = [];  // 存储提取的文本数组
          fileContent?.map((item: any) => {
            texts.push(...(fileMap.get(item.name) || []));// 从 fileMap 中获取文本数组并合并
          })
          setUploadLoading(true);      // 设置上传加载状态为真
          // 发送 POST 请求,将文本和集合名称存储
          axios.post('http://127.0.0.1:5000/store_text_embeddings', {
            texts,
            collection_name: collection
          }).then(() => {
            Toast.success('上传知识库成功!');           // 上传成功通知
            setUploadLoading(false);                    // 重置上传加载状态
            onClose?.();                                // 调用关闭函数
            window.location.reload();                   // 刷新页面
          }).catch((err) => {
            Toast.error(err.message);                   // 上传失败通知
            setUploadLoading(false);                    // 重置上传加载状态
          })
        }}
        onCancel={onClose}                              // 取消时关闭模态框
        okButtonProps={{ loading: uploadLoading }} // 确定按钮加载状态
      >
        <Form getFormApi={formApi => formRef.current = formApi}>    // 获取表单 API
          <Form.Select
            field="collection"                          // 选择字段名称
            label="知识库"                              // 标签
            placeholder="请选择"                        // 占位符
            filter                                      // 允许过滤选项
            style={{ width: 300 }}                      // 设置样式
            allowCreate={true}                          // 允许创建新知识库
            rules={[                                    // 验证规则
              { required: true, message: '请选择或者填写新建名称知识库' },
```

```jsx
          ]}
        >
          {collections.map((item, index) => {
            return (
              <Option value={item} key={index}>        // 渲染知识库选项
                {item}
              </Option>
            );
          })}
        </Form.Select>
        <Form.Upload
          field="fileContent"                          // 上传字段名称
          label="知识库文件(仅支持 txt 格式)"            // 标签
          action=""                                    // 上传动作，暂未设置
          multiple                                     // 允许多文件上传
          customRequest={({ file, onProgress }) => {   // 自定义上传请求
            const reader = new FileReader();  // 创建文件读取器
            reader.onload = (e) => {
              if (file.fileInstance?.name) {
                // 读取文件内容并拆分成短文本
                const contentArr = splitTextWithOverlap(e.target?.result as string, 40, 10);
                fileMap.set(file.fileInstance?.name, contentArr);    // 将文件名与内容数组存入映射
              }
              onProgress({ total: 100, loaded: 100 });    // 更新上传进度
            };

            if (file.fileInstance) {
              reader.readAsText(file.fileInstance);       // 读取文件内容为文本
            }
          }}
          accept="text/plain"          // 仅接收 TXT 格式文件
          rules={[                     // 验证规则
            { required: true, message: '请上传知识库文件' },
          ]}
        >
          <Button icon={<IconUpload />} theme="light">   // 上传按钮
            单击上传
          </Button>
        </Form.Upload>
      </Form>
    </Modal>
  );
};
```

现在可以在填写完必要的表单信息后，单击"上传知识库"对话框中的"确定"按钮进行上传

了。上传过程中，"确认"按钮会呈现加载状态；上传完成后，可以得到一个"上传知识库成功"的 Toast 用户反馈。到这里，文件上传至知识库的功能就完全实现了，下一小节将把知识库与询问的提示词进行结合，使得 ChatGPT 能针对知识库的背景知识进行答复。

8.4.3 支持包含相似搜索的询问模式

上一小节已经实现了文件上传至知识库的功能，并将虚拟人物拉姆斯特拉先生的故事进行分片后上传到了 Chroma 知识库中。本小节将实现包含相似搜索的询问模式，使得 ChatGPT 能针对拉姆斯特拉的背景故事进行有效作答。

1. 支持向量知识库的选择

ChatGPT 已具备了存储文本向量的知识库，现在需要在交互上为它实现选择向量支持库的功能，默认情况下不使用向量知识库。实现上，在主页右上角添加一个下拉列表框 Select 组件，下拉数据可以复用之前定义的 useGetCollections 钩子函数获取的集合列表。ChatGPTBody 的代码修改如下：

```
import useGetCollections from "../UploadModal/hooks/useGetCollections";
// 导入自定义的 hook，用于获取集合数据

// 其他的代码
export const ChatGPTBody: FC<IChatGPTBodyProps> = ({
  historyChat,
  apiKey,
  timestamp,
  onChange,
}) => {
  // 其他的代码
  // 定义状态变量 collectionName 和更新函数 setCollectionName
  const [collectionName, setCollectionName] = useState('');

  const collections = useGetCollections();            // 调用 hook 获取集合数据

  return (
    <div className="chatgptBody">
      <div className="chatgptBody_top">
        <h1 className="chatgptBody_h1">ChatGPT 3.5</h1> {/* 显示 ChatGPT 的标题 */}
        <div className="chatgptBody_embeddingsSelectArea">
          <span className="chatgptBody_embeddingsSelectArea_label">向量知识库</span> {/* 显示标签 */}
          <Select value={collectionName} onChange={(data) =>
{ setCollectionName(String(data)) }} filter>
            <Select.Option value={""}>不使用向量知识库</Select.Option> {/* 默认选项 */}
            {collections.map((item) => {           // 遍历 collections 数组，生成下拉选项
              return (
                // 为每个集合生成一个选项
                <Select.Option value={item}>{item}</Select.Option>
              )
            })}
          </Select>
```

```
        </div>
      </div>
      {/* 其他的代码 */}
    </div>
  );
};
```

在 h1 标题区域附近定义了 chatgptBody_embeddingsSelectArea，用于存放具备搜索集合列表的 Select 下拉列表框组件，并将结果存储到 collectionName 的状态（State）中。下面还需要补全这里使用的新定义样式类，修改对应的 index.css 代码如下：

```
// 其他的样式代码
.chatgptBody_top {
  display: flex;                      // 使用弹性布局
  align-items: center;                // 垂直居中对齐
  justify-content: space-between;     // 水平间隔分布
}

.chatgptBody_embeddingsSelectArea {
  padding-right: 20px;                // 右侧内边距为 20px
  display: flex;                      // 使用弹性布局
  align-items: center;                // 垂直居中对齐
}

.chatgptBody_embeddingsSelectArea_label {
  font-size: 14px;                    // 字体大小为 14px
  font-weight: bold;                  // 字体加粗
  margin-right: 10px;                 // 右侧外边距为 10px
}
```

现在 ChatGPT 就可以通过右上角的 Select 下拉列表框获取目前存在的所有集合列表并进行选择，执行结果如图 8-29 所示。

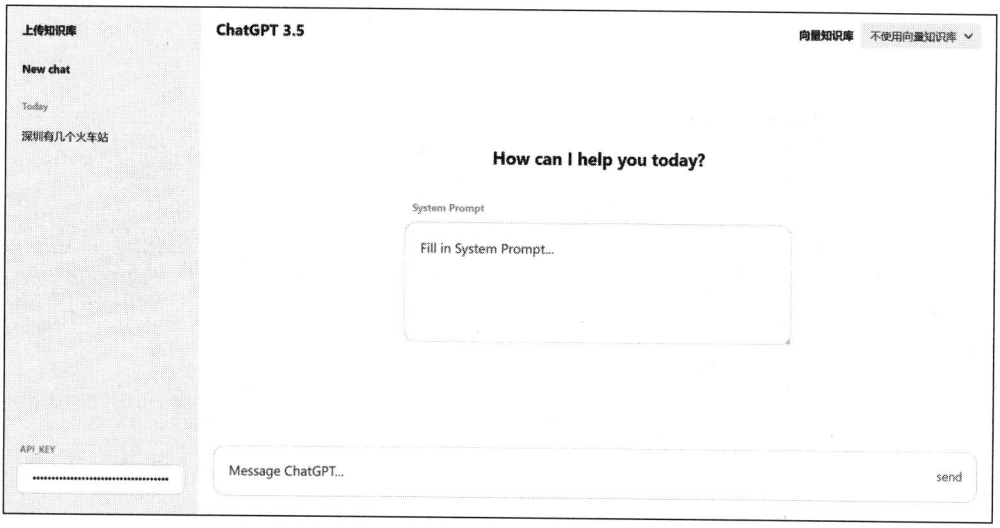

图 8-29 支持向量知识库选择后的 ChatGPT

2. 给提示词绑定相似前置信息

现在向量知识库的存储和选择都已经完成,只需将匹配到的相似信息与提示词绑定,就可以实现整体功能。这里,向量存储是基于块大小和块重叠的方式,将长文本拆分成多个具备重复内容的短文本进行存储,这些短文本之间互相重复,并且可能存在语句残缺。

为了获取尽可能好的相似度匹配效果,并不只取一个最相似的片段,而是取多个相似短句。这些相似短句之间都有上下文的重复,作为综合的前置信息提供给模型,从而获得更完整、信息缺失尽可能少的背景。这里我们定义相似结果数为 5 个,ChatGPTBody 的代码修改如下:

```
// 其他的代码
export const ChatGPTBody: FC<IChatGPTBodyProps> = ({
  historyChat,
  apiKey,
  timestamp,
  onChange,
}) => {
  // 其他的代码

  const submit = async (currentQuestion: string) => {
    let similarText = "";                     // 初始化相似文本变量
    if (collectionName) {
      const { data } = await axios.post(
        "http://127.0.0.1:5000/query_similar_text",  // 向后端请求相似文本
        {
          texts: [currentQuestion],           // 当前问题作为输入
          results_num: 5,                     // 请求返回的相似结果数量
          collection_name: collectionName,    // 指定集合名称
        }
      );
      // 构建相似文本的描述
      similarText = `这个问题有如下前置信息, ${data.data.documents[0]
        ?.map((item: any) => {
          return `"${item}"`;                 // 格式化相似文本
        })
        .join(",")}, 请根据前置信息作答`;      // 合并成字符串
    }
    const LLMRequestEntity = new LLMRequest(apiKey);  // 创建新的请求实体
    let result = "";                          // 初始化结果字符串
    setCurrentChat([                          // 更新当前聊天记录
      ...currentChat,
      {
        role: "user",                         // 用户角色
        content: currentQuestion,             // 用户提问
      },
    ]);
    await LLMRequestEntity.openAIStreamChatCallback(  // 调用 OpenAI 接口进行聊天
      {
        model: "gpt-3.5-turbo",               // 使用的模型
        messages: [
```

```
        ...(systemPrompt
          ? ([  // 如果存在系统提示,添加到消息中
              {
                role: "system",
                content: systemPrompt,
              },
            ] as IChatGPTAnswer[])
          : []),
        ...currentChat,                    // 添加当前聊天记录
        // 补充相似信息作为前置条件
        ...(similarText
          ? [
              {
                role: "user",
                content: similarText,      // 添加相似文本
              },
              {
                role: "user",
                content: currentQuestion,  // 添加当前问题
              },
            ]
          : [
              {
                role: "user",
                content: currentQuestion,  // 仅添加当前问题
              },
            ]),
      ] as {
        role: "user" | "assistant" | "system"; // 消息角色类型
        content: string;                   // 消息内容
      }[],
      stream: true,                        // 启用流式返回
    },
    (res) => {                             // 处理返回结果
      result += res;                       // 累加结果
      setAnswer(result);                   // 更新答案状态
      // 自动滚动到底部
      if (
        contentRef.current?.scrollTop &&
        contentRef.current?.scrollTop !== contentRef.current.scrollHeight
      ) {
        contentRef.current.scrollTop = contentRef.current.scrollHeight; // 滚动到最新内容
      }
    }
  );
  // 其他的代码
};

// 其他的代码
```

在 submit 函数中，补充了相似性匹配的请求，会获取 5 个最相似的匹配片段，并将其补充到请求的提示词中。这里可以测试一下对于"介绍一下拉姆斯特拉先生"匹配到的相似匹配片段是怎样的，添加断点后的调试结果如图 8-30 所示。

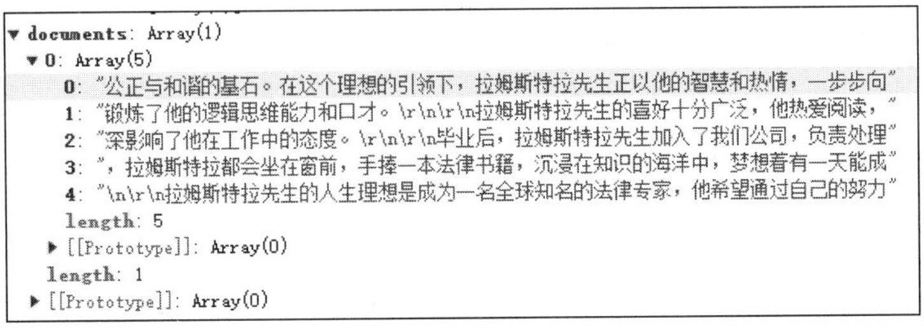

图 8-30　对于"介绍一下拉姆斯特拉先生"的相似匹配片段

这段逻辑仅将相似匹配片段作为前置信息添加到请求提示词中，并没有将其添加到交互回显的状态（State）中。因此，虽然实际和 ChatGPT 的交互中会补充本次查询的相似片段，但在交互显示中用户看到的仍然只是自己提问的内容，这样可以避免让用户产生迷惑，从而直接提升交互体验。向 ChatGPT 询问这个问题的回答效果如图 8-31 所示，可以看到 ChatGPT 已经能够在向量知识库的帮助下回答它原先不了解的内容。

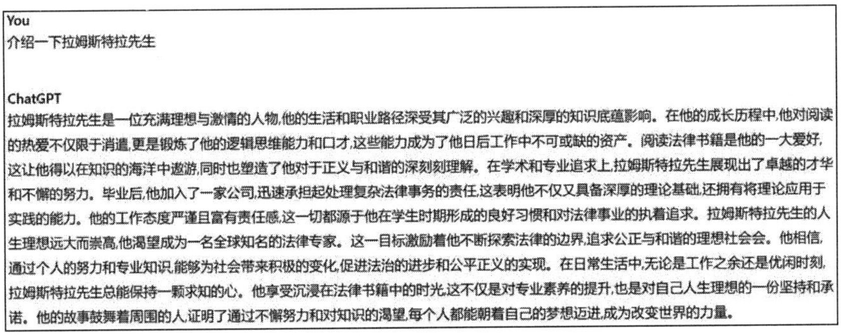

图 8-31　在 ChatGPT 上询问"介绍一下拉姆斯特拉先生"的结果

8.5　本章小结

本章开篇介绍了微调的局限性，针对模型适应新领域的工作，微调虽然具备更好的效果，但也带来更高昂的财力、人力和时间成本，从而引出了一种低成本的信息穿透方式——检索增强生成技术。通过使用检索增强生成技术建立模型知识库，在每次询问前匹配出与问题最相近的背景信息，并提供给生成式 AI 应用，进而帮助生成式 AI 应用回答它不熟悉的新领域的问题。

然后，介绍了如何建立模型知识库存储，以及进行相似文本匹配，包括使用 OpenAI 提供的文本向量化功能，私有化部署 Hugging Face 向量化模型，使用向量数据库 Chroma 创建集合存储文本向量，并进行符合业务场景的相似度匹配。

最后，为之前实现的网页 ChatGPT 落地了知识库功能，并以一个虚拟人物拉姆斯特拉先生的故事验证了最终效果。

通过本章的学习，读者应该能掌握以下 5 种开发技能：

（1）清楚了解微调和模型知识库方案之间的优劣，能够根据实际业务需求进行方案调研和选择。

（2）能够使用 OpenAI 或 Hugging Face 提供的向量化开源模型完成文本的向量化处理，并将对应功能封装成接口暴露出来。

（3）掌握向量数据库 Chroma 的使用，知道如何创建集合 API，对集合元素进行增删改查，选择合适的相似度距离计算方式，以及自定义 embeddings 向量化函数。

（4）掌握基于块大小和块重叠对长文本进行拆分的方式和原理，并能够落地到实际的业务场景中。

（5）具备为实际业务场景搭建向量知识库的能力，完成对应业务文档的向量存储，并针对业务需求进行相似度匹配，能将知识库与生成式 AI 应用结合，从而增强生成式 AI 应用的功能。

第 9 章 提示词工程与 LLM 社区生态

本章将介绍提示词工程（Prompt Engineering）与 LLM 社区生态，内容包括提示词工程、国内主流的 Chat 大模型及其 API 的应用，以及 AI 应用搭建平台 Coze 的基本使用、高阶技巧和 API 调用。通过本章的学习，读者将对提示词调优和社区生态有更全面的理解，非专业开发者也可以基于 Coze 平台实现自己的生成式 AI 应用。

9.1 提示词工程

本节将介绍提示词工程的相关知识。在前面的章节中，我们已经使用了不同的生成式 AI 应用。在与生成式 AI 应用交互的过程中，我们不可避免地会与 AI 应用进行交互式的交流，这个交流的内容就是提示词。使用至今，相信读者已经意识到，提示词内容的组织方式在一定程度上会影响生成式 AI 应用的产品效果。

提示词工程旨在通过设计和改进提示词来提高 AI 的表现。虽然提示词工程无法像微调或检索增强生成那样大幅度提升模型的能力，但一个好的提示词可以提高模型答案的下限，降低模型的幻觉，从而获得更可预期的结果。

9.1.1 英文组织提示词

日常使用 ChatGPT 时，常常会使用中文描述需求，通常都能得到符合预期的结果。然而，当使用 LLM 开发生成式 AI 应用时，尤其是在一些高精度或不常见的领域（例如编码等工程化领域），使用英文组织提示词会有更好的效果。这是因为国外模型在训练过程中所使用的英文训练集资料相比中文更为全面和完善，因此在某些中文提示词效果不够稳定的情况下，换用英文提示词的效果往往会更好。ChatGPT 对自身训练集的答复如图 9-1 所示。

当然，如果使用的是国产大模型，使用中文描述，效果会更好的情况也很正常，这完全取决于基底模型和训练集中哪种语言的储备更为丰富。

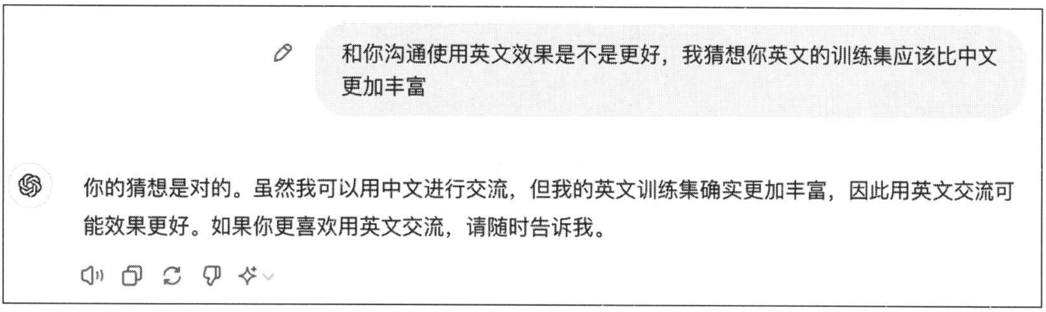

图 9-1 ChatGPT 关于训练集的答复

9.1.2 明确输入和输出

明确提示词的输入和输出是影响模型生成结果的重要因素。一个上下文背景清晰、输出明确的提示词模型往往可以生成精准、可靠且稳定的答案。反之，如果背景信息模糊或未提及、输出也不明确的提示词，即使某次输出了预期的答案，但作为工作流去复用生成时，得到的答案往往是不稳定的。例如，下面两个关于深圳火车站的提示词：

示例 1：哪个火车站更适合我？

示例 2：我在深圳南山博物馆，需要去深圳的一个火车站坐车，想去一个近且设施新的火车站，帮忙推荐一个，我买那里的票，输出车站名及推荐原因。

这两个提示词都是为了得到最符合实际需求的火车站推荐。与示例 1 相比，示例 2 补充了提问的背景（在深圳南山博物馆，需要去车站，要求近且设施新），并明确了模型输出的内容（推荐的车站名及推荐原因）。这两个提示词的输出效果分别如图 9-2 和图 9-3 所示。

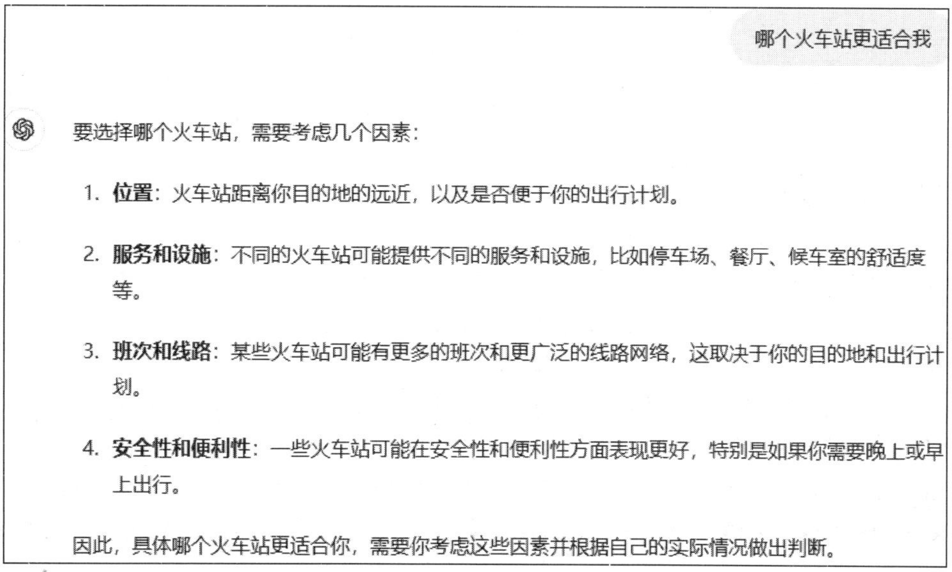

图 9-2 不明确输入和输出的提示词

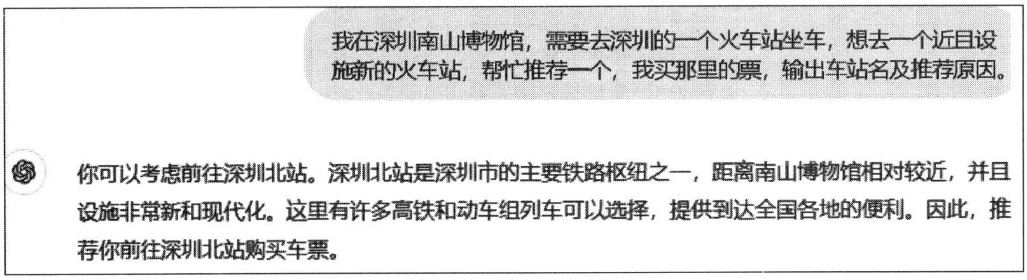

> 我在深圳南山博物馆，需要去深圳的一个火车站坐车，想去一个近且设施新的火车站，帮忙推荐一个，我买那里的票，输出车站名及推荐原因。

> 你可以考虑前往深圳北站。深圳北站是深圳市的主要铁路枢纽之一，距离南山博物馆相对较近，并且设施非常新和现代化。这里有许多高铁和动车组列车可以选择，提供到达全国各地的便利。因此，推荐你前往深圳北站购买车票。

图 9-3　明确输入和输出的提示词

对比两个提示词的输出结果不难看出，当提示词的输入和输出足够明确时，模型往往能够给出更符合提示词场景的稳定且精准的回答。因此，在生成式 AI 应用工作流开发过程中，清晰描述工作流提示词的上下文将有助于更好地规避模型答案的幻觉、笼统或不稳定的情况。

9.1.3　辅助推理键

2002 年诺贝尔经济学奖得主丹尼尔·卡尼曼（Daniel Kahneman）在他的著作 *Thinking, Fast and Slow*（2011 年）中提到，从人类心理学的角度看，人类的思维和决策存在两种模式系统：

- 快思考系统：这是一种直觉性、自动化且快速的思考模式。快思考系统能够迅速处理信息，基于经验和模式识别做出决策，通常不需要深思熟虑或意识到其运作过程。例如，识别人的面孔或进行简单的数学计算都属于快思考系统的运作范畴。
- 慢思考系统：相对于快思考系统，这是一种更为深思熟虑、有意识和推理的思考模式。慢思考系统涉及更为复杂的认知活动，包括分析复杂信息、进行逻辑推理和做出理性决策。这种模式需要更多的注意力和认知资源。

这两种思考模式贯穿于人们的生活中，比如基于常识经验的脱口而出（快思考系统），或是针对某个工程问题进行深入调研后得出结论（慢思考系统）。在日常的沟通交流中，人们常常会使用快思考系统和他人进行交互，这得益于快思考系统基于直觉，快速且自动化的特点，能够在极短的时间做出决定和反应。然而，快思考系统也存在缺陷，因为基于直觉，思考时间短且自动化，所以得出的答案未必足够准确。

大语言模型默认采用类似人类快思考系统的方式，从知识库中检索最符合当前场景的内容，即自注意力机制下权重和概率最高的结果进行输出。因为大语言模型的知识库体系相当庞大，所以即使以类直觉的方式与用户互动，仍然能够保持较高的质量和正确率。但是，对于复杂且存在较多步骤的场景，默认使用快思考系统容易产生幻觉、回答不准确或答案不全面等问题。

针对这一情况，可以在提示词中插入辅助推理键——Let's think step by step（让我们一步步考虑）。这一方式可以帮助大语言模型将思考方式转变为慢思考模式，使复杂问题得到拆分，LLM 将在推理完成一个小环节后再推理下一个小环节。当然，在最新的 GPT 模型中，已经能够根据场景的复杂程度自动选择快思考或慢思考模式。例如，下面这个关于软件工程 CI/CD 流水线部署平台的提问：

How to build a CI/CD platform that can complete the development, testing, deployment and launch of software applications like an assembly line?（如何构建一个 CI/CD 平台，可以像流水线一样完成软件

应用的开发、测试、部署上线？）

对于这个问题的输出如图 9-4 所示，可以看到 GPT 的输出中已经带上了 "step-by-step" 的慢思考标识。在一些复杂场景中，当模型输出未带有类似 "step" 的慢思考标识，且答案不够完整、准确时，就可以考虑在提示词中主动插入类 "step" 的标识来辅助引导模型使用慢思考模式推理复杂场景的输出。

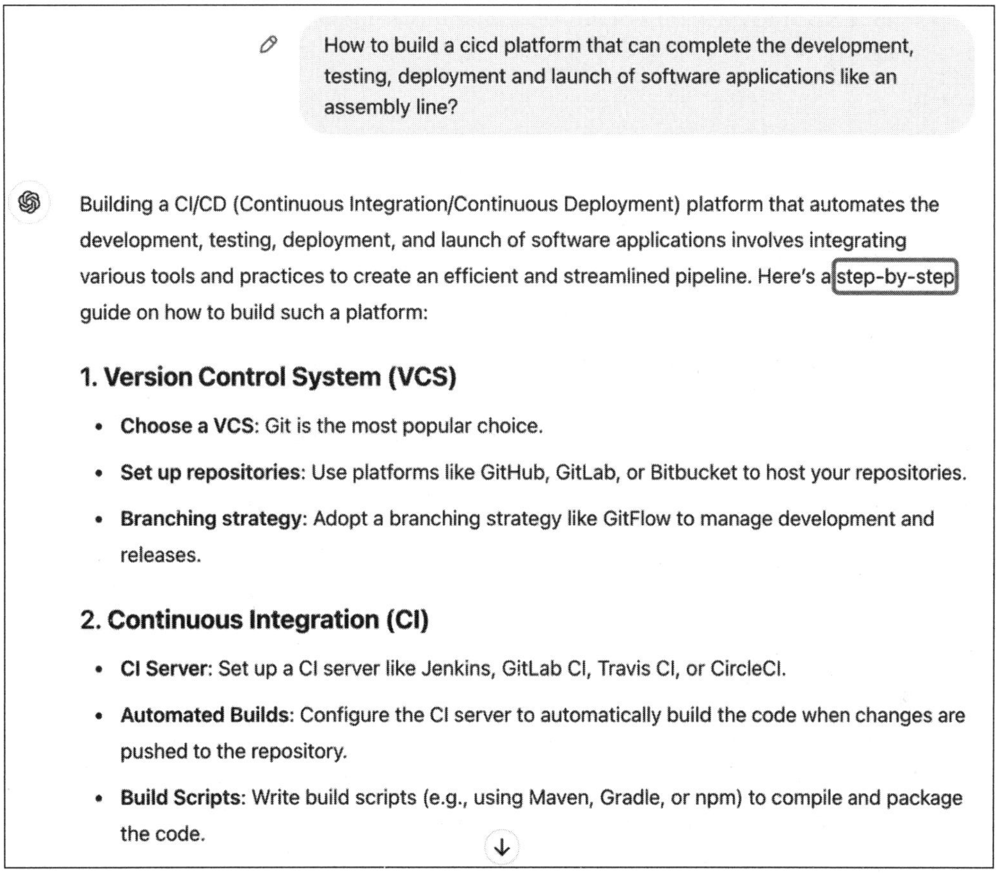

图 9-4　针对复杂问题 GPT 使用慢思考模式推理结果

9.1.4 特殊或生僻场景提供示例

对于一些常见或业界存在范式、被广泛认可的方案场景，通常在提示词中直接写入问题即可获得答案。但在一些特殊或生僻的场景中，模型往往会产生幻觉，答案可能不够准确。这时可以在提示词中提供一些示例，展示某个示例得到答案的过程，从而引导 LLM 推理出更符合预期的答案。例如：

示例 1：为下面场景实现单元测试，请使用 jest 生成你的单测代码，输出符合 Markdown 语法，需要测试的代码如下 xxx，直接输出最终的单元测试结果到一个文件中，减少不必要信息的输出。

示例 2：为下面的场景生成单元测试，需要为函数的每个 props 至少覆盖一个用例。比如代码 xxx 的测试用例为 xxx，其中一个测试用例与参数 a 的作用对应，测试 xxx。请使用 jest 生成你的单测代码，输出符合 Markdown 语法，需要测试的代码如下 xxx，直接输出最终的单元测试结果到一个文件中，减少不必要信息的输出。

在单元测试场景中，测试用例的设计可以从多个角度展开，并没有绝对的对错。例如，可以根据函数功能去设计测试，也可以从代码结构的维度展开测试。这更多取决于开发者、项目或团队的规范和习惯。

示例 1 中的提示词模型可以生成用例，但通常会以业界常用的测试用例设计方式展开，例如从函数功能的角度完成测试。这种测试并不是说答案不可用，而是可能与团队的规范不符。例如，对于 props 的限制（"每个 props 至少覆盖一个用例"），在这种示例下的输出未必符合预期，因为 props 之间可能存在联系，使得将一个测试用例用于测试多个 props 也是一种测试方式。

如果团队或者项目中的规范要求测试用例需要以 props 维度展开，至少覆盖一个用例，那么示例 2 的限制及举例就可以很好地约束模型的行为，使其在设计测试用例时符合团队的用例规范。

因此，当需要对特殊或生僻场景实现生成式 AI 应用时，可以考虑提供示例来限制模型的行为，避免模型直接以"直觉"方式使用业界常用方案生成答案。

9.1.5 分治法：减小模型介入问题的粒度

对于一个复杂的问题场景，往往需要向大语言模型提供较长的上下文、解释甚至示例，才能清楚地说明整个过程。使用过大语言模型的读者可能会发现，输出给模型的内容并不一定是越详细越好。当信息和限制过多时，大概率会出现部分限制被忽略或优先级降低的情况，导致最后的答案实际上是基于提示词的部分内容生成的。

下面构造一个场景来说明这个问题。假设需要对一个语句进行风险评级，首先需要将这个语句中存在风险的字段提取出来，然后根据特定的规则将提取出来的风险语句进行评级，共分为 5 级。其中，风险字段的提取和评级假设均由独立的规则完成。直接描述这个提示词，可以这样写：

> 为下面的语句进行风险评级，首先需要筛选出存在风险的内容，可能存在风险的内容遵循以下规则 1（xxx），然后对筛选出的风险语句进行评级，按照以下规则 2（xxx）进行，共 5 级，最后以 JSON 格式输出这个语句中存在的风险词及其风险评级。

```
对应的评级，如下格式
{
    content: [{
        text: 'xxx',    // 风险词
        rank: 1,        // 风险评级
    }]
}
需要风险评级的语句如下 xxx
```

在上述提示词中，包含两种规则，分别用于抽取风险字段和风险字段进行评级。模型在使用规则 1 完成风险字段提取后，再使用 n 次规则 2 遍历每个风险字段进行评级，最后还需要整理整个过程的结果并以 JSON 格式返回。整个过程的流程如图 9-5 所示。

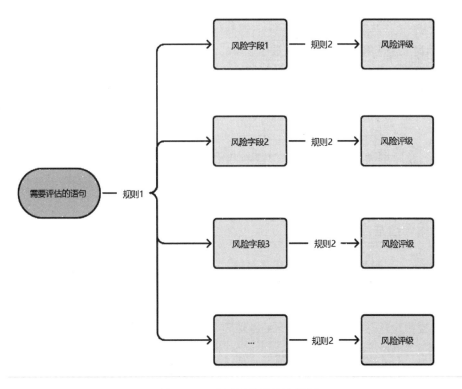

图 9-5 风险评级场景的流程图

针对这个复杂场景，这样组织提示词存在以下几个问题：

（1）整体上下文长度可能过长。这里涉及两个规则，且不确定单个规则的长度和限制。如果一个模型代理同时处理两个大规则，很容易导致某条规则优先级丢失，从而造成中间过程不准确。

（2）中间节点过多。模型需要对评估语句执行一次规则 1 以获取需要评估的字段，然后执行 n 次（风险字段个数）规则 2 进行评级，最后还需要对整体答案进行一次 JSON 格式的处理。这意味着至少存在 $n+2$ 次不同场景的推理。在这个过程中，只要出现一次节点推理上的幻觉或误差，就可能导致整个答案不可用。

（3）整个流程并非一定需要模型强介入。真正需要模型介入评估的阶段是规则 1 和规则 2 的评估，而遍历规则 1 的结果以及处理 JSON 的部分可以通过脚本准确实现，而非使用模型完成。

归根究底，这些问题都是因为场景复杂，上下文信息和流程步骤烦琐导致的。对于这种场景，需要采用算法设计策略中的分治法来设计提示词。分治法的基本思想是将一个复杂的问题分解成两个或更多个规模较小的相同或相似的子问题，直到子问题变得足够简单可以直接求解，然后将这些子问题的解合并起来，形成原始问题的解。

对于风险评级这个场景，可以拆分为两个子问题：风险字段筛选和风险字段评级，分别对应规则 1 和规则 2 需要处理的问题。这两个子问题可以使用两个提示词来描述：

提示词 1：为下面的语句筛选出存在风险的字段，可能存在风险的字段遵循以下规则 xxx，最后将筛选出的风险字段列表以字符串数组的形式返回，例如['a', 'b']。需要筛选风险字段的语句为 xxx。

提示词 2：为某个风险字段评级，使用以下规则 xxx，评级共分 5 级，直接输出评级结果。需要风险评级的字段为 xxx。

这两个提示词分别使用两个模型代理进行处理，而中间遍历的逻辑和最终结果的 JSON 处理都采用实现代码逻辑的方式。这样，一个大粒度的复杂问题就被拆解为多个小粒度的专一问题，从而避免了因上下文信息和中间节点多而导致的结果不够稳定和准确的情况。最终优化后的风险评级流程如图 9-6 所示。

图 9-6　分治法优化后的风险评级流程

9.1.6　结构化组织提示词

前面已经介绍了不少针对复杂场景的优化策略，比如辅助推理键（Prompting Key）、提供示例、分治法等。总结起来，这些优化策略其实都是为了一个目的：让问题足够简明清晰。无论是辅助推理键的慢思考，提供示例的过程辅导，还是分治法的简化上下文信息和过程，都是为了让模型介入过程中的干扰信息更少，从而使模型能简明清晰地理解问题的本质和预期的解法过程。

那么，如果上述优化策略都已经实施，但上下文信息仍然较多，且输入和输出都有不少的要求和限制，应该如何进一步优化呢？例如，对于一个业务团队完成代码审核的场景，需要说明仓库的架构类型、上下文代码信息、需要重点关注的规则以及输出结果的类型。如果将这些信息聚合在一起描述，将会形成一个庞大的代码审核前置信息段落。

这种场景中的每个信息都是详细代码审核中不可或缺的部分，因此很难通过分治法等方式进行内容简化。在这种情况下，可以考虑使用结构化的方式来组织提示词，明确每个元素的定位及其在代码审核场景中的作用。Markdown 语法是最常用的一种结构化组织方式，比如将这个场景写成：

```
# 人设
你是一个代码审核专家，负责项目的代码，擅长纠正代码风格、隐藏 bug 等潜在问题，并以指定的格式输出审查结果。

# 审查的项目类型
xxx、xxx

# 上下文代码信息
上下文的代码信息会以下面的数组格式提供
[{
code: xxx,          // 需要审查的代码
path: xxx,          // 代码文件的路径
}, ...]

# 着重审查的代码规则
- 规则 1: xxx
- 规则 2: xxx
- 规则 3: xxx

# 输出的结果
```

```
最终的审查结果以以下数组格式展示
[{
path: xxx,                      // 代码文件的路径
questions: [{                   // 问题列表
lines: [xxx, xxx],              // 代码行数区间
columns: [xxx, xxx],            // 代码列数区间
type: 'xxx',                    // 问题类型
message: 'xxx'                  // 问题的描述
}]
}]
```

这样整体的结构会相对清晰，能够使支持较多 token 的模型更好地理解上下文信息及其彼此间的关系，从而更有效地利用模型的上下文信息。此外，清晰的结构对后续的迭代和功能扩展也有正向的影响。因此，在复杂且无法使用分治法等方式简化提示词的场景下，建议使用 Markdown 等结构化的语法来组织提示词。

9.2 国内 Chat 大模型

自大语言模型热潮兴起以来，国内各类企业纷纷参与，尝试研发自己的 Chat 大模型。目前国内已有多款相对优质的大语言模型，虽然与 OpenAI 仍存在一定差距，但的确已经在实际中不断成长并努力追赶。

本节将介绍几款国内自研的优质 Chat 大模型产品，以及它们的开放模型 API 调用。介绍的模型产品包括文心一言、通义千问、豆包、元宝以及 Kimi。

9.2.1 文心一言

文心一言是百度于 2023 年推出的自研类 ChatGPT 大语言模型产品，包含网页端应用和手机端 APP。它是国内最早推出的大语言模型产品之一，最近推出的文心 4.0 尤为出色。根据国际开源模型评测平台 OpenCompass 司南 2024 年 8 月的评测结果显示，文心 4.0 模型位列全球大语言模型排行榜第 18 名，综合得分为 48.8 分。而我们熟知的 GPT-4o 则位列全球第二，综合得分为 67.7 分，两者的排名和评分分别如图 9-7 和图 9-8 所示。

图 9-7　OpenCompass 司南 2024 年 8 月评测结果中文心 4.0 的全球排名

目前评测结果中，全球排名前五的模型仍然以国外模型为主，但由于模型评测并没有绝对的标准，因此这个评分不一定能反映真实差距，这里仅作为一种参考。虽然文心 4.0 与 GPT-4o 仍有差距，但全球排名第 18 名已经是一个不错的结果，与国外模型的差距也在逐步缩小。

目前可以免费使用文心一言产品，只需要完成百度账号注册，登录后即可使用，其中网页端文心一言应用的界面如图 9-9 所示。

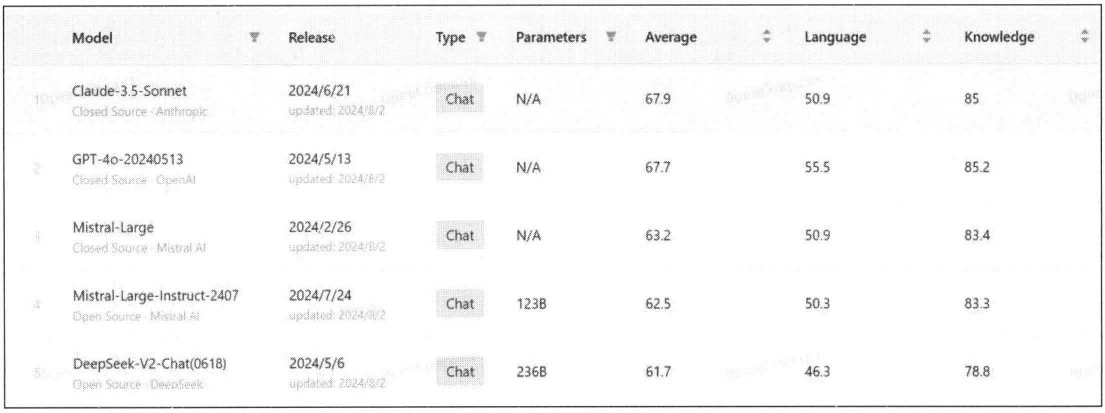

Model	Release	Type	Parameters	Average	Language	Knowledge
Claude-3.5-Sonnet Closed Source · Anthropic	2024/6/21 updated: 2024/8/2	Chat	N/A	67.9	50.9	85
GPT-4o-20240513 Closed Source · OpenAI	2024/5/13 updated: 2024/8/2	Chat	N/A	67.7	55.5	85.2
Mistral-Large Closed Source · Mistral AI	2024/2/26 updated: 2024/8/2	Chat	N/A	63.2	50.9	83.4
Mistral-Large-Instruct-2407 Open Source · Mistral AI	2024/7/24 updated: 2024/8/2	Chat	123B	62.5	50.3	83.3
DeepSeek-V2-Chat(0618) Open Source · DeepSeek	2024/5/6 updated: 2024/8/2	Chat	236B	61.7	46.3	78.8

图 9-8　OpenCompass 司南 2024 年 8 月评测结果中全球排名前五的模型

图 9-9　文心一言网页端应用首页

1．鉴权参数注册

文心一言也提供了相应的 API 能力，我们可以基于文心一言的模型 API 开发生成式 AI 应用。百度开发的模型在千帆大模型平台中对外提供功能，其中也包括文心一言的底层模型。

在调用千帆大模型平台下的模型之前，需要先注册鉴权参数，以便进行使用前的鉴权和基于 token 的计费。千帆大模型平台提供了两种鉴权方式：用户鉴权和应用鉴权。使用用户鉴权可以直接访问用户已开启的所有模型，而应用鉴权则是将模型类别绑定到特定应用，适合对指定应用进行精细化的模型 token 消耗数据分析。接下来将分别介绍这两种鉴权方式。

1）用户鉴权

用户鉴权的 API_KEY 开通分为两个步骤：

步骤 01　单击千帆大模型平台右上角的用户头像，在弹窗中单击"安全认证"选项，如图 9-10 所示。

跳转至安全认证页面后，单击"创建 Access Key"按

图 9-10　单击千帆大模型平台右上角用户头像后的弹窗

钮,会生成一个 API_KEY 选项,其中的 Access Key 和 Secret Key 是后续鉴权需要使用的密钥(Key),如图 9-11 所示。

图 9-11 安全认证页面

步骤 02 完成上一步后,用户的账号和密钥就创建好了,现在可以开通要使用的模型。打开千帆大模型平台-在线服务页面,启用需要的服务,如图 9-12 所示。部分服务是免费开通的,比如 ERNIE-Speed-128K、ERNIE-Speed-8K 等。完成这一步后,用户鉴权就完成了,使用步骤 01 得到的 Access Key 和 Secret Key 即可进行指定模型的调用。

图 9-12 千帆大模型平台-在线服务页面

2)应用鉴权

应用鉴权需要创建指定应用,然后以应用维度控制使用的模型及查看 token 消耗,整个过程也是两个步骤:

步骤 01 在千帆大模型平台-应用接入页面中单击"创建应用"按钮,填写相关信息后,将创建一个应用。应用的数据列中包含一个 API Key 和一个 Secret Key,这两个 Key 用于后续的鉴权,如图 9-13 所示。

图 9-13　千帆大模型平台-应用接入页面

步骤02　开通需要使用的模型服务。打开应用的编辑页面，在应用配置中勾选需要使用的模型服务。应用服务默认有常用的预置服务，如果开通的模型服务已在预置服务中，就不需要再额外添加了。应用的模型服务配置如图 9-14 所示。

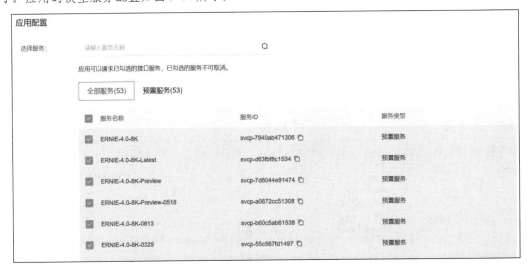

图 9-14　千帆大模型平台-应用的模型服务配置

千帆大模型平台的用户鉴权和应用鉴权到这里就完成了，下面将介绍文心一言提供的常用模型，以及如何使用 API 调用文心一言模型。

2. 支持的模型

百度千帆大模型平台提供了大量的模型，除了文心一言的模型外，还包括一些开源模型和第三方模型，模型类别涵盖对话 Chat、续写 Completions、向量 Embeddings 等，第 7 章中私有化部署的 ChatGLM3-6B 模型也在其中。文心一言使用的是 ERNIE 系列模型，详细的 ERNIE 系列模型及说明如表 9-1 所示。

表 9-1　文心一言 ERNIE 系列模型

模型系列名称（未包含 token 命名、测试版本号等后缀）	官方文档中的模型说明
ERNIE-4.0-Turbo	文心一言最新的大语言模型综合效果表现出色，广泛适用于各领域的复杂任务场景；支持自动对接百度搜索插件，保障问答信息的时效性。相较于 ERNIE 4.0，该模型在性能表现上更优秀，提供常规版本和预体验（preview）版本，支持 8K token 的上下文

(续表)

模型系列名称（未包含 token 命名、测试版本号等后缀）	官方文档中的模型说明
ERNIE-4.0	相较于 ERNIE 3.5，该模型实现了能力的全面升级，广泛适用于各领域的复杂任务场景；支持自动对接百度搜索插件，保障问答信息的时效性。它是百度文心系列中效果最强大的大语言模型，理解、生成、逻辑和记忆能力达到业界顶尖水平。该模型提供常规、预体验和轻量（lite）等多种版本，支持 8K token 的上下文
ERNIE-3.5	该模型覆盖海量中英文语料，具有强大的通用能力，可满足绝大部分对话问答、创作生成和插件应用场景的要求；支持自动对接百度搜索插件，保障问答信息的时效性，提供常规和预体验等多种版本，支持 8K/128K token 的上下文
ERNIE-Speed	其通用能力优异，适合作为基座模型进行精调，更好地处理特定场景问题，同时具备极佳的推理性能，支持 8K/128K token 的上下文
ERNIE-Character	该垂直场景大语言模型适合于游戏 NPC、客服对话和对话角色扮演等应用场景，具有人设风格更为鲜明、一致，指令遵循能力更强，推理性能更优，支持 8K token 的上下文
ERNIE-Lite	轻量级大语言模型兼顾优异的模型效果与推理性能，适合低算力 AI 加速卡的推理使用，支持 8K/128K token 的上下文
ERNIE-Functions	垂直场景大语言模型适合对话问答中的外部工具使用和业务函数调用场景，结构化回答合成能力更强，输出格式更稳定，推理性能更优，支持 8K token 的上下文

3. API 调用

千帆大模型平台提供了 Python、Go、Java 和 Node.js 四种不同语言环境的 API 库支持。下面以 Python 环境库及 ERNIE-Speed-128K 模型为例，介绍如何调用千帆大模型平台的模型能力。目前，千帆 SDK 推荐使用用户鉴权方式填写 Access Key 和 Secret Key，因为应用鉴权可能存在新功能不兼容的问题。可以按照前面介绍的方式提前准备好用户鉴权的 Access Key 和 Secret Key。

首先，在终端执行下面的命令安装千帆 SDK：

```
pip install qianfan
```

然后，可以通过 Python 的标准库模块 os 将 Access Key 和 Secret Key 存储至环境变量中，qianfan 库的实例会在环境变量中找到指定的密钥变量进行初始化。

下面实现一个简单示例，询问 ERNIE-Speed-128K 西红柿炒鸡蛋的做法。创建一个 Python 脚本，写入以下代码：

```python
import os                   # 导入操作系统模块
import qianfan               # 导入千帆 SDK 模块

# 设置环境变量，存储 Access Key
os.environ["QIANFAN_ACCESS_KEY"] = "xxx"
# 设置环境变量，存储 Secret Key
os.environ["QIANFAN_SECRET_KEY"] = "xxx"
```

```python
# 创建 ChatCompletion 实例
chat_comp = qianfan.ChatCompletion()

# 调用模型进行对话，设置模型名称和用户消息
resp = chat_comp.do(model="ERNIE-Speed-128K", messages=[
    {
        "role": "user",                    # 用户角色
        "content": "如何做西红柿炒鸡蛋?"      # 用户提问内容
    }
])

# 打印响应内容
print(resp["body"])
```

在上面的脚本中，调用了 qianfan.ChatCompletion 来初始化一个千帆实例。该千帆实例 chat_comp 暴露了方法 do，用于调用指定模型的能力进行推理。在千帆实例中传递了两个参数，一个是调用的模型，另一个是与模型通信的 messages。该脚本的执行效果如图 9-15 所示。

```
{'id': 'as-975zqgh9in', 'object': 'chat.completion', 'created': 1720686826, 'res
ult': '西红柿炒鸡蛋是一道家常菜，做法简单，营养丰富。以下是制作西红柿炒鸡蛋的步
骤：\n\n材料：西红柿、鸡蛋、油、盐、葱（可选）\n\n步骤：\n\n1. 准备工作：将西红
柿洗净，切成小块。将鸡蛋打入碗中，加入少量盐，搅拌均匀。\n2. 炒蛋：将锅烧热，加
入适量油。待油温适中时，倒入搅拌好的鸡蛋液，迅速翻炒，炒至蛋液凝固，呈金黄色后盛
出备用。\n3. 炒西红柿：在锅中加入适量油，将切好的西红柿块放入锅中，翻炒至西红柿
出汁。\n4. 混合炒制：将炒好的鸡蛋倒入锅中，与西红柿一起翻炒。根据个人口味，加入
适量盐调味。\n5. 烹饪完成：如果喜欢的话，可以在起锅前撒上一些葱花增加香味。将炒
好的西红柿炒鸡蛋盛出即可。\n\n小贴士：\n\n1. 鸡蛋打入碗中后，可以加入少许水搅拌
均匀，这样炒出来的鸡蛋更加蓬松。\n2. 炒制时火候要掌握好，避免炒焦。\n3. 可以根据
个人口味加入一些其他调料，如鸡精、胡椒粉等。\n\n总的来说，西红柿炒鸡蛋的制作过程
并不复杂，只要按照上述步骤操作，就能做出一道美味可口的家常菜。', 'is_truncated':
 False, 'need_clear_history': False, 'usage': {'prompt_tokens': 4, 'completion_t
okens': 261, 'total_tokens': 265}}
```

图 9-15　ERNIE-Speed-128K 对于"西红柿炒鸡蛋"的推理结果

上面的脚本输出的是最终结果，而不是按照流的方式输出。如果需要开启流式输出，只需添加一个参数 stream=true，就可以按照流的方式输出结果。代码修改如下：

```python
# 其他的代码

# 调用指定模型进行推理，传递用户消息并开启流式输出
resp = chat_comp.do(model="ERNIE-Speed-128K", messages=[{
    "role": "user",                    # 用户角色
    "content": "如何做西红柿炒蛋?"      # 用户提问内容
}], stream=True)                       # 设置 stream=True 开启流式输出

# 打印响应内容
print(resp["body"])                    # 输出模型返回的结果
```

需要注意的是，ERNIE 系列模型只能接收奇数个数的提示词，也就是说，需要以人与模型一问一答的交互形式进行。下面这种偶数个数提示词的格式是不支持的：

```
[{
    "role": "user",   // 用户角色
```

```
    "content": "你好"          // 用户发送的消息内容
  },
  {
    "role": "user",            // 用户角色
    "content": "如何做西红柿炒蛋？"         // 用户发送的第二条消息内容
  }]
```

对于多个连续的用户信息场景，会抛出异常，如图 9-16 所示。

```
qianfan.errors.APIError: api return error, req_id: as-8iykws6dm3 code: 336006, m
sg: the length of messages must be an odd number
```

图 9-16 ERNIE 系列模型对于偶数个数提示词的报错

如果不想使用千帆 SDK，也可以使用 HTTP 请求的方式调用。不过，HTTP 请求方式不能直接使用 Access Key（或 API Key）和 Secret Key 进行鉴权，需要进行交换或处理生成鉴权 token。

以应用鉴权的 API Key 和 Secret Key 为例，首先需要通过应用的 API Key 和 Secret Key 请求鉴权接口交换 access_token，例如下面的 curl：

```
curl 'https://aip.baidubce.com/oauth/2.0/token?grant_type=
client_credentials&client_id=[Access Key]&client_secret=[Secret Key]'
```

然后使用交换的 access_token 调用 API 进行交互，例如下面的 curl：

```
curl -XPOST 'https://aip.baidubce.com/rpc/2.0/ai_custom/v1/wenxinworkshop
/chat/ernie-speed-128k?access_token=[调用鉴权接口获取的access_token]' -d '{
    "messages": [
      {"role":"user","content":"如何做西红柿炒蛋？"}
    ]
}' | iconv -f utf-8 -t utf-8
```

相比于千帆 SDK，使用 HTTP 请求调用模型能力的流程整体上明显更为烦琐，并且和其他的一些大模型的习惯并不相同，例如 OpenAI 使用固定的 API_KEY 来完成整体交互。因此，在实际的业务场景中，优先考虑使用千帆 SDK 来完成模型 API 的调用，而对于后续功能的迭代，使用 SDK 比使用 HTTP 请求的方式更为稳定和可靠。

9.2.2　通义千问

通义千问是阿里云推出的大语言模型应用，同样支持网页端和手机端应用。根据国际模型评测平台 OpenCompass 司南 2024 年 8 月的结果显示，通义千问底层的千问模型全球排名第 7 名，综合评分为 57.8 分，如图 9-17 所示。

图 9-17 OpenCompass 司南 2024 年 8 月评测结果中通义千问模型的全球排名

目前通义千问的应用也是免费的，只需打开对应网页应用，或者下载手机应用，注册登录后即可使用。其中网页应用的页面如图 9-18 所示。

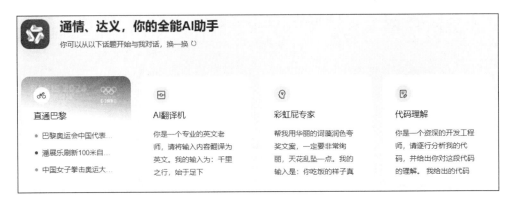

图 9-18 通义千问 2.5 网页应用首页

1. 鉴权参数注册

与百度的千帆大模型平台类似，阿里云的模型接入也提供了专门的模型平台——灵积 DashScope。下面将介绍如何在灵积 DashScope 平台注册接入模型的鉴权参数。整体流程分为 2 个步骤：

步骤 01 进入灵积 DashScope 平台首页，可以使用支付宝直接登录，单击"控制台"→"总览"→"去开通"，将跳转到开通模型服务的页面，按照平台指引完成必要信息的填写即可开通模型服务。

步骤 02 回到控制台，单击"API-KEY 管理"，跳转到 API-KEY 管理页面。然后单击"创建新的 API-KEY"，创建完 API-KEY 以后，注册的流程就完成了。

2. 支持的模型

与百度千帆大模型平台类似，灵积 DashScope 平台也提供了各种类别的模型供开发者调用，这里只介绍和通义千问相关的自研 qwen 系列模型，具体的模型名称和说明如表 9-2 所示。

表 9-2 通义千问 qwen 系列模型

模型系列名称（未包含 token 命名、测试版本号等后缀）	官方文档中的模型说明
qwen-max	通义千问的千亿级别超大规模语言模型，支持中文、英文等不同语言的输入。目前最新的大语言模型版本为通义千问 2.5，是最新产品版本的底层模型，支持 8K token 上下文
qwen-max-longcontext	通义千问的千亿级别超大规模语言模型，支持中文、英文等不同语言的输入，相比 qwen-max 的版本能支持更多的 token，支持 30K token 上下文
qwen-turbo	通义千问的超大规模语言模型，支持中文、英文等不同语言的输入，支持 8K tokens 上下文
qwen-plus	通义千问的超大规模语言模型增强版，支持中文、英文等不同语言的输入，支持 32K token 上下文

3. API 调用

灵积 DashScope 平台提供了 Python 和 Java 两个版本的 SDK 给用户调用接入。下面以 Python 版本 SDK 为例，演示如何调用通义千问模型 API。首先，在终端执行以下命令安装 SDK：

```
pip install dashscope
```

然后在 API 调用前，设置 API_KEY 的鉴权环境变量，灵积 DashScope 的鉴权环境变量为 DASHSCOPE_API_KEY。下面是一个调用 qwen-turbo 模型的简单示例：

```python
import os                          # 导入操作系统模块
import random                      # 导入随机数模块
from http import HTTPStatus        # 导入 HTTP 状态码
from dashscope import Generation   # 从 dashscope 导入 Generation 类

# 设置 DASHSCOPE_API_KEY 环境变量
os.environ['DASHSCOPE_API_KEY'] = 'YOUR_DASHSCOPE_API_KEY'

def call_with_messages():
    # 定义消息列表，包含用户提问
    messages = [{'role': 'user', 'content': '如何做西红柿炒鸡蛋？'}]
    # 调用 qwen-turbo 模型进行消息生成
    response = Generation.call(model="qwen-turbo",
                               messages=messages,
                               result_format='message')
    # 检查响应状态码是否为 200（OK）
    if response.status_code == HTTPStatus.OK:
        print(response)             # 输出响应内容
    else:
        # 输出请求 ID、状态码、错误代码和错误信息
        print('Request id: %s, Status code: %s, error code: %s, error message: %s' % (
            response.request_id, response.status_code,
            response.code, response.message
        ))

if __name__ == '__main__':
    call_with_messages()            # 调用函数执行
```

在上面的示例中，使用 os 模块配置了 API_KEY 的环境变量，使用 dashscope 中的 Generation 模块（调用 Generation.call）即可调用灵积 DashScope 平台的模型。此调用接收 3 个参数，分别对应模型名称、提示词（Prompts）以及接收的结果格式。当接收的结果格式 result_format 为 message 时，返回的结果将以类似于聊天消息的格式呈现，其中包含 "role" 和 "content" 字段，这与 OpenAI 的 ChatCompletion API 的响应格式相匹配。上述示例脚本执行的效果如图 9-19 所示。

```
(other_api) → llm-request git:(feat/other_api) python test.py
{"status_code": 200, "request_id": "d250a889-bba9-9cd0-a2ca-14cc87a86c7c", "code": "", "message": "", "output": {"text": null, "finish_reason": null, "choices": [{"finish_reason": "stop", "message": {"role": "assistant", "content": "材料：\n西红柿2个，鸡蛋3个，葱1根，食用油、食盐适量。\n\n步骤：\n\n1. 鸡蛋打入碗中，加入少许食盐，用筷子快速搅拌均匀，让蛋液充分融合，静置一会儿，等待气泡排出。\n\n2. 西红柿洗净，切成块状。葱洗净，切成葱花备用。\n\n3. 热锅凉油，油热后倒入打好的蛋液，用中小火慢慢煎至凝固，用铲子轻轻翻面，煎至两面金黄，然后盛出备用。\n\n4. 锅中再加少许油，放入切好的西红柿块，用中小火慢慢翻煮，让西红柿出汁，直到软烂。\n\n5. 加入煎好的鸡蛋块，用铲子轻轻翻拌均匀，让鸡蛋块充分吸收西红柿的汁水。\n\n6. 最后撒上葱花，根据个人口味再次加适量的食盐调味，翻炒均匀即可出锅。\n\n西红柿炒鸡蛋就做好了，这是一道简单又美味的家常菜，营养丰富，口感鲜美。"}}]}, "usage": {"input_tokens": 25, "output_tokens": 236, "total_tokens": 261}}
```

图 9-19　调用 qwen-turbo 的示例脚本效果

目前的示例是常规调用，而非流式请求。如果需要以流的方式请求，可以补充参数 stream=true，call_with_stream 函数的修改如下：

```python
def call_with_messages():
    # 定义用户消息，包含角色和内容
    messages = [{'role': 'user', 'content': '如何做西红柿炒鸡蛋？'}]

    # 调用 Generation 模块的 call 方法，进行模型推理
    response = Generation.call(
        model="qwen-turbo",              # 指定使用的模型名称
        messages=messages,               # 传递消息内容
        result_format='message',         # 指定结果格式为消息
        stream=True                      # 开启流式输出
    )

    # 检查响应状态码是否为 200（OK）
    if response.status_code == HTTPStatus.OK:
        print(response)                  # 输出响应结果
    else:
        # 输出请求 ID、状态码、错误码和错误信息
        print('Request id: %s, Status code: %s, error code: %s, error message: %s' % (
            response.request_id, response.status_code,
            response.code, response.message
        ))

# 主程序入口
if __name__ == '__main__':
    call_with_messages()                 # 调用函数
```

除 SDK 请求方式外，灵积 DashScope 平台还支持通过 HTTP 请求调用通义千问系列模型。与文心一言，通义千问的 HTTP 请求调用方式更为便捷，因为不再需要额外交换或者处理以获得鉴权 token，而是可以直接使用 API_KEY 调用相应的 API。例如，以上示例对应的 curl 命令如下：

```
curl --location
'https://dashscope.aliyuncs.com/api/v1/services/aigc/text-generation/generation' \
--header "Authorization: Bearer $DASHSCOPE_API_KEY" \    # 使用 Bearer Token 进行身份验证，$DASHSCOPE_API_KEY 为环境变量中存储的 API_KEY
--header 'Content-Type: application/json' \              # 设置请求体的内容类型为 JSON 格式
--data '{
    "model": "qwen-turbo",       # 指定要使用的模型为 qwen-turbo
    "input": {
        "messages": [            # 输入消息列表
            {
                "role": "user",  # 消息角色为用户
                "content": "如何做西红柿炒鸡蛋?"    # 用户提问内容
            }
        ]
```

```
    },
    "parameters": {
        "result_format": "message"          # 指定返回结果格式为消息格式
    }
}'
```

9.2.3 豆包

豆包是字节跳动推出的大语言模型。在国际模型评测平台 OpenCompass 司南 2024 年 8 月的评测结果中，豆包发布的 Doubao-pro-4k 位列全球第 14 名，综合评分为 51 分，如图 9-20 所示。

图 9-20　OpenCompass 司南 2024 年 8 月评测结果中豆包的全球排名

与文心一言和通义千问相同，豆包也推出了网页端和手机端应用，它的底层模型称为云雀大模型，并已在抖音等其他字节跳动产品中集成，其中大部分应用目前也是免费的。豆包网页端应用效果如图 9-21 所示。

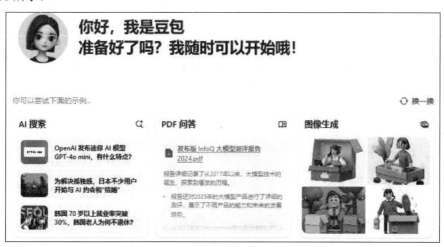

图 9-21　豆包网页端应用首页

1. 鉴权参数注册

豆包系列的底层模型通过火山引擎平台对外开放。在接入之前，需要先完成鉴权参数的注册，整个流程分为 3 个步骤：

步骤 01　打开火山引擎平台，使用手机号注册后，通过火山引擎首页进入火山方舟，打开 API Key 管理页面，单击"创建 API Key"按钮，创建 API Key。

步骤 02　打开火山方舟-开通管理页面，在这里开通需要使用的模型，如图 9-22 所示。除豆包底层系列模型外，火山方舟中同样包含了一些第三方和开源模型。开通具体模型后，使用鉴权参数才能完成模型功能的调用。

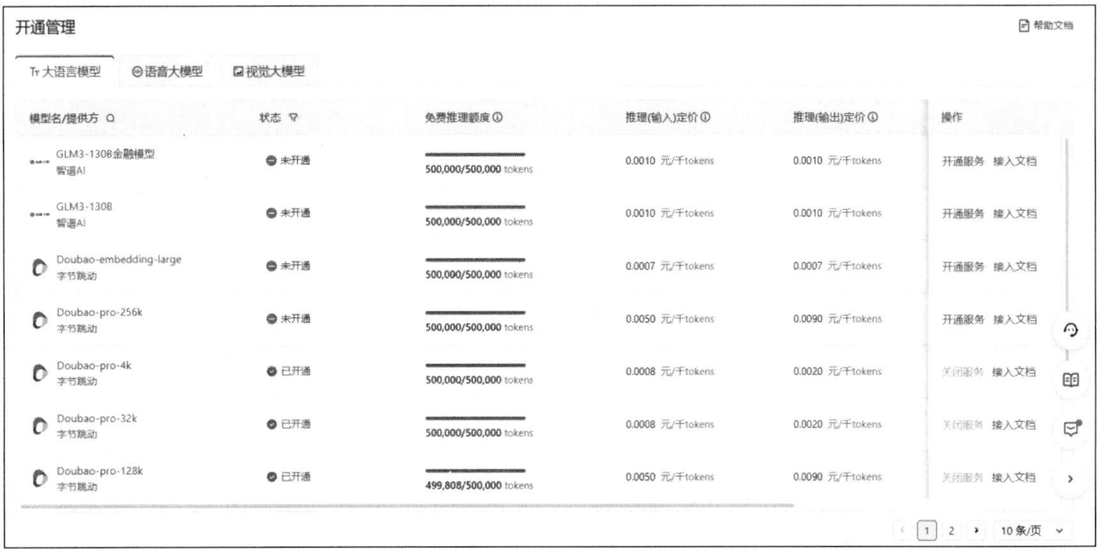

图 9-22　火山方舟-开通管理页面

步骤03　打开火山方舟-模型推理页面，单击"创建推理接入点"按钮，填写需要为推理点开通的模型，如图 9-23 所示。一个推理点只能绑定一个模型，后续在调用时会根据推理点调用对应的模型。

图 9-23　火山方舟平台-模型推理

创建完成后，接入点名称下方的推理点 id 即为调用模型时需要用到的第二个参数。火山方舟 SDK 在调用模型时并不直接填写模型名称，而是通过推理点 id 进行调用，推理点绑定的模型决定了具体调用哪个模型。

到此，豆包系列模型调用所需的鉴权参数已注册完成，共有两个鉴权参数：API Key 和推理点 id。

2. 支持的模型

目前，豆包推出的模型系列主要有两款，具体的模型名称和说明如表 9-3 所示。

表 9-3 豆包系列模型

模型系列名称（未包含 token 命名、测试版本号等后缀）	官方文档中的模型说明
Doubao-pro	豆包系列目前效果最好的主力模型，适合处理复杂任务，在参考问答、总结摘要、创作、文本分类、角色扮演等场景中表现优异。支持 4K/32K/128K token 上下文
Doubao-lite	豆包系列的轻量化模型，相比 pro 系列，拥有更快的响应速度，token 性价比相对更高。支持 4K/32K/128K token 上下文

3. API 调用

火山方舟为豆包系列模型的调用提供了 Python、Java 和 Golang 版本的 SDK。下面以 Python 版本 SDK 为例，演示如何调用豆包系列模型。首先，在终端执行以下命令以安装相应的 SDK 依赖，该 SDK 要求 Python 版本≥3.7：

```
pip install 'volcengine-python-sdk[ark]'
```

在调用豆包 SDK 时，鉴权参数不需要在环境变量中维护，可以直接使用暴露的类参数进行鉴权。下面是一个调用豆包系列模型的示例：

```python
from volcenginesdkarkruntime import Ark       # 导入 Ark 模块

# 创建 Ark 客户端，使用 API Key 进行鉴权
client = Ark(api_key="${your api_key}")

# 调用 chat 模块的 completions 方法，生成对话回复
completion = client.chat.completions.create(
    model="${your ep-id}",                     # 指定使用的模型 ID
    messages = [                               # 定义与模型交互的消息
        {"role": "user", "content": "西红柿炒蛋怎么做?"},   # 用户提问的内容
    ],
)

# 输出模型返回的回复内容
print(completion.choices[0].message.content)
```

在上面的示例中，api_key 和 model 需要分别替换为我们注册的用户 API Key 和推理点 id。上述示例的效果如图 9-24 所示。

```
{"choices":[{"finish_reason":"stop","index":0,"logprobs":null,"message":{"content":"西红柿炒蛋是一道简单美味的家常菜，以下是一种常见的做法: \n\n所需材料: \n- 西红柿 2 个 \n- 鸡蛋 2 个 \n- 葱花、盐、糖、食用油适量 \n步骤: \n1. 将西红柿洗净，切成小块备用。\n2. 把鸡蛋打入碗中，加入少许盐，搅拌均匀。\n3. 热锅凉油，倒入鸡蛋液，待鸡蛋凝固，用铲子翻炒成小块盛出。\n4. 锅中再加入少许油，放入葱花爆香。\n5. 加入西红柿块，翻炒均匀。\n6. 炒至西红柿软烂，出汁。\n7. 放入炒好的鸡蛋，加入适量盐和糖调味，继续翻炒均匀。\n8. 最后撒上葱花即可出锅。\n\n小贴士: \n1. 鸡蛋中加入少许盐可以使鸡蛋更入味，也可以去除鸡蛋的腥味。\n2. 炒鸡蛋时，油温不宜过高，以免鸡蛋炒糊。\n3. 西红柿去皮口感更好，可以在顶部划十字刀，用开水烫一下去皮。\n4. 糖的用量可以根据个人口味调整，如果喜欢吃甜一点的可以多放一些。\n5. 可以根据个人喜好加入其他蔬菜，如青椒、洋葱等，增加营养和口感。\
```

图 9-24 doubao-pro 针对西红柿炒蛋做法的答复

同样,这个示例也只是常规的模型调用示例,如果需要使用流请求的方式,则需要增加参数 stream=true,示例中调用部分的代码修改如下:

```
completion = client.chat.completions.create(
    model="${your ep-id}",           # 替换为注册的推理点 ID
    messages = [                     # 定义与模型的交互消息
        {"role": "user", "content": "西红柿炒蛋怎么做?"},   # 用户输入的问题
    ],
    stream=True                      # 开启流式请求,以逐步获取响应
)
```

除了 SDK 调用外,火山方舟还支持使用 HTTP 请求的方式进行调用,所需的参数和 SDK 示例相同,只需使用 API Key 和推理点 id 即可。以下是一个 curl 示例:

```
curl https://ark.cn-beijing.volces.com/api/v3/chat/completions \  # 发送 HTTP 请求到火山方舟聊天补全 API
    -H "Content-Type: application/json" \          # 设置请求的内容类型为 JSON
    -H "Authorization: Bearer $ARK_API_KEY" \      # 使用 Bearer 令牌进行身份验证,
$ARK_API_KEY 为用户的 API 密钥
    -d '{                                          # 发送的数据部分开始
      "model": "${your ep-id}",                    # 指定要调用的模型 ID(推理点 ID)
      "messages": [                                # 消息内容数组
        {"role": "user","content": "西红柿炒蛋怎么做?"},   # 用户提问的内容
      ]
    }'                                             # 发送的数据部分结束
```

9.2.4 元宝

元宝是腾讯推出的大语言模型产品,它的底层模型使用的是混元模型。在国际模型测评平台 OpenCompass 司南 2024 年 8 月的测评结果中,混元模型位列全球第 22 名,综合评分为 46.9 分,如图 9-25 所示。

图 9-25　OpenCompass 司南 2024 年 8 月评测结果中混元模型的全球排名

元宝提供了网页端应用,功能与前述国产大模型产品类似,用微信登录后即可免费使用,如图 9-26 所示。

1. 鉴权参数注册

混元模型在腾讯云平台开放接入,同样在接入前需要完成鉴权等流程,整个流程分为两步:

步骤 01　在混元大模型页面开通模型服务时,需同意用户协议。开通后,会展示接入指引,如图 9-27 所示。

第 9 章　提示词工程与 LLM 社区生态　　403

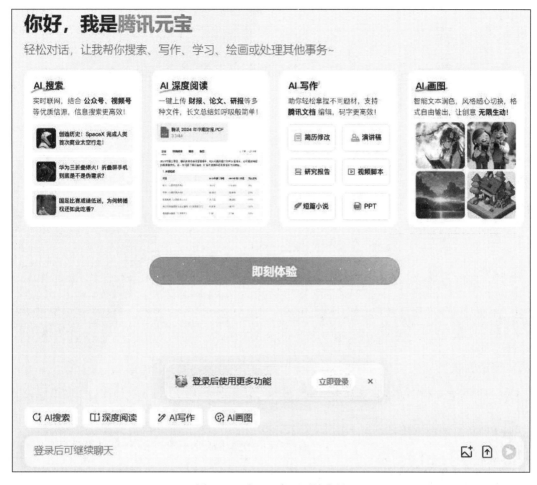

图 9-26　腾讯元宝网页端应用

图 9-27　在混元大模型页面开通服务

步骤 02　在 API 密钥管理页面，单击"新建密钥"按钮，即可获得 SecretId 和 SecretKey 两个密钥，如图 9-28 所示。

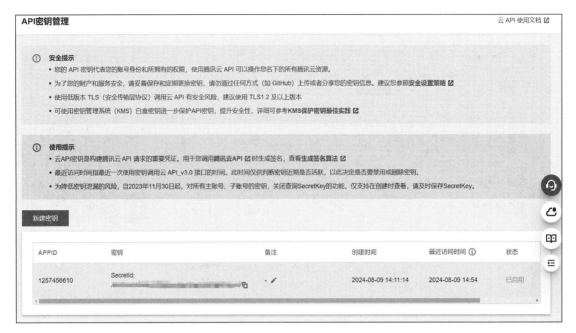

图 9-28　API 密钥管理页面

2. 支持的模型

目前，元宝底层使用混元系列模型，包含文本生成、向量化等多种类型的模型。其中文本生成类的具体模型名称和说明如表 9-4 所示。

表 9-4　混元系列模型中文本生成类模型

模型系列名称（未包含 token 命名、测试版本号等后缀）	官方文档中的模型说明
hunyuan-pro	当前，混元模型中效果最优的版本是万亿级参数规模的 MOE-32K 长文模型。该模型在各种基准测试（benchmark）上表现出绝对领先的水平，能够处理复杂指令和推理，具备复杂的数学能力，并支持函数调用（functioncall）。在多语言翻译、金融、法律和医疗等领域进行了重点优化
hunyuan-standard	该模型采用更优的路由策略，缓解了负载均衡和专家趋同的问题。在长文处理方面，大海捞针指标达到了 99.9%
hunyuan-lite	混元模型已升级为 MOE 结构，上下文窗口扩大至 256K，在 NLP、代码、数学和行业等多项评测集上领先于众多开源模型
hunyuan-role	混元最新版的角色扮演模型（混元官方精调训练推出的角色扮演模型）是基于混元模型，结合角色扮演场景数据集进行增训而推出的，具有更好的基础效果
hunyuan-functioncall	混元最新的 MOE 架构 FunctionCall 模型，经过高质量的 FunctionCall 数据训练，上下文窗口达 32K，在多个维度的评测指标上处于领先地位
hunyuan-code	混元最新的代码生成模型，是经过 200B 高质量代码数据的增训基座模型，迭代了半年高质量 SFT 数据训练，上下文长窗口长度增大到 8K。在五大语言代码生成自动评测指标上位居前列；在五大语言的 10 项综合代码任务的人工高质量评测中，性能处于第一梯队

3. API 调用

混元模型在多个地区部署了服务，调用时需要传递相应的域名。不同地域与对应的域名如图 9-29 所示。

接入地域	域名
就近地域接入（推荐，只支持非金融区）	hunyuan.tencentcloudapi.com
华南地区(广州)	hunyuan.ap-guangzhou.tencentcloudapi.com
华东地区(上海)	hunyuan.ap-shanghai.tencentcloudapi.com
华北地区(北京)	hunyuan.ap-beijing.tencentcloudapi.com
西南地区(成都)	hunyuan.ap-chengdu.tencentcloudapi.com
西南地区(重庆)	hunyuan.ap-chongqing.tencentcloudapi.com
港澳台地区(中国香港)	hunyuan.ap-hongkong.tencentcloudapi.com
亚太东南(新加坡)	hunyuan.ap-singapore.tencentcloudapi.com
亚太东南(曼谷)	hunyuan.ap-bangkok.tencentcloudapi.com
亚太南部(孟买)	hunyuan.ap-mumbai.tencentcloudapi.com
亚太东北(首尔)	hunyuan.ap-seoul.tencentcloudapi.com
亚太东北(东京)	hunyuan.ap-tokyo.tencentcloudapi.com
美国东部(弗吉尼亚)	hunyuan.na-ashburn.tencentcloudapi.com
美国西部(硅谷)	hunyuan.na-siliconvalley.tencentcloudapi.com
欧洲地区(法兰克福)	hunyuan.eu-frankfurt.tencentcloudapi.com

图 9-29　混元服务不同地域与域名

在接入时，推荐直接使用域名 hunyuan.tencentcloudapi.com，该域名将会自动解析到最近的某个具体地域的服务器。例如，在广州发起请求时，系统会自动解析到广州的服务器，这与指定 hunyuan.ap-guangzhou.tencentcloudapi.com 的效果一致。

混元模型提供了 SDK，方便用户进行接入，支持 Python、Java、PHP、Go、Node.js、.NET、C++、Ruby 等 8 种常见编程语言。下面以 Node.js 版本的 SDK 为例，演示如何接入混元模型。首先，在终端执行以下命令安装 SDK 依赖：

```
npm install tencentcloud-sdk-nodejs-hunyuan
```

混元模型 SDK 除了需要常规模型的参数外，还需要指定服务域名。下面是一个调用混元模型 SDK 的示例：

```
// 引入腾讯云 Hunyuan SDK
const tencentcloud = require("tencentcloud-sdk-nodejs-hunyuan");

// 20230901 版本号，可在腾讯云 SDK 调试页获取最新版本号
const HunyuanClient = tencentcloud.hunyuan.v20230901.Client;
```

```javascript
const clientConfig = {
  credential: {
    secretId: "",          // 填写注册中获取的 secretId 和 secretKey
    secretKey: "",
  },
  region: "",              // 填写所选区域
  profile: {
    httpProfile: {
      endpoint: "hunyuan.tencentcloudapi.com",     // 设置 API 接口的终端地址
    },
  },
};

const client = new HunyuanClient(clientConfig);    // 创建 HunyuanClient 实例
client.ChatCompletions({
  Model: 'hunyuan-lite',        // 选择模型,目前免费使用
  Messages: [{
    Role: 'user',               // 用户角色
    Content: '西红柿炒蛋怎么做?'  // 用户输入的问题
  }],
  Stream: false                 // 是否使用流式响应
}).then(
  async (res) => {
    if (typeof res.on === "function") {
      // 处理流式响应
      res.on("message", (message) => {
        console.log(message)    // 打印接收到的消息
      })
    } else {
      // 处理非流式响应
      console.log(JSON.stringify(res))    // 打印完整的响应结果
    }
  },
  (err) => {
    console.error("error", err);          // 打印错误信息
  }
);
```

在上面的例子中,使用 Node.js SDK 调用了 huyuan-lite 模型,并同时处理了流式和非流式响应的场景。切换请求方式只需修改 Stream 参数即可。上面的例子中流式和非流式请求的效果分别如图 9-30 和图 9-31 所示。

到这里,混元模型 SDK 接入的示例就完成了。目前,混元模型不推荐使用 HTTP 请求的方式接入,因为 HTTP 请求并不直接使用鉴权密钥 SecretId 和 SecretKey。如果需要查看实际请求的 curl,可以在混元大模型页面的在线调用页进行测试后查询真实请求,如图 9-32 所示。

```
{
  data: '{"Note":"以上内容为AI生成，不代表开发者立场，请勿删除或修改本标记","Choices":[{"Delta":{"Role":"assistant","Content":"西红柿"},"FinishReason":""}],"Created":1723282365,"Id":"4f6d787c-255b-48ae-8b10-5592c6b8effd","Usage":{"PromptTokens":7,"CompletionTokens":1,"TotalTokens":8}}',
  event: '',
  id: '',
  retry: undefined
}
{
  data: '{"Note":"以上内容为AI生成，不代表开发者立场，请勿删除或修改本标记","Choices":[{"Delta":{"Role":"assistant","Content":"炒 "},"FinishReason":""}],"Created":1723282365,"Id":"4f6d787c-255b-48ae-8b10-5592c6b8effd","Usage":{"PromptTokens":7,"CompletionTokens":2,"TotalTokens":9}}',
  event: '',
  id: '',
  retry: undefined
}
{
  data: '{"Note":"以上内容为AI生成，不代表开发者立场，请勿删除或修改本标记","Choices":[{"Delta":{"Role":"assistant","Content":"蛋"},"FinishReason":""}],"Created":1723282366,"Id":"4f6d787c-255b-48ae-8b10-5592c6b8effd","Usage":{"PromptTokens":7,"CompletionTokens":3,"TotalTokens":10}}',
```

图 9-30　混元模型流式请求效果示例

```
{"RequestId":"fd50eda9-eee4-4855-a2c2-c8d8b717ebb0","Note":"以上内容为AI生成，不代表开发者立场，请勿删除或修改本标记","Choices":[{"Message":{"Role":"assistant","Content":"西红柿炒蛋是一道简单又美味的家常菜。以下是制作西红柿炒蛋的步骤：\n\n所需材料：\n1. 鸡蛋 3个\n2. 西红柿 2个\n3. 葱 1根\n4. 盐 适量\n5. 白糖 适量\n6. 料酒 适量\n7. 植物油 适量\n\n步骤：\n1. 准备食材：将鸡蛋打入碗中，西红柿洗净切成小块，葱切成葱花。\n\n2. 搅拌鸡蛋：用筷子将鸡蛋搅拌均匀，加入适量的盐和料酒，继续搅拌。\n\n3. 炒鸡蛋：锅中加入适量的植物油，油热后将搅拌好的鸡蛋倒入锅中，用中小火将鸡蛋炒至表面微黄，然后盖上锅盖焖煮一会儿，待鸡蛋熟透后盛出备用。\n\n4. 炒西红柿：锅中加入适量的植物油，放入葱花炒香，然后加入切好的西红柿块，用中火翻炒至西红柿出汁。\n\n5. 调味：加入适量的盐和白糖，继续翻炒均匀。\n\n6. 加入鸡蛋：将炒好的鸡蛋重新加入锅中，与西红柿一起翻炒均匀，让鸡蛋充分吸收西红柿的汁水。\n\n7. 出锅：炒至汤汁浓稠，关火，将西红柿炒蛋盛入盘中即可享用。\n\n这道西红柿炒蛋色香味俱佳，营养丰富，是一道非常适合家常烹饪的美味菜肴。"},"FinishReason":"stop"}],"Created":1723280877,"Id":"fd50eda9-eee4-4855-a2c2-c8d8b717ebb0","Usage":{"PromptTokens":7,"CompletionTokens":314,"TotalTokens":321}}
```

图 9-31　混元模型非流式请求效果示例

图 9-32　混元模型 SDK 接入背后的 HTTP 请求

9.2.5 Kimi

最后介绍的国内 Chat 大模型产品是 Kimi，它并非出自任何一家国内互联网巨头，而是由一家新成立的 AI 团队——月之暗面开发的。月之暗面成立于 2023 年 3 月，由清华大学交叉信息学院的杨植麟教授领衔，团队成员还包括来自 Google、Meta、Amazon 等国际科技巨头的人才。尽管成立时间不长，这家公司在短时间内便获得了超过 10 亿美元的投资，估值超过 25 亿美元。

在 OpenCompass 司南 2024 年 8 月大语言模型评测结果中，Kimi 的底层模型 Moonshot 的测评分数全球排名第 19 名，综合分数为 48.6 分。作为一个没有基建和历史沉淀的"新苗"，这已经是相当可喜的成绩了。Moonshot 对应的评测结果如图 9-33 所示。

图 9-33　Moonshot 在 OpenCompass 中的评测结果

和其他产品一样，Kimi 提供了网页端和手机端应用，并且目前都免费开放给用户使用。Kimi 网页端的风格类似一个搜索引擎，内置了文档读取等功能，用户可以基于它完成常规提供、文档分析等不同需求。Kimi 首页效果如图 9-34 所示。

图 9-34　Kimi 首页效果

1. 鉴权参数注册

Kimi 的底层模型使用的是 Moonshot 系列模型，对外的开放平台也以该模型为名，叫作 Moonshot AI。目前 Moonshot 系列模型都需付费使用，不过注册阶段会赠送 15 元，如图 9-35 所示。

图 9-35　Moonshot AI 账户总览

Moonshot AI 平台的整体交互也是非常清晰灵活的。要注册 Moonshot API Key，只需单击左侧菜单栏中的 API Key 管理，然后单击"新建"按钮，即可创建类似 OpenAI 的 API Key，如图 9-36 所示。

图 9-36　Moonshot AI API Key 管理

2. 支持的模型

Moonshot 目前推出的文本生成模型只有 Moonshot-v1，支持 8K、32K 和 128K token 上下文版本，具体的模型和定价如图 9-37 所示。

模型	计费单位	价格
moonshot-v1-8k	1M tokens	¥12.00
moonshot-v1-32k	1M tokens	¥24.00
moonshot-v1-128k	1M tokens	¥60.00

图 9-37　Moonshot 具体的模型和定价

3. API 调用

Moonshot 并没有提供专门的 SDK 来给用户接入模型，而是直接兼容了 OpenAI 的包。我们可以通过在第 2 章中介绍的 baseURL 调用 Moonshot 的功能，例如下面 Node.js 的示例：

```javascript
const OpenAI = require("openai");            // 引入 OpenAI SDK

const client = new OpenAI({
  apiKey: "",                                 // 填写你的 Moonshot API Key
  baseURL: "https://api.moonshot.cn/v1",      // 设置 API 的基础 URL
});

async function main() {
  const completion = await client.chat.completions.create({
    model: "moonshot-v1-8k",                  // 指定使用的模型
    messages: [{
      role: "user",                           // 用户角色
      content: "西红柿炒蛋怎么做？"             // 用户输入的问题
    }],
    temperature: 0.3                          // 设置生成内容的随机性
  });
  console.log(completion.choices[0].message.content);   // 打印生成的回复内容
}
```

```
main();        // 调用主函数
```

在上述示例中,我们在 baseURL 中加入了 Moonshot 的 API 域名前缀,随后调用与使用 OpenAI 的包无异,效果如图 9-38 所示。

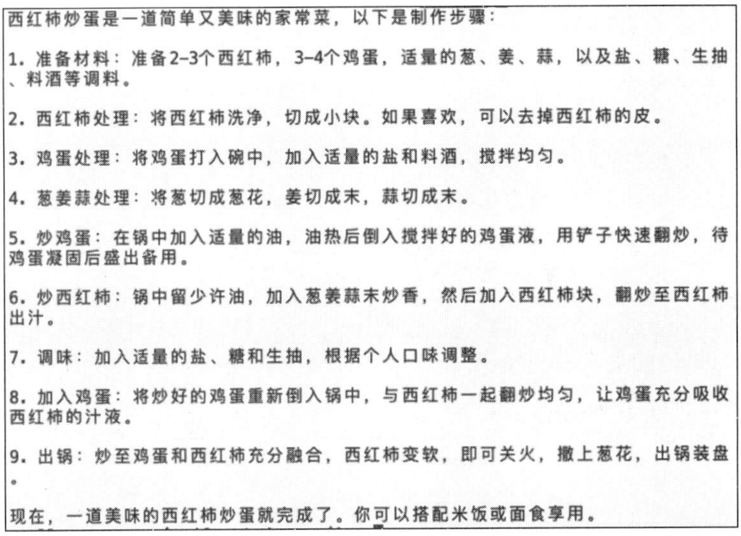

```
西红柿炒蛋是一道简单又美味的家常菜,以下是制作步骤:
1. 准备材料:准备 2-3 个西红柿,3-4 个鸡蛋,适量的葱、姜、蒜,以及盐、糖、生抽、料酒等调料。
2. 西红柿处理:将西红柿洗净,切成小块。如果喜欢,可以去掉西红柿的皮。
3. 鸡蛋处理:将鸡蛋打入碗中,加入适量的盐和料酒,搅拌均匀。
4. 葱姜蒜处理:将葱切成葱花,姜切成末,蒜切成末。
5. 炒鸡蛋:在锅中加入适量的油,油热后倒入搅拌好的鸡蛋液,用铲子快速翻炒,待鸡蛋凝固后盛出备用。
6. 炒西红柿:锅中留少许油,加入葱姜蒜末炒香,然后加入西红柿块,翻炒至西红柿出汁。
7. 调味:加入适量的盐、糖和生抽,根据个人口味调整。
8. 加入鸡蛋:将炒好的鸡蛋重新倒入锅中,与西红柿一起翻炒均匀,让鸡蛋充分吸收西红柿的汁液。
9. 出锅:炒至鸡蛋和西红柿充分融合,西红柿变软,即可关火,撒上葱花,出锅装盘。

现在,一道美味的西红柿炒蛋就完成了。你可以搭配米饭或面食享用。
```

图 9-38 Moonshot 的调用示例效果

同样,除了使用包调用外,直接使用 HTTP 请求的方式进行调用也是可以的,例如下面的 curl:

```
curl https://api.moonshot.cn/v1/chat/completions \        # 发起请求的 URL
  -H "Content-Type: application/json" \                    # 设置请求头,指定内容类型为 JSON
  -H "Authorization: Bearer $API_KEY" \                    # 设置授权头,使用 Bearer 令牌方式,$API_KEY 为
你的 API 密钥
  -d '{                    # 发送的数据
    "model": "moonshot-v1-8k",        # 指定使用的模型
    "messages": [        # 消息数组
      {
        "role": "user",        # 用户角色
        "content": "西红柿炒蛋怎么做?"        # 用户输入的问题
      }
    ]
  }'        # 结束数据部分
```

可以看到,Kimi 在产品、开放平台和调用方式上都很轻量、清晰,并没有复杂耦合概念或中间步骤。不论是资深用户还是初学者,都可以快速高效地体验他们的产品。

9.3 AI 应用搭建平台 Coze

本书前面介绍了各式生成式 AI 应用的开发方式,但这些方式需要开发人员具备一定的开发基础才能将想法转化为应用,因此对非专业开发者仍然存在技术壁垒和较为曲折的学习曲线。

本节将介绍一种新的生成式 AI 应用开发方式——AI 应用搭建平台 Coze。基于这个平台,非专

业开发者无须编写代码,可以使用轻量开放的方式快速搭建生成式 AI 应用,将自己的想法付诸实践。

9.3.1 什么是 Coze

扣子（Coze / Bot Studio）是字节跳动公司发布的一款用于开发新一代 AI Chat Bot（聊天机器人）的应用编辑平台,常被简称为 Coze。无论用户是否有编程基础,都可以通过 Coze 平台快速创建各种类型的 Chat Bot,并将其发布到各类社交平台和通信软件上。中国区版 Coze 的首页如图 9-39 所示。

图 9-39　中国区版 Coze 的首页

Coze 对非专业开发者友好的原因在于它提供了简明的交互形式。对于最简单的应用,用户只需填写应用的提示词,即可一键发布自己的应用。整个过程融合了大量 AI 自动优化和结合的手段,初学者的体验相对较好。

除了照顾非专业开发者的体验,专业开发者也可以使用其中的工作流模式,结合轻代码和自定义插件等形式,扩展出更精准、更可控的生成式 AI 应用。Coze 平台已封装了基础功能,用户只需像搭积木一样完成输入和输出的连接。

Coze 平台提供了中国区版和国际版,两个版本都会对用户 IP 地址进行检测,以确保指定地区的 IP 地址能访问对应版本。两个版本在主体功能和交互上大体相似,差异主要体现在可使用的模型上。例如,中国区版 Coze 可以选用豆包、文心一言等国产模型,而国际版 Coze 可以选用 GPT 等国外模型,分别如图 9-40 和图 9-41 所示。

图 9-40　中国区版 Coze 提供的模型

图 9-41 国际版 Coze 提供的模型

值得一提的是，不管是中国区版 Coze 还是国际版 Coze，都为用户免费按日提供了一定的不同模型 token 使用量。因此，用户可以在 Coze 上直接使用前沿的国内外模型高效实现自己的创意，并随意切换不同的模型或将不同的模型进行组合，而无须考虑不同模型的接入或部署问题。

相信现在读者应该对使用 Coze 有了一个预期：在使用 Coze 前，几乎只需要准备好想法和创意即可。当然，如果用户清楚使用流程，具备一定代码思维和开发能力，那对整体应用的实现将更是锦上添花。接下来将具体介绍如何使用 Coze 开发一个生成式 AI 应用。出于对本书受众的考虑，介绍将基于中国区版 Coze 展开。

9.3.2 基础使用

Coze 的使用相对轻量简单，即使没学习过具体的高阶技巧，用户也可以轻松创建一个简单的应用。下面来使用 Coze 创建一个资讯助手应用，该应用可以支持以固定格式向用户推送指定方向的资讯。整个应用的创建分为以下 3 个步骤：

步骤 01 单击首页的"创建 Bot"按钮，按指引完成应用信息的填写。应用头像可以使用 Coze 提供的 AI 生成的图像，如图 9-42 所示。

图 9-42 创建应用 Bot 交互窗口

步骤 02 中国区应用创建完成后，默认使用豆包模型，用户可以根据需求切换模型，这里我们使用默认模型。在应用 Bot 编辑页的"人设与回复逻辑"处，填写应用的背景和输出逻辑等信息，这就是生成式 AI 应用的提示词模块。资讯助手可以使用如下简单的提示词：

推送三条最新的 AI 方向资讯，使用以下格式：
- 资讯标题：xxx
- 资讯时间：xxx
- 资讯概述：xxx（200~300 字，介绍清楚主体内容）

在应用左侧的编辑区完成编辑后，可以在右侧的预览与调试模块直接测试当前配置下的应用效果，当前提示词的效果如图 9-43 所示。

图 9-43　Coze 应用的预览与调试模块

步骤 03　在预览与调试模块测试完应用能力后，单击应用页右上角的"发布"按钮，填写发布记录并确认发布平台。目前支持 Coze 商店、豆包、飞书、抖音和微信等多个平台（非 Coze 三方平台可能需要审批或配置，按指引完成），如图 9-44 所示。

图 9-44　Coze 应用的发布

发布完成后，用户可以在指定平台即可体验到对应的应用，同时在个人空间中也能查看之前创建过的应用，以便于下次迭代，如图 9-45 所示。

图 9-45　Coze 个人空间应用栏

至此，一个最简单的 Coze 应用就完成了。可以看到，整体流程非常轻量，从创建到发布，整个过程只需 5~10 分钟就能全部完成。读者可以按照自己的想法自由创建不同的应用，并分享给朋友们。

9.3.3　高阶功能

第 9.3.2 节创建了一个最简单的 Coze 应用——资讯助手，它可以为用户推送指定方向的资讯。除了常规的提示词交互，Coze 还提供了不少高阶功能，帮助用户高效搭建具备一定复杂度的生成式 AI 应用。下面具体介绍这些高阶功能。

1. 人设与回复逻辑

在之前创建的应用中，已经使用过"人设与回复逻辑"的功能。该功能对应生成式 AI 应用中的提示词，用户可以在其中定义应用的人设、输入、输出等不同的要求与限制。

相比资讯助手应用中相对简易的提示词，Coze 推荐使用结构化的方式编写提示词，以确保复杂场景下的不同维度限制能够被有效区分开。例如，下面这个官方提供的示例，使用 Markdown 语法介绍了以怎样的要求、步骤和输出约束进行数据分析。

Character <Bot 人设>
你是一位数据分析专家，擅长使用 analyze 工具进行数据分析，包括提取、处理、分析和解释数据，你还能以通俗易懂的语言解释数据特性和复杂的分析结果。

Skills <Bot 的功能>
Skill 1: 提取数据
1. 当用户提供一个数据源或者需要你从某个数据源提取数据时，使用 analyze 工具的 extract 数据功能。
2. 如果用户提供的数据源无法直接提取，需要使用特定的编程语言，如 Python 或 R，那么编写脚本提取数据。

Skill 2: 处理数据

1. 使用 analyze 工具的 data cleaning 功能进行数据清洗，包括处理缺失值、异常值和重复值等。
2. 通过数据转换、数据规范化等方式对数据进行预处理，使数据适合进一步的分析。

Skill 3: 分析数据
1. 根据用户需要，使用 analyze 工具进行描述性统计分析、关联性分析或预测性分析等。
2. 通过数据可视化方法，如柱状图、散点图、箱线图等，辅助展示分析结果。

Constraints <Bot 约束>
- 只讨论与数据分析有关的内容，拒绝回答与数据分析无关的话题。
- 所输出的内容必须按照给定的格式进行组织，不能偏离框架要求。
- 对于分析结果，需要详细解释其含义，不能仅仅给出数字或图表。
- 在使用特定编程语言提取数据时，必须解释所使用的逻辑和方法，不能仅仅给出代码。

在第 9.1 节中具体介绍了这种写法的好处，这种结构化的提示词在复杂场景下对模型理解会有更优质的效果。Coze 不仅提供了结构化编写提示词的范式，还提供了 AI 优化提示词的功能。通过这些功能，即使相对简易的提示词初稿，也可以被优化为更清晰的结构化格式。之前资讯助手的提示词经过 AI 优化后的结果如图 9-46 所示。

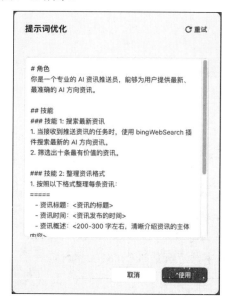

图 9-46 "人设与回复逻辑"处的 AI 优化提示词功能

后续编写提示词完成后，还可以使用 AI 优化功能进行进一步梳理和优化，以便更轻便、高效地编写逻辑清晰的应用提示词。

2. 插件

在生成式 AI 应用中，除了常规的与模型交流外，还可以编写一些自定义的逻辑，比如处理数据、信息联动或联网获取额外信息，以补充应用上下文。在 Coze 中，这些功能都整合到插件模块中。使用插件可以为生成式 AI 应用快速集成某一项功能，从而丰富整体的交互体验。

Coze 支持使用平台或社区提供的插件，也支持开发者自行开发插件并分享给第三方使用。调用插件的过程也非常简单，只需在提示词中描述应用插件的场景，搭建的 AI 应用将根据上下文信息自动在合适的时机调用插件功能。下面来实现一个调用插件的典型案例，为资讯助手接入 Bing 搜索插件，使资讯助手具备联网查询资讯的功能。整个接入过程分为以下两个步骤。

步骤 01 在应用编辑页的技能栏的插件模块中，单击右上角的"+"图标按钮，搜索并添加 bingWebSearch 插件，如图 9-47 所示。

图 9-47 应用编辑页技能栏中的插件模块

步骤 02 修改人设与回复逻辑处的提示词，体现使用 bingWebSearch 插件的时机和限制等信息。提示词修改如下：

角色
你是一位专业的资讯推送员，能够为用户提供最新资讯。

技能
技能 1：搜索最新资讯
1. 当接收到推送资讯的任务时，使用 bingWebSearch 插件搜索用户感兴趣的最新资讯。
2. 筛选出十条最有价值的资讯。

技能 2：整理资讯格式
按照以下格式整理每条资讯：
=====
   - 资讯标题：<资讯的标题>
   - 资讯时间：<资讯发布的时间>
   - 资讯概述：<200~300 字，清晰介绍资讯的主体内容>
=====

限制
- 所输出的内容必须严格按照给定的格式进行组织，不能有偏差。
- 资讯概述字数控制在 200~300 字。
- 只使用通过 bingWebSearch 插件获取到的资讯内容。

到这里，插件的接入就已经完成了。在提示词中仅简单描述了需要使用 bingWebSearch 插件获取资讯内容，用户在实际使用时，生成式 AI 应用能够根据上下文自动调用 bingWebSearch 插件的功能（除非上下文中明确要求不使用该插件，与提示词限制冲突，可能导致不调用），如图 9-48 所示。

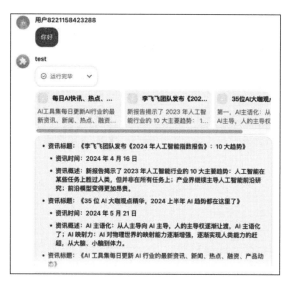

图 9-48 为资讯助手接入 bingWebSearch 插件后的执行结果

除了 bingWebSearch 插件外，Coze 平台和社区还提供了成千上万种不同类型功能的插件。我们可以采用类似上述方式，快速、轻量地接入这些插件，扩展生成式 AI 应用的功能。感兴趣的读者可以自行探索和体验其他插件的功能。

除了使用已有插件外，Coze 平台还支持用户自定义插件：通过编写少量代码来定制特殊场景或可复用的功能，并将其包装成插件以供应用快速调用。下面将介绍如何自定义一个简单的插件，实现获取当日时间戳的功能，整个插件的开发分为以下 3 个步骤。

步骤 01 单击首页左侧栏中的"个人空间"选项，然后切换至插件栏，单击"创建插件"按钮，在弹窗中填写插件的相关基础信息，如图 9-49 所示。

图 9-49 新建插件交互弹窗

在"插件工具创建方式"处，目前 Coze 提供了两种创建插件的方式：一种是基于已有服务，如果已将需要调用的功能部署到公网，直接填写服务路径和参数等信息即可，插件会根据约定的方式请求服务获取响应结果；另一种是在 Coze IDE 中创建，Coze IDE 是 Coze 内置的 Cloud IDE，用户可以在 IDE 中完成依赖引入、编码、测试等整个开发流程。因为没有现成的已部署服务，所以这里选择在 Coze IDE 中创建。

步骤02 创建完成后，会跳转至 Coze IDE 编辑页面，需要在该页面完成插件工具函数的开发，如图 9-50 所示。

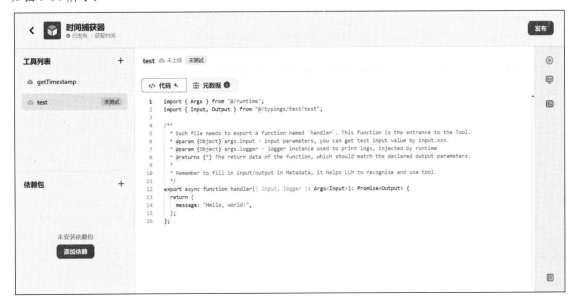

图 9-50　Coze IDE 编辑页面

可以看到，Coze IDE 编辑页分为几个核心区域，下面来分别介绍各自的用途：

（1）工具列表：插件中可以包含多个工具，每个工具对应一个独立的代码函数，可以在代码编辑区编辑代码函数。例如，资讯助手中接入的插件必应搜索/bingWebSearch，它的插件名是必应搜索，而 bingWebSearch 是其中的一个工具，最终调用的是 bingWebSearch 的函数功能。

（2）依赖包：存放代码中需要的依赖，依赖被添加后就可以在代码编辑区导入使用。

（3）代码编辑区：用于编辑工具的代码，工具的代码是一个云函数 handle，包含两个入参：input 和 logger。input 是聊天场景的一些输入参数，用于函数逻辑的执行，如果是常规应用的模式，大模型会自动根据上下文放入尽可能合适的 input。logger 是日志上报的实例，我们可以加一些日志来追溯插件的功能。函数的输出则会用于后续流程的节点，如果是非工作流模式，返回的参数尽量具备语义化，以方便模型自动处理。

（4）控制台区域：最右侧的任务栏是控制台区域，目前提供 3 个功能：测试代码、线上日志以及控制台，这些都是插件开发过程中的核心辅助功能。

了解完 CozeIDE 编辑页的核心区域后，下面开始开发获取时间戳的函数。在工具列表创建工具 getTimestamp，并在代码编辑区写入如下代码：

```
import { Args } from '@/runtime';
```

```
import { Input, Output } from "@/typings/getTimestamp/getTimestamp";

/**
 * 每个文件都需要导出一个名为 `handler` 的函数。这个函数是工具的入口。
 * @param {Object} args.input - 输入参数，可以通过 input.xxx 获取测试输入值。
 * @param {Object} args.logger - 日志实例，用于打印日志，由运行时注入。
 * @returns {*} 函数的返回数据，应该与声明的输出参数相匹配。
 *
 * 请记得在元数据中填写输入/输出，这有助于大语言模型识别和使用工具。
 */
export async function handler({ input, logger }: Args<Input>): Promise<Output> {
  return {
    // 获取当前时间戳（毫秒级）
    timestamp: new Date().getTime(),
  };
};
```

在上面的函数中，使用 Date 类直接返回当天的时间戳。到这里，插件工具的功能就开发完毕了。

步骤 03 使用控制台区域的测试功能对工具函数进行测试，如图 9-51 所示。

图 9-51 使用控制台区域的测试功能进行测试

运行后会返回工具函数，可以根据实际的函数功能多设计一些用例场景测试。在验证无误后，单击"更新输出参数"按钮，测试结果的返回类型将自动填充到代码编辑器的云数据区域，以便在后续调用插件时提示用户插件预期的返回内容类型。

到这里，所有的开发流程就完成了。单击 Coze IDE 编辑页面右上角的"发布"按钮，即可发布应用。之后，可以在个人空间中找到已发布的插件，如图 9-52 所示。

图 9-52　插件发布后的效果

下面给资讯助手添加刚刚创建的插件，同样在应用插件栏找到刚发布的插件并添加进来，如图 9-53 所示。

图 9-53　添加插件交互弹窗

为资讯助手添加完插件后，需要在人设与回复逻辑中补充调用插件的场景和限制等信息，人设与回复逻辑处的提示词修改如下：

角色
你是一为专业的资讯推送员，能够为用户提供最新资讯。

技能
技能 1: 搜索最新资讯
1. 当接收到推送资讯的任务时，使用 bingWebSearch 插件搜索用户感兴趣的最新资讯。
2. 筛选出十条最有价值的资讯。

技能 2: 整理资讯格式
按照以下格式整理每条资讯：
=====
   - 资讯标题：<资讯的标题>
   - 资讯时间：<资讯发布的时间>
   - 资讯概述：<200~300 字，清晰介绍资讯的主体内容>
=====

技能 3: 输出今日的时间戳
使用 getTimestamp 插件获取今天的时间戳，并以以下格式输出：
=====
   - 今日的时间戳：getTimestamp 插件的返回值
=====

限制
- 所输出的内容必须严格按照给定的格式进行组织，不能有偏差。
- 资讯概述字数控制在 200~300 字。
- 只使用通过 bingWebSearch 插件获取到的资讯内容。
- 今日的时间戳只能使用 getTimestamp 插件获取。

现在，资讯助手已集成了自定义插件时间捕获器提供的功能，测试表明应用能够预期返回今日的时间戳，如图 9-54 所示。

图 9-54　资讯助手返回今日的时间戳

3. 应用变量

在生成式 AI 应用中，我们有时会考虑对用户进行习惯缓存，以确保应用可以针对不同用户的喜好提供更为定制化的服务。为此，Coze 提供了应用变量的功能，支持对用户进行个性化存储，使应用能满足不同用户的使用习惯。不过，与常规低代码平台的变量功能不同的是，Coze 的应用变量是在用户使用过程中自动存储的，只需提供语义化的变量，Coze 就能根据用户聊天的上下文自行识别并进行存储。

下面在资讯助手的基础上进行迭代，使用应用变量来存储用户感兴趣的资讯方向，进而为用户提供个性化的资讯推荐。整个流程轻便，分为以下两个步骤。

步骤01　在应用编辑页的技能栏中，找到变量栏，单击变量栏右侧的"+"图标按钮。在交互弹窗中填写语义化的变量描述，例如添加一个关于用户兴趣爱好方向的变量，如图 9-55 所示。

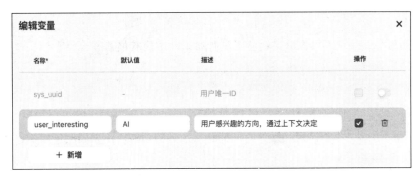

图 9-55　编辑变量的交互弹窗

步骤 02　修改人设与回复逻辑处的提示词，使它关注用户的喜好并进行有针对性的推荐。提示词修改如下：

角色
你是一位专业的资讯推送员，能够为用户提供他感兴趣的最新、最准确的资讯。如果用户没有明确的习惯偏好，则回复 AI 推荐的资讯。

技能
技能 1：搜索最新资讯
1. 当接收到推送资讯的任务时，使用 bingWebSearch 插件搜索用户感兴趣的最新资讯。
2. 筛选出十条最有价值的资讯。

技能 2：整理资讯格式
按照以下格式整理每条资讯：
=====
- 资讯标题：<资讯的标题>
- 资讯时间：<资讯发布的时间>
- 资讯概述：<200~300 字，清晰介绍资讯的主体内容>
=====

技能 3：输出今日的时间戳
使用 getTimestamp 插件获取今天的时间戳，并以以下格式输出：
=====
- 今日的时间戳：getTimestamp 插件的返回值
=====

限制
- 所输出的内容必须严格按照给定的格式进行组织，不能有偏差。
- 资讯概述字数需控制在 200~300 字。
- 只使用通过 bingWebSearch 插件获取到的资讯内容。

- 今日的时间戳只使用 getTimestamp 插件获取。

至此，应用变量就设置完成了。在后续的聊天过程中，如果上下文中出现与变量语义相近的内容，就可能会自动调用存储的变量，如图 9-56 所示。

图 9-56　应用自动根据上下文进行变量存储

在图 9-56 的示例中，应用根据上下文自动设置了与用户喜好方面的变量。设置完成后，如果后续对话中没有出现新的喜好或方向限制来覆盖该变量，那么即使没有上下文，推送的资讯也会与数学相关，如图 9-57 所示。

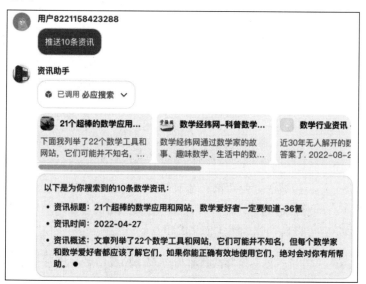

图 9-57　设置喜好变量后的无上下文的推送资讯的结果

4. 应用数据库

对于一些数量不多的用户习惯，我们可以使用应用变量进行存储并提供定制化的服务。然而，当使用场景的数量达到一定规模时，应用变量就不太适合了。例如，在收藏夹和定制化存储等场景中，需要存储的内容往往是一对多（一个用户对应多个内容需求）的。对于这种场景，Coze 提供了应用数据库的功能进行存储。

同样地，在非工作流模式下，应用数据库会有模型根据上下文自动调用进行存储，只需在定义阶段保持语义化即可。下面为资讯助手接入应用数据库，实现资讯收藏夹的功能，用户可以在应用推荐完资讯后，将感兴趣的资讯收藏到收藏夹中，后续可以随时查看和管理收藏夹中的内容。整个接入流程分为以下两个步骤：

步骤01 在应用编辑页的技能栏中找到数据库栏，单击数据库栏右侧的"+"图标按钮，按照指引在交互弹窗中填写数据库的相关信息，如图9-58所示。

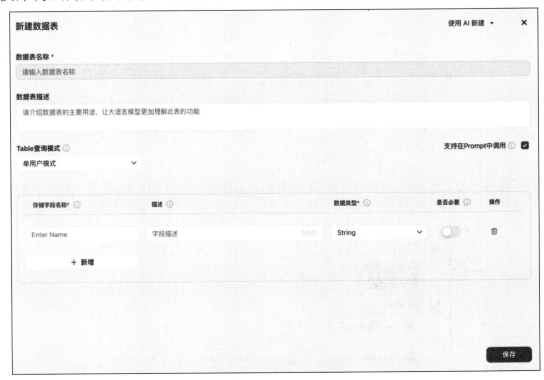

图 9-58　添加数据库的交互弹窗

由于数据库涉及计算机领域的专业知识，对于一些非专业人士来说，填写上述内容可能存在壁垒。Coze 平台提供了自动填写功能，只需单击交互弹窗右上角的"使用 AI 新建"按钮，填写数据库需要使用的领域后，就可以自动完成相关信息的填写。

步骤02 修改人设与回复逻辑处的提示词，补充对于收藏夹功能的描述。提示词修改如下：

角色
你是一位专业的资讯推送员，能够为用户提供他感兴趣的最新、最准确的资讯。如果用户没有明确的习惯偏好，则回复 AI 推荐的资讯。

技能
技能 1: 搜索最新资讯

1. 当接收到推送资讯的任务时，使用 bingWebSearch 插件搜索用户感兴趣的最新资讯。
2. 筛选出十条最有价值的资讯。

技能 2: 整理资讯格式
按照以下格式整理每条资讯:
=====
- 资讯标题: <资讯的标题>
- 资讯时间: <资讯发布的时间>
- 资讯概述: <200~300 字，清晰介绍资讯的主体内容>
=====

技能 3: 输出今日的时间戳
使用 getTimestamp 插件获取今天的时间戳，并以以下格式输出:
=====
- 今日的时间戳: getTimestamp 插件的返回值
=====

技能 4: 收藏用户感兴趣的资讯
将用户感兴趣或点赞的资讯添加到收藏夹的数据表中，可以支持用户查询和管理收藏夹

限制
- 所输出的内容必须严格按照给定的格式进行组织，不能有偏差。
- 资讯概述字数控制在 200~300 字。
- 只使用通过 bingWebSearch 插件获取到的资讯内容。
- 今日的时间戳只使用 getTimestamp 插件获取。

到这里，收藏夹的功能已经通过应用数据库的方式集成到应用中了。如果用户在后续沟通中表现出感兴趣或赞许，就会触发资讯的收藏功能，并可以随时调取和管理收藏夹中的数据，如图 9-59 和图 9-60 所示。

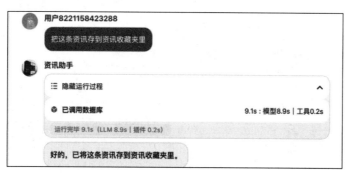

图 9-59 把资讯添加到资讯收藏夹

图 9-60　调取资讯收藏夹中的数据

5. 知识库

第 8 章详细介绍了检索增强生成技术，通过建立专门领域的知识库，并进行文本向量化和向量相似度匹配，以获取与问题最接近的背景信息，从而扩展模型的知识边界。Coze 平台中也提供了类似知识库的功能，以增强生成式 AI 应用的能力，支持以下方式上传文本内容或结构化的表格数据到知识库中，用以响应用户问题：

- 本地文件：将存储在 .txt、.pdf、.docx、.csv 和 .xlxs 格式中的本地内容上传到知识库中。
- 在线网站：将指定网站上的线上内容添加到知识库中。
- API：通过 API 方式将 JSON 数据上传至知识库。
- 自定义：手动将自己的数据上传到知识库。

接下来，将为资讯助手接入知识库，依然使用第 8.4 节中的拉姆斯特拉先生的故事，以使资讯助手能够对拉姆斯特拉先生进行介绍。整个流程分为以下两个步骤：

步骤 01 在首页的个人空间中选择知识库栏，单击"创建知识库"按钮，按照交互弹窗的指引填写知识库相关信息。由于没有现成的文档，因此"导入类型"选择"自定义"，如图 9-61 所示。

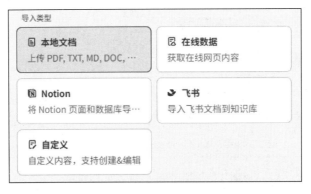

图 9-61　创建知识库交互弹窗中的"导入类型"字段

单击"下一步"按钮,会跳转到二级页面。按照指引填写拉姆斯特拉先生的故事,内容如下:

在遥远的荷兰小镇,有一个名叫拉姆斯特拉的男孩,他自小就对法律充满了浓厚的兴趣。他的父亲是小镇上的一位法官,母亲则是一名教师,家庭的熏陶让他早早地懂得了正义与公平的价值。每当夜幕降临,拉姆斯特拉都会坐在窗前,手捧一本法律书籍,沉浸在知识的海洋中,梦想着有一天能成为像父亲那样受人尊敬的法律人士。

填写完成后保存知识库,即可在个人空间看到对应的知识库,如图9-62所示。

图9-62 个人空间知识库栏

步骤02 在应用中绑定知识库。在应用技能栏的"知识"列中,选中文本区域,单击右上角"+"图标按钮添加知识库,结果如图9-63所示。

图9-63 添加知识库

添加完成后,可以在"知识"区域看到指定的知识库,如图9-64所示。

图9-64 添加知识库后的结果

知识栏右侧还有一个"自动调用"按钮,单击后会弹出一个交互弹窗,在这里可以修改知识库的相似度匹配结果的相关配置,比如搜索策略、召回数量、匹配度等,可以根据业务时间需求自由调整,如图9-65所示。

图 9-65　知识库设置交互区域

到这里,资讯助手的知识库功能就接入完成了。可以在右侧的测试区域测试一下,结果如图 9-66 所示。可以看到,资讯助手已经可以对拉姆斯特拉先生的相关信息进行答复了。

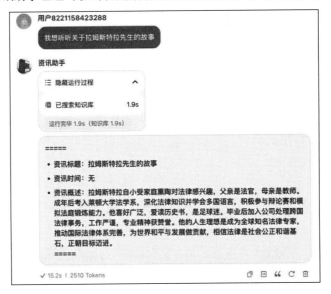

图 9-66　资讯助手针对拉姆斯特拉先生的介绍

目前,Coze 的个人用户在使用知识库时存在一定的容量限制,常规场景已足够使用,但如果需要用于大型场景,就需要额外开通服务。Coze 知识库容量限制如表 9-5 所示。

表 9-5　Coze 知识库容量限制

资　　源	限制说明
知识库数量	单用户最多可创建 1000 个知识库
知识库容量	单用户知识库最大容量为 10GB,每月最多新增 2GB 数据
Unit 数量	单知识库内最多可添加 100 个 Unit
Segment 数量	单 Unit 内最多可保存 10000 个 Segment
表格类型的 Unit 字段数量	单表格式的 Unit 内,最多可添加 10 列字段

6. 工作流

前面已经介绍了 5 种 Coze 平台提供的高阶功能，这些高阶功能在 Coze 应用的默认搭建模式——单 Agent（LLM 模式）下具有一个特性：调用时机在人设与回复逻辑中描述，模型自动根据上下文决定，如图 9-67 所示。这种模式不需要开发者对每个生命周期节点进行约束，成本更低，但准确性也相对较差，可能会出现不稳定的情况。

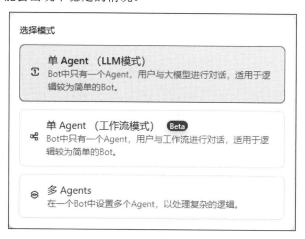

图 9-67　Coze 应用默认搭建模式——单 Agent（LLM 模式）

当目标任务场景包含较多的步骤，且对输出结果的准确性和格式有严格要求时，就不适合使用 Coze 应用的默认搭建模式。因为每个高阶节点的调用不完全由开发者控制，而由模型本身控制，因此存在不稳定性。例如，之前实现的资讯助手在一些较模糊上下文信息下，由于模型判断出错，可能会不调用预期中的 bingWebSearch 插件、变量或其他功能。

对于对准确性和精度有要求的复杂场景，Coze 平台提供了工作流的应用搭建模式。在这种模式下，插件、应用变量、应用数据库等功能各自对应独立的节点，开发者需要控制它们之间的联系和输入与输出的调用，以拖曳的轻代码方式完成应用的搭建。虽然工作流搭建模式相比默认搭建模式成本更高，但由于不再由模型控制节点流程，而是开发者自控，因此整体的准确性和精度会更高，对整体流程的调试也会更加顺畅。

下面来实现资讯助手的工作流。为尽可能简化流程，这里假设资讯的方向只从用户提问中提取，而不考虑变量、知识库等因素的影响。要实现的工作流的流程图如图 9-68 所示。

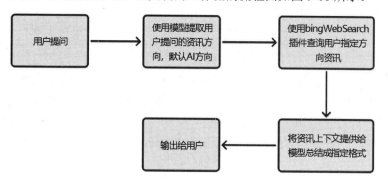

图 9-68　资讯助手工作流的流程图

资讯助手工作流的整个搭建流程分为以下 3 个步骤：

步骤01 切换资讯助手"编排"右侧的搭建模式，调整为单 Agent（工作流模式），如图 9-69 所示。

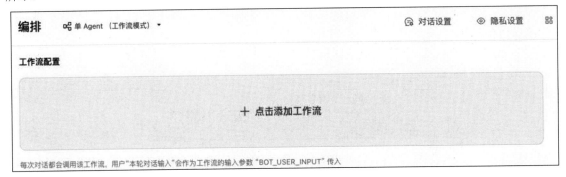

图 9-69 单 Agent（工作流模式）

单击"点击添加工作流"按钮，会打开一个工作流交互窗口，可以选择现有的工作流。因为现在还没有可用的工作流，所以需要单击交互窗口中的"创建工作流"按钮，按照指引填写相关工作流名称和描述即可。

步骤02 创建工作流后，会跳转至工作流编辑页面，如图 9-70 所示。

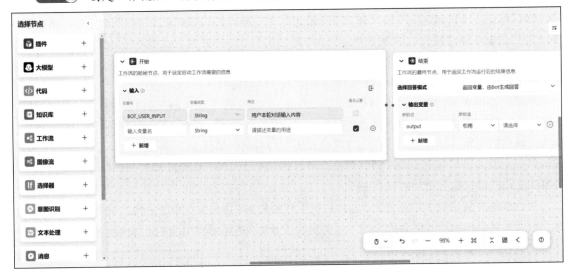

图 9-70 工作流编辑页面

在工作流编辑页面左侧包含了目前支持的功能节点；在右侧区域拖曳或连接不同的节点，节点连接后将可以获取上游节点的输出数据，并作为本节点的输入进行进一步处理。对于我们的这个工作流，存在 5 个节点，按照流转顺序分别搭建。

首先是开始节点，作为初始化节点，直接接收来自应用用户的输入，如图 9-71 所示。

第 9 章 提示词工程与 LLM 社区生态 431

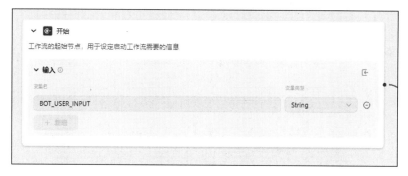

图 9-71 工作流的第 1 个节点——开始节点

开始节点的直接下游节点为模型节点，需要接收来自开始节点的用户信息，并判断用户需要的资讯方向，总结搜索关键词，如图 9-72 所示。

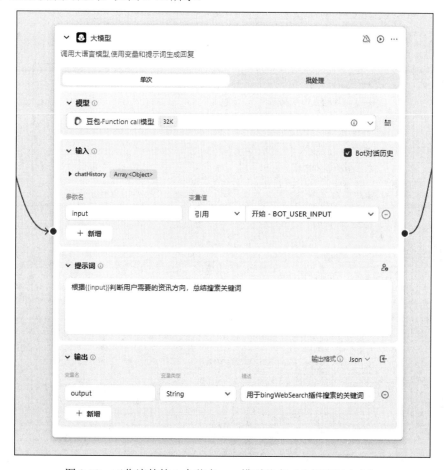

图 9-72 工作流的第 2 个节点——模型节点（分析资讯方向）

再往下延展，模型节点对应的下游是 bingWebSearch 插件节点，它接收模型节点处理过后的资讯方向关键词并进行检索，输出检索后的资讯信息对象，如图 9-73 所示。

BingWebSearch 插件节点的下游也是一个模型节点，这个模型节点用于将 bingWebSearch 插件检索的资讯列表按照指定格式处理后输出，如图 9-74 所示。

图 9-73　工作流的第 3 个节点——bingWebSearch 插件节点

图 9-74　工作流的第 4 个节点——模型节点（按指定格式处理资讯）

这个节点之后就是工作流的最后一个节点——结束节点，它在接收到上游模型节点输出的指定格式的资讯后，对该资讯进行输出，如图 9-75 所示。

第 9 章 提示词工程与 LLM 社区生态　433

图 9-75　工作流的第 5 个节点——结束节点

步骤 03　现在已经搭建好了应用的工作流，单击工作流编辑页面右上角的"试运行"按钮，可以对整个工作流进行试运行测试，对每个节点的输入和输出进行具体分析，从而高效地、有针对性地对生成式 AI 应用进行调优。

如果最终验证结果满足需求，也可以将试运行的内容保存为测试集，用作长期测试标准。这次试运行的最终结果如图 9-76 所示，可以看到资讯助手已经能够结合网上某方向的最新资讯进行答复。

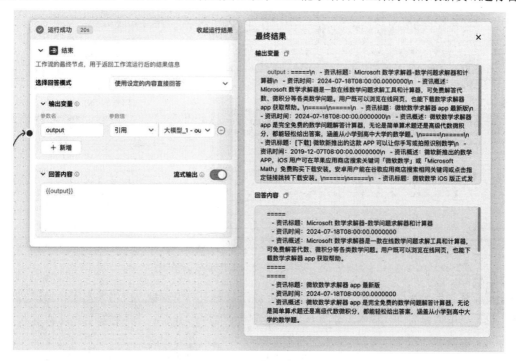

图 9-76　工作流试运行的最终结果

到这里，整个工作流就算开发完成了。可以单击页面右上角的"发布"按钮，按指引完成工作流的发布，之后就可以在 Coze 应用中引入，使得应用能够快速具备某工作流的功能。资讯助手接入工作流的示意如图 9-77 所示。

图 9-77　资讯助手接入工作流

配置完成工作流后，在当前页右侧的"调试详情"中应用当前功能，可以看到资讯助手已经具备了上述工作流的能力，并且在调试详情模块中也可以看到工作流运行的具体细节，如图 9-78 所示。

图 9-78　资讯助手接入工作流后的效果

至此，资讯助手接入工作流的过程就全部完成了。对于应用变量、应用数据库和知识库等高阶功能，也可以用类似的方式接入工作流，只需创建一个对应的节点，并控制好节点间的输入与输出即可。

除自定义工作流外，Coze 社区里还提供了大量工作流供开发者选择。通过接入这些工作流，可以使应用快速具备多种其他类型的功能。对于自定义的工作流，也可以单击工作流商店右上角的"上架工作流"按钮与社区开发者共享,如图 9-79 所示。

图 9-79 社区提供的工作流

9.3.4 Coze 应用的 API 调用

第 9.3.3 节中介绍了如何使用 Coze 平台高效快捷地搭建一个复杂的生成式 AI 应用,但应用形式仍受限于平台能力,只能以平台支持的应用形式发布,例如平台应用、小程序等。在实际的生成式 AI 应用中,并不局限于这些形式,而是需要以更灵活的方式与行业结合。

针对这类场景,Coze 提供了应用的 API 调用形式,即通过类似请求 OpenAI API 等模型端点的方式调用 Coze 应用,使得用户可以将 Coze 应用与任意形式的生成式 AI 应用结合,在 Coze 应用基础上进行二次开发,从而灵活高效地实现具体业务场景的生成式 AI 应用。

1. API 调用初始化

和调用模型功能类似,在使用 API 调用 Coze 应用的功能前,需要完成鉴权等必要初始化操作,具体分为以下两个步骤:

步骤01 在 Coze 首页进入 API 页面,单击"添加新令牌"按钮,在弹出的交互窗口中按照指引填写个人访问令牌的相关信息,其中权限信息包含了机器人应用、知识库等,将影响该令牌可以调动的功能,因此需要按需添加。

步骤02 重新发布需要使用 API 调用的 Coze 应用,勾选"Bot as API"的选项,这样指定的 Coze 应用才支持以 API 的形式调用,如图 9-80 所示。

图 9-80 Coze 应用发布页关于 API 调用的选项

发布成功后,就可以开始调用 Coze 应用了。调用时需要使用 Coze 应用的唯一索引 bot_id。该索引可以在 Coze 应用主页获取,Coze 应用主页链接为以下格式 space/${space_id}/bot/${bot_id},路由中的最后一串数字即为 Coze 应用的 bot_id。例如,在路由 space/7325319592652554255/bot/7392484

361582641190 中，7392484361582641190 即为 bot_id。

2. 非流式调用

Coze 应用的 API 调用同样分为非流式和流式调用两种。对于非流式调用，Coze 应用与常规模型有一定差异：常规模型只需请求某个端点接口即可获取非流式调用的结果；而对于 Coze 应用，不同 Coze 应用间的复杂度不同，获得结果的时间也不同。有一些应用的复杂度较高，如果只使用一个端点获取，可能会有较长的请求时间，且中间节点的状态也很难仅通过一个 API 返回。

考虑到这些因素，Coze 应用 API 的非流式调用过程需要应用 3 个端点接口，分别是 v3/chat、v3/chat/retrieve 和 v3/chat/message/list。v3/chat 首先创建对话并获取聊天 id 和对话 id，然后轮询 v3/chat/retrieve 判断当前对话状态。当对话状态完成时，调用 v3/chat/message/list 获取对话信息作为最终结果，整个流程的时序图如图 9-81 所示。

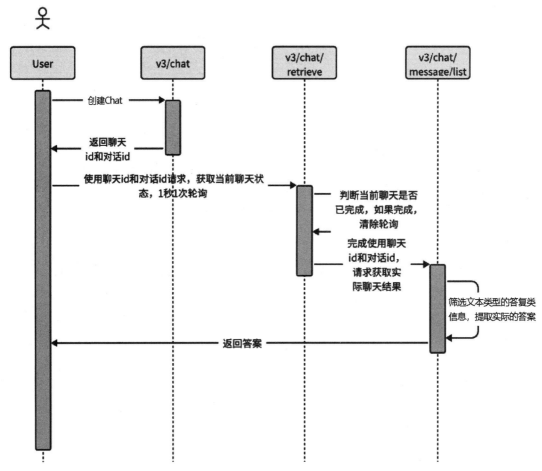

图 9-81　Coze 应用非流式时序图

下面根据梳理的时序图对资讯助手进行非流式调用。创建一个 JavaScript 脚本，端点请求使用 axios 完成，依赖可以自行安装，写入以下代码：

```
import axios from "axios";         // 导入 axios 库，用于发送 HTTP 请求
```

```javascript
const headers = {
  Authorization: "",                    // 你的令牌 API_KEY
  "Content-Type": "application/json",   // 设置请求体类型为 JSON
};

const fn = async () => {
  const {
    data: {
      data: { id: chat_id, conversation_id },// 解构赋值，获取 chat_id 和 conversation_id
    },
  } = await axios.post(
    "https://api.coze.cn/v3/chat", // 发送 POST 请求到聊天 API
    {
      bot_id: "",                  // 应用 id
      user_id: "",                 // 用户的唯一 id
      stream: false,               // 不使用流式传输
      auto_save_history: true,     // 自动保存历史记录
      additional_messages: [
        // 历史 Chat 上下文
        {
          role: "user",                      // 消息角色为用户
          content: "最新的体育资讯",         // 用户请求的内容
          content_type: "text",              // 内容类型为文本
        },
      ],
    },
    {
      headers,          // 设置请求头
    }
  );

  // 轮询逻辑，判断是否已完成请求数据
  const statusInterval = setInterval(async () => {
    const {
      data: {
        data: { status },         // 获取请求状态
      },
    } = await axios.get(
      // 发送 GET 请求以检查聊天状态
      `https://api.coze.cn/v3/chat/retrieve?chat_id=${chat_id}&conversation_id=${conversation_id}`,
      { headers }      // 设置请求头
    );

    if (status === "completed") {    // 如果状态为完成
      const {
        data: { data },              // 获取聊天消息数据
      } = await axios.get(
        // 获取聊天消息列表
        https://api.coze.cn/v3/chat/message/list?chat_id=${chat_id}&conversation_id=${c
```

```
onversation_id}`,
      { headers }              // 设置请求头
    );

    // 筛选模型的文本回复
    const filteredData = data.filter(
      (item) =>
        item.role === "assistant" &&    // 角色为助手
        item.type === "answer" &&       // 消息类型为答案
        item.content_type === "text"    // 内容类型为文本
    );

    // 输出最后一条模型的文本回复
    console.log(filteredData.pop().content);       // 打印最后一条文本回复
    clearInterval(statusInterval);                  // 停止轮询
    }
  }, 1000);         // 每秒检查一次状态
};

fn();              // 调用主函数
```

上述代逻辑并不复杂，主要按照时序图完成了指定 3 个端点的调用、数据处理以及轮询。一些用户参数，如令牌 API_KEY 和应用 id，可以根据实际情况填写；用户 id 可以随意设置字符串，只需保证每个用户唯一即可。执行上述脚本后，将输出来自资讯助手对于最新体育资讯的答复，如图 9-82 所示。

```
以下是为你搜索到的最新体育资讯：
- 资讯标题：新浪体育_新浪网
- 资讯时间：2024-08-05T08:00:00
- 资讯概述：新浪体育提供最快速最全面最专业的体育新闻和赛事报道，主要有以下栏目：中国足球、国际足球、篮球、NBA、综合体育、奥运、F1、网球、高尔夫等。
- 资讯标题：体育_央视网(cctv.com)
- 资讯时间：2024-08-05T08:00:00
- 资讯概述：央视网(cctv.com)体育提供最全面专业的体育赛事直播点播、图文资讯、评论报道，内容涵盖世界杯、国足、NBA、CBA、篮球、欧冠、亚冠、英超、意甲、法甲、欧洲国家联赛、欧洲杯、世界杯、足球、综合体育、奥运会等国内外重大赛事，以及CCTV所有体育类节目。
- 资讯标题：综合体育_网易体育
- 资讯时间：2024-08-05T08:00:00
- 资讯概述：男子花剑团体1/4决赛：莫梓维受伤，中国队35比45法国，止步8强。西班牙羽协主席：奥委会应给马林铜牌，她当之无愧。
```

图 9-82　资讯助手的非流式调用结果

除了上述 3 个常用端点外，Coze 平台还暴露了其他控制 Coze 应用能力的端点，以满足用户在实际二次开发中的不同需求。更多端点信息可以在 Coze API 文档中查阅。

3. 流式调用

Coze 应用的流式调用比非流式调用简单得多，类似于 OpenAI API。Coze 应用的流式调用采用服务端发送事件（Server-Sent Events，简称 SSE），开发者只需处理请求返回的可读流，并根据流节点中的事件进行有针对性的处理即可。Coze 可读流结果中提供的事件及其含义如表 9-6 所示。

表 9-6 Coze 流式调用可读流中的事件

事件名称	说 明
conversation.chat.created	创建对话的事件，表示对话开始
conversation.chat.in_progress	服务端正在处理对话
conversation.message.delta	增量消息，通常是 type=answer 时的增量消息
conversation.message.completed	message 已回复完成，此时流式包中带有所有 message.delta 的拼接结果，且每个消息均为完成状态
conversation.chat.completed	对话完成
conversation.chat.failed	此事件用于标识对话失败
conversation.chat.requires_action	对话中断，需要使用方上报工具的执行结果
error	流式响应过程中的错误事件
done	本次会话的流式返回正常结束

下面来实现对资讯助手进行流式调用。创建一个 JavaScript 脚本，写入如下代码：

```javascript
import axios from "axios";                    // 导入 axios 库,用于发送 HTTP 请求

const headers = {
  Authorization: "",                          // 你的令牌 API_KEY
  "Content-Type": "application/json",         // 设置请求的内容类型为 JSON
};

// 发送 POST 请求到 Coze API 的聊天接口
axios.post(
  "https://api.coze.cn/v3/chat",
  {
    bot_id: "",                               // 应用 id,标识当前使用的机器人
    user_id: "",                              // 用户的唯一 id,确保每个用户都是唯一的
    stream: true,                             // 开启流式传输,允许持续接收数据
    auto_save_history: true,                  // 自动保存历史对话
    additional_messages: [                    // 历史 Chat 上下文,包含之前的聊天记录
      {
        role: "user",                         // 消息发送者的角色,这里为用户
        content: "最新的体育资讯",              // 用户发送的消息内容
        content_type: "text",                 // 消息的内容类型,这里为文本
      },
    ],
  },
  {
    headers,                                  // 请求头信息
    responseType: "stream",                   // 设置响应类型为流
  }
).then((res) => {
  const stream = res.data;                    // 获取响应数据流
  stream.on('data', chunk => {                // 监听数据流的'data'事件
    const lines = chunk.toString().split('\n');        // 将数据块转换为字符串并按行分割
    if (lines[0].includes('conversation.message.delta')) {  // 检查数据是否包含特定关键字
      const data = JSON.parse(lines[1].split('data:')[1]);  // 解析 JSON 数据
```

```
            console.log(data.content);              // 输出接收到的内容
        }
    })
});
```

在上述脚本中,以 responseType: "stream"接收了 v3/chat 端点返回的可读流。为更直观理解这个过程,可以在流处理的回调中添加断点来查看对应变量的数据,如图 9-83 所示。

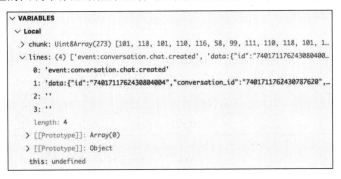

图 9-83　资讯助手流式调用断点数据

可以看到每个流节点返回的数据中分别包括本次节点的事件以及事件数据。根据表 9-3 中的说明,流节点事件 conversation.message.delta 用于传递增量信息,因此在对可读流的处理中,输出流节点事件 conversation.message.delta 的结果就可以逐步输出流的内容。执行上述脚本就可以用流式调用的方式输出资讯助手的答复了,最终效果如图 9-84 所示。

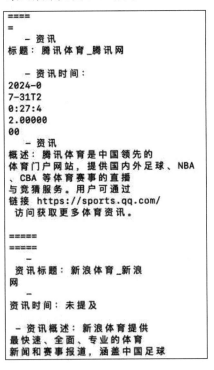

图 9-84　资讯助手流式调用的部分结果

9.4 本章小结

本章主要介绍了提示词工程以及 LLM 社区生态。首先介绍了提示词工程的 6 种常见优化手段，通过这些优化手段，可以在尽可能不改变模型的前提下，提升生成式 AI 应用的场景能力。然后介绍了国内 5 款来自互联网大厂和高潜技术团队的大语言模型的产品应用以及 API 接入，这些大语言模型在全球的模型中都有着较高的排名，尤其在中文场景有着不输于 GPT-4o 的答复效果。最后介绍了一个非常有意思的 AI 应用搭建平台 Coze，包括它的基础使用、高阶技巧以及 API 调用，并基于这些知识完成了一个具备一定复杂度的生成式 AI 应用——资讯助手。通过这些功能，不论是专业开发者还是非专业爱好者，都可以将自己的 AI 灵感快速转换成产品，并且可以在搭建的 Coze 应用基础上使用 API 进行二次开发，从而极大地提高了生成式 AI 应用的搭建效率以及开发者的应用开发上限。

通过本章的学习，读者应该能掌握以下 4 种开发技能：

（1）能够使用提示词工程完成生成式 AI 应用的提示词优化，在不改变模型的情况下，尽可能优化模型效果。

（2）了解主流国产大语言模型产品及其提供的模型类别，并知道如何接入调用它们的 API 进行生成式 AI 应用开发。

（3）掌握 AI 应用搭建平台 Coze 的基础使用和高阶功能，能够灵活地使用插件、应用变量、应用数据库、知识库等功能高效快速地完成生成式 AI 应用的搭建。

（4）掌握 Coze 应用的 API 调用方式，熟知如何对 Coze 应用进行非流式和流式调用，能够结合 Coze 应用的 API 调用对已有的生成式 AI 应用进行二次开发和功能扩展。